高职高专“十二五”规划教材

AutoCAD基础教程与上机实训

张　毅　主编
王海涛　主审

化学工业出版社
·北京·

本书是以 AutoCAD 2010 为版本，循序渐进地介绍了中文版 AutoCAD 2010 的操作方法和使用技巧。全书共 11 章，分别介绍了 AutoCAD 2010 的基本操作、绘制二维图形、绘图辅助工具、图形显示控制、编辑二维图形、图层操作、标注文字、创建表格、块与属性、标注尺寸、填充图案、图形数据查询、设计中心、图形打印、三维绘图基本操作、三维编辑以及创建机械零件的实体模型等内容。还安排了实训实例及思考与练习，用于提高和拓宽读者对 AutoCAD 2010 操作的掌握与应用。针对机械类专业的特点，本书还对机械设计图形样板文件的创建，三视图、轴测图、零件图和装配图的绘制，以及三维实体造型等项目设置了综合实训内容。

本书内容丰富，结构清晰，语言简练，图文并茂，具有很强的实用性和可操作性，是一本适合于高职高专院校及各类社会培训学校学习 CAD 的教材，也是广大初、中级计算机用户的自学参考书。

图书在版编目（CIP）数据

AutoCAD 基础教程与上机实训/张毅主编．—北京：化学工业出版社，2013.1（2018.2 重印）
高职高专"十二五"规划教材
ISBN 978-7-122-16030-0

Ⅰ.①A… Ⅱ.①张… Ⅲ.①AutoCAD 软件-高等职业教育-教材 Ⅳ.①TP391.72

中国版本图书馆 CIP 数据核字（2012）第 300577 号

责任编辑：李　娜　　　　文字编辑：闫　敏
责任校对：边　涛　　　　装帧设计：刘丽华

出版发行：化学工业出版社（北京市东城区青年湖南街 13 号　邮政编码 100011）
印　　装：大厂聚鑫印刷有限责任公司
787mm×1092mm　1/16　印张 17¼　字数 428 千字　2018 年 2 月北京第 1 版第 4 次印刷

购书咨询：010-64518888（传真：010-64519686）　售后服务：010-64518899
网　　址：http://www.cip.com.cn
凡购买本书，如有缺损质量问题，本社销售中心负责调换。

定　　价：34.50 元

前　言

AutoCAD 2010 是美国 Autodesk 公司推出的计算机绘图软件，由于 AutoCAD 具有易于掌握、使用方便、体系结构开放等特点，深受广大工程技术人员的欢迎，已被广泛应用于机械、建筑、电子、航天、造船、化工、土木工程、冶金、农业、气象及纺织等诸多领域的工程设计中。

本书针对机械类或者近机类各专业的学生，结合大量机械绘图实例，详细介绍相关实例的操作步骤及过程，特别适合教学的安排和学生的学习。在编写风格上注重实用、好用，从读者的接受能力和使用要求出发，合理配备内容结构，达到事半功倍的效果。在内容组织与实例上，作者把丰富的教学经验融入到书本内容中，条理清楚、循序渐进，使读者学起来得心应手，很容易吸收和掌握。

全书共分 11 章。第 1 章全面介绍 AutoCAD 的安装、功能特点、用户界面、基本操作、绘图环境和图形显示控制等方法，使初学者迅速了解 AutoCAD 的基本概貌，掌握软件操作的基本方法。第 2～4 章介绍 AutoCAD 二维绘图命令、二维编辑命令，通过学习，能够绘制一张完整的平面图形。第 5～7 章介绍了文字与表格的创建，文字、表格和标注样式的设置，块及块的属性的创建及管理，外部参照和设计中心的使用方法，尺寸标注和编辑的方法。第 8 章和第 9 章介绍了三维绘图的基础知识，三维网格和实体建模，三维对象的创建、编辑等。第 10 章介绍了工程图的布局、图形打印设置以及图形打印等内容。第 11 章前面简单介绍了 CAD 工程制图规则（GB/T 18229—2000），后面主要介绍 AutoCAD 综合实训，训练机械绘图图形样板文件的制作，轴测图、零件图和装配图的绘制。

本书由长期担任 AutoCAD 教学与研究的高校教师集体创作编写。第 1～3 章由张克盛（甘肃畜牧工程职业技术学院）编写；第 4、5 章由李金展（商丘工学院）编写；第 6～8 章由刘孜文（甘肃畜牧工程职业技术学院）编写；第 9 章由张庆华（沈阳市教育研究院）编写；第 10、11 章由张毅（甘肃畜牧工程职业技术学院）编写。全书由张毅担任主编，编制教材编写大纲并进行统稿，由王海涛教授（甘肃畜牧工程职业技术学院）担任主审。由于作者水平有限，本书不足之处在所难免，欢迎广大读者批评指正。

编者

2012 年 11 月

目　录

第1章　AutoCAD 基本概念与操作

1.1　安装与启动 AutoCAD 2010

AutoCAD 是由美国 Autodesk 公司开发的优秀绘图软件，是用于计算机辅助设计的通用绘图软件平台，它广泛应用于机械、建筑、服装、水利、电子和航天等诸多工程领域。用 AutoCAD 进行机械制图时，既有与手工绘图相似的部分，又有不同之处。为熟练地用 AutoCAD 绘制机械图形，需要用户全面掌握其功能和使用方法。通过本章的学习，读者将掌握 AutoCAD 2010 的一些基本操作和基本概念，包括安装、启动 AutoCAD 2010，AutoCAD 2010 经典工作界面、图形文件处理等。

1.1.1　安装 AutoCAD 2010

与其他软件的安装一样，在光驱中放入 AutoCAD 2010 安装盘或运行安装包中名为 SETUP. EXE 的安装文件，执行该安装文件，弹出安装向导主界面，如图 1-1 所示；单击界面中“安装产品”项，勾选安装 AutoCAD 2010 Design Review 2010，单击“下一步”，如图 1-2 所示；接受许可协议，单击“下一步”，如图 1-3 所示；输入序列号、产品密钥和姓名等，单击“下一步”，如图 1-4 所示；单击“配置”，进入配置界面（注意要两个产品分别配置），如图 1-5 所示；先配置 AutoCAD 2010，单击许可“下一步”，如图 1-6 所示。“自定义”，选择所有功能；设置产品安装路径；单击“下一步”，如图 1-7 所示。下载 Service Pack，单击“下一步”，如图 1-8 所示。AutoCAD 2010 配置完成。如图 1-9 所示。选择对话框中的另一个标签 AutoCAD 2010 Design Review 2010，设置安装路径，单击“下一步”配置完成，如图 1-10 所示。点击“配置完成”按钮，进入安装界面，单击“安装”，开始安装，如图 1-11 所示。系统会显示出安装界面，并开始软件的安装，直至软件安装完毕。

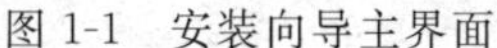
图 1-1　安装向导主界面

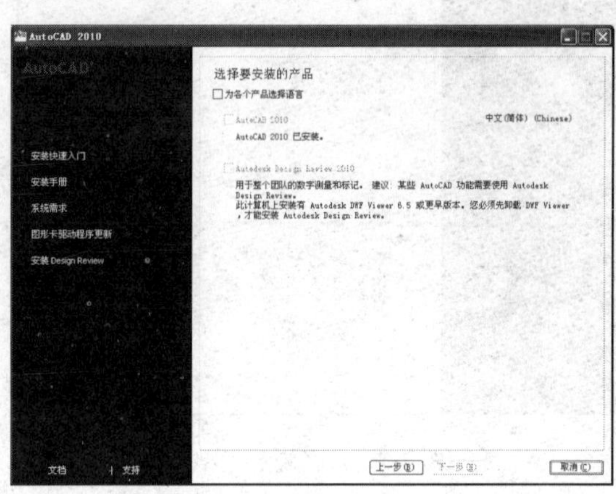

图 1-2　选择安装产品

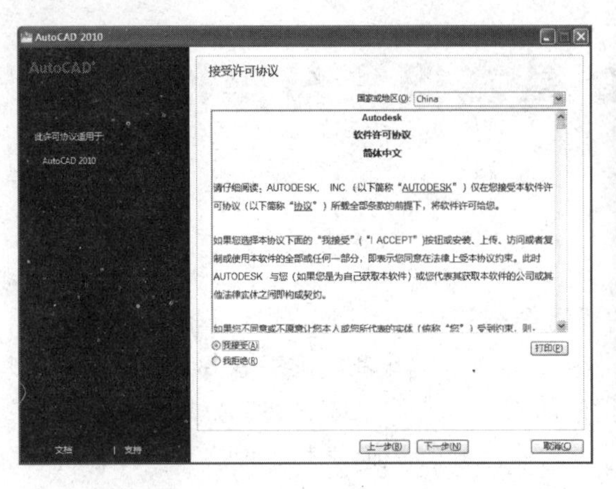

图 1-3　许可协议

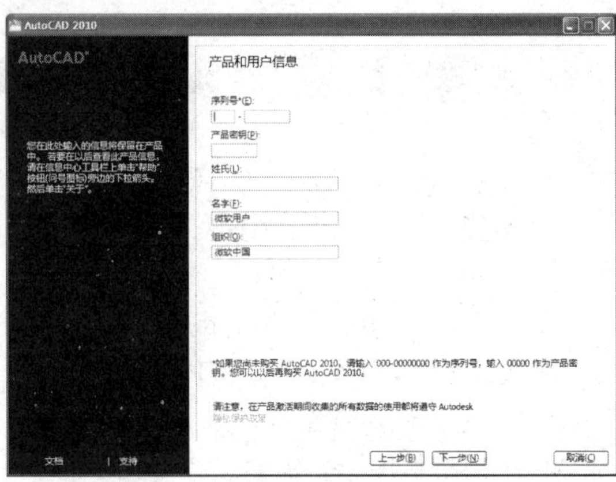

图 1-4　产品密钥及序列号

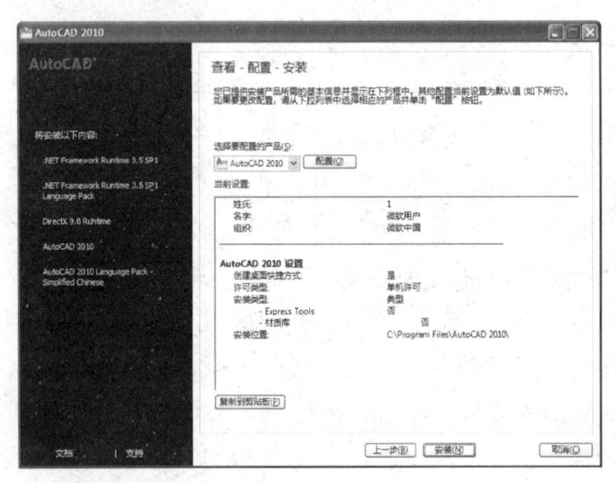

图 1-5　配置

图 1-6　许可证选取

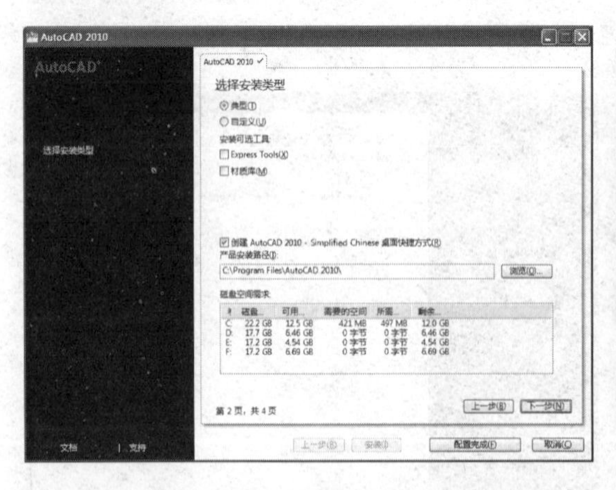

图 1-7　选择安装类型

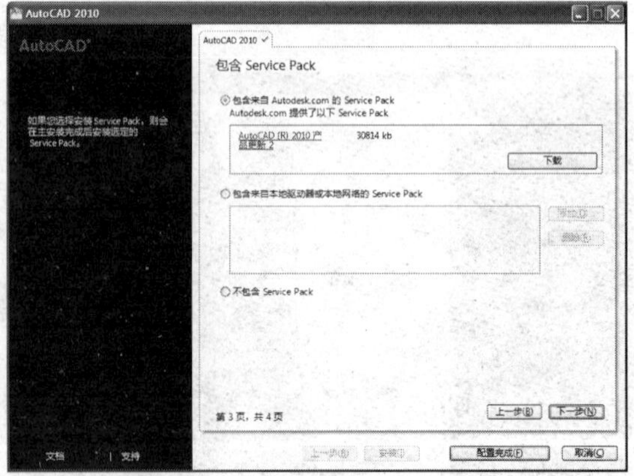

图 1-8　产品更新下载

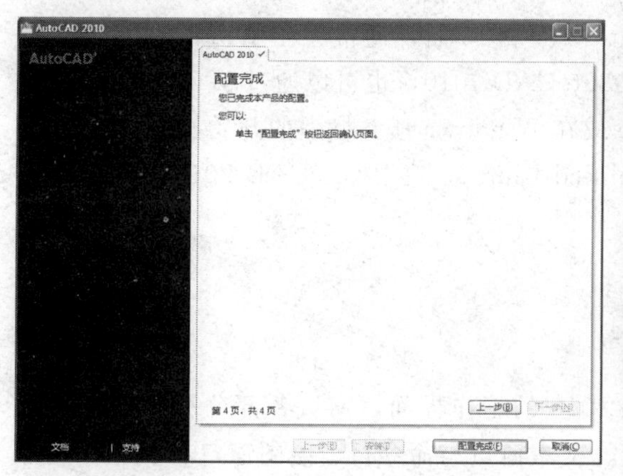

图 1-9　配置完成确认

图 1-10　配置完成

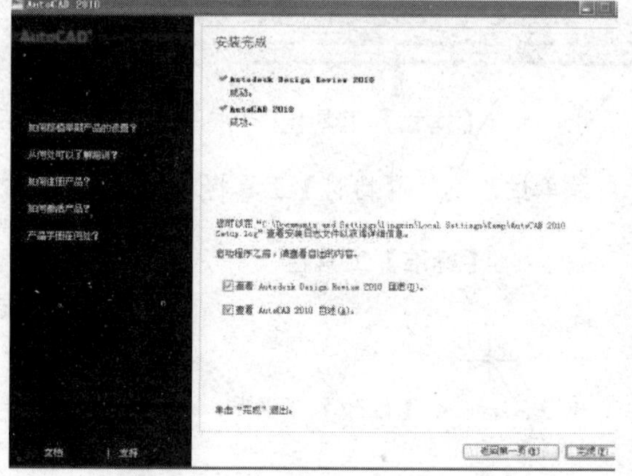

图 1-11　安装并完成

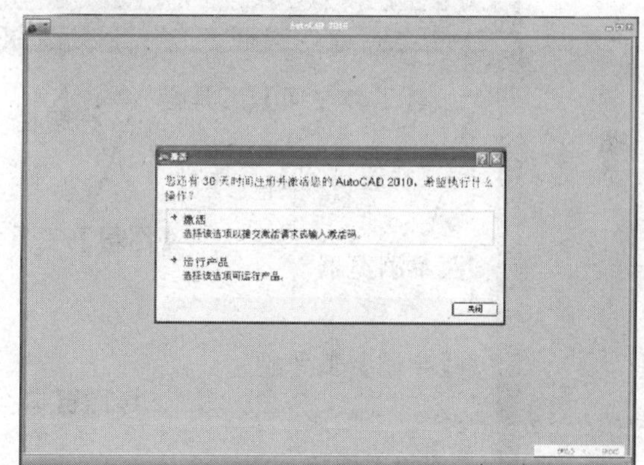

图 1-12　第一次启动

1.1.2　启动 AutoCAD 2010

启动 AutoCAD 2010，第一次启动 AutoCAD 2010 时，需要配置和激活，进入初始设置，选择"跳过"选项，进入"启动 AutoCAD 2010"页面，激活界面如图 1-12、图 1-13、图 1-14 所示。

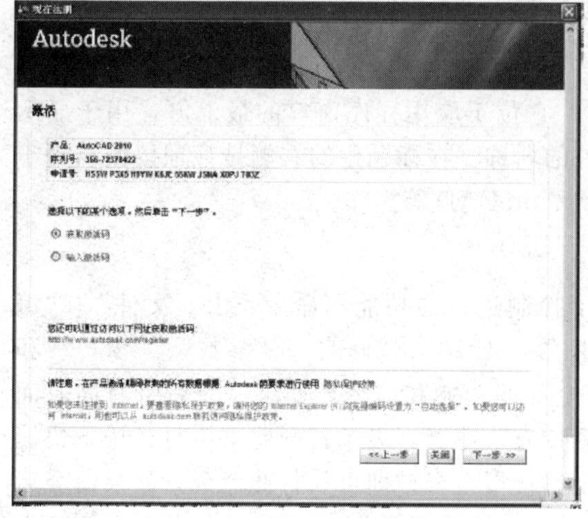

图 1-13　选取激活选项

图 1-14　激活码输入

和其他 Windows 应用程序一样，安装 AutoCAD 2010 后，通常会在 Windows 桌面上生成一个快捷方式图标。双击该图标即可启动 AutoCAD 2010，也可以通过 Windows 资源管理器找到 AutoCAD 2010 文件夹下的 acad. exe 或在 Windows 任务栏上的开始按钮 开始 下“程序”|“Autodesk”|“AutoCAD 2010-Simplified Chinese”|“AutoCAD 2010”也可启动 AutoCAD 2010 等。

1.2 AutoCAD 2010 的工作界面

启动 AutoCAD 2010 后，进入 AutoCAD 2010 的工作界面，窗口各部分分布如图 1-15 所示。该界面主要由标题栏、菜单栏、工具栏、文本窗口与命令行、绘图窗口和状态栏几部分组成。

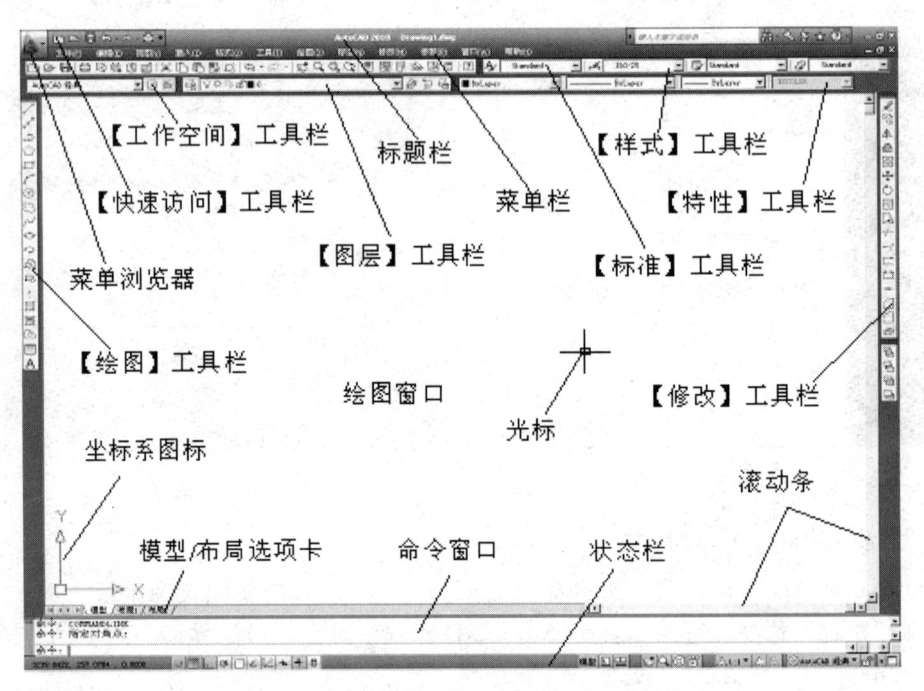

图 1-15 工作界面

1.2.1 标题栏

标题栏在大多数 Windows 应用程序中都有，它位于应用程序窗口的最上方，用于显示正在运行软件名称、版本以及当前正在使用文件的名称。在标题栏的右侧是管理按钮，用于实现窗口的最小化、还原（或最大化）以及关闭 AutoCAD 等操作。

1.2.2 菜单栏

AutoCAD 2010 的菜单栏包括了通常情况下控制运行的功能和命令，由“文件”、“编辑”、“视图”、“插入”、“格式”、“工具”、“绘图”、“标注”、“修改”、“参数”、“窗口”和“帮助”等菜单组成，几乎包括了 AutoCAD 中全部的功能和命令。如果命令后带有向右面的箭头▶，表示此命令还有子命令。如果命令后带有快捷键，表示打开此菜单时，按下快捷键即可执行命令。如果命令后带有组合键，表示直接按组合键即可执行此命令。如果命令后带有“…”，表示执行此命令后打开一个对话框。如果命令呈灰色，表示此命令在当前状态

下不可使用。用户也可以根据菜单栏“工具”|“自定义”|“界面”重新定义菜单。

1.2.3　菜单浏览器

AutoCAD 2010 提供有菜单浏览器。单击此菜单浏览器，AutoCAD 会展开浏览器。在浏览器菜单中，将光标放在有小箭头的菜单项上，会在右侧列显示出子菜单，通过其可执行对应的操作。

1.2.4　工具栏

在 AutoCAD 中，工具栏是另一种代替命令的简便工具，用户利用它们可以完成绝大部分的绘图工作。在 AutoCAD 2010 中有 44 个已命名的工具栏，大多数处于关闭状态，用户可以通过选择“视图”中的“工具栏”打开或关闭任一工具栏，此时系统将打开如图 1-16 所示“自定义用户界面”对话框。

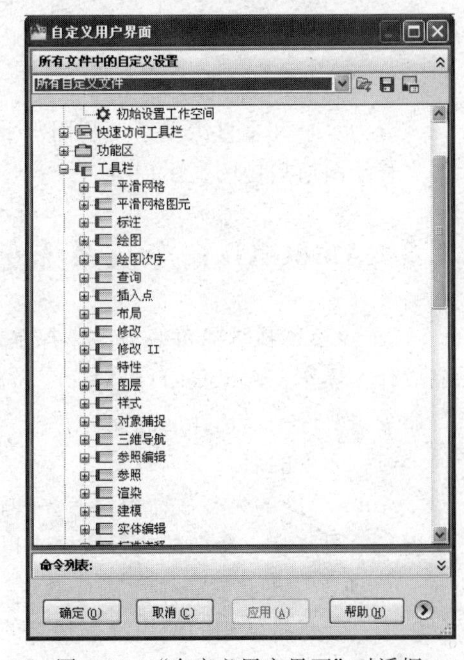

图 1-16　“自定义用户界面”对话框

1.2.5　绘图区

绘图区位于用户界面的中间，是程序窗口中部最大的区域，它类似于手工绘图时的图纸，是用户用 AutoCAD 2010 绘图并显示所绘图形的区域。当鼠标位于 AutoCAD 的绘图区时会出现一个随鼠标移动的十字形状，此符号被称为“十字光标”。十字线的交点为光标的当前位置。AutoCAD 的光标用于绘图、选择对象等操作。

1.2.6　命令行

命令行位于绘图区的下方，是 AutoCAD 显示用户从键盘键入的命令和 AutoCAD 提示信息的地方。对于操作者来讲应该随时关注命令提示行中的提示信息。命令行分为“命令输入窗口”和“命令历史窗口”两部分，默认状态下，AutoCAD 在命令窗口保留最后 3 行所执行的命令或提示信息。通常上面两行为“命令历史窗口”，用于记录执行过的操作信息；下面一行是“命令输入窗口”，用于提示用户输入命令或命令选项。用户可以通过拖动窗口边框的方式来改变命令窗口的大小。如果用户想直观快速地查询历史命令信息，也可以按 F2 键，以文本窗口的方式查询更多历史命令信息。

1.2.7　状态栏

状态栏位于软件界面的最底部，可显示光标的坐标值、绘图工具、导航工具以及用于快速查看和注释缩放的工具。用户可以以图标或文字的形式查看图形工具按钮。通过捕捉工具、极轴工具、对象捕捉工具和对象追踪工具的快捷菜单，用户可以轻松更改这些绘图工具的设置。

1.2.8　模型/布局选项卡

模型/布局选项卡用于实现模型空间与图纸空间的切换。有两种截然不同的环境（或空间），从中可以创建图形中的对象。可以通过“模型”选项卡和布局选项卡表示。

通常，由几何对象组成的模型是在称为“模型空间”的三维空间中创建的。特定视图的最终布局和此模型的注释是在称为“图纸空间”的二维空间中创建的。可以在绘图区域底部附近的两个或多个选项卡上访问这些空间："模型"选项卡以及一个或多个布局选项卡。

在"模型"选项卡上进行操作时，可以按 1∶1 的比例绘制主题模型。在"布局"选项卡上，可以创建一个或多个布局视口、标注、说明和一个标题栏，以表示图纸。

模型空间中的每个布局视口就类似于包含模型"照片"的相框。每个布局视口包含一个视图，该视图按用户指定的比例和方向显示模型。用户也可以指定在每个布局视口中可见的图层。

布局整理完毕后，关闭包含布局视口对象的图层。视图仍然可见，此时可以打印该布局，而无需显示视口边界。

1.2.9 滚动条

分为水平和垂直滚动条，利用水平和垂直滚动条，可以使图纸沿水平或垂直方向移动，即平移绘图窗口中的显示内容。

1.3 AutoCAD 命令及系统变量

AutoCAD 执行的每一个动作都是建立在相应的命令基础之上。命令告诉 AutoCAD 要完成什么操作，AutoCAD 将对命令做出相应响应，并在命令提示中显示执行状态或给出执行命令需要进一步选择的选项。

(1) 命令的启动

AutoCAD 的大多数命令都有多种输入方式，选择合适的命令启动，能够快速启动命令，以提高绘图速度。命令的执行主要有以下几种方式。

① 通过"工具栏"按钮执行命令　单击工具栏上的某一命令按钮，即可快速启动该命令。这一方式是常用的使用频率最高的一种命令输入方式，它较形象直观，也不用记忆烦琐的英文命令单词和格式。很显然，通过工具栏执行命令更为方便、简单。

② 通过"菜单栏或菜单浏览器"命令执行命令　和绝大多数软件一样，通过选择下拉菜单或菜单浏览器中的某一命令，可以执行相应的操作。这也是一种传统的操作方式。

③ 通过键盘输入命令　将 AutoCAD 置为当前窗口，直接输入命令，在命令行窗口中的最后一行可以看到输入的命令，然后按空格（Space）键或按回车（Enter）键执行该命令。这种输入方式是最古老、最原始的一种输入命令方式。当然可以输入命令的全部英文名称也可以输入缩写，大部分命令均有英文缩写。用这种方式与工具栏、菜单栏配合操作可以提高操作的速度，以提高绘图速度。

④ 通过组合键或功能键启动命令　还可以通过组合键或功能键启动部分命令，这种方式简单、快捷，只需按下相应的组合键或功能键，就可以启动相应的命令。

⑤ 重复执行命令　当完成某一命令的执行后，如果需要重复执行该命令，除可以通过上述几种方式执行该命令外，还可以用以下方式重复执行该命令。

a. 直接按键盘上的空格（Space）键或按回车（Enter）键。

b. 在绘图窗口，单击鼠标右键，弹出快捷菜单，并在菜单的第一行显示重复执行上一次所执行的命令，选择此命令即可，还可在快捷菜单的第二行"最近的输入"下级级联菜单中找到最近使用过的命令，选择后也可执行。

(2) 命令分类

AutoCAD 的命令可以分为一般命令和透明命令两种。绘图命令、修改命令和标注命令都属于一般命令，部分辅助绘图命令为透明命令。透明命令是指在执行其他命令的过程中可以插入执行的命令。完成透明命令后，将恢复执行原命令。

（3）系统变量

系统变量是控制某些命令工作方式的设置。系统变量用于控制 AutoCAD 的某些功能并设计环境和命令的工作方式。系统变量可以打开或关闭模式，如“捕捉”、“栅格”或“正交”。它们可以设置填充图案的默认比例。它们可以存储有关当前图形和程序配置的信息。有时是为了更改设置用户使用系统变量。在其他情况下，可以使用系统变量显示当前状态。

系统变量通常有 6～10 个字符长的缩写名称。

（4）AutoCAD 的坐标系

① 坐标系　AutoCAD 的缺省坐标系称为世界坐标系（WCS），但用户也可以定义自己的坐标系，即用户坐标系（UCS）。通常在二维视图中，WCS 的 *X* 轴水平，*Y* 轴垂直。WCS 的原点为 *X* 轴和 *Y* 轴的交点（0，0）。图形文件中的所有对象均由其 WCS 坐标定义。实际上，所有坐标输入以及其他许多工具和操作，均参照当前的 UCS。

② 定点设备及操作　在 AutoCAD 中可以使用各种定点设备，如三键鼠标、智能鼠标或数字化仪等。最常用的定点设备就是鼠标。在 AutoCAD 中，光标在屏幕中的显示形状取决于光标的位置。在绘图区以外光标显示为指针箭头；在绘图区内光标显示为靶框，表明光标处于待命状态；当 AutoCAD 提示选择一个点时，光标将变成十字形状；提示选择对象时，光标则变成一个小的方框形状；光标移到命令提示行窗口时，显示为 I 形状，此时可以输入命令或参数。

对于鼠标的各键的功能通常定义如下。

a. 鼠标左键：拾取键，用于在绘图区中指定点或选择对象。

b. 鼠标右键：快捷菜单键或确认键，用于当前命令的确认或打开快捷菜单。系统将根据当前绘图状态和光标位置的不同，显示不同的快捷菜单。

c. 滚轮与中键：转动滚轮可以快速实现图形的缩放，按下中键可以实现图形的实时平移，双击中键可以实现快速缩放到图形范围。

③ 坐标的输入　当命令行提示输入点时，可以使用定点设备指定点，也可以在命令行中输入坐标值。点的坐标可以用直角坐标（图 1-17）或极坐标（图 1-18）表示，坐标输入方式可以使用绝对坐标或相对坐标，绝对直角坐标是指某点相对于坐标原点在 *X*、*Y*、*Z* 轴方向的位移量，坐标值用 X，Y，Z 表示，坐标之间用逗号隔开。

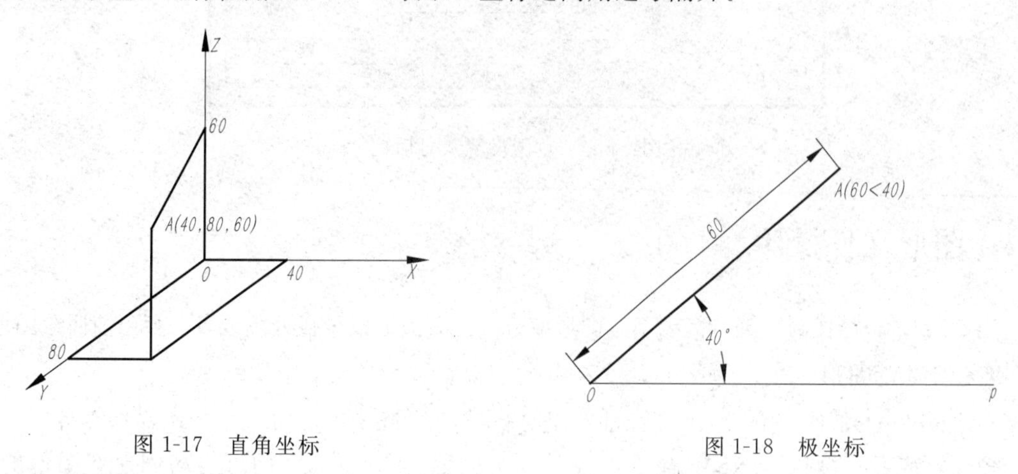

图 1-17　直角坐标　　图 1-18　极坐标

相对直角坐标是指某点相对于上一点在 *X*、*Y*、*Z* 轴方向的位移量。其输入格式如下。

绝对直角坐标：(X，Y，Z)

相对直角坐标：(@X，Y，Z)

绝对极坐标是指某点相对于原点移动的距离和角度。默认情况下，水平向右的角度值为0，逆时针度量的角度为正，顺时针度量的角度为负。相对极坐标是指某点相对于上一点移动的距离和角度。极坐标用距离、角度表示，其输入格式如下。

绝对极坐标：(距离<角度)

相对极坐标：(@距离<角度)

④ 动态输入　“动态输入”是在十字光标附近提供的一个命令界面，可使用户专注于绘图区域，而无需经常将目光移到命令提示行上，从而极大地方便了绘图操作。启用“动态输入”功能时，在光标附近显示的信息称为“工具栏提示信息”，它将随着光标的移动而动态更新。当某个命令处于活动状态时，可以在工具栏提示中输入参数值。

默认状态下 AutoCAD 2010 的“动态输入”功能是打开的。单击状态栏上的按钮或按功能键 F12，可以切换“动态输入”的打开和关闭。“动态输入”有 3 个组件：“指针输入”、“标注输入”和“动态提示”。“指针输入”用于输入坐标值，“标注输入”用于输入距离和角度。在按钮上单击鼠标右键，选择“设置”命令，进入“草图设置”对话框，在“动态输入”选项卡中，可以设置“动态输入”的格式和显示内容，如图 1-19 所示。

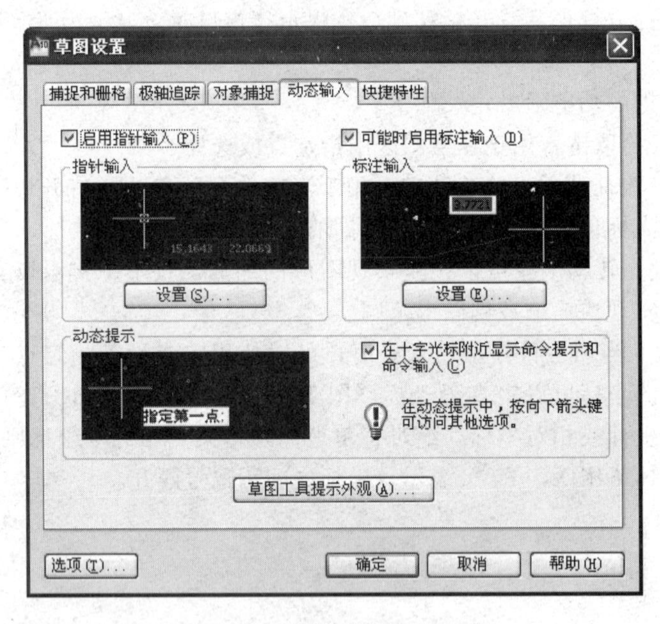

图 1-19　“草图设置”对话框

1.4　图形文件操作

用 AutoCAD 绘图时，经常需要新建图形或打开已有图形以进行处理或者保存当前所绘图形。

1.4.1　创建新图形

在 AutoCAD 2010 中，单击“标准”工具栏上的“新建”按钮，或者选择“文件”|“新建”命令，或者直接执行 NEW 命令，或者按快捷键“Ctrl+N”均可启动创建新图形的操作。创建新图形操作如下：

执行 NEW 命令，AutoCAD 打开“选择样板”对话框，如图 1-20 所示。单击“打开”按钮右侧的▾按钮，在下拉选项选择如图 1-21 所示的选项。我国国家标准规定机械图样的单位为 mm，故在这里应选用公制。

图 1-20　“选择样板”对话框

图 1-21　下拉选项

1.4.2　打开已有图形

在 AutoCAD 2010 中，单击“标准”工具栏上的“打开”按钮，或者选择“文件”|“打开”命令，或者直接执行 OPEN 命令，或者按快捷键“Ctrl+O”均可启动打开已有图形的操作。打开图形操作如下：

执行 OPEN 命令，AutoCAD 打开“选择文件”对话框，如图 1-22 所示。用户选择要打开的文件后，可通过此对话框“打开”按钮右侧的▾按钮打开如图 1-23 所示的对话框，选择打开文件的方式。

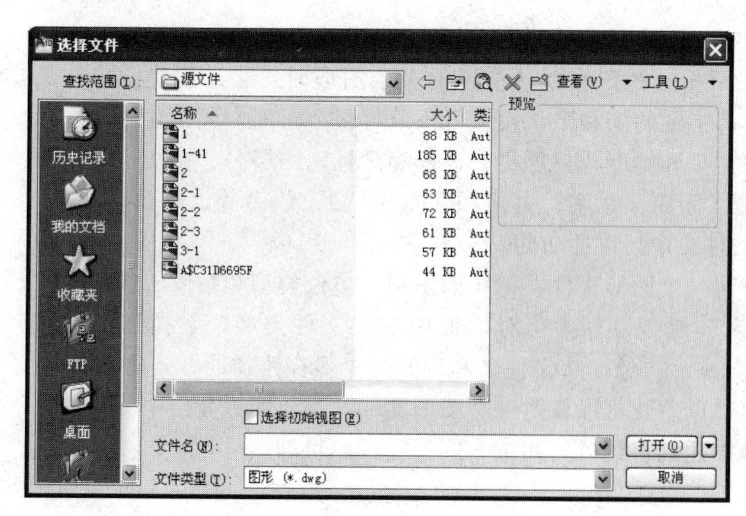

图 1-22　“选择文件”对话框

打开(O)
以只读方式打开(R)
局部打开(P)
以只读方式局部打开(T)

图 1-23　“打开方式”选择对话框

1.4.3　保存图形

在 AutoCAD 2010 中，如果所建图形文件是第一次保存，单击“标准”工具栏上的“保

存”按钮，或者选择“文件”|“保存”命令，或者直接执行QSAVE命令，或者按快捷键“Ctrl+S”均可启动“图形另存为”对话框。保存图形操作如下：

执行QSAVE命令，如果当前图形没有命名保存过，AutoCAD打开“图形另存为”对话框，如图1-24所示。

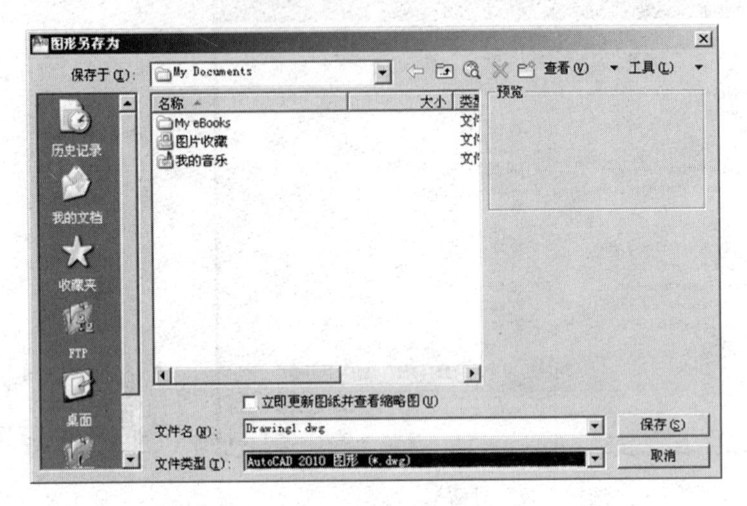

图1-24 “图形另存为”对话框

在该对话框中可以指定文件的类型、文件名和文件的保存位置，单击“保存”按钮，即可完成保存图形操作。

如果执行QSAVE命令前已对当前绘制的图形命名保存过，那么执行QSAVE后，AutoCAD直接以原文件名保存图形，不再要求用户指定文件的保存位置和文件名。如果要保存一个已存文件的副本（即文件已经存在，要换个名字或换个位置保存）时，则可单击“文件”|“另存为”命令或在命令行输入“saveas”均可打开如图1-24所示的对话框。

1.4.4 样板文件

图形样板文件通过提供标准样式和设置来保证用户创建的图形的一致性。图形样板文件的扩展名为*.dwt。需要创建使用相同约定和默认设置的多个图形时，通过创建或自定义图形样板文件而不是每次启动时都指定约定和默认设置可以节省很多时间。通常存储在样板文件中的约定和设置包括：单位类型和精度、标题栏、边框和徽标、图层名、捕捉、栅格和正交设置、栅格界限、注释样式（标注、文字、表格和多重引线）、线型等。默认情况下，图形样板文件存储在template文件夹中，以便访问。

图形样板文件创建可以在新建一个图形文件，把比如图层、单位类型和精度、注释样式等设置好后用“文件”|“另存为”在“另存为”对话框中的“文件类型”下拉框中选择“AutoCAD图形样板（*.dwt)”项后再给一个文件名和选择一个保存路径的方式建立。

在使用时，只需打开样板文件以后就可以新建一个图形文件，在该图形文件中就已经包含了在样板文件中创建的内容，以达到节约时间和统一图形样式的目的。

1.5 指定点的位置

1.5.1 指定点的位置的方法

(1) 用鼠标在屏幕上拾取点

具体过程为：移动鼠标，使光标移到相应的位置（AutoCAD 一般会在状态栏动态地显示出光标的当前坐标），单击鼠标拾取键（一般为鼠标左键）。通常把这种确定点的过程称为在屏幕上拾取点。

（2）利用对象捕捉方式捕捉特殊点

使用对象捕捉可指定对象上的精确位置。利用 AutoCAD 提供的对象捕捉功能，可使用户准确地捕捉到一些特殊点，例如圆心、切点、中点、交点等。

不论何时提示输入点，都可以指定对象捕捉。默认情况下，当光标移到对象的对象捕捉位置时，将显示标记和工具提示。此功能称为 AutoSnap（自动捕捉），提供了视觉提示，指示哪些对象捕捉正在使用。

在提示输入点时指定对象捕捉，可以按住“SHIFT”或“Ctrl”键并单击鼠标右键以显示“对象捕捉”快捷菜单，如图 1-25 所示，或者单击“对象捕捉”工具栏上的对象捕捉按钮（如图 1-26 所示），也可在状态栏的“对象捕捉”按钮上单击鼠标右键，在弹出的快捷菜单（如图 1-27 所示）中单击对象捕捉按钮，还可在命令提示下输入对象捕捉的名称。输入名称的前三个字符来指定一个或多个对象捕捉模式。如果输入多个名称，名称之间以逗号分隔。名称与英文对照如表 1-1 所示。

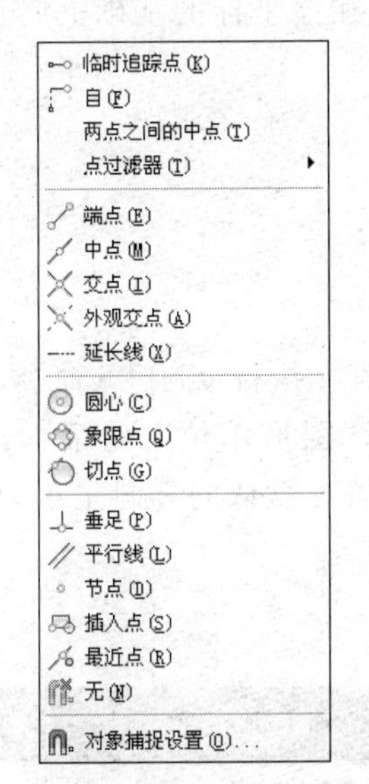

图 1-25　“对象捕捉”快捷菜单

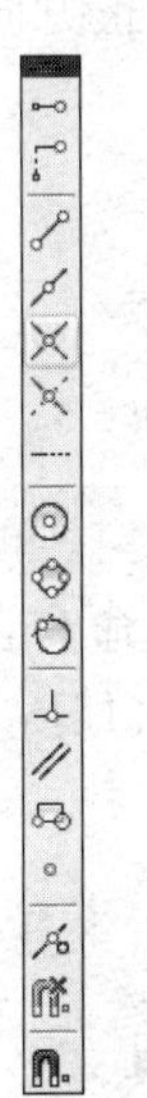

图 1-26　“对象捕捉”工具栏

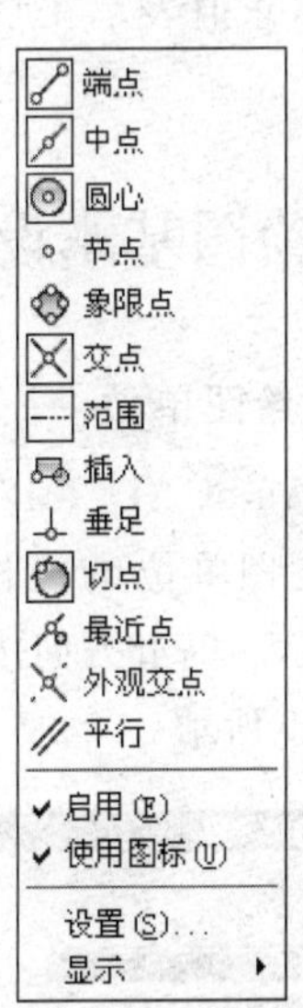

图 1-27　快捷菜单

注意：仅当提示输入点时，对象捕捉才生效。在提示输入点时指定对象捕捉后，对象捕捉只对指定的下一点有效。如果尝试在命令提示下使用对象捕捉，将显示错误消息。

表 1-1　“对象捕捉”名称对照

名称	端点	圆心	切点	中点	节点	最近点	交点
英文	END	CEN	TAN	MID	NOD	NEA	INT
名称	象限点	平行	延伸	插入点	外观交点	垂足	
英文	QUA	PAR	EXT	INS	APP	PER	

（3）通过键盘输入点的坐标

当通过键盘输入点的坐标时，既可以采用绝对坐标模式，也可以采用相对坐标模式，而且每一种坐标模式又有直角坐标、极坐标等之分。

1.5.2 绝对坐标

点的绝对坐标是指相对于当前坐标系原点的坐标。绘图时，有直角坐标和极坐标两种形式。

（1）直角坐标

直角坐标用点的 X、Y 及 Z 坐标值表示该点，且各坐标值之间用英文逗号隔开［如（10，15，20）］。绘制二维图形时，点的 Z 坐标为 0，且用户不需要输入 Z 坐标值［如（20，40）］。

（2）极坐标

极坐标包括长度和角度两个值，它只能表达二维点的坐标。极坐标表示方法为：距离〈角度（如 50〈30）。

1.5.3 相对坐标

相对坐标是指相对于前一坐标点（而非坐标系的原点）的坐标。相对坐标也有直角坐标、极坐标等形式，其输入格式与绝对坐标相同，但要在输入的坐标前加符号“@”（如@50，100；@30〈60）。表示在 *X*，*Y*，*Z* 三个方向的增量或在距离和角度方向的增量，值可正可负。正值表示在原坐标的基础上向正方向延伸，负值表示在原坐标的基础上向负方向延伸。

1.6 绘图基本设置

1.6.1 绘图单位

在 AutoCAD 2010 中，选择“格式”|“单位”命令，或者直接执行 UNITS 命令，可启动设置绘图单位的操作。执行 UNITS 命令，AutoCAD 打开“图形单位”对话框，如图 1-28 所示。单击方向按钮打开方向控制窗口，可以进行方向设置，默认的方向是东为 0 度。如图 1-29 所示。

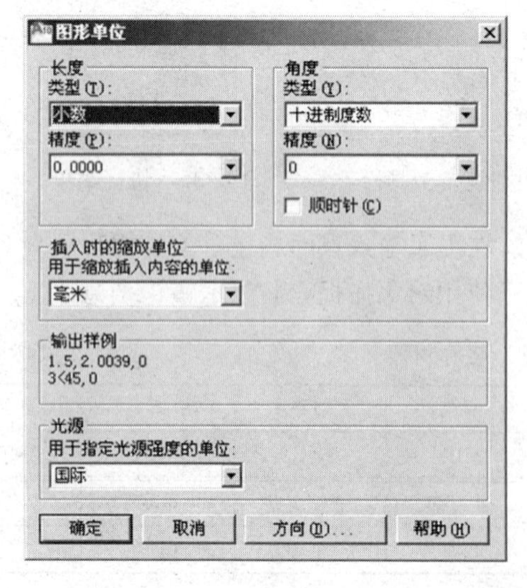

图 1-28 “图形单位”对话框

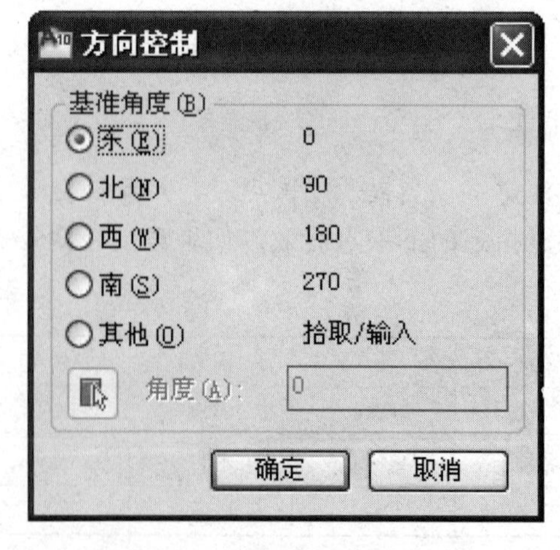

图 1-29 “方向控制”对话框

提示：根据机械制图国家标准规定，长度的单位是 mm，精度一般精确到 0.01mm 即可；角度用十进制度数，精确到 0.1°。

1.6.2　图形界限

在 AutoCAD 2010 中，选择“格式”|“图形界限”命令，或者直接执行 LIMITS 命令，可启动设置图形界限（即绘图范围）的操作。执行 LIMITS 命令，AutoCAD 提示如下。

指定左下角点或［开（ON）/关（OFF）］〈0.0000，0.0000〉：

（1）“指定左下角点”

指定图形界限的左下角位置。如果直接按 Enter 键或 Space 键则采用默认值。指定图形界限的左下角位置后，AutoCAD 提示如下。

重新设置模型空间界限：

指定左下角点或［开（ON）/关（OFF）］〈0.0000，0.0000〉：

指定右上角点〈420.0000，297.0000〉：

提示：［ ］内表示可选项，〈 〉内表示默认项或值。要根据国家标准《机械制图》对图纸幅面和图框格式的有关规定进行设置。

（2）“开（ON）”、“关（OFF）”

“开（ON）”选项用于打开绘图范围检验功能，即执行该选项后，用户只能在设定的图形界限内绘图，如果所绘图形超出界限，AutoCAD 将拒绝执行，并给出相应的提示信息。“关（OFF）”选项用于关闭 AutoCAD 的图形界限检验功能。执行该选项后，用户所绘图形的范围不再受所设图形界限的限制。

1.6.3　系统变量

AutoCAD 系统变量用于控制 AutoCAD 的一些绘图设置。每一个系统变量都有对应的数据类型，例如整数、实数、字符串和开关类型等，其中开关类型变量有 On（开）或 Off（关）两个值，这两个值也可以分别用 1 和 0 表示。

用户可以浏览、更改系统变量的值，但有些系统变量是只读变量，不允许更改。浏览、更改系统变量值的方法通常为：在命令窗口中，在“命令：”提示后输入系统变量的名称并按 Enter 键或 Space 键，AutoCAD 会显示出该系统变量的当前值。如果系统变量可改，此时用户可以输入新的值。

1.6.4　绘图窗口与文本窗口的切换

用 AutoCAD 绘图时，有时需要切换到文本窗口，以查看相关的文字信息和提示信息；或执行命令后自动切换到文本窗口，此时，需要转换到绘图窗口。利用 F2 可以实现文本窗口与绘图窗口之间的转换。

1.7　帮助

AutoCAD 2010 提供了强大的帮助功能，用户在绘图时可以随时使用帮助。如图 1-30 所示是 AutoCAD 2010 的“帮助”菜单。

选择“帮助”菜单中的“帮助”命令或按 F1 键，AutoCAD 弹出“AutoCAD 2010 帮助”窗口，如图 1-31 所示。用户可以通过此窗口得到相关的帮助信息，了解 AutoCAD 2010 提供的全部命令和系统变量的功能与使用方法。

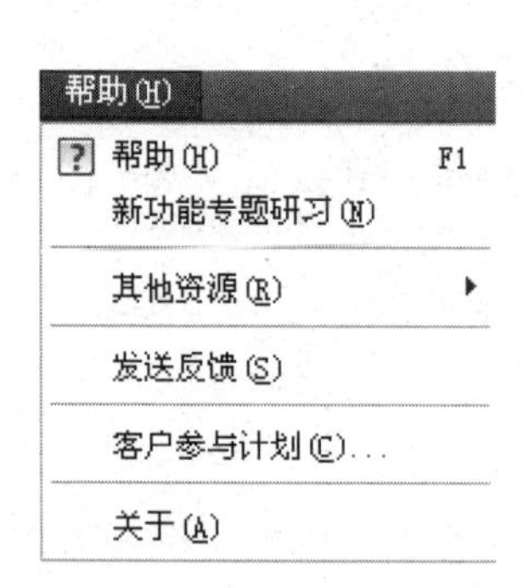

图 1-30 “帮助”下拉菜单

图 1-31 “帮助”窗口

思考与练习

1. AutoCAD 2010 工作界面主要元素有__________________________________。

2. 要设置图形文件的自动保存间隔时间，应选择菜单____________，单击后即可打开____________对话框，选择对话框中的________________卡片进行设置。

3. 坐标的常用表示法有________________和________________两大类，每一类又可分为________________和________________。

4. 在 AutoCAD 2010 中使用对象捕捉的方法有几种？

5. AutoCAD 2010 的工作界面由哪几部分组成？

6. AutoCAD 2010 中常用的命令输入方式有几种？

7. 在 AutoCAD 2010 中如何调出所需的工具栏？

8. 练习 AutoCAD 2010 的安装方法。

9. 练习绘图单位的设置与方向的调整。

10. 练习图形界限的设置。

11. 练习 AutoCAD 2010 的帮助的使用。

第2章　AutoCAD 2010 绘图初步

2.1　对象特性

绘制的每个对象都具有特性。某些特性是基本特性，适用于大多数对象，例如图层、颜色、线型和打印样式。有些特性是特定于某个对象的特性，例如，圆的特性包括半径和面积，直线的特性包括长度和角度。

大多数基本特性可以通过图层指定给对象，也可以直接指定给对象。如果将特性设置为值“BYLAYER”，则将为对象指定与其所在图层相同的值。例如，如果将在图层0上绘制的直线的颜色指定为“BYLAYER”，并将图层0的颜色指定为“红”，则该直线的颜色将为红色。如果将特性设置为一个特定值，则该值将替代为图层设置的值。例如，如果将在图层0上绘制的直线的颜色指定为“蓝”，并将图层0的颜色指定为“红”，则该直线的颜色将为蓝色。

2.1.1　图层

图层是图形中使用的主要组织工具。可以使用图层将信息按功能编组，也可以强制执行线型、颜色及其他标准。AutoCAD的图层是具有相同坐标系的透明的电子纸，它们一层一层地叠放在一起，用户可以根据需要增加和删除图层。每层均可以拥有任意的AutoCAD颜色、线型和线宽，而在该层上创建的对象则缺省地采用这些颜色、线型和线宽。当然，也可通过适当的设置不使用图层的颜色、线型和线宽。通过将不同性质的对象（如图形的不同部分、尺寸等）放置在不同的图层上，可方便地通过控制层的特性（冻结、锁定或关闭等）显示和编辑对象。通过创建图层，可以将类型相似的对象指定给同一图层以使其相关联。例如，可以将构造线、文字、标注和标题栏置于不同的图层上。然后可以控制以下各项：图层上的对象在任何视口中是可见还是暗显、是否打印对象以及如何打印对象、为图层上的所有对象指定何种颜色、为图层上的所有对象指定何种默认线型和线宽、是否可以修改图层上的对象、对象是否在各个布局视口中显示不同的图层特性。

每个图形均包含一个名为0的图层。无法删除或重命名图层0。该图层有两种用途：确保每个图形至少包括一个图层、提供与块中的控制颜色相关的特殊图层。建议用户创建几个新图层来组织图形，而不是在图层0上创建整个图形。

2.1.2　图层的创建与使用

（1）命令

菜单栏：“格式”|“图层”

“图层”工具栏：

命令行：LAYER（或la）

（2）命令的执行

执行该命令，AutoCAD弹出如图2-1所示对话框。

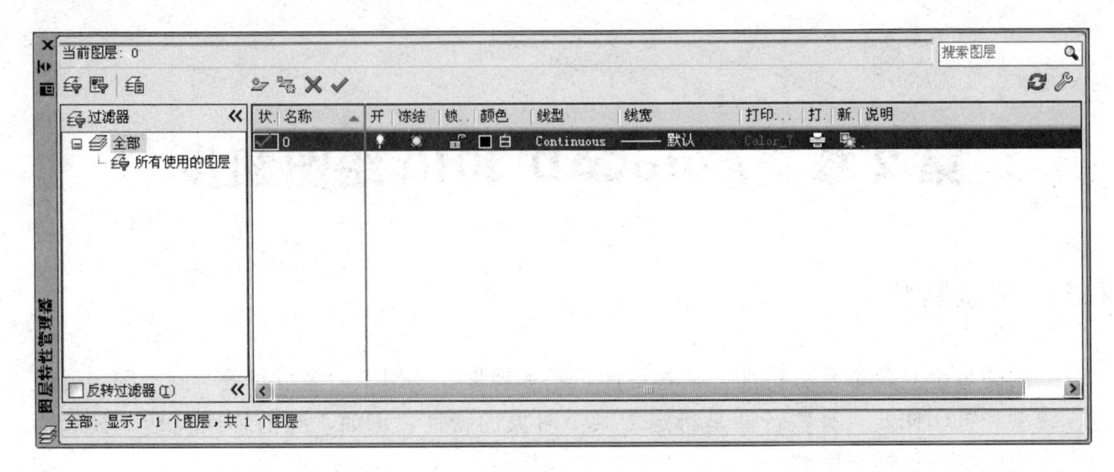

图 2-1 “图层特性管理器”对话框

当用户使用 AutoCAD 的作图工具绘制对象时，该对象将位于当前图层上。

“图层特性管理器”对话框中各按钮及文本的含义如下。

① 新建特性过滤器：显示“图层过滤器特性”对话框，从中可以根据图层的一个或多个特性创建图层过滤器。

② 新建组过滤器：创建图层过滤器，其中包含选择并添加到该过滤器的图层。

③ 图层状态管理器：显示图层状态管理器，从中可以将图层的当前特性设置保存到一个命名图层状态中，以后可以再恢复这些设置。

④ 新建图层：创建新图层。列表将显示名为 LAYER1 的图层。该名称处于选定状态，因此可以立即输入新图层名。新图层将继承图层列表中当前选定图层的特性（颜色、开或关状态等）。新图层将在最新选择的图层下进行创建。

⑤ 在所有视口中都被冻结的新图层视口：创建新图层，然后在所有现有布局视口中将其冻结。可以在“模型”选项卡或布局选项卡上访问此按钮。

⑥ 删除图层：删除选定图层。只能删除未被参照的图层。参照的图层包括图层 0 和 DEFPOINTS、包含对象（包括块定义中的对象）的图层、当前图层以及依赖外部参照的图层。局部打开图形中的图层也被视为已参照并且不能删除。

注意：如果绘制的是共享工程中的图形或是基于一组图层标准的图形，删除图层时要小心。

⑦ 置为当前：将选定图层设置为当前图层。将在当前图层上绘制创建的对象。（CLAYER 系统变量）

⑧ 当前图层：显示当前图层的名称。

⑨ 搜索图层：输入字符时，按名称快速过滤图层列表。关闭图层特性管理器时，不保存此过滤器。

⑩ 状态行：显示当前过滤器的名称、列表视图中显示的图层数和图形中的图层数。

⑪ 反向过滤器：显示所有不满足选定图层特性过滤器中条件的图层。

⑫ 指示正在使用的图层：在列表视图中显示图标以指示图层是否正被使用。在具有多个图层的图形中，清除此选项可提高性能。（SHOWLAYERUSAGE 系统变量）

⑬ 刷新：通过扫描图形中的所有图元来刷新图层使用信息。

⑭ 设置：显示“图层设置”对话框，从中可以设置新图层通知设置、是否将图层过

滤器更改应用于“图层”工具栏以及更改图层特性替代的背景色。

⑮ 名称：显示图层或过滤器的名称。按 F2 键输入新名称。

⑯ 开：打开和关闭选定图层。当图层打开时，它可见并且可以打印。当图层关闭时，它不可见并且不能打印，即使已打开“打印”选项。

⑰ 冻结：冻结所有视口中选定的图层，包括“模型”选项卡。可以冻结图层来提高 ZOOM、PAN 和其他若干操作的运行速度，提高对象选择性能并减少复杂图形的重生成时间。将不会显示、打印、消隐、渲染或重生成冻结图层上的对象。冻结希望长期不可见的图层。如果计划经常切换可见性设置，请使用“开/关”设置，以避免重生成图形。可以在所有视口、当前布局视口或新的布局视口中（在其被创建时）冻结某一个图层。

⑱ 锁定：锁定和解锁选定图层。无法修改锁定图层上的对象。

⑲ 颜色：更改与选定图层关联的颜色。单击颜色名可以显示“选择颜色”对话框。

⑳ 线型：更改与选定图层关联的线型。单击线型名称可以显示“选择线型”对话框。

㉑ 线宽：更改与选定图层关联的线宽。单击线宽名称可以显示“线宽”对话框。

㉒ 打印样式：更改与选定图层关联的打印样式。如果正在使用颜色相关打印样式（PSTYLEPOLICY 系统变量设置为 1），则无法更改与图层关联的打印样式。单击打印样式可以显示“选择打印样式”对话框。

㉓ 打印：控制是否打印选定图层。即使关闭图层的打印，仍将显示该图层上的对象。将不会打印已关闭或冻结的图层，而不管“打印”设置。

㉔ 新视口冻结：在新布局视口中冻结选定图层。例如，在所有新视口中冻结 DIMENSIONS 图层，将在所有新创建的布局视口中限制该图层上的标注显示，但不会影响现有视口中的 DIMENSIONS 图层。如果以后创建了需要标注的视口，则可以通过更改当前视口设置来替代默认设置。

2.1.3 图层状态

如果用户建立了大量的图层，并且图形很复杂，AutoCAD 提供了两种方法来控制图层的状态。一种是使用前面介绍的“图层特性管理器”对话框；另外一种是使用“对象特性”工具栏中的“图层控制”工具。当用户单击该工具右侧的下拉列表时，系统将显示图层列表，单击选取下拉列表中各符号即可修改各图层的状态，如图 2-2 所示。

一个图层可以由 6 种状态和条件表示其特征，即打开/关闭、锁定/解锁、冻结/解冻，其意义如下。

① 打开/关闭：当图层打开时，该图层可见且可在其上画图。对于关闭的图层，位于该图层上的内容不可见。

② 冻结/解冻：冻结图层不可见且不能在其上绘制对象，可通过“图层特性管理器”对话框分别设置在所有视口（用于模型空间）、当前视口或新视口（仅用于图纸空间的浮动视口）冻结/解冻图层。

③ 锁定/解锁：通常情况下，图层是解锁的。如果锁定了某个图层，将不能在该图层上编辑对象，但该层上的对象仍可看到。

当正在编辑图形中比较密集的区域时，可以关闭图层来抑制对象的显示。若想使对象不可见或不进行刷新时，就可以冻结图层。若想使对象可以看见以便引用，但又不想使对象为可选取时，可加锁图层。

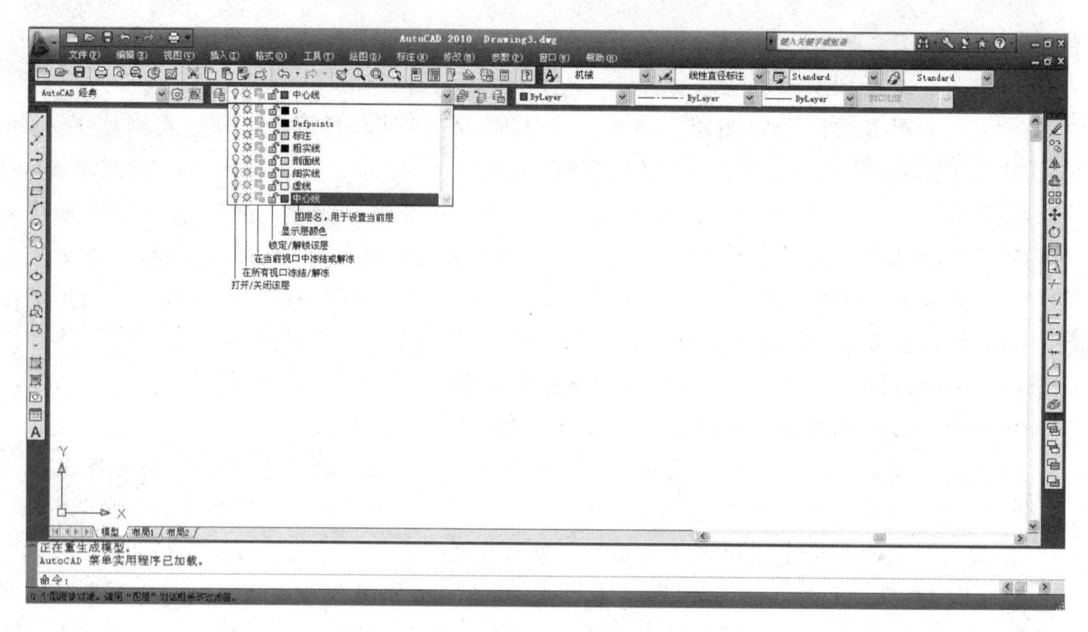

图 2-2　利用图层列表框修改图层状态

2.1.4　颜色

(1) 命令

菜单栏："格式"|"颜色"

命令行：COLOR（或 'color，作透明使用）

(2) 命令的执行

执行该命令，AutoCAD 弹出如图 2-3 所示对话框。

用户根据自己的需要可以选择自己的图线颜色，颜色选取时可以在索引颜色选项卡中选择，也可在真彩色或配色系统中选择，一般直接在索引颜色选项卡中来选取。

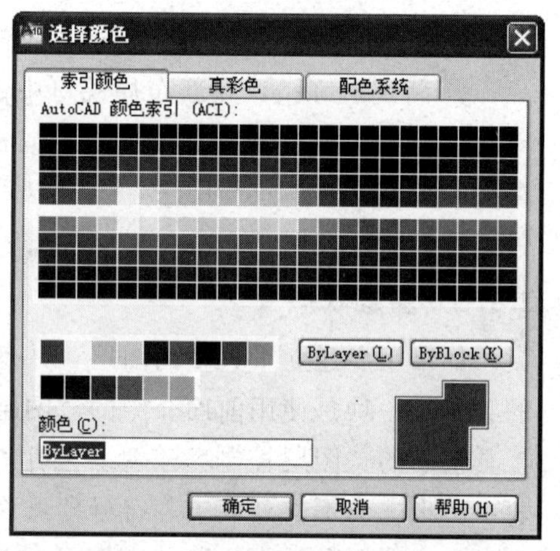

图 2-3　"选择颜色"对话框

国家标准 CAD 工程制图规则（GB/T 18229—2000）关于颜色的定义也做了规定，如表 2-1 所示，对国家标准没有规定的图线推荐如下：剖面线—青色（索引色 4）；辅助线和构造线—蓝色（索引色 5）。

表 2-1　国家标准关于图线颜色的规定

图线类型		屏幕上的颜色
粗实线		白色
细实线		绿色
波浪线		
双折线		
虚线		黄色
细点画线		红色
粗点画线		棕色
双点画线		粉红色

2.1.5 线型

(1) 命令

菜单栏："格式"|"线型"

命令行：LINETYPE（或 'linetype，用于透明使用）

(2) 命令的执行

执行该命令，AutoCAD 弹出如图 2-4 所示对话框。

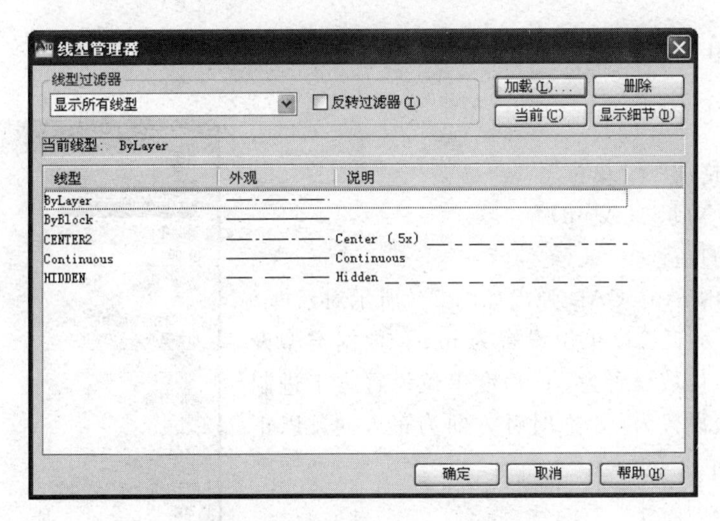

图 2-4 "线型管理器"对话框

线型是由虚线、点和空格组成的重复图案，显示为直线或曲线。可以通过图层将线型指定给对象，也可以不依赖图层而明确指定线型。除选择线型外，还可以将线型比例设置为控制虚线和空格的大小，也可以创建自己的自定义线型。如果在线型列表中没有所需的线型，可以单击加载进行线型的加载。

国家标准关于线型也做了相应的规定，我们推荐选择如表 2-2 所示的线型。

表 2-2 推荐选取线型

线型	实线	点画线（中心线）	虚线	双点画线
所选线型	Continuous	CENTER	DASHED	DIVIDE

2.1.6 线宽

(1) 命令

菜单栏："格式"|"线宽"

命令行：LWEIGHT（或 'lweight，用于透明使用）

(2) 命令的执行

执行该命令，AutoCAD 弹出如图 2-5 所示对话框。

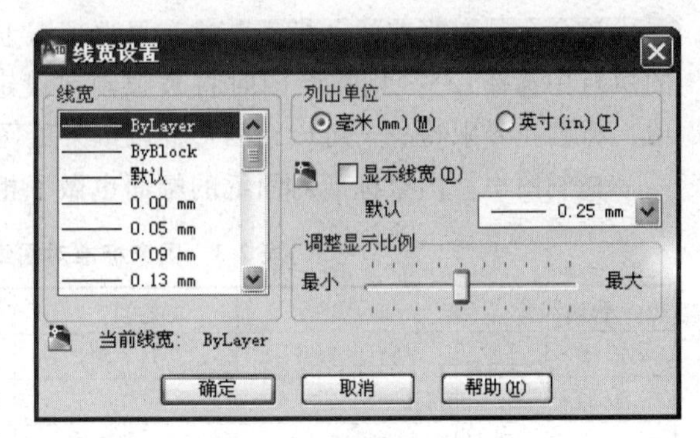

图 2-5 "线宽设置"对话框

线宽是指定给图形对象以及某些类型的文字的宽度值。使用线宽，可以用粗线和细线清楚地表现出截面的剖切方式、标高的深度、尺寸线和刻度线，以及细节上的不同。例如，通过为不同的图层指定不同的线宽，可以轻松区分新建构造、现有构造和被破坏的构造。除非选择了状态栏上的“显示/隐藏线宽”按钮，否则将不显示线宽。具有线宽的对象将以指定线宽值的精确宽度打印。这些值的标准设置包括“BYLAYER”、“BYBLOCK”和“默认”。它们可以以 in 或 mm 为单位显示，默认单位为 mm。所有图层初始设置为 0.25mm，由 LWDEFAULT 系统变量控制。

在这里我们推荐粗线的宽度取 0.5mm 或 0.7mm，故对应的细线宽度为 0.25mm 或 0.35mm。

2.2 绘图单位设置

(1) 命令

菜单栏：“格式”|“单位”

命令行：UNITS（或 un）

(2) 命令的执行

执行该命令，AutoCAD 弹出如图 2-6 所示对话框。

如图 2-6 所示，长度单位设置为 mm，数据类型设置为小数，小数位数设置为 2；角度单位设置为十进制度数，小数位数设置为 0，逆时针方向为正方向，以正东方向为 0°方向。

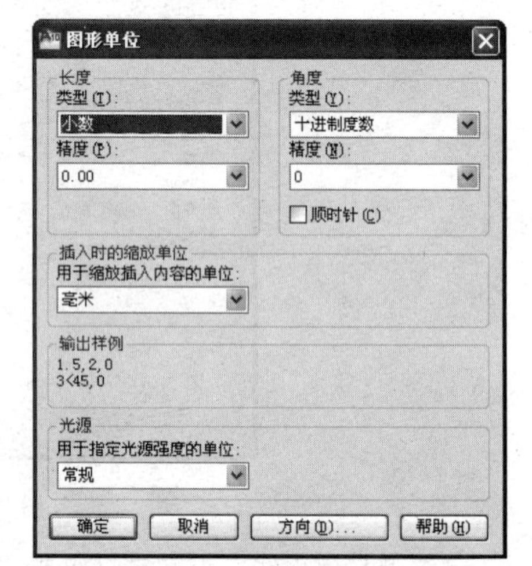

图 2-6 “图形单位”对话框

2.3 图形界限

(1) 命令

菜单栏：“格式”|“图形界限”

命令行：LIMITS

(2) 命令的执行

执行该命令，AutoCAD 提示如下。

命令：'_limits

重新设置模型空间界限：

指定左下角点或[开（ON)/关（OFF)]〈0.00，0.00〉(回车为接受默认值)：

指定右上角点〈841.00，594.00〉：

该命令是在当前的“模型”或布局选项卡上，设置并控制栅格显示的界限。如果在命令的执行中选择 ON，则在绘图时将被限制在设定的栅格区域内进行绘图；选择 OFF（默认值）将禁止界限检查，可以在图形界限以外绘图。

在制图中，国家标准对图纸的幅面也做了相应的规定，如表 2-3 所示。

表 2-3 国家标准对图纸幅面及图框的规定 mm

幅面代号	A0	A1	A2	A3	A4
B×L	841×1189	594×841	420×594	297×420	210×297
e	20		10		
c	10			5	
a	25				

2.4　图形显示控制

在使用 AutoCAD 绘图时，经常需要对所画图形进行放缩、移动、重画、重生成，有时还可能需要同时打开多个窗口，然后通过各个窗口观察图形的不同部分，AutoCAD 提供了图形显示控制命令，并且这些命令都可以透明使用，极大地方便了用户绘图。

2.4.1　视图

(1) 命令

菜单栏：“视图” | “命名视图”

命令行：VIEW（或 V）

(2) 命令的执行

执行该命令，AutoCAD 弹出如图 2-7 所示对话框。

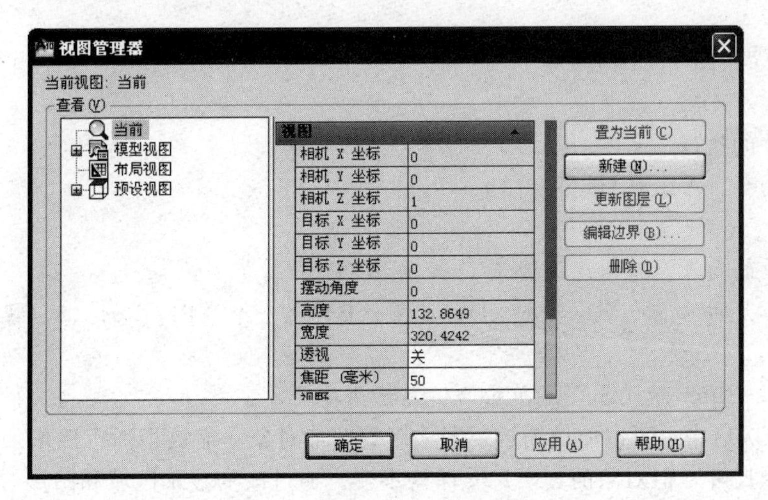

图 2-7　“视图管理器”对话框

按名称保存特定视图后，可以在布局和打印或者需要参考特定的细节时恢复它们。可以使用 VIEW 或 CAMERA 命令创建和保存视图。使用 VIEW 命令创建的命名视图包含特定的比例、位置和方向。在每个图形任务中，可以恢复每个视口中显示的最后一个视图，最多可恢复前 10 个视图。命名视图和相机随图形一起保存并可以随时使用。在构造布局时，可以将命名视图或相机恢复到布局视口中。

命名视图是指可以将某一显示画面的状态（其中包括画面宽度、高度、坐标系设置以及 3D 视图中的一些设置等）以某个名称保存起来，然后在需要时将其恢复成为当前显示，从而达到加快操作的目的。

2.4.2　视口

(1) 命令

菜单栏：“视图” | “视口”

命令行：VPORTS

(2) 命令的执行

执行该命令，AutoCAD 提示如下。

命令：-vports

输入选项［保存（S）/恢复（R）/删除（D）/合并（J）/单一（SI）/？/2/3/4］〈3〉：

输入配置选项［水平（H）/垂直（V）/上（A）/下（B）/左（L）/右（R）］〈右〉：

正在重生成模型。

在“模型”选项卡上，可将绘图区域拆分成一个或多个相邻的矩形视图，称为模型空间视口。视口是显示用户模型的不同视图的区域。在大型或复杂的图形中，显示不同的视图可以缩短在单一视图中缩放或平移的时间。而且，在一个视图中出现的错误可能会在其他视图中表现出来。

在进行绘图工作时，还可能经常需要将图形的不同部分放置在不同的窗口中，从而使操作更容易。例如可以在第一个窗口编辑某一图形区域，而在第二个窗口观察整幅图形等，每个窗口即被称为一个视口。

2.4.3 图形缩放

（1）命令

菜单栏：“视图”|“缩放”

命令行：ZOOM（或 Z）

（2）命令的执行

执行该命令，AutoCAD 提示如下。

命令：'_zoom

指定窗口的角点，输入比例因子（nX 或 nXP），或者

［全部（A）/中心点（C）/动态（D）/范围（E）/上一个（P）/比例（S）/窗口（W）/对象（O）］〈实时〉：

按 Esc 或 Enter 键退出，或单击右键显示快捷菜单。

在 AutoCAD 中，可以通过缩放视图来观察图形对象。缩放视图可以增加或减少图形对象的屏幕显示尺寸，但对象的真实尺寸保持不变。通过改变显示区域和图形对象的大小可以更准确、详细地观看和绘制视图。

缩放命令其各选项意义如下。

① 全部（A）：用于在当前视口显示整个图形，大小取决于图形界限设置或有效绘图区域，这是因为用户可能没有设置图限或有些图形超出了绘图区域。在三维视图中，“全部（A）”和“范围（E）”作用相同。该选项引起视图重新生成。

② 中心点（C）：该选项要求确定一个中心点，然后给出缩放系数（后跟字母 X）和一个高度值。之后，AutoCAD 就缩放中心点区域的图形，并按缩放系数或高度值显示图形，所选的中心点成视口的中心点。如要保持中心点不变，而只想改变缩放系数或高度值，则在新的“中心点”提示符下按“回车”键即可。

③ 动态（D）：这一选项集成了 PAN 命令与 ZOOM 命令中的“全部（A）”和“窗口（W）”选项的功能。选用该选项时，系统将显示一平移观察框。拖动它至适当位置并单击，则 ZOOM 观察框出现，此时可调整观察框尺寸。随后，如单击鼠标左键，则系统将再次显示 PAN 观察框；否则，如果按回车或鼠标右键，系统将利用该观察框的内容填充视口。

④ 范围（E）：该选项将图形在视口内最大限度地显示出来。由于它总是引起视图重新生成，所以该选项不能透明执行。

⑤ 上一个（P）：这一选项用于恢复当前视口内上一次显示的图形。AutoCAD 最多可恢复上 10 次所显示的图形。

⑥ 比例（S）（nX/nXP）：该选项将当前视口中心作为中心点，并且依据输入的相关参数值进行缩放。输入值必须是下列三类之一：不带任何后缀的数值用来相对于图限缩放图形；数值后跟字母 X，表示相对于当前视图进行缩放；数值后跟 XP 表示相对于图纸空间缩放当前视口。

⑦ 窗口（W）：该选项用于缩放一个由两个对角点所确定的矩形区域。

⑧ 实时：按住光标向上或向左移动放大视图，按住光标向下或向右移动缩小视图。

另外，还可以利用三键鼠标的中间滚轮进行缩放，当将滚轮向上转动时，以当前光标为中心放大；反之为缩小。在使用时要格外注意光标的位置。

2.4.4 平移

(1) 命令

菜单栏："视图"|"平移"

命令行：PAN（或 P）

"标准"工具栏：

(2) 命令的执行

执行该命令，AutoCAD 提示如下。

命令：'_pan（执行后鼠标指针变为一个手形后，按住鼠标左键后拖动即可）

按 Esc 或 Enter 键退出，或单击右键显示快捷菜单。

PAN 命令可重新定位图形，以便看清图形的其他部分。通过 PAN 的"实时"选项，可以通过移动定点设备进行动态平移。与使用相机平移一样，PAN 不会更改图形中的对象位置或比例，而只是更改视图。另外将鼠标中间滚轮按住移动鼠标也可以实现平移。

2.4.5 重画和重新生成

命令如下。

菜单栏："视图"|"重画"|"重生成"

命令行：REDRAWALL/REGEN

"重画"命令用于快速刷新当前视口中的内容，去掉所有临时点标记和编辑图形时的残留痕迹；"重生成"命令用于在当前视口中重新生成整个图形，并重新计算所有对象的屏幕坐标。并且重新创建图形数据库索引，从而优化显示和对象选择的性能。

2.5 精确绘图

2.5.1 "捕捉"、"栅格"与"正交"

(1) 命令

状态栏： / /

功能键：F9/F7/F8

(2) 命令的执行

执行命令后，在 AutoCAD 的命令行均有提示内容出现，在操作时要格外注意命令行里的提示内容。

“捕捉”功能用于限制光标的移动方式，使其按用户定义的间距即栅格移动。当模式打开（处于按下即图标较亮）时，光标附着到栅格点上。“捕捉”和“栅格”模式各自独立，但经常配合使用。“栅格”是分布在图形界限区域内的点阵，类似于坐标纸，起对齐定位作用。单击状态栏上的图标或按 F7 键可切换栅格的显示与关闭。栅格不被打印。

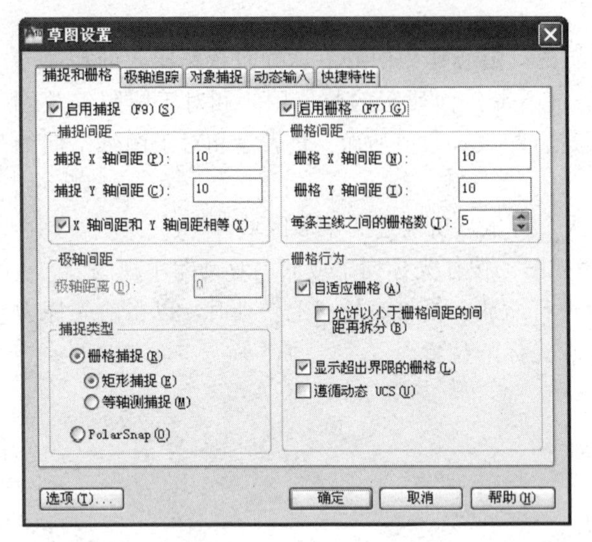

图 2-8 “草图设置”对话框中“捕捉和栅格”选项卡

把光标置于状态栏“捕捉”或“栅格”图标上，单击右键，打开“草图设置”对话框，可以在“捕捉和栅格”选项卡中对“栅格”与“捕捉”的参数进行设置，其中的“等轴测捕捉”类型用于等轴测图的绘制，如图 2-8 所示。

使用“正交”功能，可以将光标限制在水平或垂直方向上，以便精确地创建和修改对象。由于工程制图中大多数图线都是水平线和垂直线，所以“正交”模式在工程制图中使用十分广泛。单击状态栏上的或按 F8 键，可以打开或关闭“正交”模式。

2.5.2 极轴追踪

（1）命令

状态栏：

功能键：F10

（2）命令的执行

执行命令后，在 AutoCAD 的命令行均有提示内容出现，在操作时要注意命令行里的提示内容。

使用“极轴追踪”，可以很轻松地绘制一个距定点相对位置和角度的对象。可通过单击状态栏上的图标或按 F10 键打开或关闭极轴追踪，DDRMODES 命令也可用于极轴追踪的设置以及控制其开关。当然，也可利用“工具”|“草图设置”对话框中的“极轴追踪”选项卡来设置极轴追踪。

在使用“极轴追踪”时，角度的增量是一个可以设置的值。例如，设置其增量为 5°时，其表现形式如图 2-9 所示。

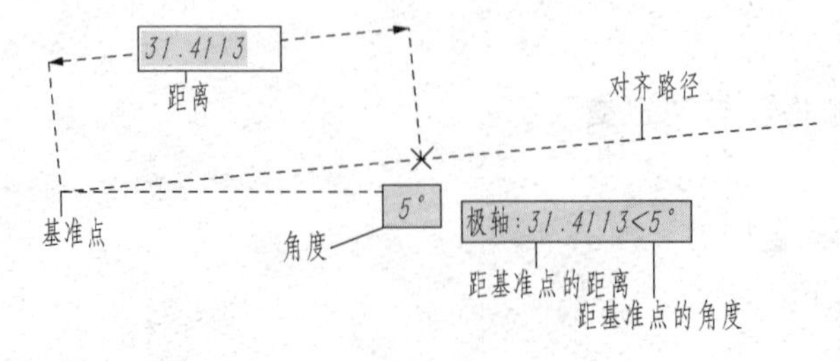

图 2-9 “极轴追踪”实例

在缺省状态下，极轴追踪设置为 90°的角增量。如果极轴追踪和“捕捉”模式同时打开，光标将以设定的捕捉增量沿对齐路径进行捕捉，可以修改极轴角增量并设置这个捕捉增量，还可以修改 AutoCAD 测量极轴角的方式。绝对极轴角是以当前 UCS 的 X 轴和 Y 轴为基准进行计算的，相对极轴角是以命令活动期间创建的最后一条直线（或最后创建的两个点之间的直线）为基准进行计算的。如果直线以另一条直线的端点、中点或近点对象捕捉为起点，极轴角将相对这条直线进行计算。

如要修改极轴设置，可选择“工具”|“草图设置”菜单，在打开的“草图设置”对话框中选择“极轴追踪”选项卡。各设置选项的意义如下。

① 启用极轴追踪：是否打开极轴追踪模式。

② 角增量：选择极轴角的递增角度。

③ 附加角：除了系统提供的 8 个极轴角以外，用户还可以添加非递增角度。例如，假设想追踪 25°，也可以添加为附加极轴角。

④ 极轴角测量单位：绝对时，以当前 UCS 的 X 轴和 Y 轴为基准计算极轴追踪角；相对上一段时，以最后创建的两个点之间的直线为基准计算极轴追踪角。

2.5.3　对象追踪与捕捉

（1）命令

状态栏： /

功能键：F3 / F11

（2）命令的执行

执行命令后，在 AutoCAD 的命令行均有提示内容出现。

如果需要重复使用一个或多个对象捕捉，可以打开“执行对象捕捉”。例如，如果需要用直线连接一系列圆的圆心，可以将“圆心”设置为执行对象捕捉。可以在“草图设置”对话框（如图 2-10 所示）的“对象捕捉”选项卡中指定一个或多个执行对象捕捉，该对话框可从“工具”菜单中访问。如果启用多个执行对象捕捉，则在一个指定的位置可能有多个对象捕捉符合条件。在指定点之前，按 TAB 键可遍历各种可能选择。单击状态栏上的“对象捕捉”按钮或按 F3 键来打开和关闭执行对象捕捉。

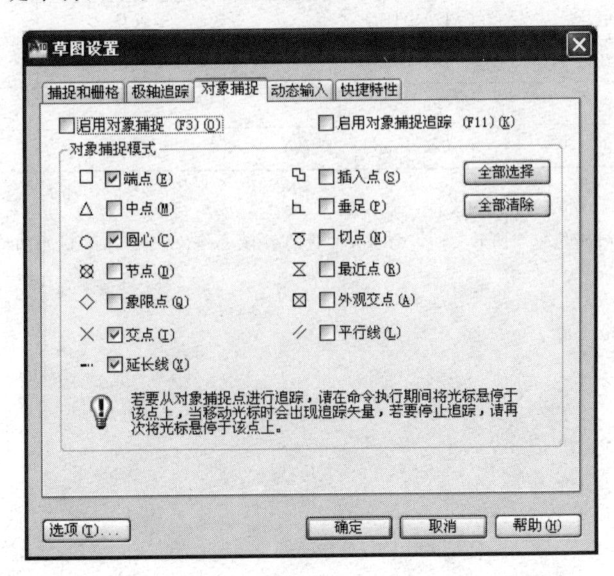

图 2-10　“草图设置”对话框中“对象捕捉”选项卡

通过对象捕捉可以指定相对于现有对象的点（例如，直线的端点或圆的圆心），而不是输入坐标。使用对象捕捉可指定对象上的精确位置。不论何时提示输入点，都可以指定对象捕捉。默认情况下，当光标移到对象的对象捕捉位置时，将显示标记和工具提示。此功能称为AutoSnap（自动捕捉），提供了视觉提示，指示哪些对象捕捉正在使用。“对象捕捉”工具栏如图2-11所示。

图2-11 “对象捕捉”工具栏

“对象捕捉追踪”功能是按与对象的某种特定关系来追踪点，该命令与“对象捕捉”功能一起使用。必须启用“对象捕捉”功能，才能对对象的捕捉点进行追踪。

思考与练习

1. 绘图时，怎么设置线型比例？
2. 什么是图层？AutoCAD中使用图层有什么作用？图层中包括哪些内容？
3. 图层管理中的关闭、冻结、锁定有什么区别？它们各用于什么场合？
4. 图形样板文件有什么作用？如何建立一个样板文件？
5. 新建文件，并按如下要求建立图层、设置单位及图形界限。

（1）图层：如表2-4所示。

（2）单位：设置长度类型为小数，单位为mm，精度为小数点后二位；角度类型为十进制度数，精度为整数，逆时针为正方向，正东方向为0°方向。

（3）图形界限：A4大小图幅，留装订边。

表2-4 新建图层的要求

图层名	颜色	线型	线宽/mm	备注
粗实线	白色（默认）	Continuous（默认）	0.5	可见轮廓线
细实线	绿色	Continuous（默认）	默认	尺寸标注及其他
细点画线	红色	CENTER	默认	中心线
细虚线	黄色	DASHED	默认	不可见轮廓线
细双点画线	洋红色	DIVIDE	默认	假想结构、断裂线
剖面线	青色	Continuous（默认）	默认	
辅助线	蓝色	Continuous（默认）	默认	

6. 将上题所建立的文件保存为一个样板文件，命名为A4.dwt。
7. 使用样板文件A4.dwt新建一个图形文件，命名为“我的图形.dwg”，且保存在U盘的根目录下。

第 3 章　绘制平面对象

3.1　绘制直线

① 命令。

菜单栏："绘图" | "直线"

"绘图" 工具栏：

命令行：LINE（或 l）

② 执行该命令，AutoCAD 提示如下。

命令：_ line 指定第一点：

指定下一点或 [放弃（U）]：

"直线" 是最常用、最简单的命令，用户可以通过鼠标或输入点坐标值来决定线段的起点和端点。也可利用" 极轴追踪" 和 "对象捕捉追踪" 功能输入距离绘制直线。

LINE 命令主要用于在两点之间绘制直线段。在使用直线命令绘制直线时，既可以绘制单条直线，也可以绘制一系列的连续直线。绘制连续直线时，前一条直线的终点被作为下一条直线的起点，如此循环直到按回车键或 Esc 键终止命令。当然每条线段都是可以单独进行编辑的直线对象。

例 3-1　绘制如图 3-1 所示的图形。[假设指定 A（100，50）]

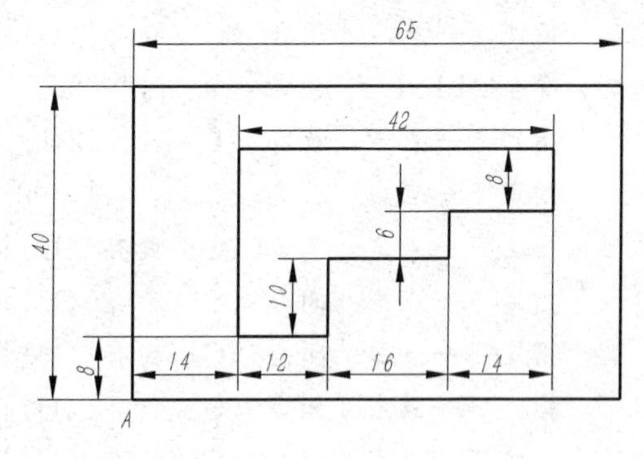

图 3-1　绘制直线

方法一：使用绝对直角坐标绘制。执行 LINE 命令，在命令行提示如下。

命令：line 指定第一点：100，50

指定下一点或 [放弃（U）]：165，50

指定下一点或 [放弃（U）]：165，90

指定下一点或 [闭合（C）/放弃（U）]：100，90

指定下一点或 [闭合（C）/放弃（U）]：c

命令：（回车）

LINE 指定第一点：114，58

指定下一点或 [放弃（U）]：126，58

指定下一点或 [放弃（U）]：126，68

指定下一点或 [闭合（C）/放弃（U）]：142，68

指定下一点或 [闭合（C）/放弃（U）]：142，74

指定下一点或 [闭合（C）/放弃（U）]：156，74

指定下一点或 [闭合（C）/放弃（U）]：156，82

指定下一点或 [闭合（C）/放弃（U）]：114，82

指定下一点或 [闭合 (C)/放弃 (U)]：c

方法二：使用相对直角坐标绘制。执行 LINE 命令，在命令行提示如下。

命令：_line 指定第一点：100，50
指定下一点或 [放弃 (U)]：@65，0
指定下一点或 [放弃 (U)]：@0，40
指定下一点或 [闭合 (C)/放弃 (U)]：@-65，0
指定下一点或 [闭合 (C)/放弃 (U)]：c
命令：LINE 指定第一点：114，58
指定下一点或 [放弃 (U)]：@12，0
指定下一点或 [放弃 (U)]：@0，10
指定下一点或 [闭合 (C)/放弃 (U)]：@16，0
指定下一点或 [闭合 (C)/放弃 (U)]：@0，6
指定下一点或 [闭合 (C)/放弃 (U)]：@14，0
指定下一点或 [闭合 (C)/放弃 (U)]：@0，8
指定下一点或 [闭合 (C)/放弃 (U)]：@-42，0
指定下一点或 [闭合 (C)/放弃 (U)]：c

方法三：使用相对极坐标绘制。执行 LINE 命令，在命令行提示如下。

命令：_line 指定第一点：100，50
指定下一点或 [放弃 (U)]：@65<0
指定下一点或 [放弃 (U)]：@40<90
指定下一点或 [闭合 (C)/放弃 (U)]：@65<180
指定下一点或 [闭合 (C)/放弃 (U)]：c
命令：LINE 指定第一点：114，58
指定下一点或 [放弃 (U)]：@12<0
指定下一点或 [放弃 (U)]：@10<90
指定下一点或 [闭合 (C)/放弃 (U)]：@16<0
指定下一点或 [闭合 (C)/放弃 (U)]：@6<90
指定下一点或 [闭合 (C)/放弃 (U)]：@14<0
指定下一点或 [闭合 (C)/放弃 (U)]：@8<90
指定下一点或 [闭合 (C)/放弃 (U)]：@42<180
指定下一点或 [闭合 (C)/放弃 (U)]：c

3.2 绘制射线

① 命令。

菜单栏：“绘图”|“射线”

命令行：RAY

② 执行该命令，AutoCAD 提示如下。

命令：_ray 指定起点：
指定通过点：

射线是三维空间中起始于指定点并且无限延伸的直线。与在两个方向上延伸的构造线不同，射线仅在一个方向上延伸。使用射线代替构造线有助于降低视觉混乱。与构造线一样，显示图形范围的命令将忽略射线。

注：所有后续射线都经过第一个指定点。

3.3　绘制构造线

① 命令。

菜单栏："绘图" | "构造线"

"绘图" 工具栏：

命令行：XLINE

② 执行该命令，AutoCAD 提示如下。

指定点或［水平（H）/垂直（V）/角度（A）/二等分（B）/偏移（O）］：（指定根点）

指定通过点：（指定另一点为通过点，绘出构造线）

命令提示中各选项的含义如下。

a. "水平（H）"：用于绘制水平构造线，如图 3-2（a）所示。

b. "垂直（V）"：用于绘制垂直构造线，如图 3-2（b）所示。

c. "角度（A）"：按一定角度绘制构造线，如图 3-2（c）所示；或参照一条直线的角度绘制构造线，如图 3-2（c）所示。

d. "二等分（B）"：用于绘制角平分线，创建一条参照线，它经过选定的角顶点，并且将选定的两条线之间的夹角平分。如图 3-2（d）所示。

e. "偏移（O）"：按指定偏移距离绘制一条直线的平行线。

构造线可以放置在三维空间中的任意位置。可以使用多种方法指定它的方向。创建直线的默认方法是两点法：指定两点定义方向。第一个点（根）是构造线概念上的中点，即通过"中点"对象捕捉捕捉到的点。也可以使用其他方法创建构造线。构造线是两端无限长的直线，只是仅仅作为绘图过程中的辅助参考线。

注：所有后续参照线都经过第一个指定点。

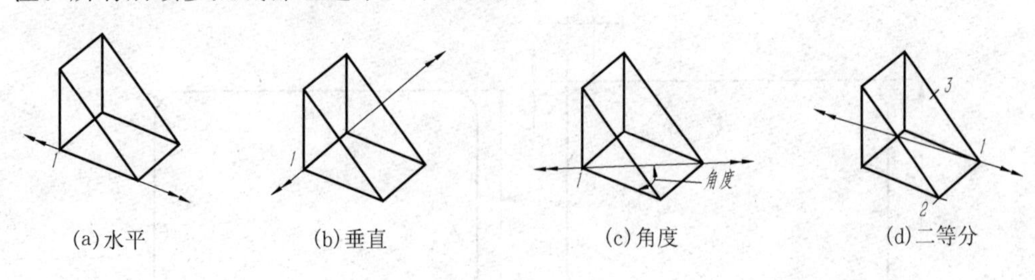

(a)水平　(b)垂直　(c)角度　(d)二等分

图 3-2　构造线

3.4　绘制矩形

① 命令。

菜单栏："绘图" | "矩形"

“绘图”工具栏：▭

命令行：RECTANG（或 rec）

② 执行该命令，AutoCAD 提示如下。

命令：_ rectang

指定第一个角点或［倒角（C）/标高（E）/圆角（F）/厚度（T）/宽度（W）］：（指定第一个对角点）

指定另一个角点或［面积（A）/尺寸（D）/旋转（R）］：（指定另一个对角点）

矩形命令中经常使用到的是直角矩形、圆角矩形以及倒角矩形。创建矩形时要指明两个对角点，可以在视图上单击鼠标创建对角点，也可通过输入坐标参数的方式创建对角点。当指定了矩形的第一个对角点后，还可以输入矩形的长度和宽度参数来代替指定第二个对角点。

a. 倒角：以指定的斜切角绘制矩形。

b. 标高：以指定高度绘制矩形。

c. 圆角：绘制带圆角的矩形。

d. 厚度：以设定的厚度绘制长方体。

e. 宽度：以设定的线宽绘制矩形，在设置宽度参数时，一定要注意与圆角参数之间的相对关系。

例 3-2 用矩形命令绘制图 3-3 所示图形。

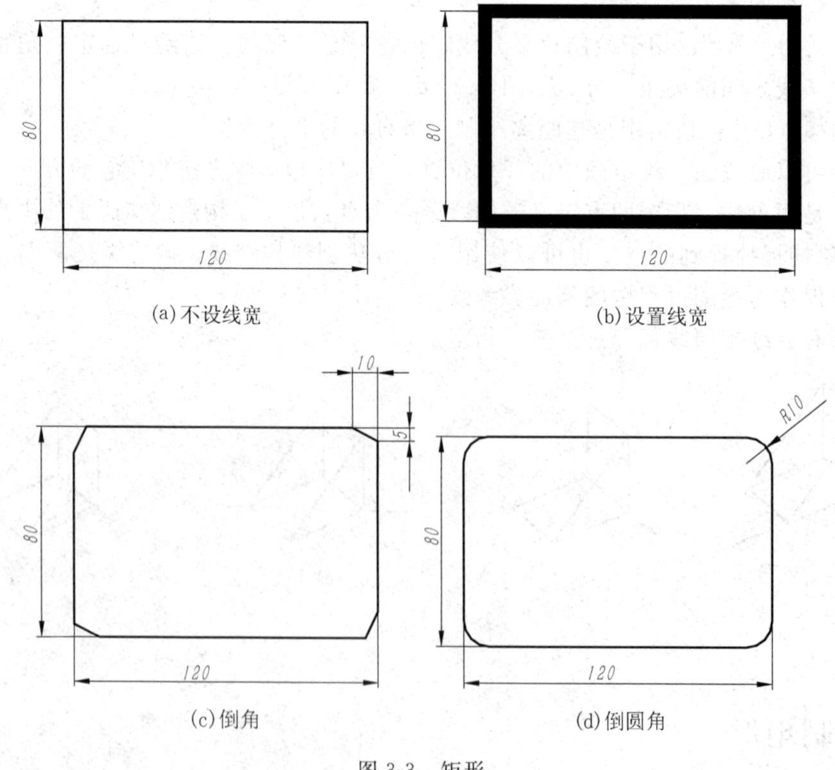

图 3-3 矩形

绘制图 3-3（a）命令如下。

命令：_ rectang

指定第一个角点或［倒角（C）/标高（E）/圆角（F）/厚度（T）/宽度（W）］：（第一个点用鼠标在绘图区任意拾取）

指定另一个角点或［面积（A）/尺寸（D）/旋转（R）］：@120，80

绘制图3-3（b）命令如下。

命令：_ rectang

指定第一个角点或［倒角（C）/标高（E）/圆角（F）/厚度（T）/宽度（W）］：w

指定矩形的线宽〈0.0000〉：5

指定第一个角点或［倒角（C）/标高（E）/圆角（F）/厚度（T）/宽度（W）］：（第一个点用鼠标在绘图区任意拾取）

指定另一个角点或［面积（A）/尺寸（D）/旋转（R）］：@120，80

绘制图3-3（c）命令如下。

命令：_ rectang

指定第一个角点或［倒角（C）/标高（E）/圆角（F）/厚度（T）/宽度（W）］：c

指定矩形的第一个倒角距离〈0.0000〉：10

指定矩形的第二个倒角距离〈10.0000〉：5

指定第一个角点或［倒角（C）/标高（E）/圆角（F）/厚度（T）/宽度（W）］：（第一个点用鼠标在绘图区任意拾取）

指定另一个角点或［面积（A）/尺寸（D）/旋转（R）］：@120，80

绘制图3-3（d）命令如下。

命令：_ rectang

指定第一个角点或［倒角（C）/标高（E）/圆角（F）/厚度（T）/宽度（W）］：f

指定矩形的圆角半径〈0.0000〉：10

指定第一个角点或［倒角（C）/标高（E）/圆角（F）/厚度（T）/宽度（W）］：（第一个点用鼠标在绘图区任意拾取）

指定另一个角点或［面积（A）/尺寸（D）/旋转（R）］：@120，－80

3.5 绘制正多边形

① 命令。

菜单栏："绘图"|"正多边形"

"绘图"工具栏：

命令行：POLYGON（或pol）

② 执行该命令，AutoCAD提示如下。

命令：_ polygon 输入边的数目〈4〉：（输入相应的正多边形的边数，回车确认）

指定正多边形的中心点或［边（E）］：

输入选项［内接于圆（I）/外切于圆（C）］〈I〉：

指定圆的半径：（输入）

在AutoCAD中，使用POLYGON可创建具有3～1024条等长边的正多边形。正多边形的画法主要有三种，所有这三种绘制方法均要求首先输入多边形的边数（即指定多边形为几边形），然后可选择按"边"或按"中心"来绘制。如果指定按边绘制，则要求拾取边的起始点和终点即可。如选择按中心绘制，则又有两种方法：一种是内接于圆方式；一种是外切于圆方式。如果选择前者，则多边形的所有顶点均落在圆上；如果选择后者，则圆的半径等于从多边形的中心到边中点的距离。

如果使用鼠标来设置半径，则可动态改变多边形的大小和旋转角度。如果通过键盘输入半径，则多边形底边的角度等于当前捕捉的旋转角。对于不规则的多边形或再复杂一些的图形对象，可使用绘制多线段的方法来绘制。

例 3-3 绘制一个内接于 $R50$ 的圆的正五边形，一个外切于 $R50$ 的圆的正五边形和一个边长为 50 的正五边形，如图 3-4 所示。

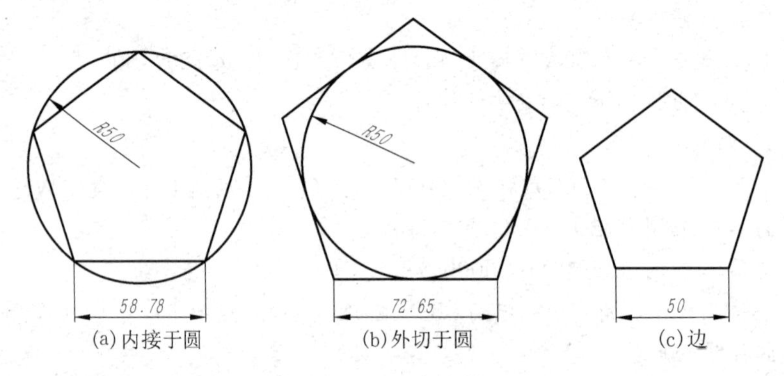

(a)内接于圆　(b)外切于圆　(c)边

图 3-4　正多边形

内接于圆的正五边形绘制如下。

命令：_ polygon 输入边的数目〈5〉：5

指定正多边形的中心点或［边（E）］：（捕捉半径为 50 的圆的圆心）

输入选项［内接于圆（I）/外切于圆（C）］〈I〉：（默认选项为〈〉内值，在这里直接按回车即可执行默认值）

指定圆的半径：50

外切于圆的正五边形绘制如下。

命令：_ polygon 输入边的数目〈5〉：

指定正多边形的中心点或［边（E）］：

输入选项［内接于圆（I）/外切于圆（C）］〈I〉：c

指定圆的半径：50

边长为 50 的正五边形绘制如下。

命令：_ polygon 输入边的数目〈5〉：

指定正多边形的中心点或［边（E）］：e 指定边的第一个端点：指定边的第二个端点：@50，0

3.6 绘制圆

① 命令。

菜单栏：“绘图”|“圆”

“绘图”工具栏：⊙

命令行：CIRCLE（或 c）

② 执行该命令，AutoCAD 提示如下。

命令：_circle 指定圆的圆心或［三点（3P）/两点（2P）/切点、切点、半径（T）］:

指定圆的半径或［直径（D）］:（输入参数）

在 AutoCAD 中，可以使用多种方法创建圆，提供了六种画圆的方法，如图 3-5 所示。可以指定圆心、半径、直径、圆周上的点和其他对象上的点的不同组合。默认方法是指定圆心和半径。

注意：“两点”画圆和“圆中心、直径”画圆的区别。前者的两个拾取点为直径上的两个端点；后者第一个拾取点为圆的圆心，第二个拾取点为圆上的点，且第一个拾取点到第二个拾取点的距离为圆的半径。

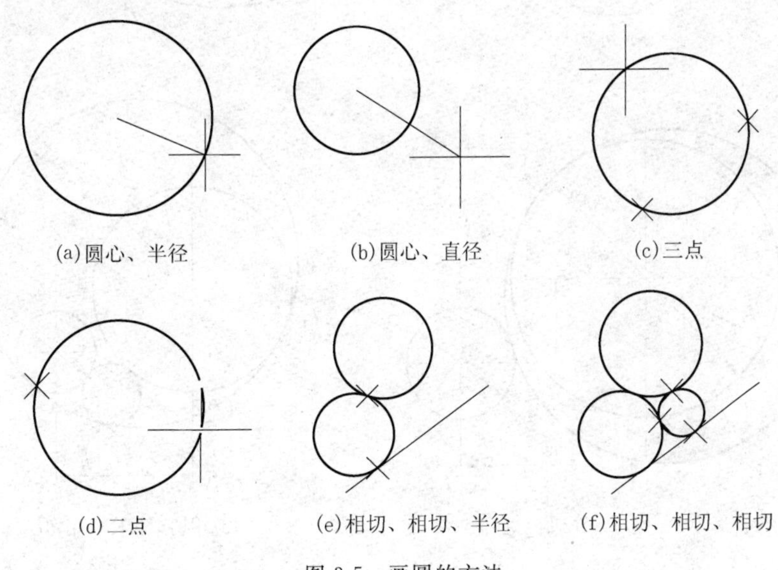

图 3-5　画圆的方法

例 3-4　绘制如图 3-6 所示的图形。

图 3-6（a）绘图步骤如下。

命令：_circle 指定圆的圆心或［三点（3P）/两点（2P）/切点、切点、半径（T）］:

指定圆的半径或［直径（D）］: d 指定圆的直径：50

命令：_circle 指定圆的圆心或［三点（3P）/两点（2P）/切点、切点、半径（T）］：_from 基点：〈偏移〉：@34，－15（在提示输入圆心时按 Ctrl＋鼠标右键单击，在快捷菜单中选择“自”后，左键单击直径 50 的圆心，再输入@34，－15）

指定圆的半径或［直径（D）］〈25.0000〉：d 指定圆的直径〈50.0000〉：20

命令：_circle 指定圆的圆心或［三点（3P）/两点（2P）/切点、切点、半径（T）］：t

指定对象与圆的第一个切点：（当鼠标指针变为小圆圈加一横线时，就可在两个圆的切点的附近各单击一次，与选取圆的顺序没有关系）

指定对象与圆的第二个切点：

指定圆的半径〈10.0000〉：20

图 3-6（b）、（c）绘图步骤和（a）一样，只是注意在选取切点时要选对区域，请读者自己试一试，看一看；图（d）在绘制小圆时只要在菜单栏单击“绘图”|“圆”|“相切、相切、相切”，不用给定半径就可以。

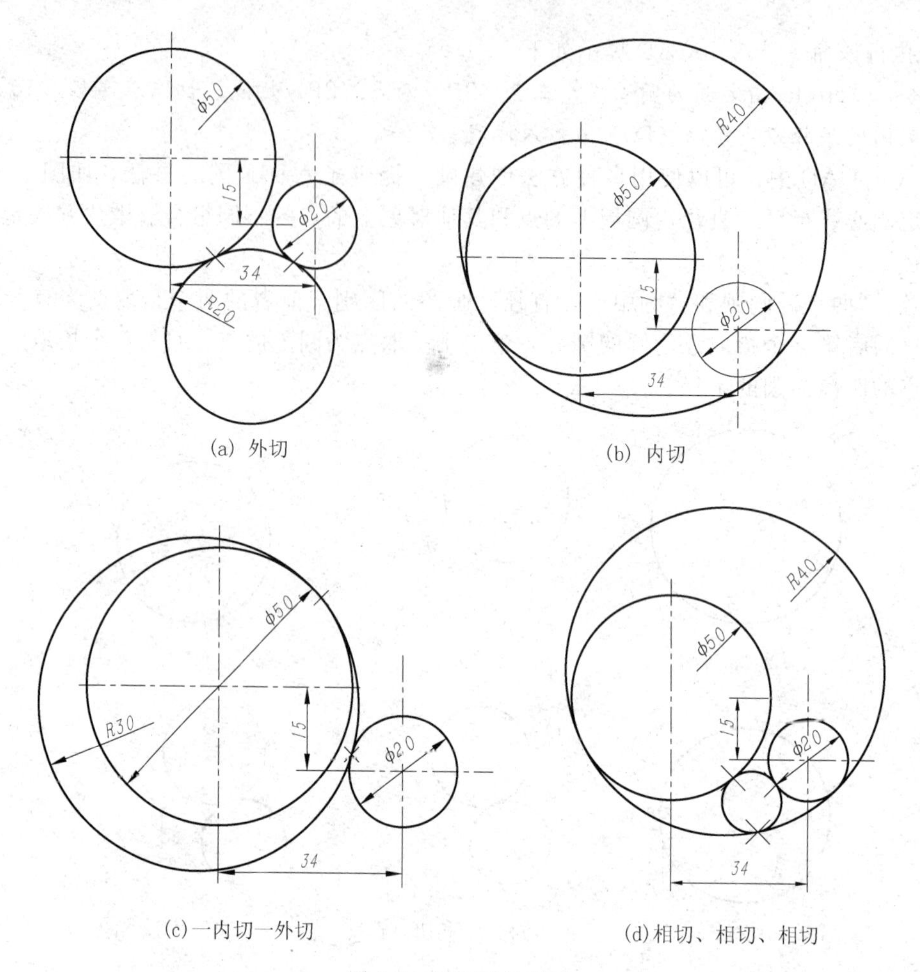

(a) 外切　　(b) 内切

(c)一内切一外切　　(d)相切、相切、相切

图 3-6　圆和圆的相切

3.7　绘制圆弧

① 命令。

菜单栏："绘图"|"圆弧"

"绘图"工具栏：

命令行：ARC（或 a）

② 执行该命令，AutoCAD 提示如下。

命令：_arc 指定圆弧的起点或［圆心（C）］：（可用鼠标在绘图区直接捕捉，也可输入具体的坐标值）

指定圆弧的第二个点或［圆心（C）/端点（E）］：

指定圆弧的端点：

圆弧不像圆那样只有圆心和半径，圆弧的控制要困难一些。除了圆心和半径之外，圆弧还需要起始角和终止角才能完全定义。此外，圆弧还有顺时针和逆时针特性。在 AutoCAD 中，提供了 11 种绘制圆弧的方法。实际上，在 AutoCAD 中绝大多数的圆弧都是通过绘制圆来完成，然后通过修剪命令来实现圆弧的绘制的。

3.8　绘制椭圆和椭圆弧

① 命令。

菜单栏："绘图"|"椭圆"

"绘图"工具栏：或

命令行：ELLIPSE（或 el）

② 执行该命令，AutoCAD 提示如下。

命令：_ ellipse

指定椭圆的轴端点或［圆弧（A）/中心点（C）］：

指定轴的另一个端点：

指定另一条半轴长度或［旋转（R）］：

在 AutoCAD 中，绘制椭圆和椭圆弧的命令都为 ELLIPSE，只是选项不同。要绘制椭圆弧，应首先绘制一母体椭圆，然后再给出绘制椭圆弧所要求的夹角或其他参数。绘制椭圆的缺省方法是首先指定椭圆圆心，然后指定一个轴的端点（即确定一个半轴）和另一个轴的半轴长度。也可以通过指定一个轴的两个端点和另一个轴的半轴长度来画椭圆。要绘制椭圆弧，首先要构造出母体椭圆（这一步和绘制椭圆时的方法完全相同），然后询问椭圆弧的起始角和终止角以绘制椭圆弧。

3.9　绘制圆环

① 命令。

菜单栏："绘图"|"圆环"

命令行：DONUT（或 do）

② 执行该命令，AutoCAD 提示如下。

命令：_ donut

指定圆环的内径〈0.5000〉：指定第二点：

指定圆环的外径〈1.0000〉：指定第二点：

指定圆环的中心点或〈退出〉：

在 AutoCAD 中，圆环是填充环或实体填充圆，即带有宽度的闭合多段线。要创建圆环，请指定它的内外直径和圆心。通过指定不同的中心点，可以继续创建具有相同直径的多个副本。要创建实体填充圆，将内径值指定为 0 即可。

3.10　绘制点及点样式设置

作为节点或参照几何图形的点对象对于对象捕捉和相对偏移非常有用。可以相对于屏幕或使用绝对单位设置点的样式和大小。修改点的样式使它们有更好的可见性并更容易地与栅格点区分开。

3.10.1　绘制点

① 命令。

菜单栏："绘图"|"点"|"单点"或"多点"

"绘图"工具栏：

命令行：POINT（或 po）

② 执行该命令，AutoCAD 提示如下。

命令：_ point

当前点模式：PDMODE = 0 PDSIZE = 0.0000

指定点：

绘制点对象命令有单点和多点之分，单点就是在执行命令时只能绘制一个点命令就结束了，而多点则是执行一次命令在结束命令前可以连续绘制点对象。

3.10.2 设置点样式

① 命令。

菜单栏："格式"|"点样式（P）"

命令行：DDPTYPE

② 执行该命令，AutoCAD 弹出如图 3-7 所示对话框。

然后在"点样式"对话框中选择一种点样式。在"点大小"框中，相对于屏幕或以绝对单位指定一个大小。单击"确定"。

缺省情况下，点对象仅被显示成一个小圆点，但可通过该命令用于指定点对象的显示样式及大小。点的尺寸可以按照相对于绘图屏幕的百分比以及绝对绘图单位两种方式来设置。

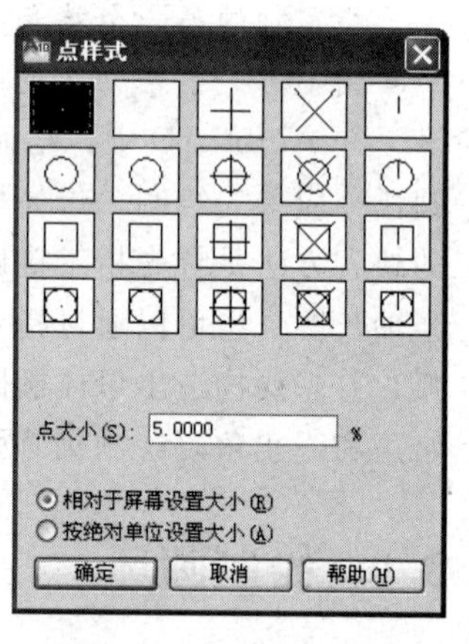

图 3-7 "点样式"对话框

3.10.3 绘制定数等分点

① 命令。

菜单栏："绘图"|"点"|"定数等分"

命令行：DIVIDE（或 div）

② 执行该命令，AutoCAD 提示如下。

命令：_ DIVIDE

选择要定数等分的对象：(选择要定数等分的对象)

输入线段数目或［块（B）］：5（输入要等分的份数）

在对象上按指定数目等间距创建点或插入块。这个操作并不将对象实际等分为单独的对象；它仅仅是标明定数等分的位置，以便将它们作为几何参考点。定距等分或定数等分的起点随对象类型变化。对于直线或非闭合的多段线，起点是距离选择点最近的端点。对于闭合的多段线，起点是多段线的起点。对于圆，起点是以圆心为起点、当前捕捉角度为方向的捕捉路径与圆的交点。例如，如果捕捉角度为 0，那么圆等分从三点（时钟）的位置开始并沿逆时针方向继续。如果点标记显示为单点（默认设置），可能会看不到线段。可以使用若干种方法改变点标记的样式。要在对话框中更改点样式，可以使用 DDP-TYPE。此外，也可以依次单击"格式"菜单"点样式"。PDMODE 系统变量也可控制点标记的外观。

DIVIDE 命令可在选定的单个对象上等间隔地放置点，在使用该命令时应注意以下几点。

① 输入的是等分数，而不是放置点的个数。如果将所选开环对象分成 5 份，则实际上

只生成 4 个点；而对于一个封闭对象来说，5 份实际上也要生成 5 个点。

② 每次只能对一个对象操作，而不能对一组对象操作。

③ 定数等分的对象可以是直线也可以是圆、圆弧、椭圆、椭圆弧、多边形和样条曲线等对象。

3.10.4　绘制定距等分点

① 命令。

菜单栏：“绘图”|“点”|“定数等分”

命令行：MEASURE（或 me）

② 执行该命令，AutoCAD 提示如下。

命令：_ measure

选择要定距等分的对象：

指定线段长度或［块（B）］：

MEASURE 命令可以从选定对象的一个端点划分出相等的长度。定距等分或定数等分的起点随对象类型变化。对于直线或非闭合的多段线，起点是距离选择点最近的端点。对于闭合的多段线，起点是多段线的起点。对于圆，起点是以圆心为起点、当前捕捉角度为方向的捕捉路径与圆的交点。例如，如果捕捉角度为 0，那么圆等分从三点（时钟）的位置开始并沿逆时针方向继续。如果点标记显示为单点（默认设置），可能看不到等分间距。可以使用若干种方法改变点标记的样式。要在对话框中更改点样式，可以使用 DDPTYPE。PDMODE 系统变量也可通过修改变量值来控制点标记的外观。

例 3-5　将图 3-8 所示的线段按要求等分，点的样式设为第一行的第 4 个。

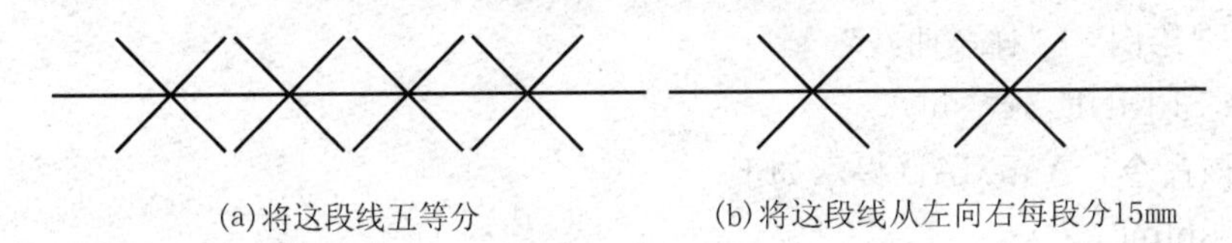

(a)将这段线五等分　　(b)将这段线从左向右每段分15mm

图 3-8　线段的等分

命令：'_ ddptype 正在重生成模型。

正在重生成模型。

命令：_ divide

选择要定数等分的对象：（单击线段）

输入线段数目或［块（B）］：5

命令：_ measure

选择要定距等分的对象：（在线段的偏右侧单击）

指定线段长度或［块（B）］：15

3.11　绘制多段线

① 命令。

菜单栏：“绘图”|“多段线”

“绘图”工具栏：

命令行：PLINE（或 pl）

② 执行该命令，AutoCAD 提示如下。

命令：_ pline

指定起点：

当前线宽为 0.0000

指定下一个点或 [圆弧（A）/半宽（H）/长度（L）/放弃（U）/宽度（W）]：

多段线是作为单个对象创建的相互连接的线段序列。可以创建直线段、圆弧段或两者的组合线段。多段线适用于以下方面：用于地形、等压和其他科学应用的轮廓素线、布线图，电路印刷板布局，流程图和布管图，三维实体建模的拉伸轮廓和拉伸路径。可以使用多个命令创建多段线，这些命令包括 PLINE、RECTANG、POLYGON、DONUT、BOUNDARY 和 REVCLOUD。所有这些命令均会生成 LWPOLYLINE（优化多段线）对象类型。使用 3DPOLY 命令，可以创建能够产生 POLYLINE 对象类型的非平面多段线。用于三维多段线的选项较少。创建多段线后，可以使用夹点或 PEDIT 对其进行编辑。可以使用 EXPLODE 将多段线转换为单独的直线段和圆弧段。

注意：可以使用 SPLINE 将通过 PEDIT 创建的样条曲线拟合多段线转换为真正的样条曲线对象。

3.12 绘制样条曲线

① 命令。

菜单栏："绘图" | "样条曲线"

命令行：SPLINE（或 spl）

② 执行该命令，AutoCAD 提示如下。

命令：_ spline

指定第一个点或 [对象（O）]：

指定下一点：

指定下一点或 [闭合（C）/拟合公差（F）]〈起点切向〉：

指定起点切向：

指定端点切向：

样条曲线是经过或接近一系列给定点的光滑曲线。可以控制曲线与点的拟合程度。SPLINE 命令创建称为非一致有理 B 样条（NURBS）曲线的特殊样条曲线类型。NURBS 曲线在控制点之间产生一条光滑的曲线。可以通过指定点来创建样条曲线。也可以封闭样条曲线，使起点和端点重合。

3.13 多线

多线由若干称为元素的平行线组成。每一元素由其到中心的距离或偏移来定义，中心偏移为 0。用户可以创建和保存多线样式，或者使用具有两个元素的缺省样式，还可以设置每个元素的颜色和线型，显示或隐藏多线连接。

3.13.1 绘制多线

① 命令。

菜单栏："绘图"|"多线"

命令行：MLINE（或 ml）

② 执行该命令，AutoCAD 提示如下。

命令：_ mline

当前设置：对正 = 上，比例 = 20.00，样式 = STANDARD

指定起点或 [对正 (J)/比例 (S)/样式 (ST)]：

指定下一点：

指定下一点或 [放弃 (U)]：

多线由 1~16 条平行线组成，这些平行线称为元素。绘制多线时，可以使用包含两个元素的 STANDARD 样式，也可以指定一个以前创建的样式。开始绘制之前，可以修改多行的对正和比例。多线对正确定将在光标的哪一侧绘制多行，或者是否位于光标的中心上。多线比例用来控制多行的全局宽度（使用当前单位）。多线比例不影响线型比例。如果要修改多线比例，可能需要对线型比例做相应的修改，以防点或虚线的尺寸不正确。

选项含义如下。

① 对正（J）：该选项用于指定绘制多线的基准。共有 3 种对正类型即"上"、"无"和"下"。其中，"上"表示以多线上侧的线为基准，其他两项在光标下方绘制多行，因此在指定点处将会出现具有最大正偏移值的直线。"无"表示将光标位置作为原点绘制多线，则 MLSTYLE 命令的"元素特性"在指定点处的偏移为 0.0。"下"表示在光标上方绘制多行，因此在指定点处将出现具有最大负偏移值的直线。

② 比例（S）：控制多行的全局宽度。该比例不影响线型比例。这个比例基于在多行样式定义中建立的宽度。比例因子为 2 绘制多行时，其宽度是样式定义的宽度的两倍。负比例因子将翻转偏移线的次序：当从左至右绘制多行时，偏移最小的多行绘制在顶部。负比例因子的绝对值也会影响比例。比例因子为 0 将使多行变为单一的直线。

③ 样式（ST）：用于指定多行的样式。

3.13.2 定义多线样式

① 命令。

菜单栏："格式"|"多线样式"

命令行：MLSTYLE

② 执行该命令后，系统弹出如图 3-9 所示的对话框。

在该对话框中，用户可以对多线样式进行定义、保存和加载等操作。当前多线样式显示当前正在使用的样式；样式列表框显示已经创建好的多线样式；预览框显示当前多线样式的图例。

例 3-6 建立一个新的多线样式，由 3 条平行线组成，中心轴线和两条平行的实线相对于

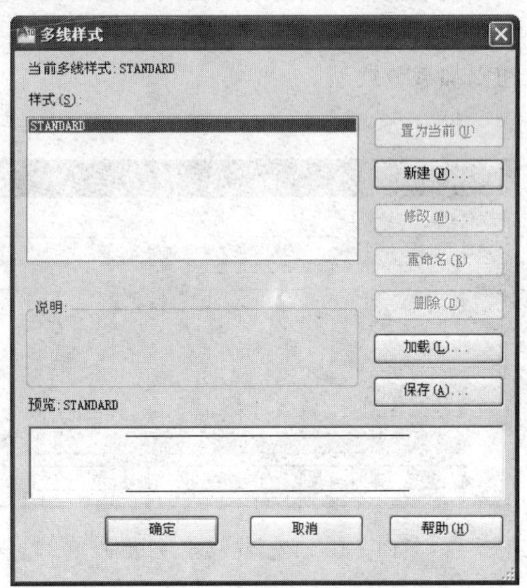

图 3-9 "多线样式"对话框

中心轴线上、下各偏移 0.5，建立方法如下。

① 在“多线样式”对话框中单击“新建”按钮，系统弹出“创建新的多线样式”对话框，如图 3-10 所示。

② 在“创建新的多线样式”对话框的“新样式名”文本框中输入“3L”，单击“继续”按钮。

③ 系统弹出“新建多线样式”对话框，如图 3-11 所示。

图 3-10 “创建新的多线样式”对话框

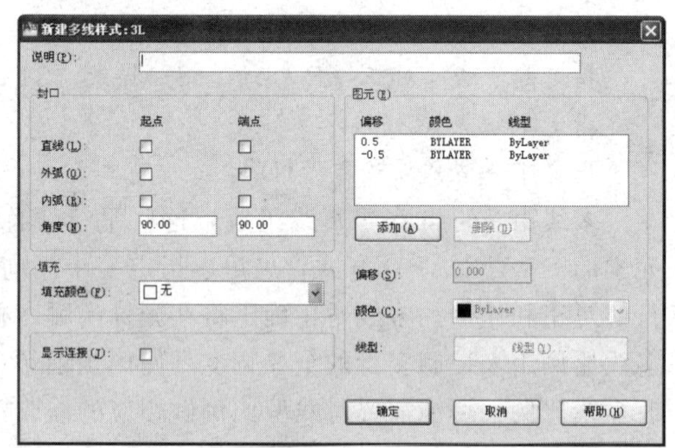

图 3-11 “新建多线样式”对话框

④ 在“封口”选项组中可以设置多线起点和端点的特性，包括直线、外弧、内弧封口以及封口线段或圆弧的角度。

⑤ 在“填充颜色”下拉列表框中选择多线填充的颜色。

⑥ 在“图元”选项组可以设置组成多线元素的特性。然后单击“添加”按钮，可以为多线添加元素；也可以选中一个元素后，单击“删除”按钮，为多线删除元素。在“偏移”文本框中可以设置选中元素的位置偏移值；在“颜色”下拉框中可以为选中的元素选择颜色；单击“线型”按钮，系统弹出“选择线型”对话框，如图 3-12 所示，可以为选中的元素设置线型。在线型列表栏没有列出的线型可以单击“加载”按钮，弹出“加载或重载线型”对话框，如图 3-13 所示。在“可用线型”列表框中选中所需的线型后单击“确定”按钮以加载该线型。

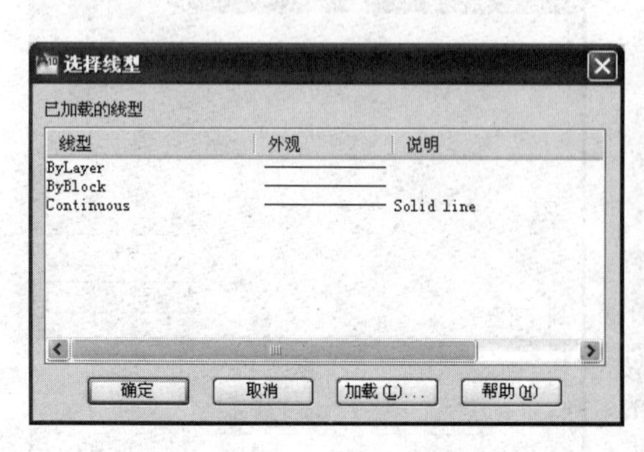

图 3-12 “选择线型”列表框

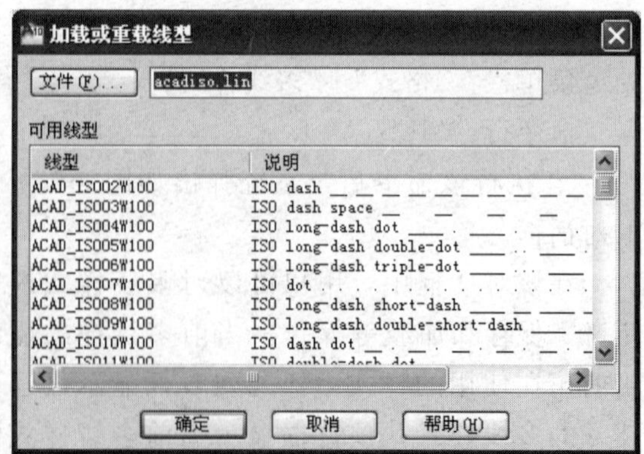

图 3-13 “加载或重载线型”列表框

3.14　修订云线

① 命令。

菜单栏："绘图"|"修订云线"

"绘图"工具栏：

命令行：REVCLOUD

② 执行该命令，AutoCAD 提示如下。

命令：_ revcloud

最小弧长：15　　最大弧长：15　　样式：普通

指定起点或[弧长（A）/对象（O）/样式（S）]〈对象〉：（指定一个起点或输入选项）

沿云线路径引导十字光标…（沿着需要的云线路径移动光标）

修订云线完成。（当光标移到起点附近时，云线会自动闭合）

修订云线是由连续圆弧组成的多段线。用于在检查阶段提醒用户注意图形的某个部分。在检查或用红线圈阅图形时，可以使用修订云线功能亮显标记以提高工作效率。REVCLOUD 用于创建由连续圆弧组成的多段线以构成云线形状的对象。用户可以为修订云线选择样式："普通"或"手绘"。如果选择"画笔"，修订云线看起来像是用画笔绘制的。

可以从头开始创建修订云线，也可以将对象（例如圆、椭圆、多段线或样条曲线）转换为修订云线。将对象转换为修订云线时，如果 DELOBJ 设置为 1（默认值），原始对象将被删除。可以为修订云线的弧长设置默认的最小值和最大值。绘制修订云线时，可以使用拾取点选择较短的圆弧段来更改圆弧的大小。也可以通过调整拾取点来编辑修订云线的单个弧长和弦长。REVCLOUD 将上一次使用的弧长存储为 DIMSCALE 系统变量的乘数，以使具有不同比例因子的图形一致。

3.15　图案填充

在很多情况下，为了标识某一区域的意义或用途，通常需要将其以某种图案填充，此时就需要使用该功能。例如，剖面线。

3.15.1　创建和设置填充图案

① 命令。

菜单栏："绘图"|"图案填充"

"绘图"工具栏：

命令行：HATCH（或 H）或 BHATCH（或 BH）

② 执行该命令后，系统弹出如图 3-14 所示的对话框。

可以使用预定义填充图案填充区域、使用当前线型定义简单的线图案，也可以创建更复杂的填充图案。有一种图案类型叫做实体，它使用实体颜色填充区域。也可以创建渐变填充。渐变填充在一种颜色的不同灰度之间或两种颜色之间使用转场。渐变填充提供光源反射到对象上的外观，可用于增强演示图形。

执行 HATCH 命令，打开"图案填充和渐变色"对话框，选择"图案填充"选项卡如图 3-14 所示。各选项及列表框含义如下。

图 3-14 “图案填充和渐变色”对话框

①“类型”下拉列表框。“预定义”类型表示可以使用系统提供的图案；“用户定义”类型表示需要临时定义图案，该图案由一组平行线组成，用户可定义间隔和倾角或选用相互垂直网格线；“自定义”类型的图案是用户事先定义好的图案。

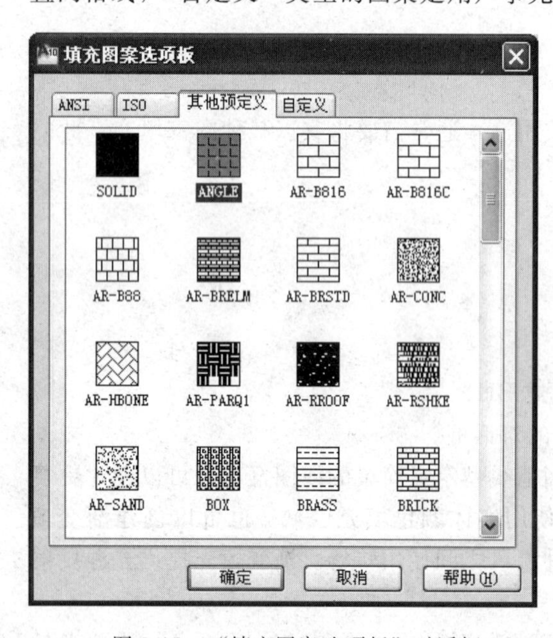

图 3-15 “填充图案选项板”对话框

②“图案”下拉列表框。当在“类型”下拉列表框中选择“预定义”类型时，该选项可用。在该下拉列表框中可以根据图案类型名选择图案（剖面线选用 ANSI31 图案类型），也可以单击下拉列表框后的按钮打开如图 3-15 所示的对话框，在打开的“填充图案选项板”对话框中进行选择。

③“样例”预览窗口。显示当前选中的图案样例，单击“图案样例”窗口，也可打开图 3-15 所示的“填充图案选项板”对话框，然后选择图案。

④“角度”下拉列表框。可设置填充图案的旋转角度，图案默认的旋转角度都为 0°，用户可按需要进行调整（ANSI31 的 0°实际就是与水平方向成 45°，故在选用该类型的图案时要注意。根据机械制图的要求，一般剖面线在

这个列表框中的值为 0°或 90°）。

⑤“比例”下拉列表框。可设置图案填充时的比例值，默认的比例为 1，可以根据需要放大或缩小。如图 3-16 所示为角度和比例的调整效果。

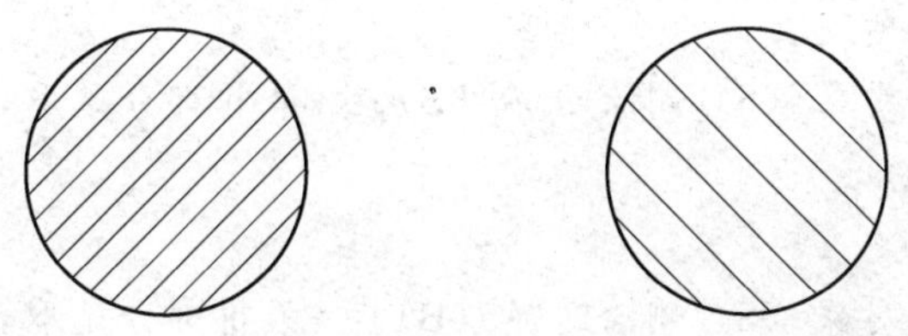

（a）角度为0°，比例为1填充效果 （b）角度为90°，比例为2填充效果

图 3-16　角度和比例不同时的填充效果

⑥“使用当前原点”单选框被选中，可以使用当前 UCS 的原点（0，0）作为图案填充原点。

⑦“指定的原点”单选框被选中，可以使用指定点作为图案填充原点。

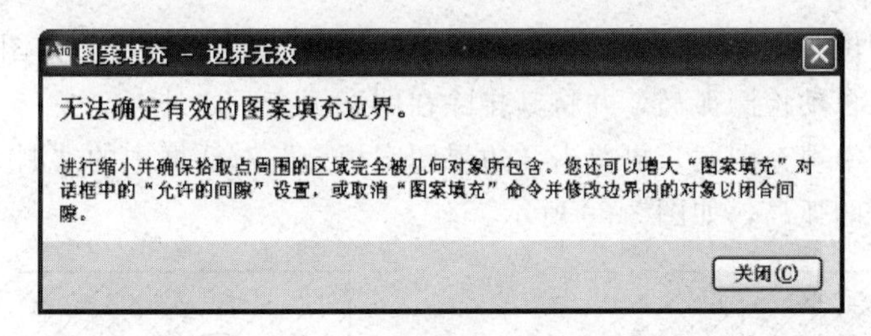

图 3-17　“图案填充”时区域不封闭提示

⑧“添加：拾取点”按钮。单击该按钮切换到绘图窗口，在用于填充的区域内部任意一点，系统将自动计算出包含该点的封闭区域边界，并以虚线显示出该边界。如果区域没有封闭，则会显示错误提示信息，如图 3-17 所示。

⑨“选择对象”按钮。单击该按钮将切换到绘图窗口，可以通过选择一个封闭区域的方式来定义填充区域的边界。

⑩“关联”复选框。用于确定填充图形与边界的关系。

⑪“创建独立的图案填充”复选框。用于创建关联和不关联的填充图案。

⑫“绘图次序”下拉列表框。用于指定图案填充的绘图顺序，图案填充可以放在图案填充边界及所有其他对象之后或之前。

⑬“继承特性”按钮。可以将现有图案填充或填充对象的特性应用到其他图案填充或填充对象上。

设置完毕后，单击“预览”按钮，可以关闭对话框，在绘图区显示当前图案填充的效果。满意单击右键确认，不满意单击左键或 ESC 键返回对话框重新设置。

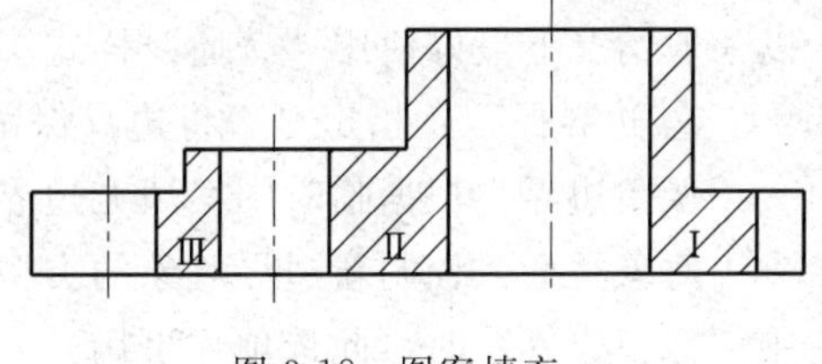

图 3-18　图案填充

例 3-7　使用图案填充绘制如图 3-18 所示的图形。

（绘制边界部分略）

命令：_ bhatch

拾取内部点或［选择对象（S）/删除边界（B）］：正在选择所有对象…（第Ⅰ部分选取，

在区域内部任意拾取一点）

正在选择所有可见对象…

正在分析所选数据…

正在分析内部孤岛…

拾取内部点或［选择对象（S）/删除边界（B）］：（第Ⅱ部分选取，在区域内部任意拾取一点）

正在分析内部孤岛…

拾取内部点或［选择对象（S）/删除边界（B）］：（第Ⅲ部分选取，在区域内部任意拾取一点）

正在分析内部孤岛…

拾取内部点或［选择对象（S）/删除边界（B）］：（回车或按空格键退出）

3.15.2 关于孤岛

所谓孤岛是指位于选定填充区域内，但不进行图案填充的区域，如图3-19中的圆。缺省情况下，系统可自动检测孤岛，并将其排除在图案填充区之外。

若希望在孤岛中填充图案，可单击“边界图案填充”对话框中的“删除孤岛”按钮，然后选择要填充图案的孤岛，如图3-20所示。

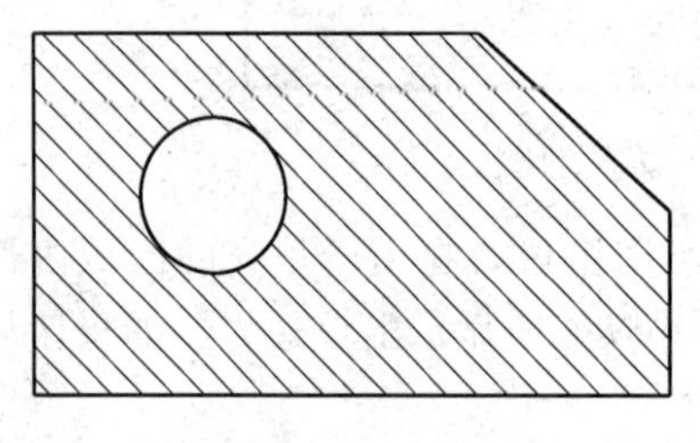

图3-19 孤岛

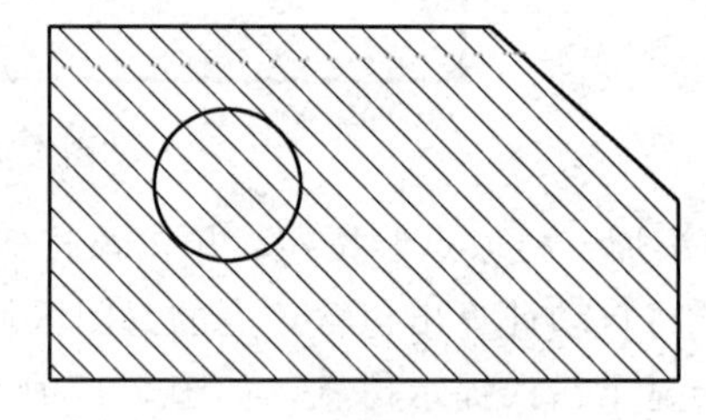

图3-20 删除孤岛

单击“图案填充和渐变色”对话框右下角按钮，对话框将会显示更多内容，如图3-21所示。

选项说明如下。

① 孤岛：指定在最外层边界内填充对象的方法。有三种填充方式，即图3-22（a）为普通孤岛填充，图3-22（b）为外部孤岛填充，图3-22（c）为忽略孤岛填充。这三种均用“添加：选择对象”选取边界，矩形、五边形和圆均选取。

如果不存在内部边界，则指定孤岛检测样式没有意义。因为可以定义精确的边界集，所以一般情况下最好使用“普通”样式。

② 边界保留：指定是否将边界保留为对象，并确定应用于这些对象的对象类型。

保留边界：根据临时图案填充边界创建边界对象，并将它们添加到图形中。

对象类型：控制新边界对象的类型。生成的边界对象可以是面域或多段线对象。仅当选中“保留边界”时，此选项才可用。

③ 重新创建边界：创建新的图案填充边界。只有在图案填充编辑状态下可用。

④ 边界集：定义当从指定点定义边界时要分析的对象集。在该设置区中，可以通过下拉箭头来确定边界设置，也可通过单击“新建”按钮，选取新的边界。当使用“选择对象”定义边界时，选定的边界集无效。

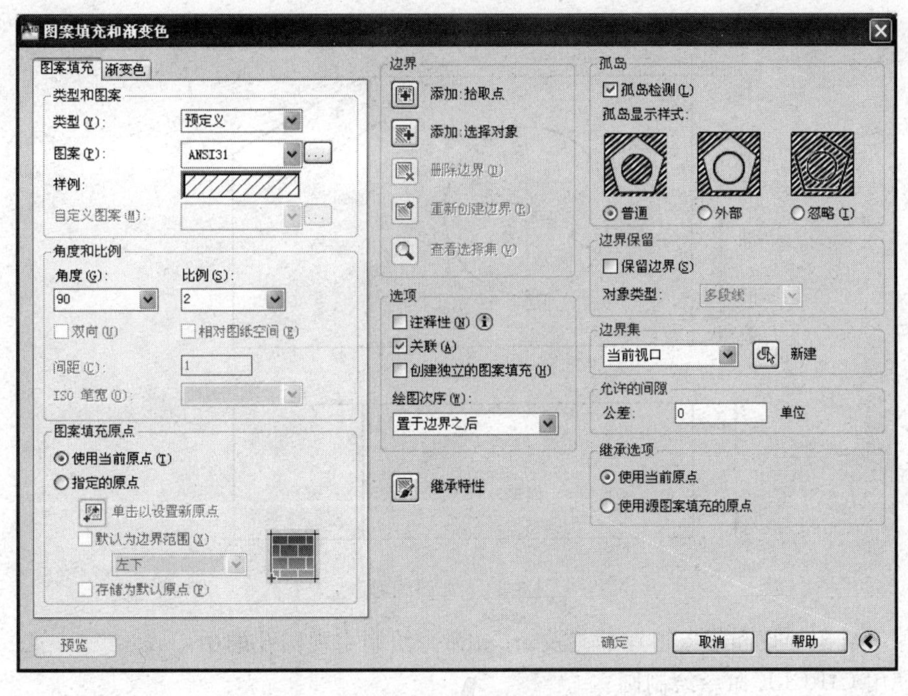

图 3-21 “图案填充和渐变色”对话框

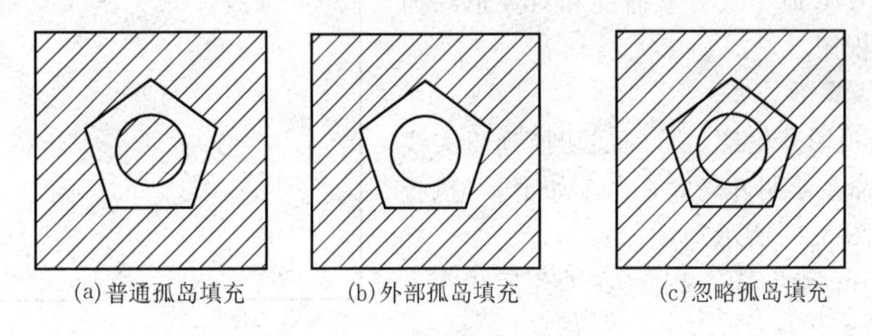

(a)普通孤岛填充 (b)外部孤岛填充 (c)忽略孤岛填充

图 3-22 孤岛填充的三种方式

⑤ 允许的间隙：设置将对象用作图案填充边界时可以忽略的最大间隙。默认值为 0，此值指定对象必须封闭区域而没有间隙。

⑥ 继承选项：使用“继承特性”创建图案填充时，这些设置将控制图案填充原点的位置。

3.16 实训实例

(1) 实训任务

精确绘制如图 3-23 所示图形。(不标注尺寸)

(2) 实训目的

熟练掌握图层的使用，对象捕捉和对象追踪捕捉功能，相对直角坐标、相对极坐标的使用以及 LINE、CIRCLE 命令的使用。

(3) 绘图思路

① 使用 LINE 绘制主视图外轮廓。

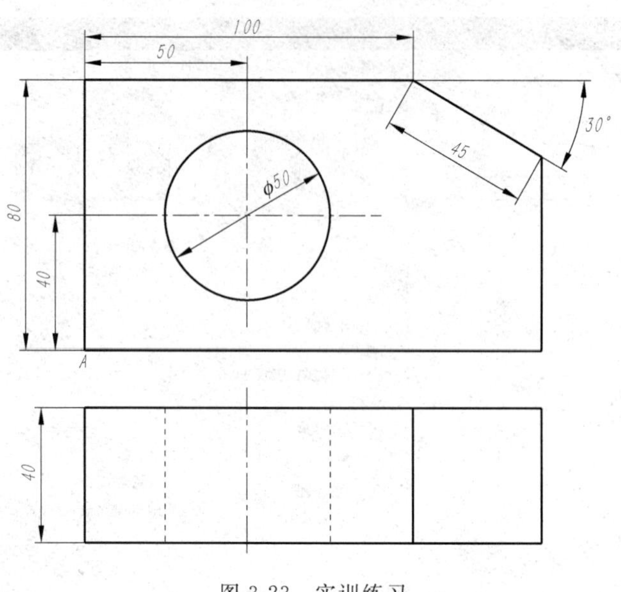

图 3-23　实训练习

② 使用对象捕捉和对象追踪捕捉及 from 命令绘制主视图孔的中心线。

③ 使用 CIRCLE 命令绘制圆。

④ 使用 LINE 命令及对象捕捉和对象追踪捕捉功能绘制俯视图。

（4）操作步骤

① 绘制主视图外轮廓。将图层切换到粗实线层，用 LINE 命令绘制外轮廓，命令如下。（执行下面命令后如图 3-24 所示）

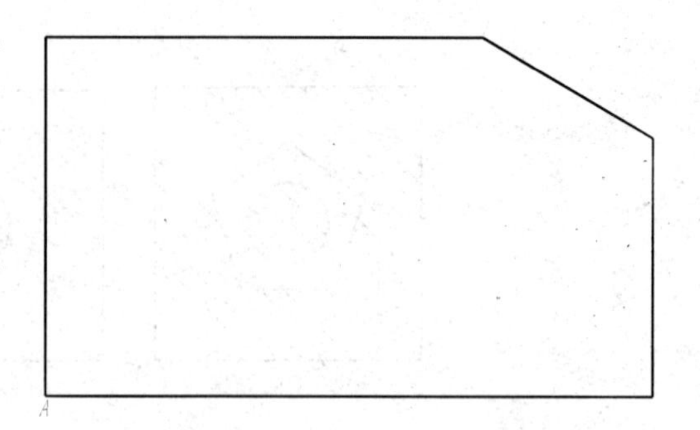

图 3-24　主视图外轮廓

命令：_ line 指定第一点：（在工作区任意拾取点 A）

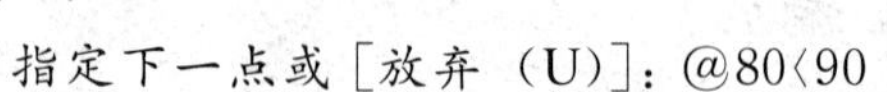

指定下一点或［放弃（U）］：@80<90

指定下一点或［放弃（U）］：@100<0

指定下一点或［闭合（C）/放弃（U）］：@45<－30

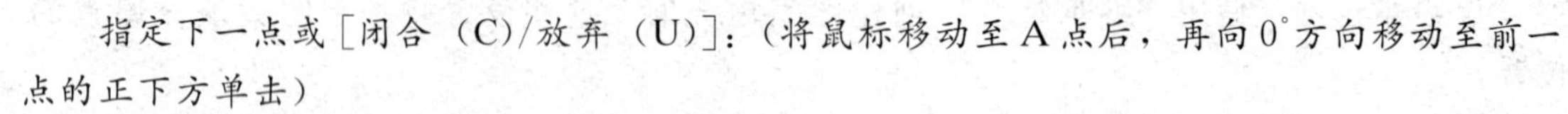

指定下一点或［闭合（C）/放弃（U）］：（将鼠标移动至 A 点后，再向 0°方向移动至前一点的正下方单击）

指定下一点或［闭合（C）/放弃（U）］：c

② 绘制主视图孔的中心线。

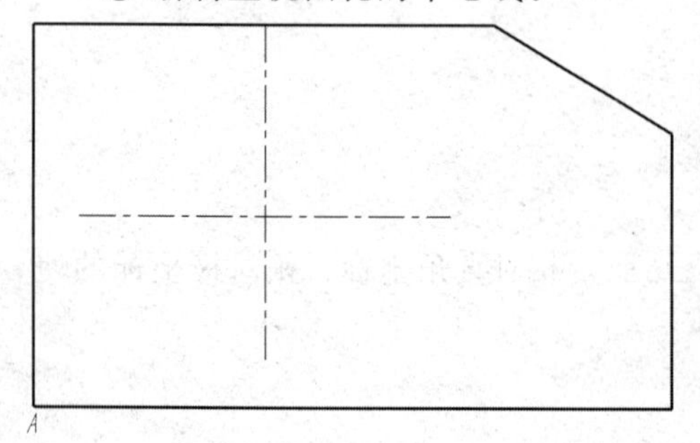

图 3-25　主视图孔的中心线

将图层切换到中心线层，单击绘图工具栏“直线”按钮命令，按住“Shift”键单击鼠标右键，在快捷菜单中选择“自”，单击点 A，然后输入@50，0 回车，往正上方画一条直线即可；再重复“直线”命令，按住“Shift”键单击鼠标右键，在快捷菜单中选择“自”，单击点 A，然后输入@0，40 回车，往正右方画一条直线。完成后如图 3-25 所示。

③ 绘制主视图的圆。

单击绘图工具栏“圆”按钮，捕捉两条中心线的交点为圆心，绘制直径为50的圆。命令行提示如下。

命令：_circle 指定圆的圆心或［三点（3P）/两点（2P）/切点、切点、半径（T）］：

指定圆的半径或［直径（D）］〈25.0000〉：d 指定圆的直径〈50.0000〉：50

完成后如图3-26所示。

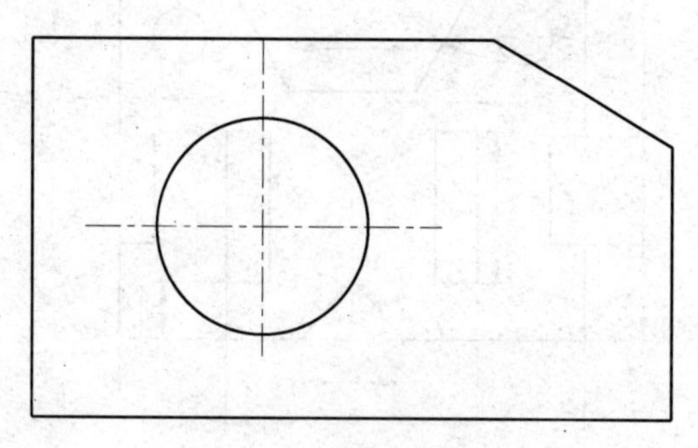

图3-26　主视图孔绘制

④ 绘制俯视图。

利用对象捕捉和对象追踪捕捉功能绘制俯视图。单击绘图工具栏“直线”按钮，利用对象捕捉和对象追踪捕捉功能，绘制俯视图。如图3-27所示。

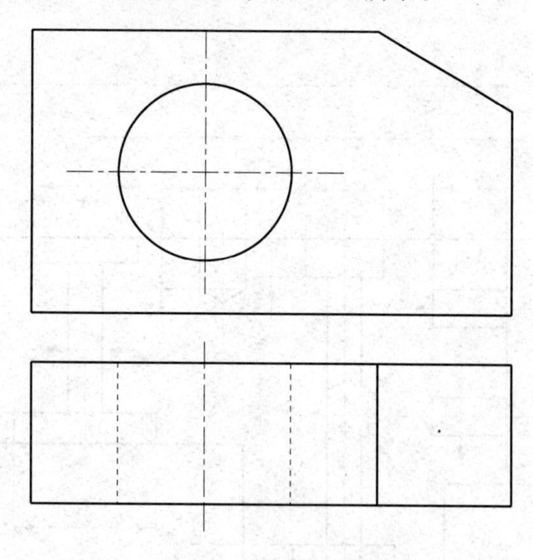

图3-27　最后完工图形

思考与练习

1. 在AutoCAD 2010中，如何等分线段？
2. 在AutoCAD 2010中，绘制圆的方法有哪几种？
3. 多段线绘制命令具有哪些功能？如何绘制空心的多段线？
4. 构造线和射线有何异同？有什么作用？
5. Auto CAD中点的输入方法有哪几种？
6. 使用已经学过的命令，绘制图3-28～图3-37所示的图形。

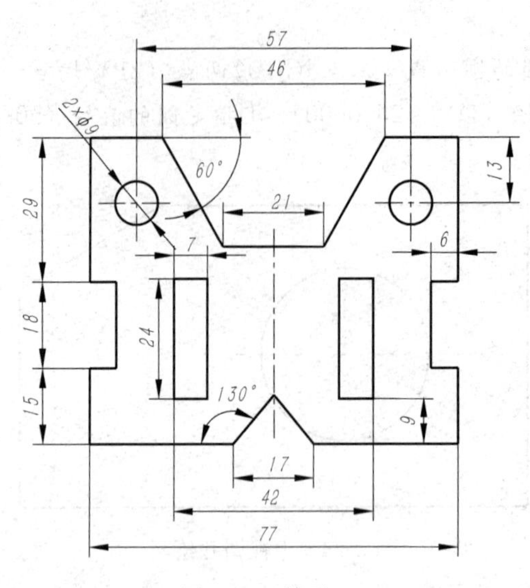

图 3-28　练习一

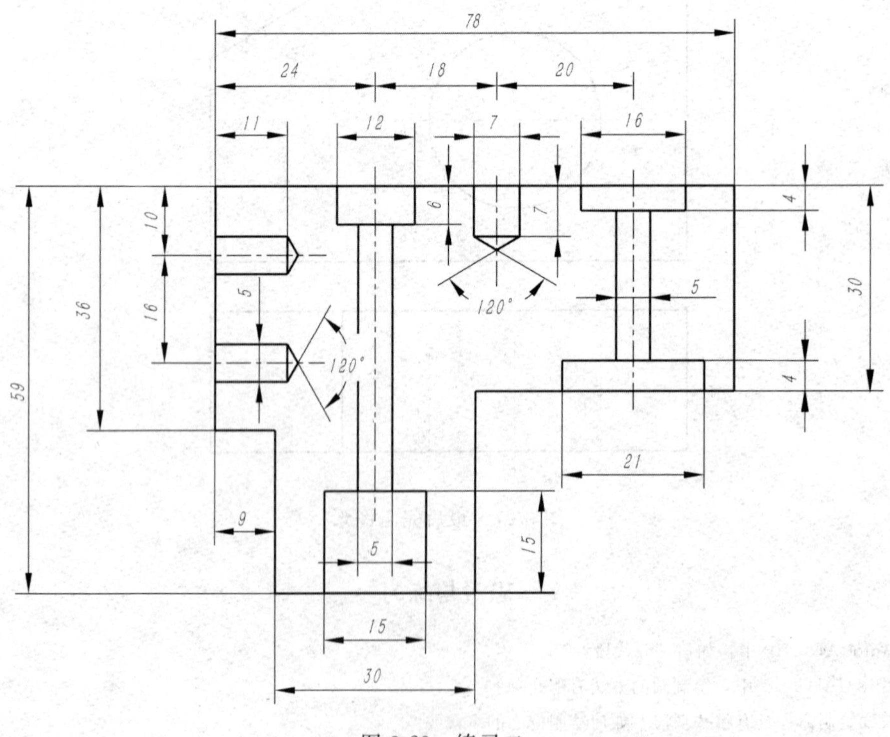

图 3-29　练习二

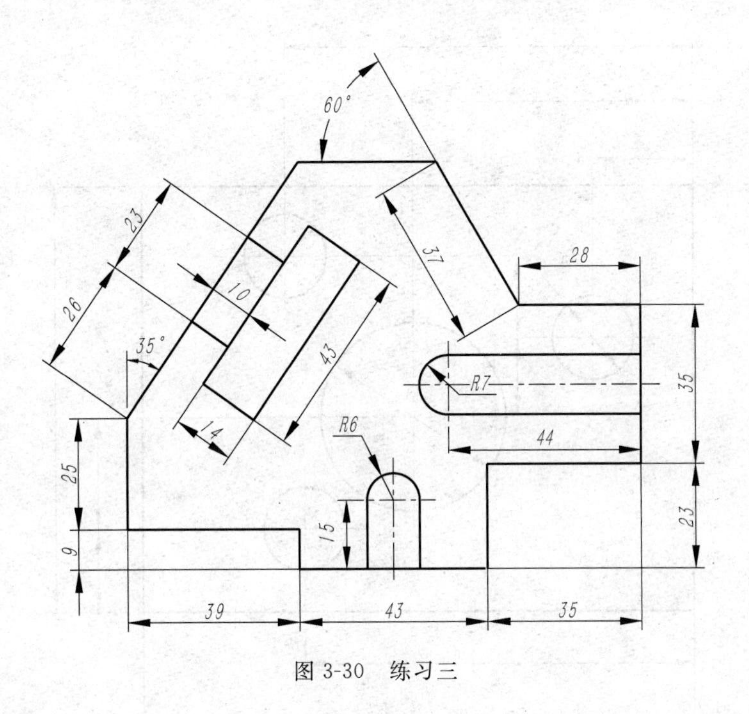

图 3-30　练习三

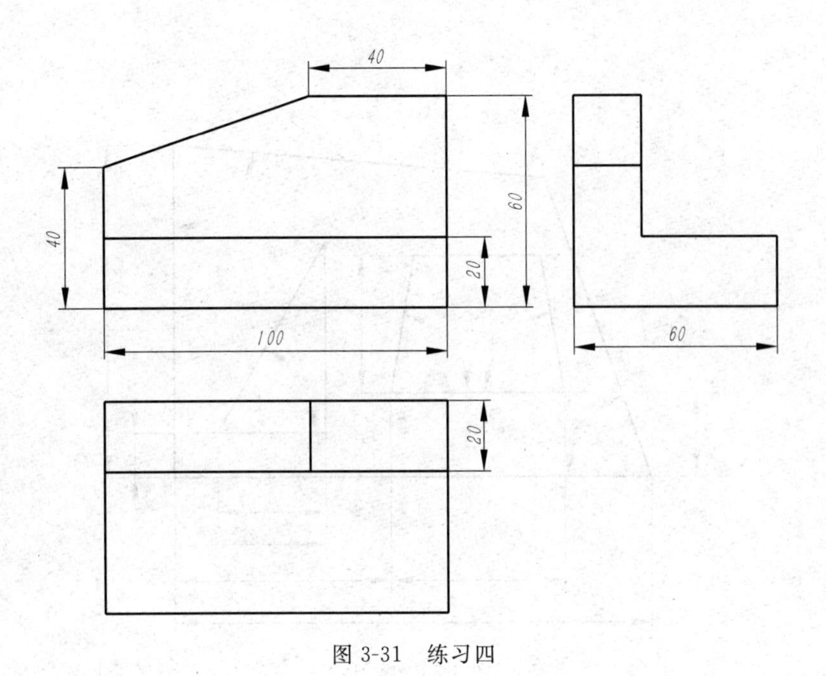

图 3-31　练习四

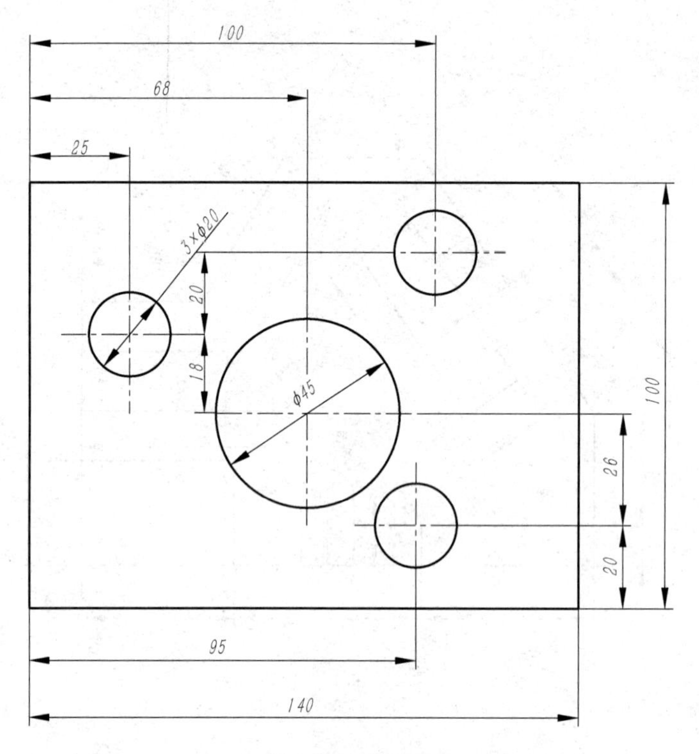

图 3-32　练习五

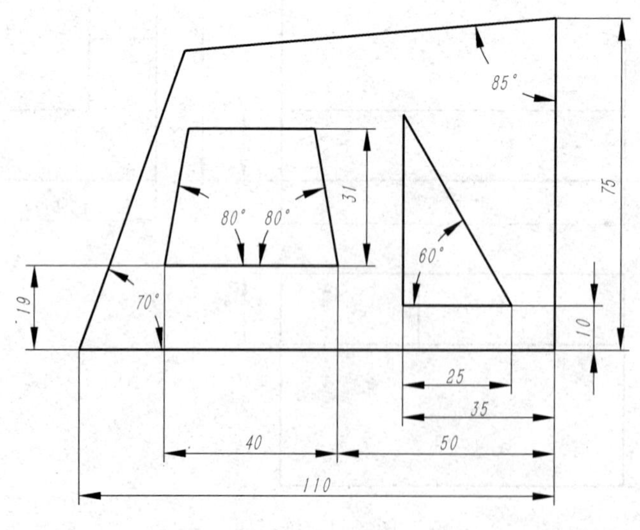

图 3-33　练习六

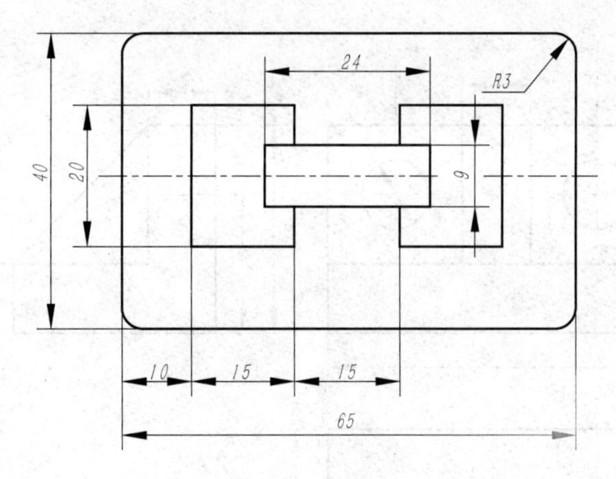

图 3-34　练习七

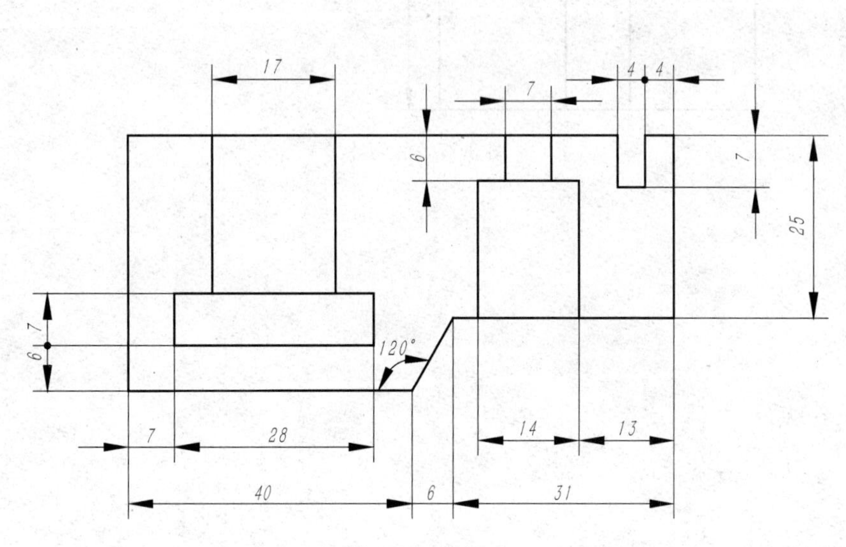

图 3-35　练习八

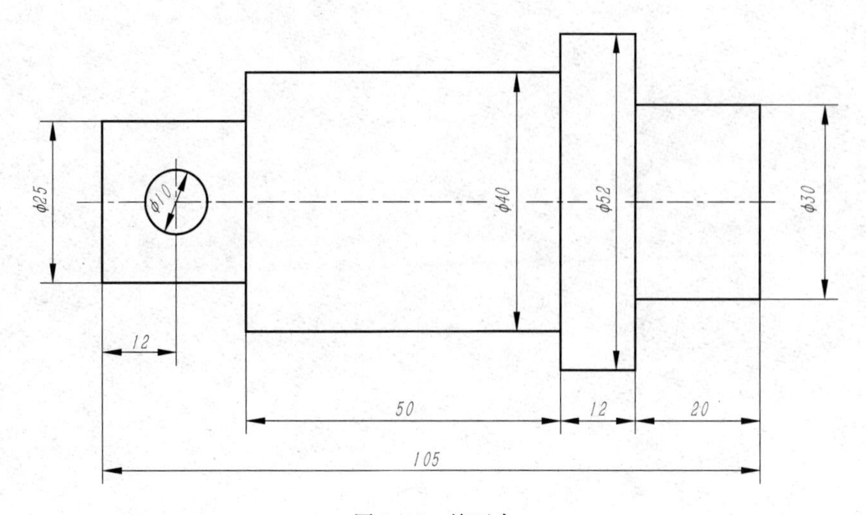

图 3-36　练习九

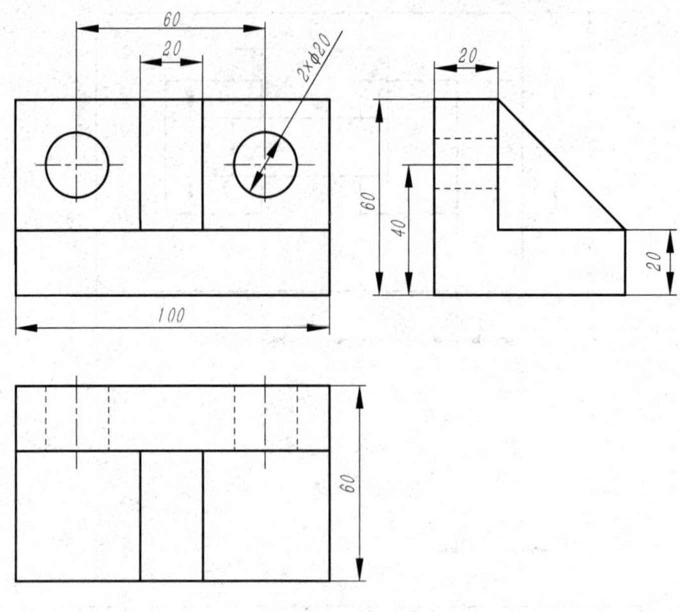

图 3-37 练习十

第 4 章　图形编辑

在绘图过程中，经常需要调整图形对象的位置、形状等，这时就需要使用系统提供的图形编辑功能了。AutoCAD 除提供了一些通常意义下的编辑功能外（如图形对象的移动、旋转、复制、拉伸、修剪等），还提供了一些特殊编辑功能，如对图形对象进行圆弧过渡或倒角、创建镜像对象、矩形对象等。除此之外，还有一个对于图形编辑非常有用的方法，即可利用图形对象的夹点快速拉伸、移动、旋转或复制对象。

AutoCAD 提供了两种编辑顺序：先启动命令，后选择要编辑的对象；或者先选择对象，然后进行编辑。

4.1　选择对象

如果每次只对一个对象进行操作时，只需单击该对象即可。如果对象过于密集，则可利用 ZOOM 命令放大视图以便于选择对象。

4.1.1　对象选择次序

AutoCAD 支持两种对象选择方式，可以在选择编辑命令以前或以后选择对象。两种方式都必须保证图 4-1 所示的“先选择后执行”被选中（缺省被选中）。

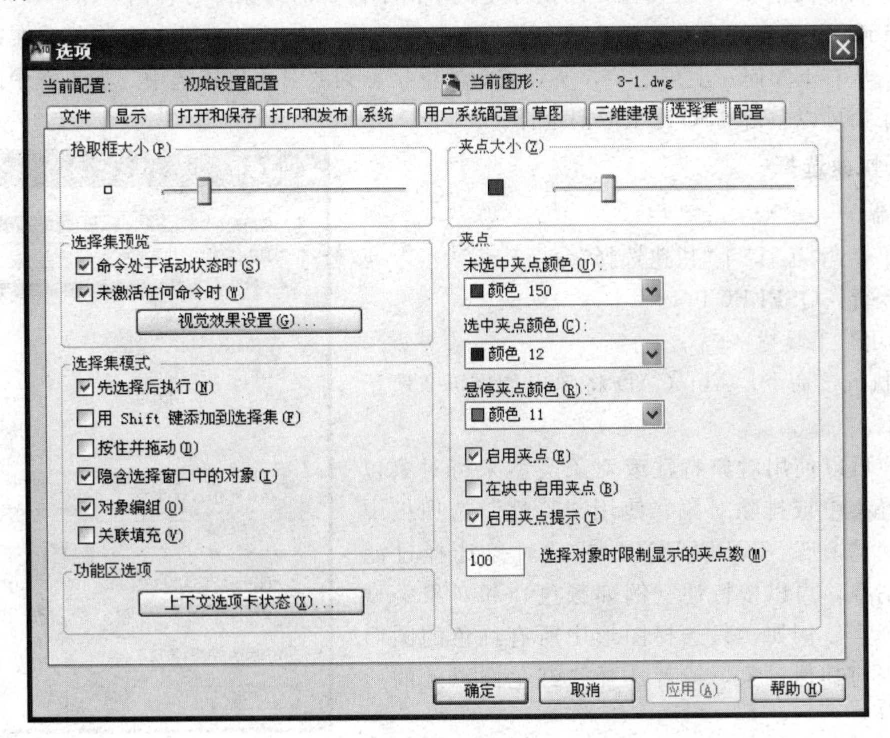

图 4-1　“选项”对话框的“选择集”选项卡

4.1.2 对象选择模式设置

“选项”对话框的“选择集”选项卡（图 4-1），除了用于控制对象选择模式外，还用于调整拾取框尺寸以及对象排序方法。该对话框中其他各按钮的意义如下。

① 拾取框大小：该区用于调整拾取框大小，也可用 HCKBOX 系统变量来设置它。

② 用 Shift 键添加到选择集：该选项用于控制如何向选择集中增加对象。若该项被禁止，那么对象一旦被选中，就被加入到选择集中；反之，若该项被允许，则最近被选中的对象将替换选择集中的对象，除非选取时按住 Shift 键。按住 Shift 键并选取当前醒目显示的对象，可将对象从选择集中清除，这与“用 Shift 键添加到选择集”的设置无关。

③ 按住并拖动：该选项用于控制如何产生选择窗口或交叉窗口。如该项被禁止，则需要拾取两点才能定义选择窗口；否则，如该项被允许，则可通过在第一点按下按钮并保持，然后拖动光标至第二点形成一个选取窗口。

④ 隐含选择窗口中的对象：如该选项被允许，则当用户在图形窗口单击时，如果未选中任何对象，则该点将被作为选取窗口的角点。

⑤ 对象编组：该设置决定对象是否可以编组。如果该项有效，则组就是可以选取的，即选择组中的一个成员就是选择了整个组。

⑥ 关联性填充：该设置决定当用户选择一关联图案时，原对象（即图案边界）是否被选择。

4.1.3 对象的选取

AutoCAD 支持循环拾取对象，每拾取一次，拾取框中的几个对象之一就会被醒目显示。但是由于每一次额外的拾取都会把对象加入到拾取集中，所以必须把不需要的对象移出，在移出时，只需要把 Shift 键按住，用鼠标左键单击不需要的对象即可移出。

AutoCAD 也支持拖动选择，从左上角向右下角拖动，可以选择完全被包含在矩形框中的对象；从右下角向左上角拖动，所有被矩形框接触到的对象均被选中。如果选中的对象全部不要了，可以单击 ESC 键来取消选择。

4.1.4 快速选择

① 命令。

菜单栏：“工具”|“快速选择”

命令行：QSELECT

“常用”工具栏：

② 执行该命令，AutoCAD 将弹出如图 4-2 所示的对话框。

用户可以使用对象特性或对象类型来将对象包含在选择集中或排除对象。使用“特性”选项板中的“快速选择”（QSELECT）或“对象选择过滤器”对话框，可以按特性（例如颜色）和对象类型过滤选择集。例如，只选择图形中所有红色的圆而不选择任何其他对象，或者选择除红色圆以外的所有其他对象。

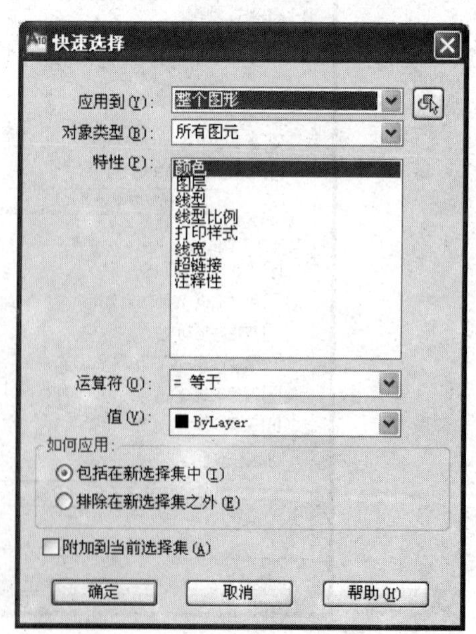

图 4-2 “快速选择”对话框

使用“快速选择”功能可以根据指定的过滤条

件快速定义选择集。如果使用 Autodesk 或第三方应用程序为对象添加特征分类，则可以按照分类特性选择对象。使用“对象选择过滤器”，可以命名和保存过滤器以供将来使用。

使用“快速选择”或对象选择过滤器，如果要根据颜色、线型或线宽过滤选择集，请首先确定是否将图形中所有对象的这些特性设置为“BYLAYER”。例如，一个对象显示为红色，因为它的颜色被设置为“BYLAYER”，并且图层的颜色是红。

图 4-2“快速选择”对话框中各设置项的含义如下。

① 应用到：利用该下拉列表，可设置本次操作的对象是整个图形还是当前选择集。也就是说，如果当前已经选中一组对象，则此时可设置仅在这些选中的对象中进行再选择。缺省为整个图形。

② 对象类型：通过指定对象类型，可进一步调整选择范围。缺省为图中所有图元。

③ 特性、运算符和值：设置要选择对象的属性。例如，要选择颜色为红色的对象，在“特性”列表中选择“颜色”，在“运算符”下拉列表中选择“＝等于”，在“值”下拉列表中选择“红色”。可选择多个条件，而且各条件之间为逻辑与关系。

④“如何应用”设置区：缺省情况下，“包括在新选择集中”单选按钮被选中，表示按设定条件创建新的选择集。若选择“排除在新选择集之外”单选项，表示按设定条件选中的对象被排除在选择集之外，即根据这些对象之外的其他对象创建选择集。

⑤ 附加到当前选择集：若选中该复选框，表示按设定条件得到的选择集将添加到当前选择集中。否则，新建的选择集将取代当前选择集。

4.2　利用夹点进行图形编辑

4.2.1　夹点概念

在绘制图形时，对已经绘制的图形进行移动、复制和修改等操作是必不可少的。除了使用相应的命令进行操作之外，还可以简单地使用对象上的夹点进行操作。夹点就是用鼠标等设备选中对象以后在对象上显示出来的一些实心小方框，实际上它是对象的特征点，不同的对象，其特征点的位置和数量也是不同的。用定点设备指定对象时，对象关键点上将出现夹点。可以拖动这些夹点快速拉伸、移动、旋转、缩放或镜像对象。如图 4-3 列出了常见对象上夹点的位置与数量。

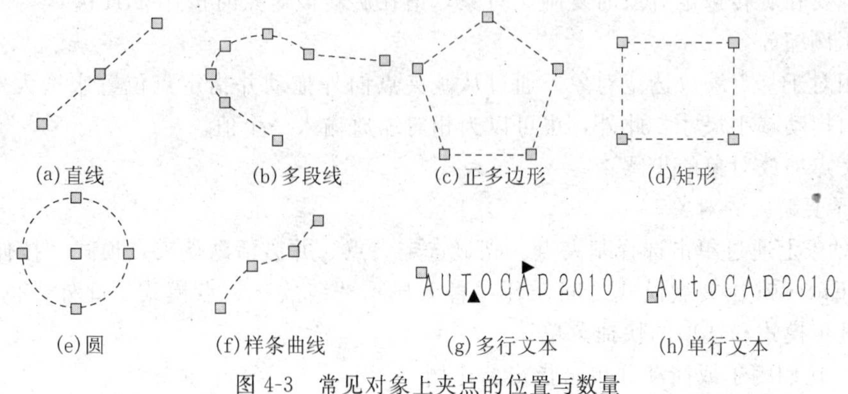

图 4-3　常见对象上夹点的位置与数量

4.2.2 利用夹点可进行的操作

（1）拉伸

可以通过将选定夹点移动到新位置来拉伸对象。文字、块参照、直线中点、圆心和点对象上的夹点将移动对象而不是拉伸它。这是移动块参照和调整标注的好方法。

使用夹点拉伸对象的步骤：

① 选择要拉伸的对象。

② 在对象上选择基夹点。

③ 亮显选定夹点，并激活默认夹点模式“拉伸”。

④ 移动定点设备并单击。随着夹点的移动拉伸选定对象。

注意：要在拉伸时复制选定对象，请在拉伸此对象时按住Ctrl键。

（2）移动

移动对象仅仅只是位置的平移，而不改变对象的方向和大小。可以通过选定的夹点移动对象。选定的对象被亮显并按指定的下一点位置移动一定的方向和距离。

使用夹点移动对象的步骤：

① 选择要移动的对象。

② 在对象上通过单击选择基夹点。亮显选定夹点，并激活默认夹点模式“拉伸”。

③ 按Enter键在夹点模式之间循环，直至显示“移动”夹点模式。此外，也可以单击鼠标右键显示模式和选项的快捷菜单。

④ 移动定点设备并单击。选定对象随夹点移动。

注意：要在移动选定对象时复制该对象，请在移动该对象时按住Ctrl键。

（3）旋转

可以通过拖动和指定点位置来绕基点旋转选定对象。还可以输入角度值。这是旋转块参照的好方法。

使用夹点旋转对象的步骤：

① 选择要旋转的对象。

② 在对象上通过单击选择基夹点。亮显选定夹点，并激活默认夹点模式“拉伸”。

③ 按Enter键在夹点模式之间循环，直至显示“旋转”夹点模式。此外，也可以单击鼠标右键显示模式和选项的快捷菜单。

④ 移动定点设备并单击。选定对象绕基夹点旋转。

注意：要在旋转选定对象时复制该对象，请在旋转该对象时按住Ctrl键。

（4）比例缩放

可以相对于基点缩放选定对象。通过从基夹点向外拖动并指定点位置来增大对象尺寸，或通过向内拖动减小尺寸。此外，也可以为相对缩放输入一个值。

使用夹点缩放对象的步骤：

① 选择要缩放的对象。

② 在对象上通过单击选择基夹点。亮显选定夹点，并激活默认夹点模式“拉伸”。

③ 按Enter键在夹点模式之间循环，直至显示“缩放”夹点模式。此外，也可以单击鼠标右键显示模式和选项的快捷菜单。

④ 输入比例因子或拖动并单击指定新比例。

（5）镜像

可以沿临时镜像线为选定对象创建镜像。打开“正交”有助于指定垂直或水平的镜像线。

使用夹点为对象创建镜像的步骤：

① 选择要镜像的对象。

② 在对象上通过单击选择基夹点。亮显选定夹点，并激活默认夹点模式“拉伸”。

③ 按 Enter 键在夹点模式之间循环，直至显示“镜像”夹点模式。此外，也可以单击鼠标右键显示模式和选项的快捷菜单。

④ 单击指定镜像线的第二点。为对象创建镜像时，打开“正交”模式常常是很有用的。

4.2.3　夹点的显示控制

可通过单击菜单栏“工具”|“选项”对话框中的“选择集”选项卡，在夹点区进行夹点大小和颜色的修改与定义。如图 4-1 右侧所示。

例 4-1　利用夹点对图 4-4 所示图形进行编辑。

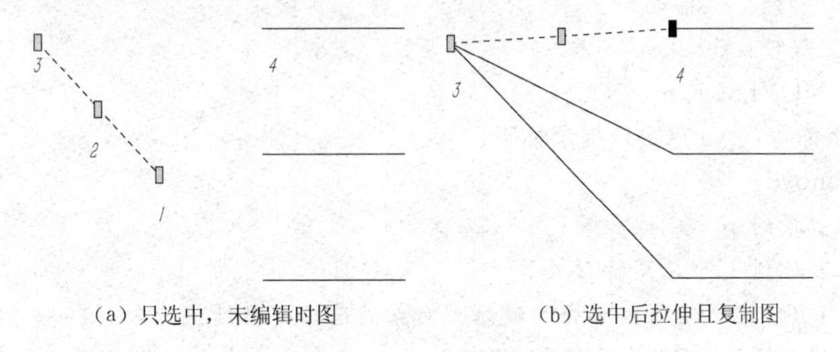

（a）只选中，未编辑时图　　（b）选中后拉伸且复制图

图 4-4　利用夹点进行编辑

操作步骤如下。

** 拉伸 **（选中 123 线后，单击夹点 1 提示）

指定拉伸点或[基点（B）/复制（C）/放弃（U）/退出（X）]：（将 1 点拉伸至 4 点上）

** 拉伸 **（将夹点 1 再次选中）

指定拉伸点或[基点（B）/复制（C）/放弃（U）/退出（X）]：c

** 拉伸（多重）**

指定拉伸点或[基点（B）/复制（C）/放弃（U）/退出（X）]：（在夹点 4 下方的 2 条线的端点分别单击）

** 拉伸（多重）**

指定拉伸点或[基点（B）/复制（C）/放弃（U）/退出（X）]：

** 拉伸（多重）**

指定拉伸点或[基点（B）/复制（C）/放弃（U）/退出（X）]：（完成后如图（b）所示）

4.3　删除对象

① 命令。

菜单栏：“修改”|“删除”

“修改”工具栏：

命令行：ERASE（或 e）

键盘操作：按“Delete”键

② 执行该命令，AutoCAD 提示如下。

命令：_ erase

选择对象：(通过鼠标左键单击来拾取对象)

选择对象：(回车、按空格键或单击鼠标右键确认选择结束)

可以通过多种方法从图形中删除对象并清除显示。可以先选择对象再执行 ERASE 命令，也可以先执行命令，再选择对象。对于按“Delete”键只能是先选择对象。

4.4 移动对象

① 命令。

菜单栏：“修改”|“移动”

“修改”工具栏：

命令行：MOVE（或 m）

② 执行该命令，AutoCAD 提示如下。

命令：_ move

选择对象：找到 1 个

选择对象：找到 1 个，总计 2 个

选择对象：(回车、空格或单击右键结束对象的选择，继续执行命令)

指定基点或 [位移 (D)]〈位移〉：(指定一个要移动的基准点) 指定第二个点或〈使用第一个点作为位移〉：(指定将要移动到的位置点)

移动对象仅仅是位置平移，而不改变对象的方向和大小。对象移动至新位置后，原位置的对象随之消失。在移动时要注意，第一次提示指定基点时，一般要在所选图形上指定，这样才能知道把所选图形移至什么地方了。指定第二个点就是提示以第一个点为基准，所选图形移动到的位置。

4.5 复制对象

① 命令。

菜单栏：“修改”|“复制”

“修改”工具栏：

命令行：COPY（或 co）

② 执行该命令，AutoCAD 提示如下。

命令：_ copy

选择对象：指定对角点：找到 2 个

选择对象：

当前设置：复制模式 = 多个

指定基点或 [位移 (D)/模式 (O)]〈位移〉：(在选中的对象上指定一个基准点) 指定第二个点或〈使用第一个点作为位移〉：(用捕捉的方式或坐标的方式均可，每指定一个点就将

前面选中的对象复制一次）

指定第二个点或［退出（E）/放弃（U）］〈退出〉：*取消*（当不再需要复制选中对象时，按ESC键、回车、空格或单击鼠标右键在快捷菜单中选“确定”或“取消”均可，也可通过执行其他命令以结束该命令）

4.6 旋转对象

① 命令。

菜单栏：“修改”|“旋转”

“修改”工具栏：

命令行：ROTATE（或ro）

② 执行该命令，AutoCAD提示如下。

命令：_rotate

UCS当前的正角方向：ANGDIR=逆时针　ANGBASE=0

选择对象：指定对角点：找到2个

选择对象：

指定基点：

指定旋转角度或［复制（C）/参照（R）］〈0〉：

选项含义如下。

旋转角度：决定对象绕基点旋转的角度。旋转轴通过指定的基点，并且平行于当前UCS的Z轴。

复制（C）：创建要旋转的选定对象的副本。

参照（R）：将对象从指定的角度旋转到新的绝对角度。

指定参照角度〈上一个参照角度〉：通过输入值或指定两点来指定角度。

指定新角度或［点（P）］〈上一个新角度〉：通过输入值或指定两点来指定新的绝对角度。

4.7 修剪对象

① 命令。

菜单栏：“修改”|“修剪”

“修改”工具栏：

命令行：TRIM（或tr）

② 执行该命令，AutoCAD提示如下。

命令：_trim

当前设置：投影=UCS，边=无

选择剪切边…

选择对象或〈全部选择〉：找到1个（选择1个或多个对象为修剪边界）

选择对象：（回车确认所选边界）

选择要修剪的对象，或按住Shift键选择要延伸的对象，或［栏选（F）/窗交（C）/投影

(P)/边（E)/删除（R)/放弃（U)]：(在需要修剪的对象上单击)

选择要修剪的对象，或按住Shift键选择要延伸的对象，或［栏选（F)/窗交（C)/投影(P)/边（E)/删除（R)/放弃（U)]：(继续选择要修剪的对象，修剪完毕回车退出)

选项含义如下。

① 投影（P)：用来确定剪切操作的空间的投影。选择该选项后系统提示如下。

输入投影选项［无（N)/UCS（U)/视图（V)]〈当前〉：(输入选项或按Enter键)

a. 无：指定无投影。该命令只修剪与三维空间中的剪切边相交的对象。

b. UCS：指定在当前用户坐标系XY平面上的投影。该命令将修剪不与三维空间中的剪切边相交的对象。

c. 视图：指定沿当前观察方向的投影。该命令将修剪与当前视图中的边界相交的对象。

② 边（E)：确定对象是在另一对象的延长边处进行修剪，还是仅在三维空间中与该对象相交的对象处进行修剪。选择该选项后系统提示如下。

输入隐含边延伸模式［延伸（E)/不延伸（N)]〈当前〉：(输入选项或按Enter键)

a. 延伸：沿自身自然路径延伸剪切边使它与三维空间中的对象相交。

b. 不延伸：指定对象只在三维空间中与其相交的剪切边处修剪。

注意：修剪图案填充时，不要将“边”设置为“延伸”。否则，修剪图案填充时将不能填补修剪边界中的间隙，即使将允许的间隙设置为正确的值。

③ 删除（R)：删除选定的对象。此选项提供了一种用来删除不需要的对象的简便方式，而无需退出TRIM命令。

④ 放弃（U)：撤销由TRIM命令所做的最近一次修改。

⑤ 栏选（F)：选择与选择栏相交的所有对象。选择栏是一系列临时线段，它们是用两个或多个栏选点指定的。选择栏不构成闭合环。

⑥ 窗交（C)：选择矩形区域（由两点确定）内部或与之相交的对象。

注意：某些要修剪的对象的窗交选择不确定。TRIM将沿着矩形交叉窗口从第一个点以顺时针方向选择遇到的第一个对象。

例4-2 利用修剪命令剪切图4-5（a）所示的图形，修剪后如图4-5（c）所示。

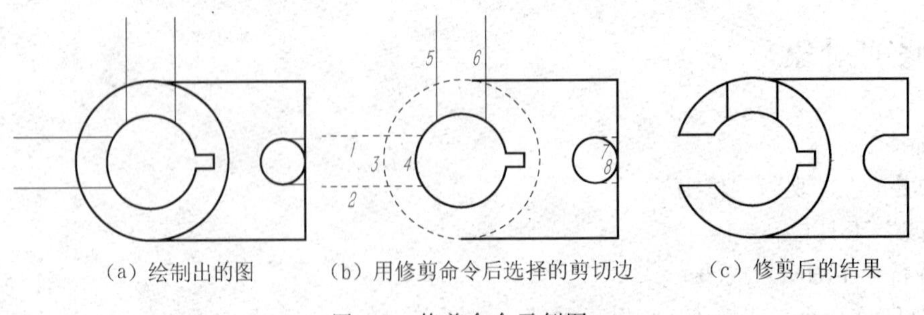

(a) 绘制出的图　(b) 用修剪命令后选择的剪切边　(c) 修剪后的结果

图4-5 修剪命令示例图

操作步骤如下（如图4-5所示)。

命令：_ trim

当前设置：投影 = UCS，边 = 无

选择剪切边…

选择对象或〈全部选择〉：找到1个（在图（b）所示的虚线上单击后效果如图（b）所示)

选择对象：找到 1 个，总计 2 个

选择对象：找到 1 个，总计 3 个

选择对象：找到 1 个，总计 4 个

选择对象：找到 1 个，总计 5 个

选择对象：(回车或单击鼠标右键，以确认选择剪切边结束)

选择要修剪的对象，或按住 Shift 键选择要延伸的对象，或 [栏选 (F)/窗交 (C)/投影 (P)/边 (E)/删除 (R)/放弃 (U)]：(在图 (b) 上标注数字 1 的线条部位单击)

选择要修剪的对象，或按住 Shift 键选择要延伸的对象，或 [栏选 (F)/窗交 (C)/投影 (P)/边 (E)/删除 (R)/放弃 (U)]：(在图 (b) 上标注数字 2 的线条部位单击)

选择要修剪的对象，或按住 Shift 键选择要延伸的对象，或 [栏选 (F)/窗交 (C)/投影 (P)/边 (E)/删除 (R)/放弃 (U)]：(在图 (b) 上标注数字 3 的线条部位单击)

选择要修剪的对象，或按住 Shift 键选择要延伸的对象，或 [栏选 (F)/窗交 (C)/投影 (P)/边 (E)/删除 (R)/放弃 (U)]：(在图 (b) 上标注数字 4 的线条部位单击)

选择要修剪的对象，或按住 Shift 键选择要延伸的对象，或 [栏选 (F)/窗交 (C)/投影 (P)/边 (E)/删除 (R)/放弃 (U)]：(在图 (b) 上标注数字 5 的线条部位单击)

选择要修剪的对象，或按住 Shift 键选择要延伸的对象，或 [栏选 (F)/窗交 (C)/投影 (P)/边 (E)/删除 (R)/放弃 (U)]：(在图 (b) 上标注数字 6 的线条部位单击)

选择要修剪的对象，或按住 Shift 键选择要延伸的对象，或 [栏选 (F)/窗交 (C)/投影 (P)/边 (E)/删除 (R)/放弃 (U)]：(在图 (b) 上标注数字 7 的线条部位单击)

选择要修剪的对象，或按住 Shift 键选择要延伸的对象，或 [栏选 (F)/窗交 (C)/投影 (P)/边 (E)/删除 (R)/放弃 (U)]：(在图 (b) 上标注数字 8 的线条部位单击)

选择要修剪的对象，或按住 Shift 键选择要延伸的对象，或 [栏选 (F)/窗交 (C)/投影 (P)/边 (E)/删除 (R)/放弃 (U)]：(回车以确认命令结束，修剪后的图形如图 (c) 所示)

4.8　延伸对象

① 命令。

菜单栏："修改"|"延伸"

"修改"工具栏：--/

命令行：EXTEND (或 ex)

② 执行该命令，AutoCAD 提示如下。

命令：_extend

当前设置：投影 = UCS，边 = 无

选择边界的边…(选择 1 个或多个对象后按回车键，或者直接按回车选择所有显示条目)

选择对象或〈全部选择〉：找到 1 个 (在选择的时候，会显示选择对象的数目)

选择对象：

选择要延伸的对象，或按住 Shift 键选择要修剪的对象，或 [栏选 (F)/窗交 (C)/投影 (P)/边 (E)/放弃 (U)]：(选择要延伸的对象，或按住 Shift 键选择要修剪的对象，或输入选项。各选项含义同 TRIM)

要延伸对象，请首先选择边界，然后按 Enter 键并选择要延伸的对象。要将所有对象用作边界，请在首次出现“选择对象”提示时按 Enter 键。

4.9 拉伸对象

① 命令。

菜单栏：“修改”|“拉伸”

“修改”工具栏：

命令行：STRETCH（或 s）

② 执行该命令，AutoCAD 提示如下。

命令：_ stretch

以交叉窗口或交叉多边形选择要拉伸的对象…

选择对象：找到 1 个

选择对象：

指定基点或［位移（D）］〈位移〉：

指定第二个点或〈使用第一个点作为位移〉：

STRETCH 仅移动位于窗交选择内的顶点和端点，不更改那些位于窗交选择外的顶点和端点。STRETCH 不修改三维实体、多段线宽度、切向或者曲线拟合的信息。若干对象（例如圆、椭圆和块）无法拉伸。

4.10 拉长对象

① 命令。

菜单栏：“修改”|“拉长”

命令行：LENGTHEN（或 len）

② 执行该命令，AutoCAD 提示如下（以一直线的增量为 5 为例）。

命令：LENGTHEN

选择对象或［增量（DE）/百分数（P）/全部（T）/动态（DY）］：（选择直线）

当前长度：124.2155

选择对象或［增量（DE）/百分数（P）/全部（T）/动态（DY）］：de

输入长度增量或［角度（A）］〈0.0000〉：5

选择要修改的对象或［放弃（U）］：

执行拉长操作时，注意拾取点的位置，拉长将发生在靠近拾取点的一侧。对圆、矩形等封闭图形，不能拉长。

选项含义如下。

①“增量（DE）”：用指定增量值的方法改变对象的长度或角度。正值拉长，负值缩短。

②“百分数（P）”：用指定占总长度百分比的方法改变对象的长度。输入的值大于 100 将拉长对象，小于 100 将缩短对象，等于 100 将不变。

③“全部（T）”：用指定新的总长度或总角度值的方法改变对象的长度或角度。

④“动态（DY）”：用拖动鼠标的方法动态地改变对象的长度或角度。

4.11　缩放对象

① 命令。

菜单栏："修改"|"缩放"

"修改"工具栏：

命令行：SCALE（或 sc）

② 执行该命令，AutoCAD 提示如下。

命令：_ scale

选择对象：找到 1 个

选择对象：（回车或单击鼠标右键以确认选择结束）

指定基点：

指定比例因子或［复制（C）/参照（R）］〈1.0000〉：

使用 SCALE，可以将对象按统一比例放大或缩小。要缩放对象，请指定基点和比例因子。此外，根据当前图形单位，还可以指定要用作比例因子的长度。缩放不仅能改变对象的大小，同时也更改选定对象的所有标注尺寸。比例因子大于 1 时将放大对象；比例因子介于 0 和 1 之间时将缩小对象。

选项含义如下。

①"基点"：表示选定对象的大小发生改变时，位置保持不变的点。

②"比例因子"：按指定的比例缩放选定对象的尺寸。

③"复制（C）"：创建要缩放的选定对象的副本。

④"参照（R）"：如果不知道具体缩放的比例，可采用"参照"方式缩放对象。指定缩放的两个点，再指定缩放的长度即可。

4.12　偏移对象

① 命令。

菜单栏："修改"|"偏移"

"修改"工具栏：

命令行：OFFSET（或 o）

② 执行该命令，AutoCAD 提示如下。

a. 指定偏移距离偏移对象。

命令：_ offset

当前设置：删除源 = 否　图层 = 源　OFFSETGAPTYPE = 0

指定偏移距离或［通过（T）/删除（E）/图层（L）］〈通过〉：（指定偏移的距离）

选择要偏移的对象，或［退出（E）/放弃（U）］〈退出〉：（选择要偏移的对象）

指定要偏移的那一侧上的点，或［退出（E）/多个（M）/放弃（U）］〈退出〉：（指定偏移的方位，即在要偏移的一侧单击鼠标左键）

选择要偏移的对象，或［退出（E）/放弃（U）］〈退出〉：

b. 通过点偏移对象。

命令：_ offset

当前设置：删除源 = 否 图层 = 源 OFFSETGAPTYPE = 0

指定偏移距离或［通过（T）/删除（E）/图层（L）］〈通过〉：（直接回车，接受默认值）

选择要偏移的对象，或［退出（E）/放弃（U）］〈退出〉：（选择要偏移的对象）

指定通过点或［退出（E）/多个（M）/放弃（U）］〈退出〉：（指定通过点）

选择要偏移的对象，或［退出（E）/放弃（U）］〈退出〉：（回车）

OFFSET 用于创建同心圆、平行线和平行曲线。偏移圆或圆弧可以创建更大或更小的圆或圆弧，取决于向哪一侧偏移（见图 4-6）。

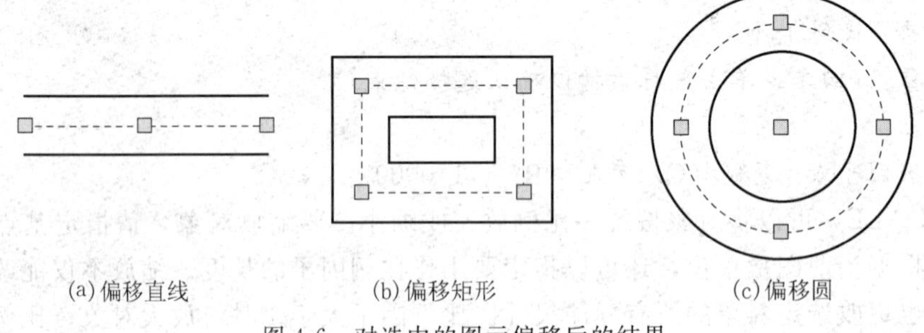

(a) 偏移直线　　(b) 偏移矩形　　(c) 偏移圆

图 4-6　对选中的图元偏移后的结果

4.13　镜像对象

① 命令。

菜单栏：“修改”|“镜像”

“修改”工具栏：

命令行：MIRROR（或 mi）

② 执行该命令，AutoCAD 提示如下。

命令：_ mirror

选择对象：找到 1 个（选择要镜像的对象）

选择对象：

指定镜像线的第一点：（用鼠标拾取或输入坐标的形式，指定镜像线的第一个点）指定镜像线的第二点：（用鼠标拾取或输入坐标的形式，指定镜像线的第二点）

要删除源对象吗？［是（Y）/否（N）］〈N〉：（输入 Y 回车，表示要删除源对象；输入 N 回车，表示要保留源对象。默认值为否）

镜像对创建对称的对象非常有用，因为可以快速地绘制半个对象，然后将其镜像，而不必绘制整个对象。绕轴（镜像线）翻转对象创建镜像图像。要指定临时镜像线，请输入两点。可以选择是删除源对象还是保留源对象。默认情况下，镜像文字、属性和属性定义时，它们在镜像图像中不会反转或倒置。文字的对齐和对正方式在镜像对象前后相同。如果确实要反转文字，请将 MIRRTEXT 系统变量设置为 1。

4.14　打断对象

① 命令。

菜单栏："修改"|"打断"

"修改"工具栏：或

命令行：BREAK（或 br）

② 执行该命令，AutoCAD 提示如下。

命令：_ break 选择对象：（拾取要打断的对象，并且拾取点为第一点）

指定第二个打断点 或 [第一点（F）]：（指定第二个打断点。如果要精确指定第一个点输入"F"回车，从第一个点开始，重新拾取两个打断点）

默认情况下，在其上选择对象的点为第一个打断点。要选择其他断点对，请输入 F（第一个），然后指定第一个断点。要打断对象而不创建间隔即要将对象一分为二并且不删除某个部分，输入的第一个点和第二个点应相同，通过输入@0，0 指定第二个点即可实现此过程。

两个指定点之间的对象部分将被删除。如果第二个点不在对象上，将选择对象上与该点最接近的点；因此，要打断直线、圆弧或多段线的一端，可以在要删除的一端附近指定第二个打断点。

直线、圆弧、圆、多段线、椭圆、样条曲线、圆环以及其他几种对象类型都可以拆分为两个对象或将其中的一端删除。程序将按逆时针方向删除圆上第一个打断点到第二个打断点之间的部分，从而将圆转换成圆弧。

4.15　倒角

① 命令。

菜单栏："修改"|"倒角"

"修改"工具栏：

命令行：CHAMFER（或 cha）

② 执行该命令，AutoCAD 提示如下。

命令：_ chamfer

（"修剪"模式）当前倒角长度 = 0.0000，角度 = 0

选择第一条直线或 [放弃（U）/多段线（P）/距离（D）/角度（A）/修剪（T）/方式（E）/多个（M）]：

选择第二条直线，或按住 Shift 键选择要应用角点的直线：

选项含义如下。

①"放弃（U）"：恢复在命令中执行的上一个操作。

②"多段线（P）"：对整个二维多段线倒角。相交多段线线段在每个多段线顶点被倒角。倒角成为多段线的新线段。如果多段线包含的线段过短以至于无法容纳倒角距离，则不对这些线段倒角。

③"距离（D）"：设置倒角至选定边端点的距离。两倒角距离可以相等，也可以不相等，还可以为零。

④"角度（A）"：指定第一条线上的倒角距离和该线与斜线间的夹角来确定倒角的大小。

⑤"修剪（T）"：可设置"修剪"和"不修剪"模式。选择"修剪"模式时，系统将自

动修剪或延伸源对象；选择“不修剪”模式时，倒角后将保留源对象，既不修剪也不延伸。

⑥“方式（E)”：控制 CHAMFER 使用两个距离还是一个距离和一个角度来创建倒角。

⑦“多个（M)”：为多组对象的边倒角。

4.16 圆角

① 命令。

菜单栏：“修改”|“圆角”

“修改”工具栏：

命令行：FILLET（或 f）

② 执行该命令，AutoCAD 提示如下。

命令：_ fillet

当前设置：模式 = 修剪，半径 = 0.0000

选择第一个对象或[放弃（U)/多段线（P)/半径（R)/修剪（T)/多个（M)]：

选择第二个对象，或按住 Shift 键选择要应用角点的对象：

FILLET 命令可以对圆弧、圆、椭圆、椭圆弧、直线、多段线、射线、样条曲线和构造线执行圆角操作。还可以对三维实体和曲面执行圆角操作。如果选择网格对象执行圆角操作，可以选择在继续进行操作之前将网格转换为实体或曲面。

选项含义如下。

①“半径（R)”：圆角半径是指连接被圆角对象的圆弧半径。修改圆角半径将影响后续的圆角操作。若圆角半径为 0，则被圆角的对象将被修剪或延伸直到它们相交，并不创建圆弧；若选择对象时，按住 Shift 键，这时也按圆角半径等于 0 操作。

②“修剪（T)”：控制 FILLET 是否将选定的边修剪到圆角弧的端点。

③“多段线（P)”：可在二维多段线中两相交线段的顶点处进行圆角。选择多段线后，系统会根据指定的圆弧半径把多段线各顶点用圆滑的弧线连接起来。

其他选项同 CHAMFER 命令。

4.17 阵列对象

① 命令。

菜单栏：“修改”|“阵列”

“修改”工具栏：

命令行：ARRAY（或 ar）

② 执行该命令，系统将弹出如图 4-7 所示对话框。

阵列分为矩形阵列和环形阵列，通过对话框可以设置阵列的具体参数。下面分别说明。

(1) 矩形阵列（如图 4-7 所示）

①“选择对象”按钮：指定用于构造阵列的对象。可以在“阵列”对话框显示之前或之后选择对象。要在“阵列”对话框显示之后选择对象，请选择“选择对象”。“阵列”对话框将暂时关闭。完成选择对象后，按 Enter 键，“阵列”对话框将重新显示，并且选定对象将显示在“选择对象”按钮下面。

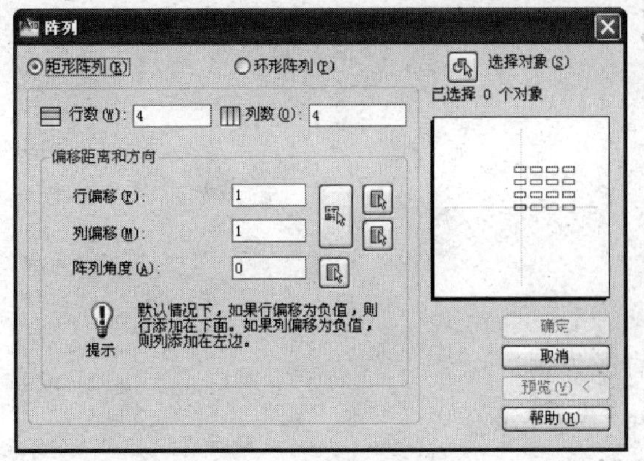

图 4-7　“阵列”对话框“矩形阵列”选项

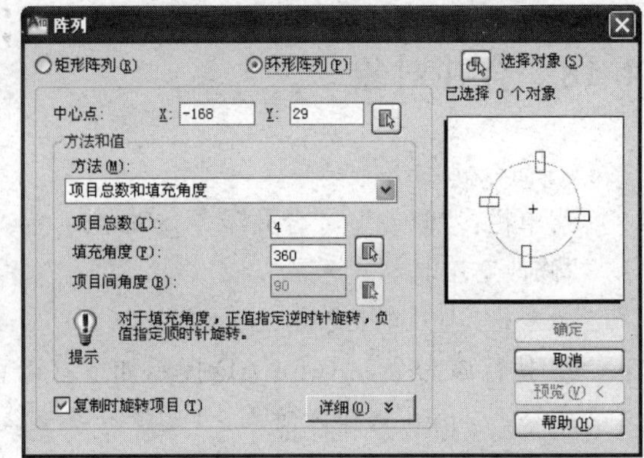

图 4-8　“阵列”对话框“环形阵列”选项

注意：如果选择多个对象，则最后一个选定对象的基点将用于构造阵列。

②“行数（W）”：指定阵列中的行数。如果只指定了一行，则必须指定多列。如果为此阵列指定了许多行和许多列，它可能要花费一些时间来创建副本。默认情况下，在一个命令中可以生成的阵列元素最大数目为 100000。该限制值由注册表中的 MAXARRAY 设置。例如，要将上限重设为 200000，可在命令行提示下输入 setenv "MaxArray" "200000"。

③“列数（O）”：指定阵列中的列数。如果只指定了一列，则必须指定多行。其余同“行”。

④“行偏移（F）”：指定行间距（按单位）。要向下添加行，请指定负值；反之，请使用正值。要使用定点设备指定行间距，请用“拾取两者偏移”按钮或“拾取行偏移”按钮。

⑤“列偏移（M）”：指定列间距（按单位）。要向左边添加列，请指定负值；反之，为正值。要使用定点设备指定列间距，请用“拾取两者偏移”按钮或“拾取列偏移”按钮。

⑥“阵列角度（A）”：指定旋转角度。此角度通常为 0，因此行和列与当前 UCS 的 X 和 Y 图形坐标轴正交。使用 UNITS 可以更改角度的测量约定。

（2）环形阵列（如图 4-8 所示）

① 中心点 X、Y：指定环形阵列的圆心。输入 X 和 Y 坐标值，或选择“拾取圆心”按钮以使用定点设备指定圆心。

②“方法（M）”：设置定位对象所用的方法。包括“项目总数和填充角度”、“项目总数和项目间的角度”和“填充角度和项目间的角度”三个选项。

③“项目总数（I）”：设置在结果阵列中显示的对象数目。默认值为 4。

④“填充角度（F）”：通过定义阵列中第一个和最后一个元素的基点之间的包含角来设置阵列大小。正值指定逆时针旋转。负值指定顺时针旋转。默认值为 360。不允许值为 0。

⑤“项目间角度（B）”：设置阵列对象的基点和阵列中心之间的包含角。输入一个正值。默认方向值为 90。

⑥“复制时旋转项目（T）”：选择该复选框可使阵列对象随旋转阵列的方向旋转。

注意：可以选择拾取键并使用定点设备来为“填充角度”和“项目间角度”指定值。

4.18 合并对象

① 命令。

菜单栏："修改"|"合并"

"修改"工具栏：

命令行：JOIN（或 j）

② 执行该命令，AutoCAD 提示如下（以直线为例）。

命令：_ join 选择源对象：（选择一条直线作为源）

选择要合并到源的直线：找到 1 个

选择要合并到源的直线：（选择另一条直线）

已将 1 条直线合并到源

可以合并圆弧、椭圆弧、直线、多段线、样条曲线。要将相似的对象与之合并的对象称为源对象。要合并的对象必须位于相同的平面上。

① 直线对象：必须共线（位于同一无限长的直线上），但是它们之间可以有间隙。

② 圆弧对象：必须位于同一假想的圆上，但是它们之间可以有间隙。"闭合"选项可将源圆弧转换成圆。

③ 样条曲线和螺旋对象：必须相接（端点对端点）。结果对象是单个样条曲线。

④ 多段线：对象可以是直线、多段线或圆弧。对象之间不能有间隙，并且必须位于与 UCS 的 *XY* 平面平行的同一平面上。

注意：合并两条或多条圆弧（或椭圆弧）时，将从源对象开始沿逆时针方向合并圆弧（或椭圆弧）。

4.19 编辑多段线

① 命令。

菜单栏："修改"|"对象"|"多段线"

命令行：PEDIT

② 执行该命令，AutoCAD 提示如下。

命令：_ pedit 选择多段线或［多条（M）］：

输入选项［打开（O）/合并（J）/宽度（W）/编辑顶点（E）/拟合（F）/样条曲线（S）/非曲线化（D）/线型生成（L）/反转（R）/放弃（U）］：

PEDIT 的常见用途包含合并二维多段线、将线条和圆弧转换为二维多段线以及将多段线转换为近似 B 样条曲线的曲线（拟合多段线）。

①"打开（O）"：将闭合的多段线打开，将打开的多段线闭合。

②"合并（J）"：将直线、圆弧或多段线添加到一条多段线中，使之成为新的多段线。这些对象必须是首尾相连的。若选择对象不是多段线，根据提示可将其转换成多段线。

③"宽度（W）"：重新设置多段线的宽度，使多段线具有统一线宽。

④"编辑顶点（E）"：顶点是多段线两段的交点。执行该命令时，会在第一个顶点上出现一个×标记，表明要编辑那个顶点。

⑤“拟合（F)”：创建一系列的圆弧线，且圆弧线的端点穿过多段线的端点，每条弧线弯曲的方向依赖于相邻圆弧的方向，因此产生了平滑的效果。

⑥“样条曲线（S)”：将多段线编辑成为样条曲线的近似线，多段线的各个顶点成为样条曲线的控制点。

⑦“非曲线化（D)”：删除由拟合或样条曲线插入的其他顶点并拉直所有多段线线段。

⑧“线型生成（L)”：生成经过多段线顶点的连续图案的线型。

举例说明：将图 4-9 的图形用 PEDIT 拟合以后的图形如图 4-10 所示。

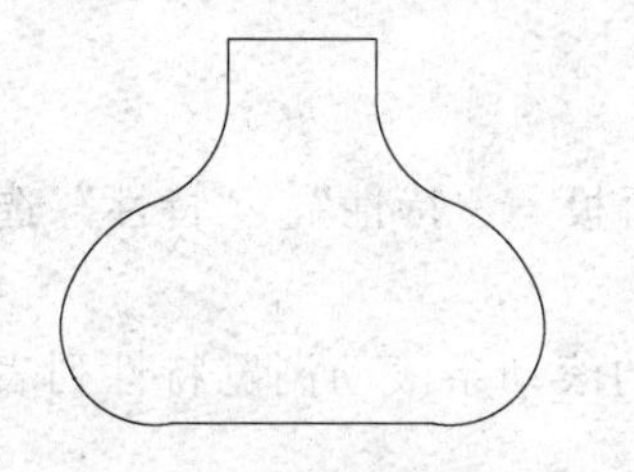

图 4-9　拟合前图形

图 4-10　拟合后图形

4.20　编辑样条曲线

① 命令。

菜单栏：“修改”|“对象”|“样条曲线”

命令行：SPLINEDIT

② 执行该命令，AutoCAD 提示如下。

命令：_splinedit

选择样条曲线：

输入选项［拟合数据（F)/闭合（C)/移动顶点（M)/优化（R)/反转（E)/转换为多段线（P)/放弃（U)］：

样条曲线编辑功能突出显现在移动顶点和精度控制上。如增减拟合点、修改样条曲线起点和终点切线方向、修改拟合偏差等。

①“拟合数据（F)”：编辑样条曲线拟合点的数据。

②“移动顶点（M)”：重新定位样条曲线的控制顶点并清理拟合点。

③“优化（R)”：精密调整样条曲线定义。

④“反转（E)”：反转样条曲线的方向。

4.21　利用特性选项板编辑图形

① 命令。

菜单栏：“工具”|“选项板”|“特性”

“标准”工具栏：▣

命令行：PROPERTIES（或 pr）

② 执行该命令，系统弹出如图 4-11 所示的对话框。

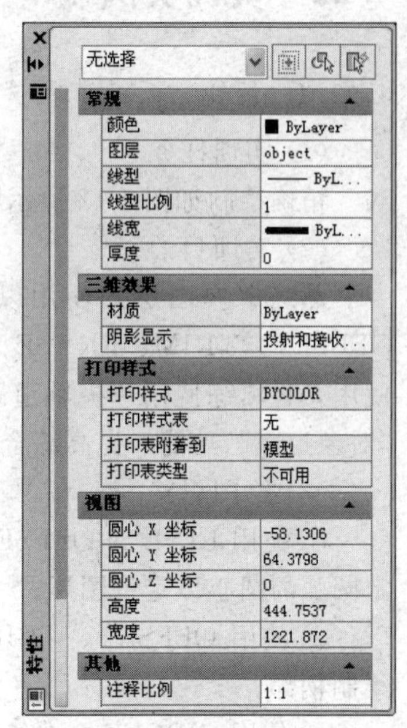

图 4-11　“特性”对话框

“特性”选项板列出了选定对象或一组对象的特性的当前设置。可以修改任何可以通过指定新值进行修改的特性。选中多个对象时，“特性”选项板只显示选择集中所有对象的共有特性。如果未选中对象，“特性”选项板只显示当前图层的常规特性、附着到图层的打印样式表的名称、视图特性以及有关 UCS 的信息。

将 DBLCLKEDIT 系统变量设置为“开”（默认设置）时，可以双击大部分对象以打开“特性”选项板，块和属性、图案填充、渐变填充、文字、多线以及外部参照除外。如果双击这些对象中的任何一个，将显示特定于该对象的对话框而非“特性”选项板。

在“特性”选项板上更改对象特性的步骤如下。

① 选择一个或多个对象。

② 依次单击“视图”选项卡—“选项板”面板—“特性”。“特性”选项板上将显示选定对象的特性。

③ 在“特性”选项板中，使用标题栏旁边的滚动条滚动浏览特性列表。可以单击每种类别右侧的箭头以展开或收拢此列表。

选择要更改的值；使用以下方法之一更改值。

a. 输入新值。

b. 单击右侧的下拉箭头并从列表中选择一个值。

c. 单击“拾取点”按钮，使用定点设备修改坐标值。

d. 单击“快速计算器”按钮可计算新值。

e. 单击左或右箭头可增大或减小该值。

f. 单击“…”按钮并在对话框中更改特性值。

所做的更改立即生效。

④ 要放弃更改，请在“特性”选项板的空白区域中单击鼠标右键。单击“放弃”。

⑤ 按 ESC 键删除选择。

4.22 实训实例

4.22.1 吊钩

(1) 实训任务

精确绘制如图 4-12 所示图形。(不标注尺寸)

(2) 实训目的

熟练掌握图层的使用以及 LINE、CIRCLE、OFFSET、TRIM、ERASE、CHAMFER 命令的使用，且熟练使用“极轴追踪”、“对象捕捉”与“对象追踪”功能。提高综合绘图能力。

(3) 绘图思路

① 使用 LINE 和 OFFSET 命令绘制中心线确定圆弧的圆心以定位图形。

② 使用 OFFSET、TRIM、CHAMFER 命令绘制柄部。

③ 使用 CIRCLE 命令绘制圆以代替圆弧。

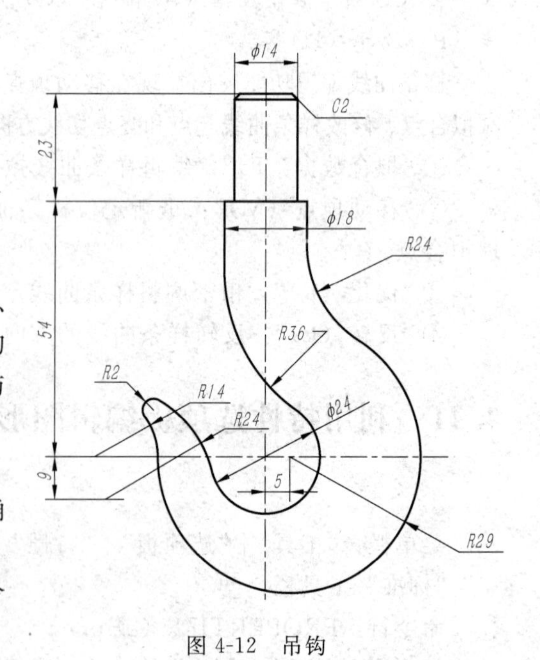

图 4-12 吊钩

④ 使用 TRIM 、ERASE 命令剪去或删除多余的线条。

⑤ 使用 CIRCLE 命令绘制圆并找出圆弧的圆心。

⑥ 使用 TRIM 、ERASE 命令剪去或删除多余的线条。

(4) 操作步骤

① 绘制中心线。将图层切换到中心线层，用 LINE 命令画直线 AB 和 CD。用 OFFSET 将直线 AB 向右偏移 5；直线 CD 向下偏移 9，再向上偏移 54，获得直线 EF；将直线 EF 向上偏移 23，如图 4-13 所示。

② 用 OFFSET 命令将直线 AB 分别向左右各偏移 7 和 9，再将偏移后的直线和 EF 上面的线都放置到粗实线层。再使用 TRIM 命令修剪和使用 CHAMFER 命令倒 2×45°角后，用 LINE 命令绘制直线，如图 4-14 所示。

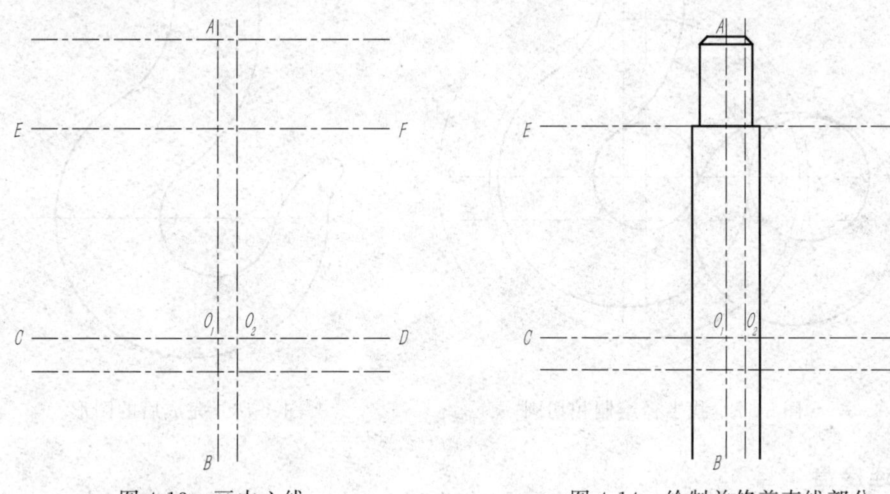

图 4-13　画中心线　　图 4-14　绘制并修剪直线部分

③ 画圆，将图层切换到粗实线层，用 CIRCLE 命令以 O_1 点为圆心，画 $\phi24$ 的圆；以 O_2 点为圆心，画 $R29$ 的圆；然后分别用“绘图”|“圆”|“相切、相切、半径”绘制 $R24$ 的圆和 $R36$ 的圆，如图 4-15 所示。

④ 修剪圆和直线，完成后如图 4-16 所示。

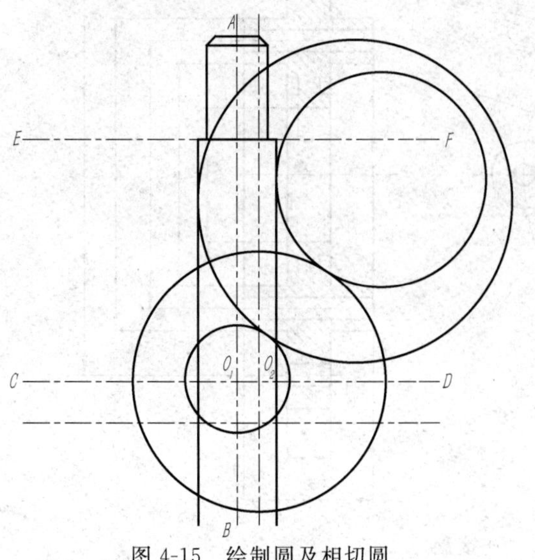

图 4-15　绘制圆及相切圆

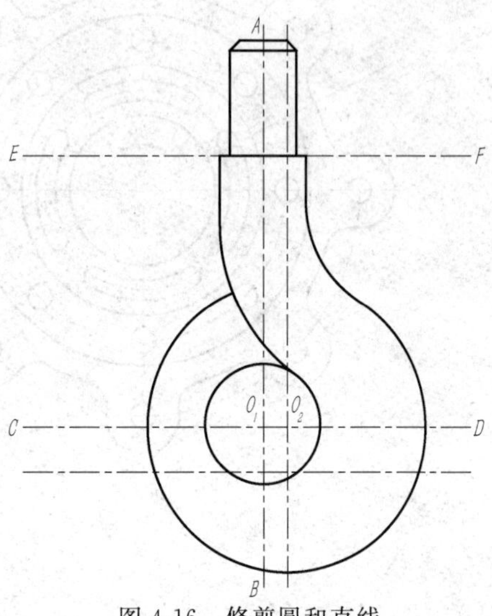

图 4-16　修剪圆和直线

⑤ 找出 $R24$ 的圆弧的圆心，以 O_1 点为圆心，36 的长为半径画圆和直线 CD 下面的直线的交点即为半径为 24 的圆的圆心；找出 $R14$ 的圆弧的圆心，以 O_2 点为圆心，43 的长为半径画圆和直线 CD 的交点即为半径为 14 的圆的圆心；再利用“相切、相切、半径”绘制半径为 2 的圆，如图 4-17 所示。

⑥ 使用 TRIM 和 ERASE 命令修剪和删除多余的线条，完成后如图 4-18 所示。

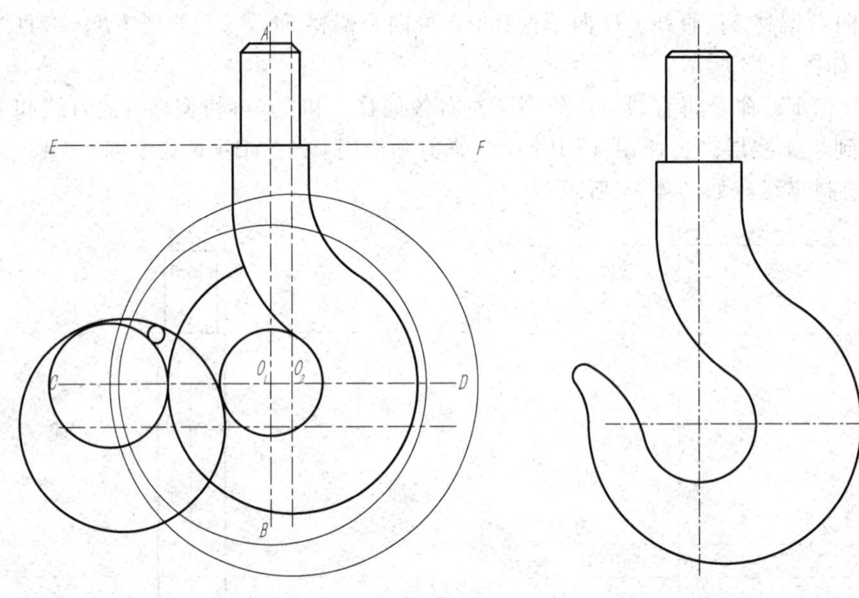

图 4-17　找半径绘制相切圆　　　　图 4-18　完成后的图形

4.22.2　连接盘

(1) 实训任务

精确绘制如图 4-19 所示图形。(不进行标注尺寸)

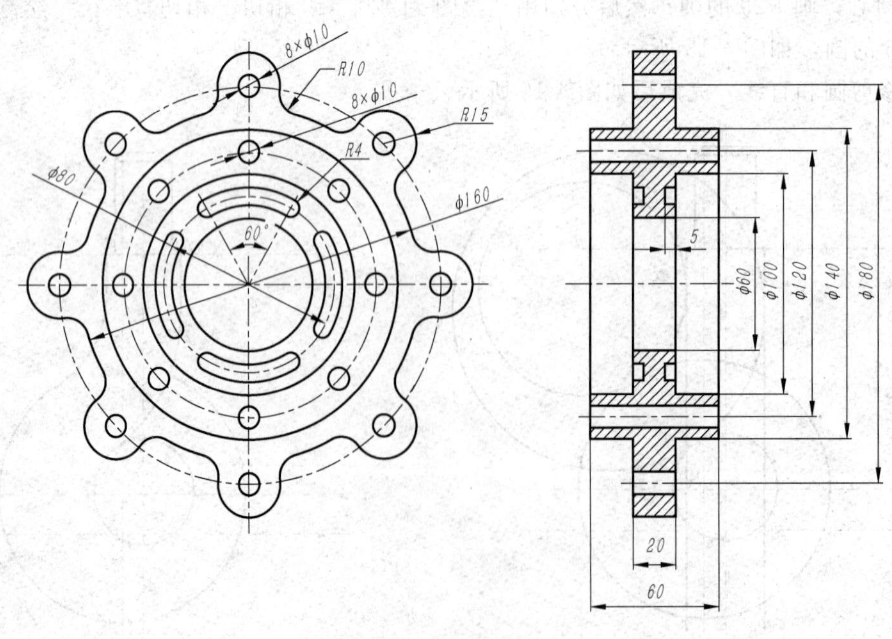

图 4-19　连接盘

（2）实训目的

熟练掌握图层的使用以及 LINE、CIRCLE、ROTATE、OFFSET、TRIM、ARRAY、MIRROR、JOIN 等命令的使用，且熟练使用“极轴追踪”、“对象捕捉”与“对象追踪”功能，提高综合绘图能力。

（3）绘图思路

① 使用 LINE、CIRCLE、ROTATE、OFFSET 绘制中心线确定位置。

② 使用 CIRCLE 命令绘制圆并使用 TRIM 命令修剪。

③ 使用 ARRAY 命令将绘制的部分图形做阵列且使用 TRIM 命令修剪。

④ 使用 LINE 、TRIM 命令绘制左视图上半部分。

⑤ 使用 MIRROR 命令镜像图形，并合并对象。

⑥ 使用 BHATCH 命令填充剖面线。

（4）操作步骤

① 绘制中心线。将图层切换到中心线层，用 LINE 命令绘制直线 *AB* 和 *CD*；使用 CIRCLE 命令分别绘制直径为 80、120 和 180 的圆。再使用 ROTATE 命令将直线 *AB* 旋转复制 30°和－30°后分别得到直线 *OE* 和 *OF*，使用 TRIM 命令将 *OE* 和 *OF* 修剪为如图 4-20 所示。然后利用 LINE 命令及对象捕捉和对象追踪功能绘制左视图中的直线。如图 4-20 所示。

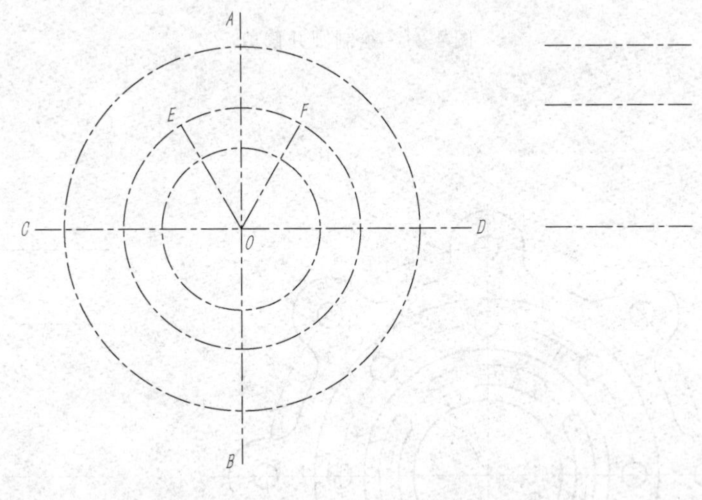

图 4-20　绘制中心线

② 绘制圆。将图层切换到粗实线层，用 CIRCLE 命令分别绘制直径为 60、100、140、160 和 10，半径为 4、36、44、15、10 的圆并使用 TRIM 命令修剪，修剪后如图 4-21 所示。

③ 使用 ARRAY 命令将绘制的部分图形做阵列且使用 TRIM 命令修剪，如图 4-22 所示。

④ 使用 LINE 、TRIM 命令及对象追踪、对象捕捉功能绘制左视图上半部分，如图 4-23 所示。

⑤ 使用 MIRROR 命令镜像图形，并使用 JOIN 命令合并四条竖线，如图 4-24 所示。在 MIRROR 命令执行中，镜像线选取为直线 *CD* 或与直线 *CD* 在同一条线上的中心线。

⑥ 使用 BHATCH 命令填充剖面线。在执行 BHATCH 命令后弹出的对话框中选择“预定义”类型的“ANSI31”图案，再单击“添加：拾取点”按钮，然后在图 4-25 所示的填充剖面线的六部分分别单击拾取对象，最后确定。

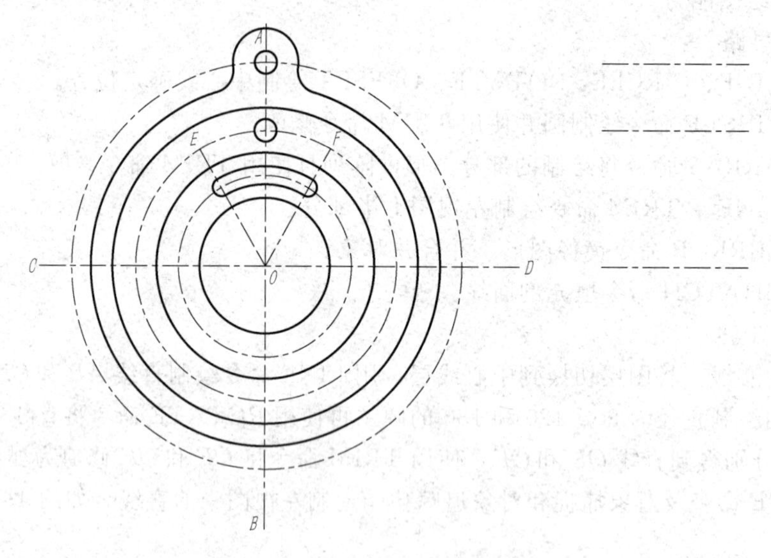

图 4-21　绘制圆并修剪

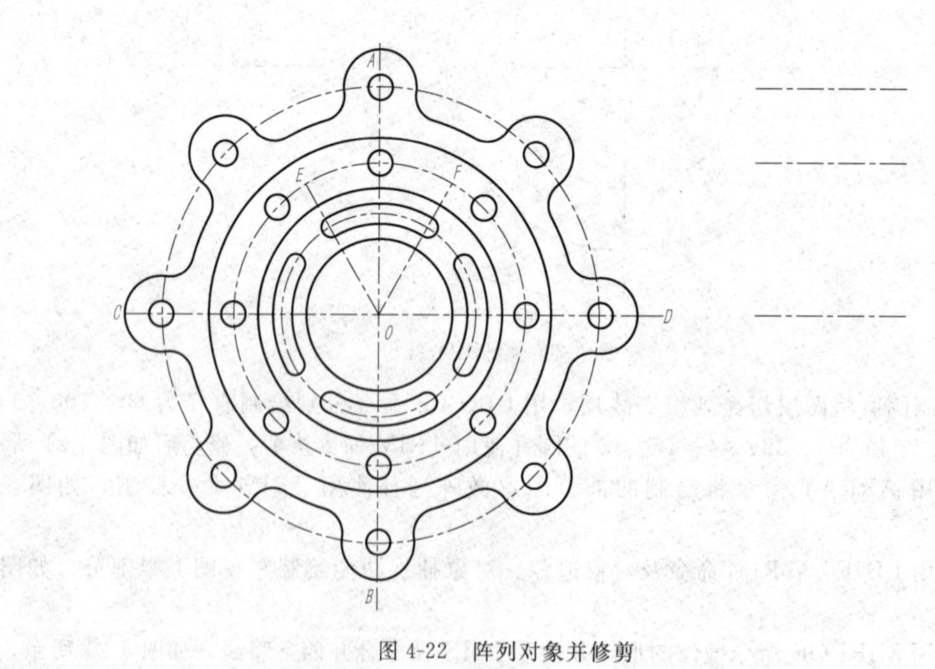

图 4-22　阵列对象并修剪

图 4-23　绘制左视图上半部分

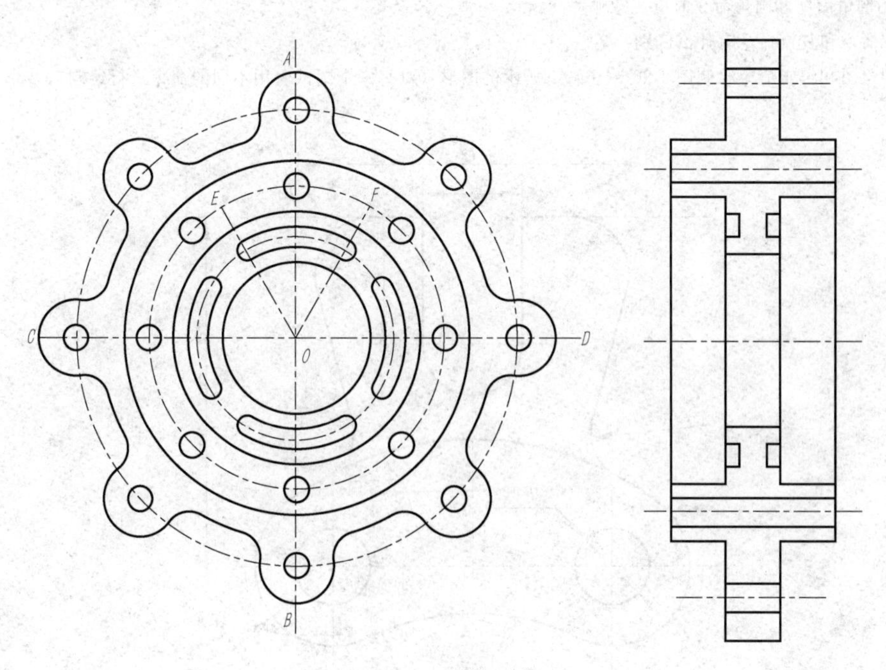

图 4-24　镜像对象

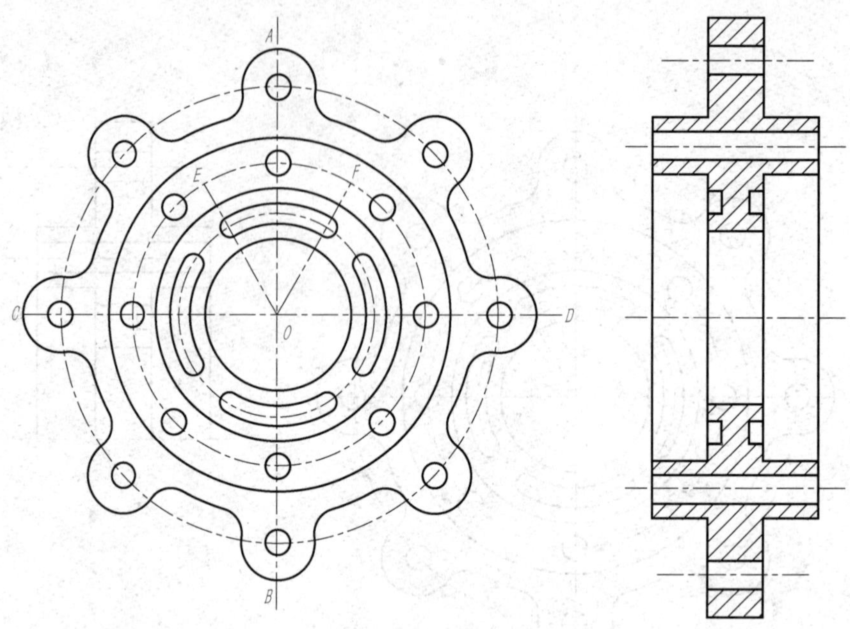

图 4-25　图案填充

思考与练习

1. 移动和复制命令有何异同?
2. 拉伸和拉长命令有何异同?
3. 修剪和延伸命令有何异同?
4. 调用倒角命令和圆角命令时应注意哪些问题?
5. 偏移命令和复制命令有什么区别?
6. 利用绘图和编辑命令绘制图 4-26～图 4-40 所示的图形（对每一个图试着用不同的命令进行绘制）。

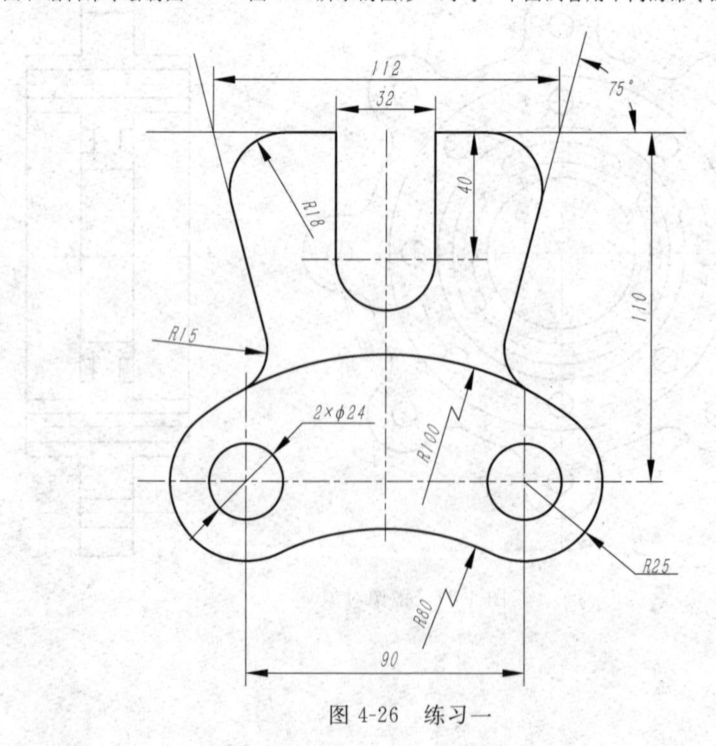

图 4-26　练习一

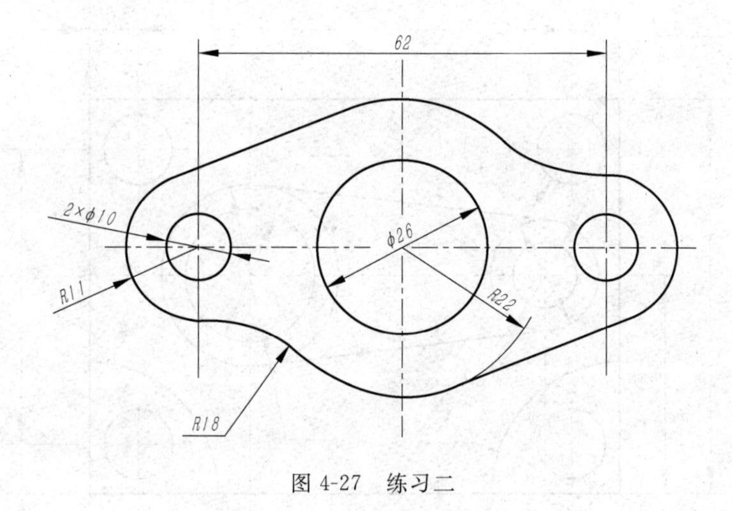

图 4-27 练习二

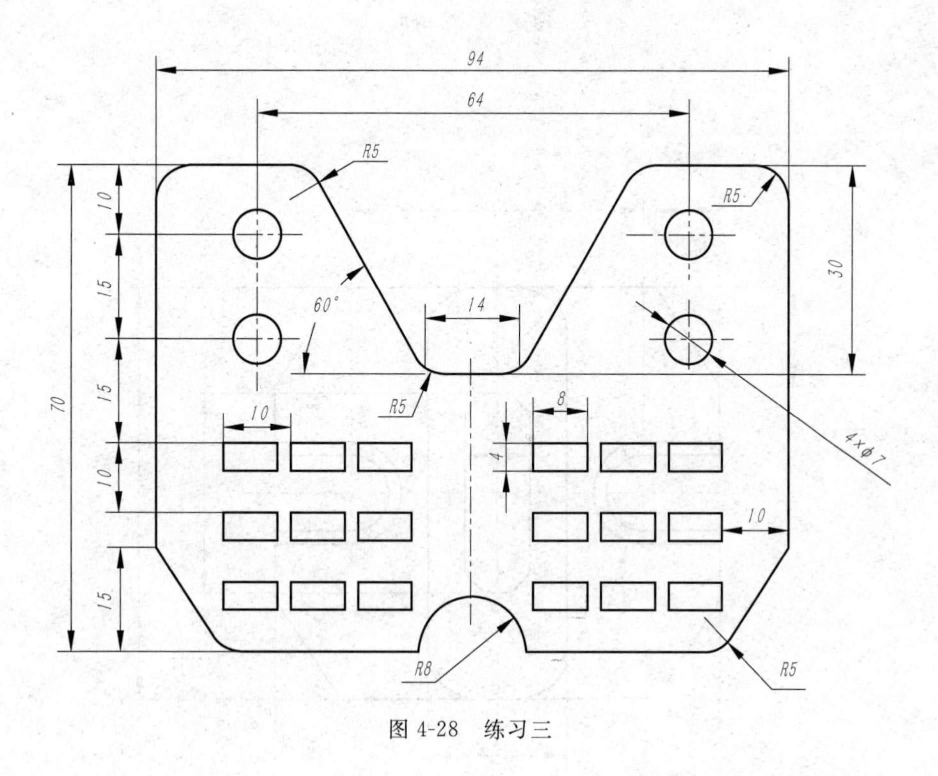

图 4-28 练习三

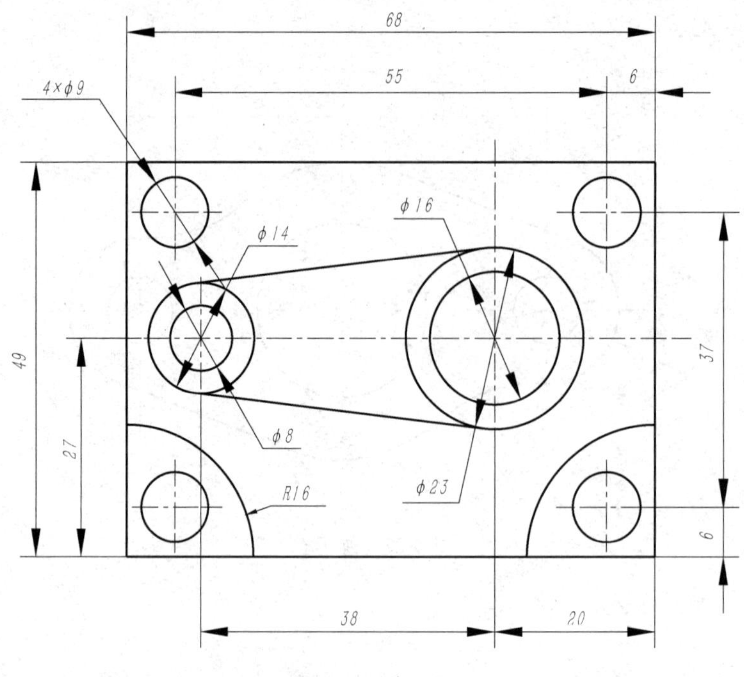

图 4-29　练习四

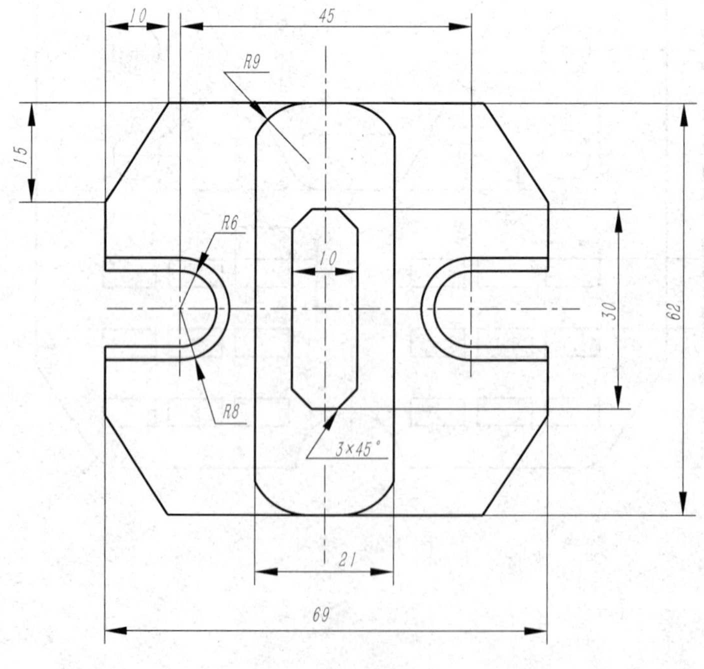

图 4-30　练习五

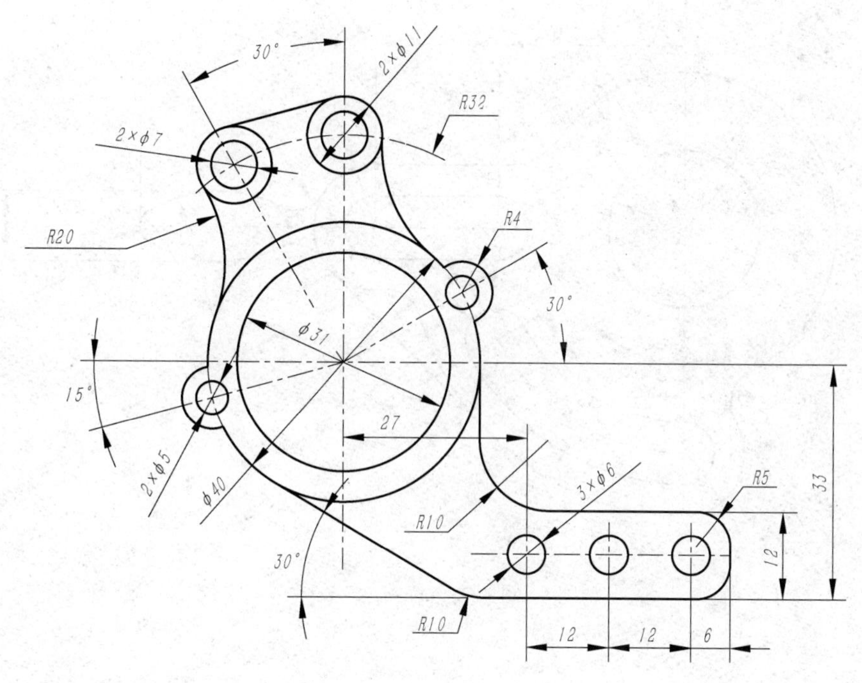

图 4-31　练习六

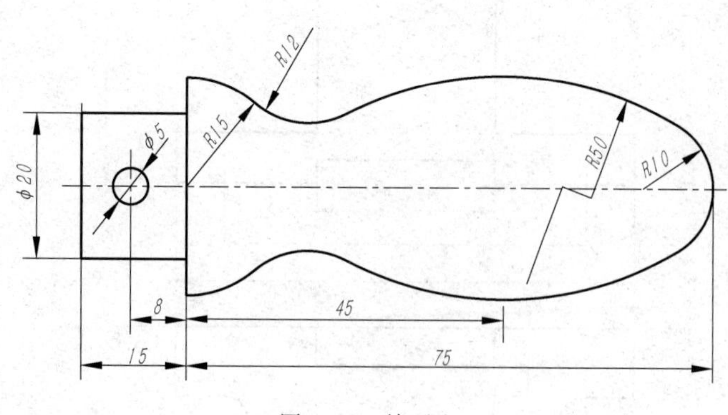

图 4-32　练习七

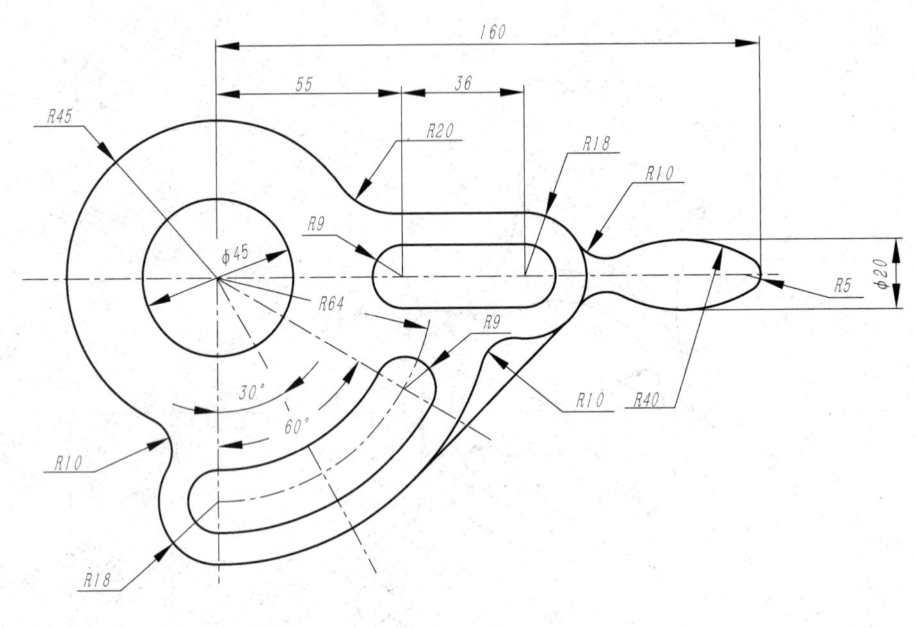

图 4-33　练习八

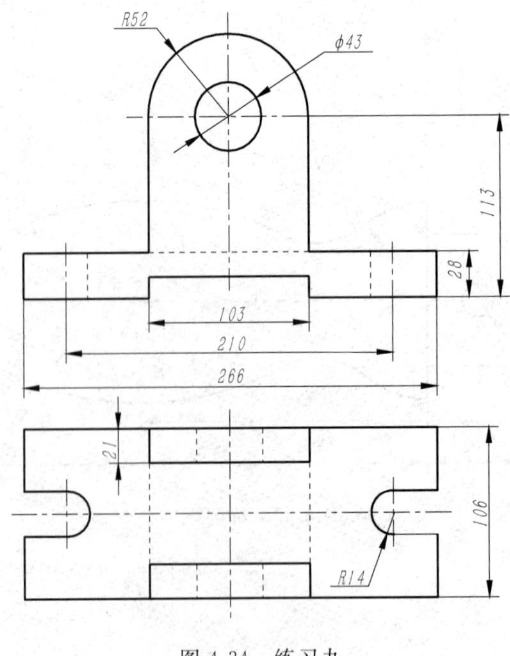

图 4-34　练习九

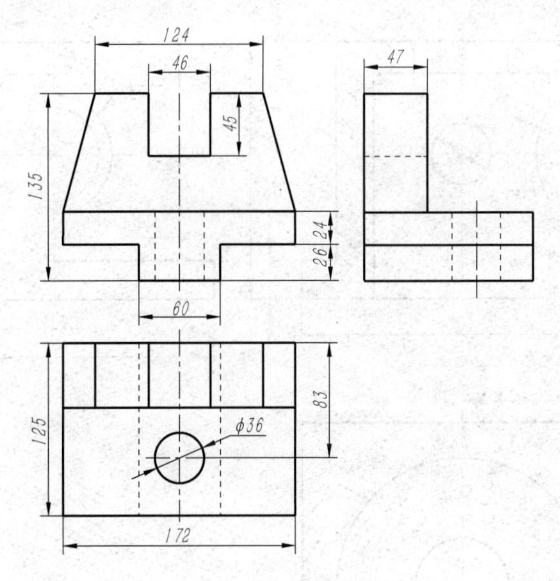

图 4-35　练习十

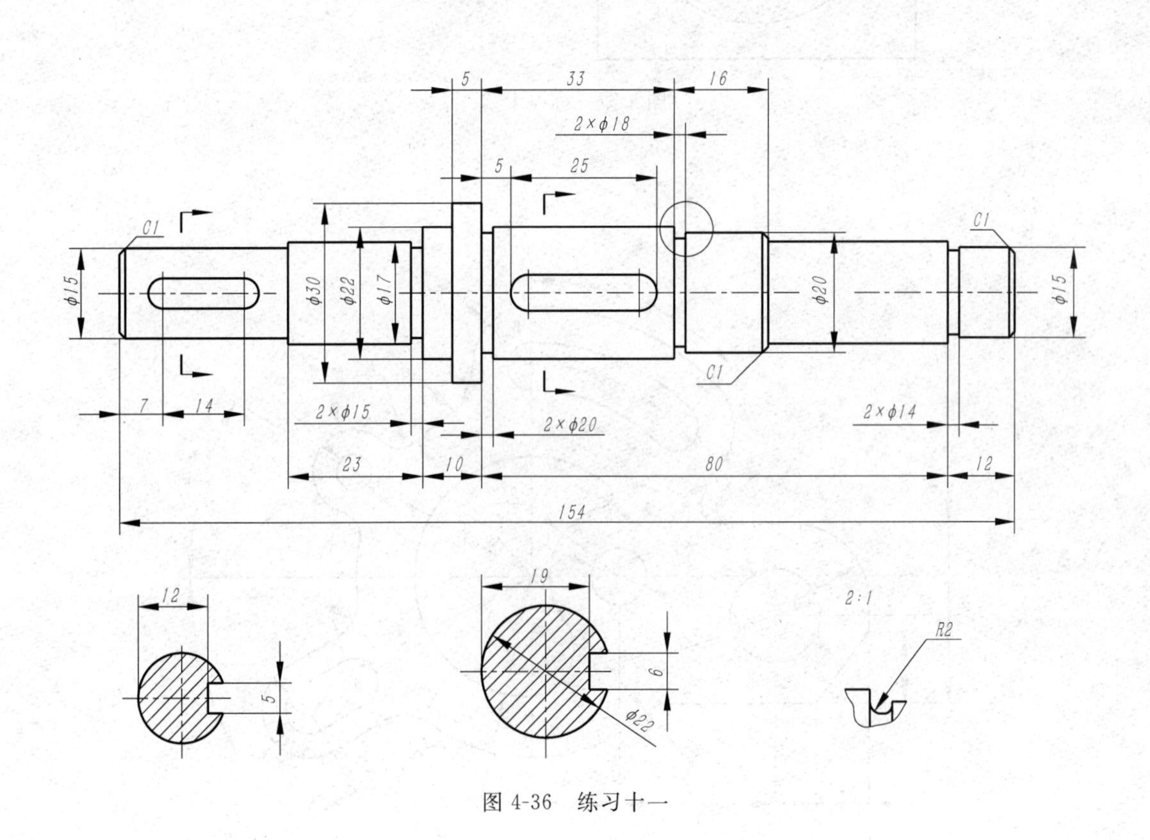

图 4-36　练习十一

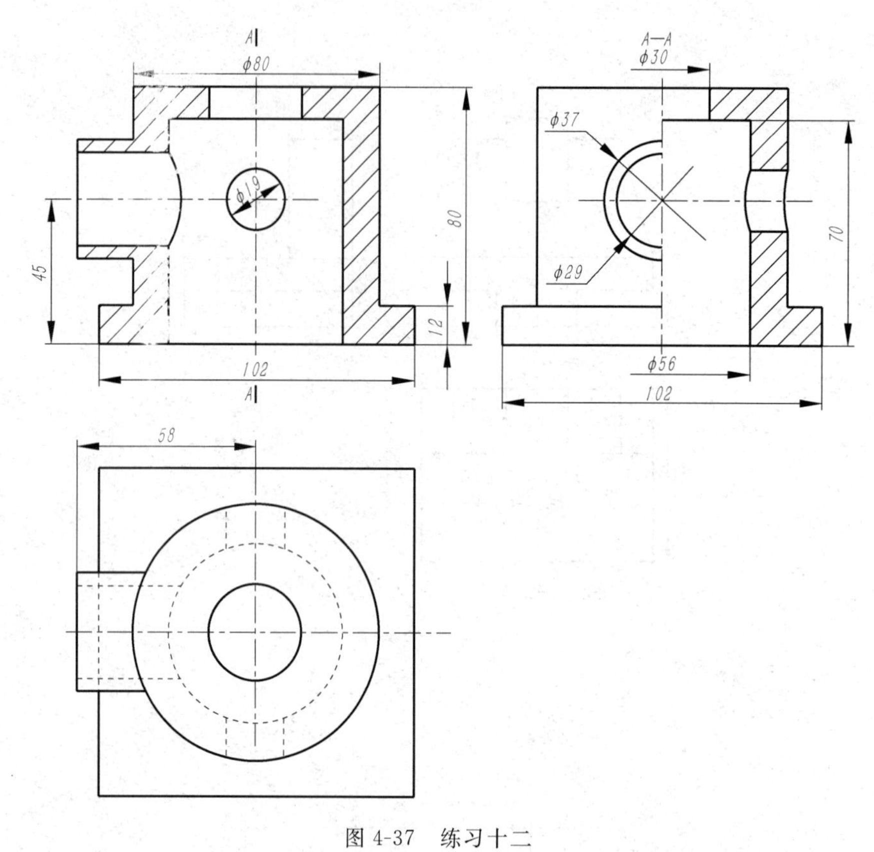

图 4-37　练习十二

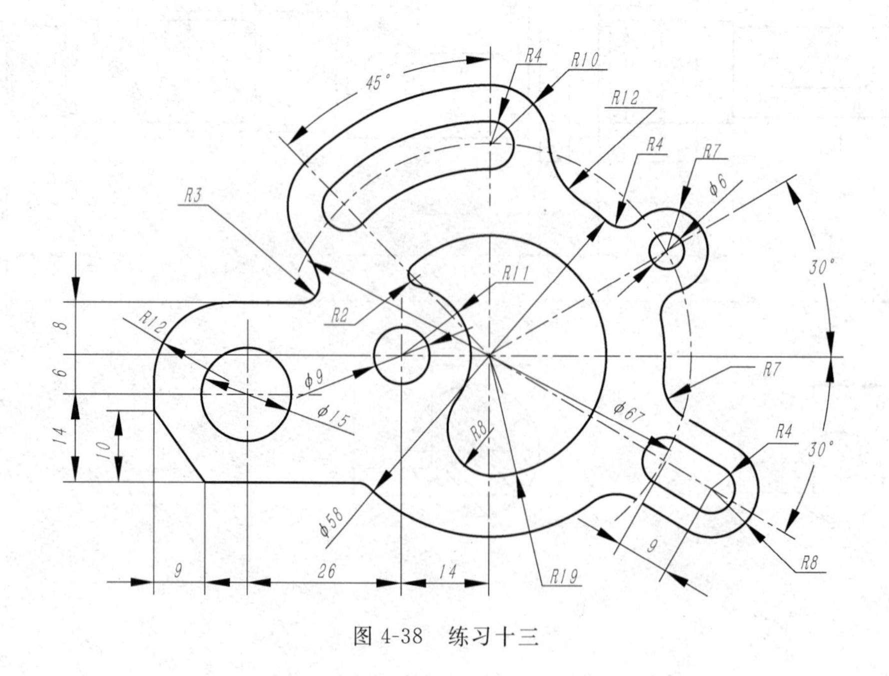

图 4-38　练习十三

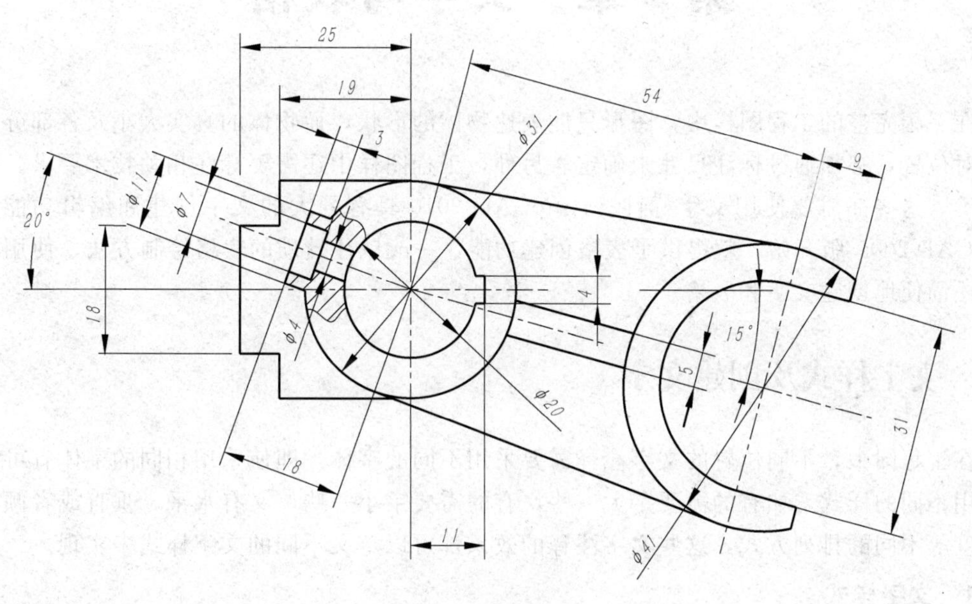

图 4-39　练习十四

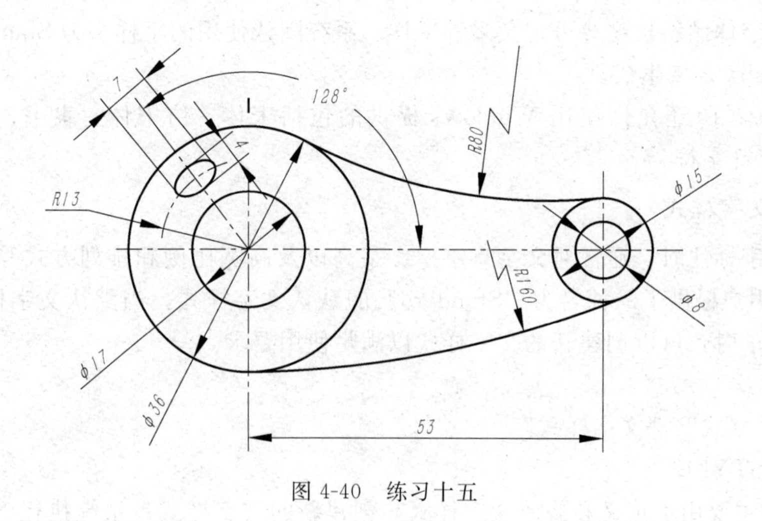

图 4-40　练习十五

第 5 章　文字与表格

在一幅完整的工程图样中，图形只能表达物体的形状，而物体的真实大小及各部分之间的相对位置，必须通过标注尺寸来确定。另外，工程图样中还需要标注相关技术要求、注释说明等，这些都需要使用文字标注。AutoCAD 2010 具有强大的文字创建和编辑功能，自 AutoCAD 2005 版开始，就提供了表格创建功能，一改以往繁琐的表格绘制方法，使用户可以轻松简便地创建文字和表格。

5.1　文字样式及创建文字

在工程图中，不同位置的文字注释需要采用不同的字体，即使采用相同的字体有可能需要使用不同的样式，如有的需要字大一些，有的需要字小一些，又有水平、垂直或者倾斜一定角度等不同的排列方式，这些文字注释的效果都可以定义不同的文字样式来实现。

5.1.1　文字样式

文字样式可以理解为定义了一定的字体、大小、排列方式、显示效果等一系列特征的文字。

AutoCAD 2010 使用的文字是由一种形（SHAPE）文件定义的矢量化字体，它存放在文件夹 fonts 中，如 txt. shx，romans. shx，isocp. shx 等。由一种字体文件，采用不同的大小、高宽比、字体倾斜角度等可定义多种字样。系统默认使用的字样名为 Standard，它根据字体文件 txt. shx 定义生成。

AutoCAD 2010 还允许使用 Windows 提供的包括宋体、仿宋体、隶书、楷体等 True Type 字体和特殊字符。

5.1.2　设置文字样式

在创建文字标注时，通常对文字有字型、字高以及高宽比例和排列方式等要求。AutoCAD 2010 为用户提供了一种名为“Standard”的默认文字样式，当默认文字样式不能满足用户的文字要求时，可以创建新的文字样式以满足使用要求。

① 命令。

菜单栏：“格式”|“文字样式”

命令行：STYLE

② 此命令主要用于定义和修改文字样式，创建新的文字样式。系统执行 STYLE 命令，可以打开图 5-1 所示“文字样式”对话框，进行文字样式的设置与修改。对话框分为样式、字体、效果和预览区域 4 个选项组，各选项组功能如下。

a. 样式区域：用于新建、重命名或删除文字样式。

“样式”下拉列表框：显示当前可使用的文字样式名，系统默认的文字样式名为“Standard”。

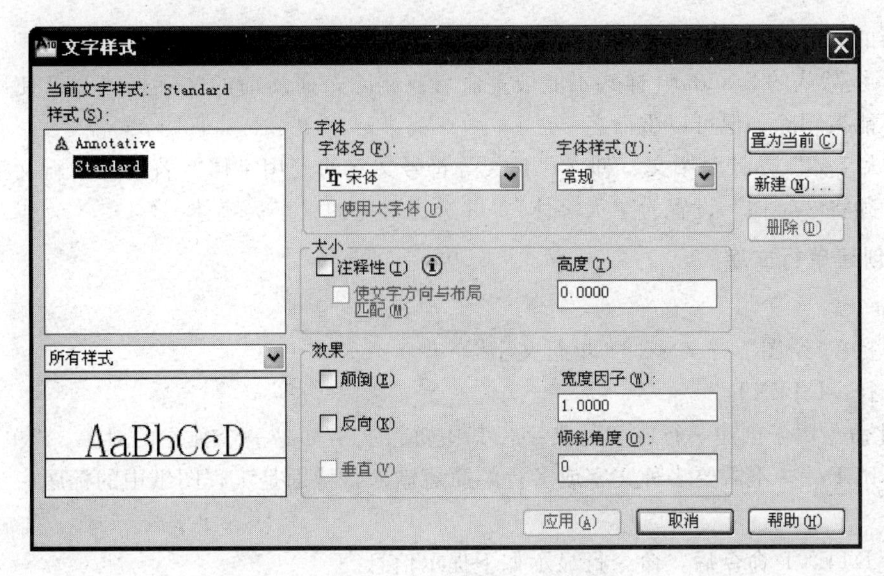

图 5-1 “文字样式”对话框

“新建”按钮：单击该按钮，弹出“新建文字样式”对话框，如图 5-2 所示。在“样式名”文本框中输入新建的文字样式的名称，单击“确定”按钮，可以创建新的文字样式。新的文字样式名将显示在“样式名”下拉列表中。右键单击新建的样式名，可对其进行“置为当前”、“重命名”和“删除”。

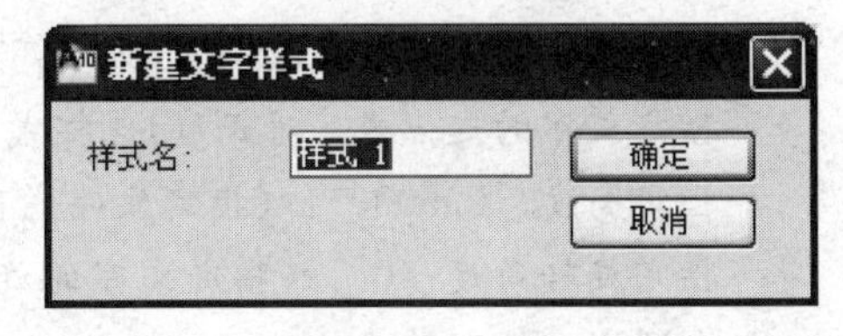

图 5-2 “新建文字样式”对话框

“置为当前”：用于将新建的样式在当前窗口使用。

“重命名”：用于修改选中的文字样式名。

“删除”：可删除选中的文字样式。

注意：系统默认的 Standard 样式不能被重命名或删除，而当前的文字样式和已使用过的文字样式不能被删除，但可以重命名。

b. 字体区域：用于设置文字的字体和文字高度。

AutoCAD 2010 支持两种字体格式文件：一种是扩展名为“. shx”的字体，该字体采用形技术创建，由 AutoCAD 2010 系统提供；另一种是扩展名为“. tif”的字体，该字体为 TrueType 字体，通常是 Windows 系统提供的。采用 SHX 字体，应激活“大字体”选项。符合国标规定标注要求的字体文件是“gbenor. shx”、“gbeitc. shx”和“txt. shx”，大字体名为“gbcbig. shx”，其中“gbenor. shx”和“gbeitc. shx”用来标注汉字，而其中“gbeitc. shx”用来标注斜体字母和数字。文字字高一般采用默认设置。在文字输入时，可根据要求在命令行里设置当前字高。

c. 效果区域：用于控制文字的颠倒、反向、宽度比、倾斜角度等修饰效果，从字面意思就可以理解其含义；“宽高因子”编辑框用于确定文字的宽度和高度的比例，值为 1 时保持字体文件中定义的比例，值小于 1 时字体变宽，反之变窄；“倾斜角度”编辑框用于确定文字的倾斜角度，值为 0 时不倾斜，正值表示右斜，负值表示左斜。

d. 预览区域：用于观察定义的文字样式的显示效果。

提示：① 如果要使用不同于系统默认样式 Standard 的文字样式，最好的方法是自己建立一个新的文字样式，而不要对默认样式进行修改。

② 系统默认的Standard样式不能被重命名或删除，而当前的文字样式和已使用过的文字样式不能被删除，但可以重命名。

③“大字体”是针对中文、韩文、日文等符号文字的专用字体。若要在单行文字中使用汉字，必须将“字体”设置为“大字体”，并选择对应的汉字大字体。

5.1.3 创建单行文字

① 命令。

菜单栏：“绘图”|“文字”|“单行文字”

命令行：DTEXT

② 此命令用于创建一行或多行文字，其中每行文字都是一个独立的对象。“单行文字”命令主要用于一些不需要多种文字或多行的简短输入，特别是工程图纸中的标题栏和标签的输入等。

执行DTEXT命令后，命令行显示如下提示信息。

命令：_ dtext

当前文字样式：“Standard” 文字高度：2.5000 注释性：否

指定文字的起点或［对正（J）/样式（S）］：（指定文字的起始点）

指定高度〈2.5000〉：（指定文字的高度）

指定旋转角度〈0〉：（指定文字的旋转角度）

在适当的位置输入文字。

命令提示各选项含义如下。

a. 对正（J）：指文字插入点的位置，输入“J”，系统进一步提示如下。

输入选项：［对齐（A）/调整（F）/中心（C）/中间（M）/右（R）/左上（TL）/中上（TC）/右上（TR）/左中

（ML）/正中（MC）/右中（MR）/左下（BL）/中下（BC）/右下（BR）］：

AutoCAD提供了基本水平文字行定义的顶线、中线、基线和底线以及12个对齐点的14种对正方式，用户可以根据文字书写外观布置要求，选择一种适当的文字对正方式。

b. 样式（S）：用于指定当前文字所使用的文字样式。

5.1.4 创建多行文字

① 命令。

菜单栏：“绘图”|“文字”|“多行文字”

“绘图”工具栏：“文字”按钮

命令行：MTEXT

多行文字一般是由两行以上文字组成的单一对象，各行文字作为一个整体进行处理，“多行文字”命令常用来编辑复杂文字，如技术要求等。

② 执行MTEXT命令，系统提示如下信息。

命令：_ mtext

当前文字样式：“Standard”　文字高度：2.5　注释性：否

指定第一角点：（指定代表文字位置的矩形框左上角点）

指定对角点或［高度（H）/对正（J）/行距（L）/旋转（R）/样式（S）/宽度（W）/栏

(C)]：(指定矩形框右下角点)

在绘图窗口中，指定一个用来放置多行文字的矩形区域，将打开带“文字格式”工具栏的多行文字输入窗口，如图 5-3 所示。

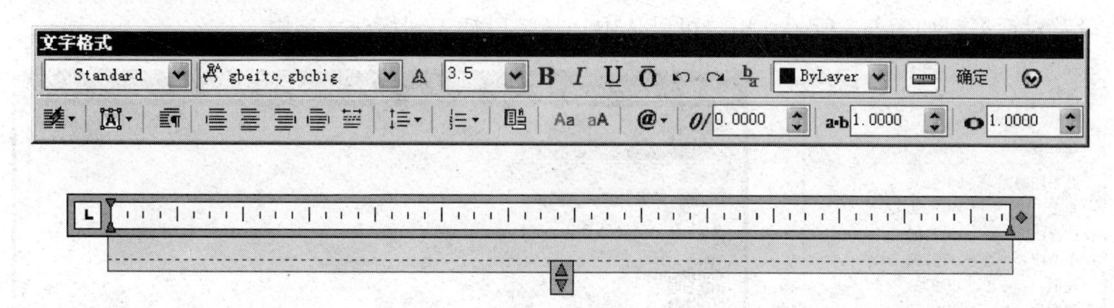

图 5-3　文字格式

在该窗口中，可输入多行文字，并可设置多行文字的各种参数和格式。其主要功能及操作说明如下。

(1)“文字格式”工具栏

“文字格式”工具栏用于控制多行文字的文字样式、字体样式、字高、加粗文字、倾斜文字、堆叠文字、字体颜色、字符格式和对正方式等属性。

① **B**和*I*按钮：这两个按钮用来设置粗体和斜体效果。这两个按钮只对 TrueType 字体有效。

②“下画线”U与“上画线”Ō按钮：这两个按钮用于设置或取消上（下）画线。

③“堆叠”按钮$\frac{b}{a}$：文字“堆叠”标注用于标注分数形式或公差形式等的文字效果。在如图 5-3 所示的“文字格式”工具栏中，使用文字“堆叠”按钮$\frac{b}{a}$，可以创建堆叠文字。在使用“堆叠”标注时，作为堆叠的文字或字母之间要用“/”、“#”和“^”符号分隔开。“堆叠”符号左侧的文字将堆叠在该符号右侧的文字之上，选中这部分的文字和符号，并单击$\frac{b}{a}$按钮即可实现堆叠文字的效果，如图 5-4 所示。

注意：在输入“堆叠”文字如“x/y”后，按空格键或 Enter 键，将打开如图 5-5 所示的“自动堆叠特性”对话框，在此对话框中可以设置是否自动堆叠形如 x/y，x#y，x^y 的表达式，还可指定如何堆叠 x/y 等特性。

“/” -垂直堆叠文字　　3/8-　$\frac{3}{8}$
“#” -对角堆叠文字　　3#8-　$^3/_8$
“^” -创建上下标堆叠文字　　x^1-　x_1
x2^-　x^2

图 5-4　文字堆叠

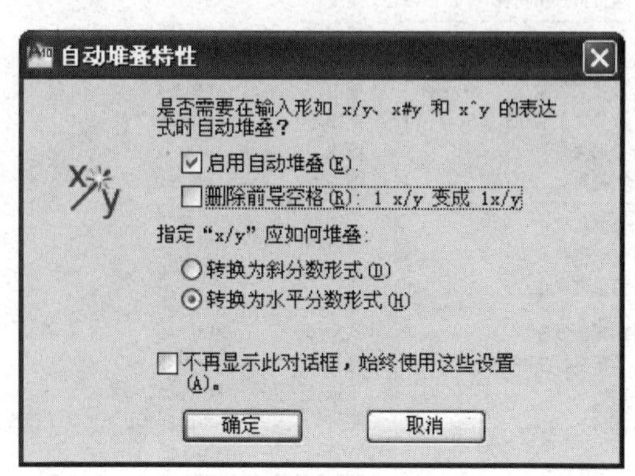

图 5-5　“自动堆叠特性”对话框

④“倾斜角度”按钮0/：设置文字的倾斜角度。

⑤“符号”按钮@：用于输入各种符号。单击该按钮，系统弹出符号列表，如图 5-6 所示。用户可以从中选择符号输入到文字中。

⑥“插入字段”按钮：插入一些常用字段或预设字段。单击该命令，系统弹出“字段”对话框，如图 5-7 所示。用户可以从中选择字段插入到标注文字中。

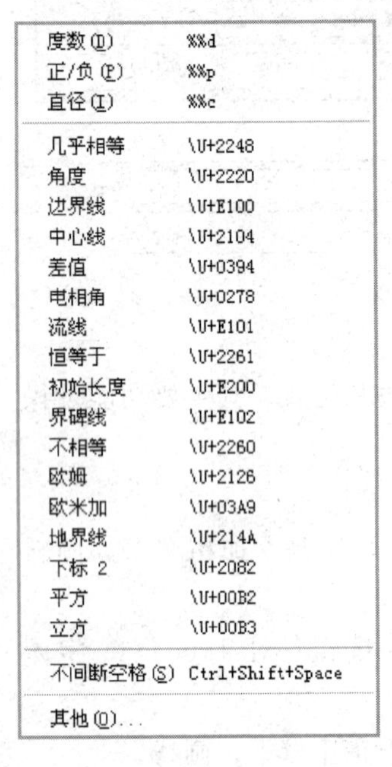

图 5-6 符号列表

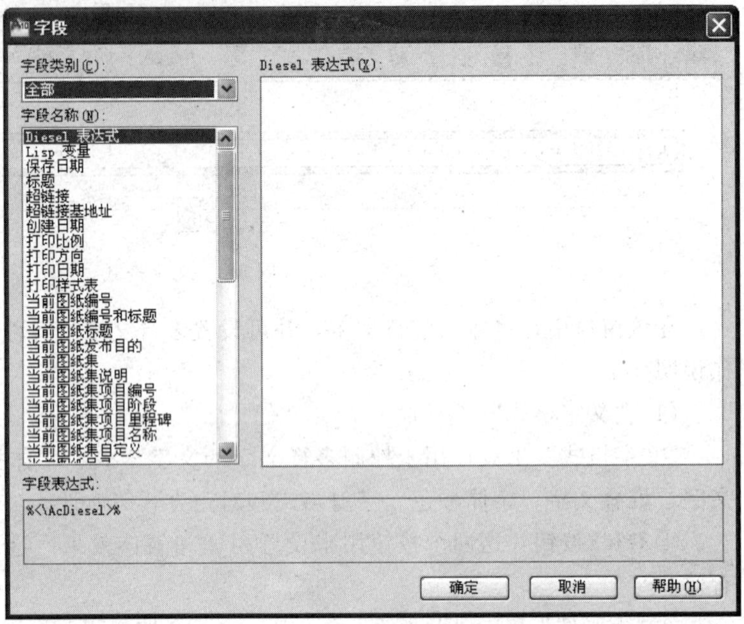

图 5-7 “字段”对话框

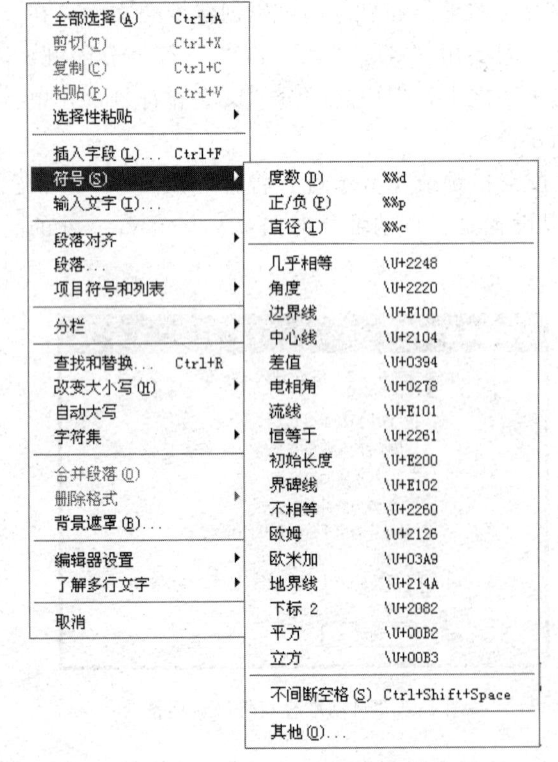

图 5-8 “多行文字”输入快捷菜单

⑦“追踪”微调框a-b：增大或减小选定字符之间的距离。1.0 设置是常规间距。设置为大于 1.0 可增大间距，设置为小于 1.0 可减小间距。

⑧“宽度因子”微调框：扩展或收缩选定字符。1.0 设置代表此字体中字母的常规宽度。可以增大该宽度或减小该宽度。

⑨ 文字编辑快捷菜单：在文字输入窗口中，单击右键，可打开文字编辑快捷菜单，通过快捷菜单，可对多行文字进行编辑操作，如图 5-8 所示。

(2)“选项”菜单

在“文字格式”工具栏上单击“选项”按钮，系统弹出“选项”菜单，如图 5-9 所示。其中许多选项与 Word 中相关选项类似，这里只对其中比较特殊的选项简单介绍一下。

① 符号：在光标位置插入列出的符号或不间断空格。也可以手动插入符号。

② 输入文字：显示“选择文件”对话框，

如图 5-10 所示。选择任意 ASCII 或 RTF 格式的文件。输入的文字的文件必须小于 32KB。

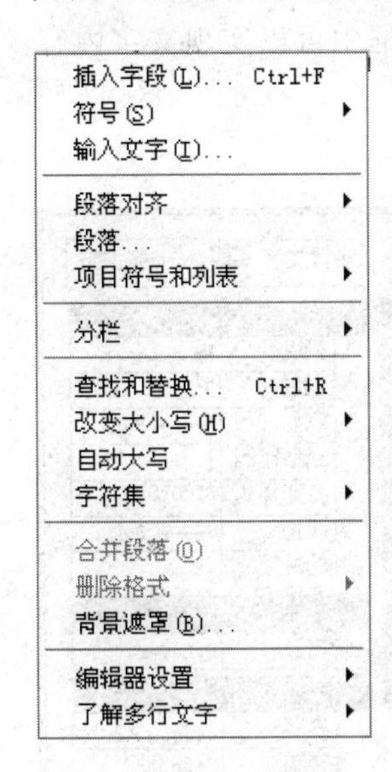

图 5-9 “选项”菜单

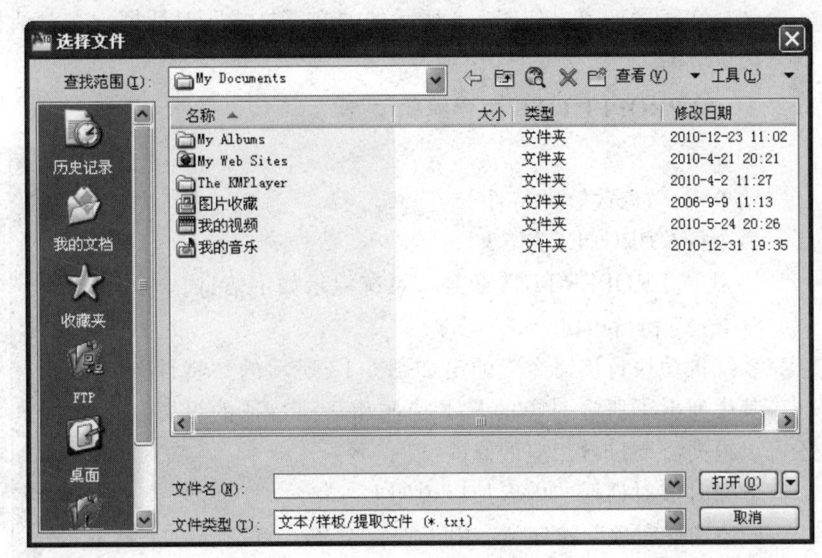

图 5-10 “选择文件”对话框

③ 背景遮罩：用于设定背景对标注的文字进行遮罩。选择该命令，系统弹出“背景遮罩”对话框，如图 5-11 所示。

④ 字符集：显示代码页菜单。

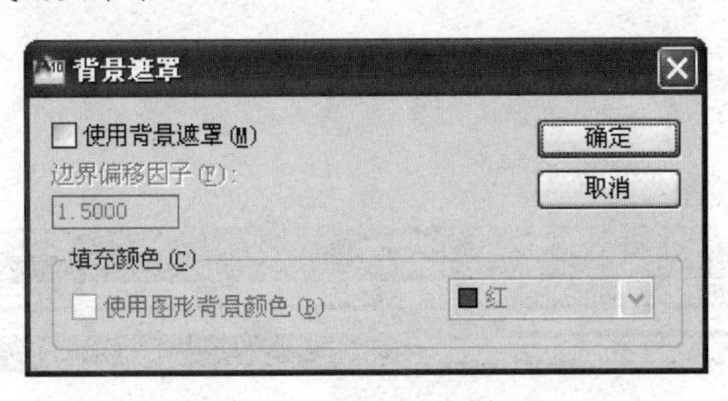

图 5-11 “背景遮罩”对话框

5.2 编辑文字

用户可以对已创建的文字对象进行编辑，AutoCAD 2010 提供了两个文字编辑命令，即 DDEDIT 和 DDMODIFY（或 PROPERTIES），其中 DDEDIT 命令只能修改单行文字的内容和多行文字的内容及格式，而 DDMODIFY（或 PROPERTIES）命令不仅可以修改文字的内容，还可以改变文字的位置、倾斜角度、样式和字高等属性。

5.2.1 用 DDEDIT 命令编辑文字

① 命令。

菜单栏：“修改”|“对象”|“文字”|“编辑”

命令行：DDEDIT

② 执行 DDEDIT 命令，系统提示如下信息。

命令：_ ddedit

选择注释对象或 [放弃 (U)]：(选择要编辑的文字对象)

选择文字后，弹出如图 5-3 所示的“文字格式”对话框，在对话框中可以实现文字内容的修改。

5.2.2 用 PROPERTIES 命令编辑文字

① 命令。

菜单栏：“修改”|“特性”

命令行：PROPERTIES

② 执行 PROPERTIES 命令，系统提示如下信息。

命令：_ properties

系统自动执行该命令，弹出如图 5-12 所示的“特性”对话框，其中列出了所选对象的基本特征和几何特征的设置，用户还可以根据需要进行相应的修改。

下面对该对话框的内容加以说明。

a. “选择对象”按钮：用于选择对象。每选择一个对象，“特性”列表框中的内容就会有相应的变化。

b. “快速选择”按钮：用于构造快速选择集。

c. “常规”选项卡：显示对象的基本特征。

d. “打印样式”选项卡：显示对象的打印特征。

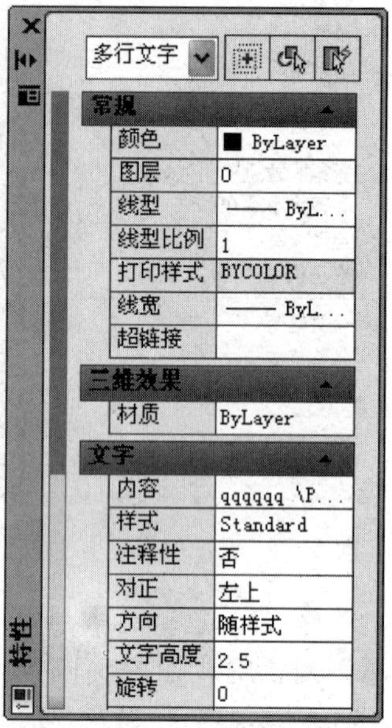

图 5-12 “特性”对话框

5.3 实例——建立多行文字

本实例创建如图 5-13 所示的多行文字。

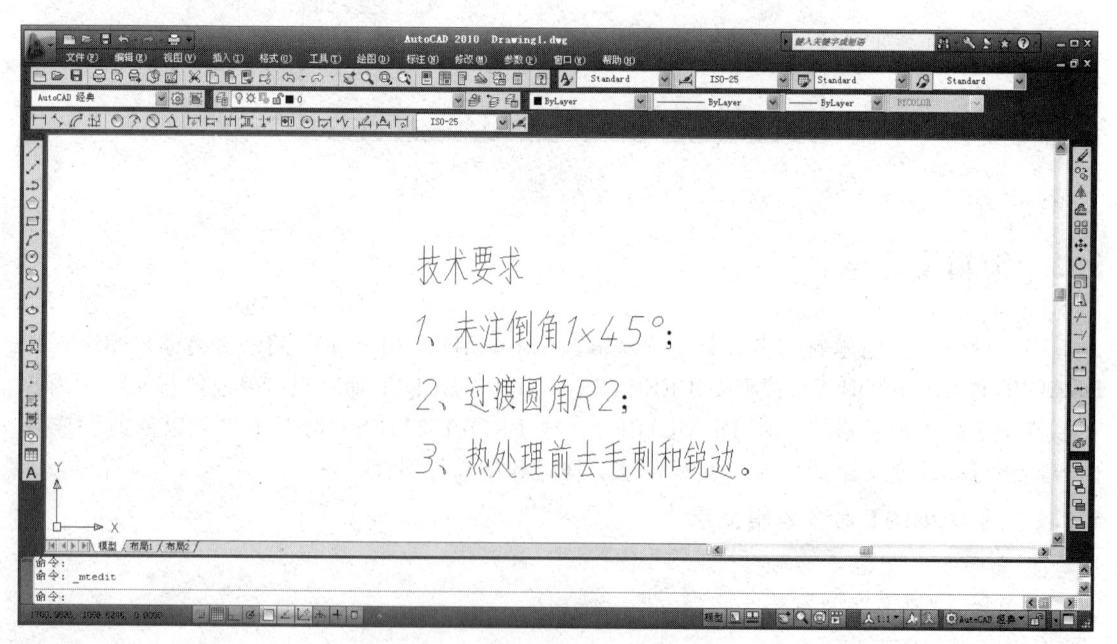

图 5-13 标注多行文字效果

① 执行【格式】→【文字样式】命令，打开【文字样式】对话框，如图 5-14 所示。

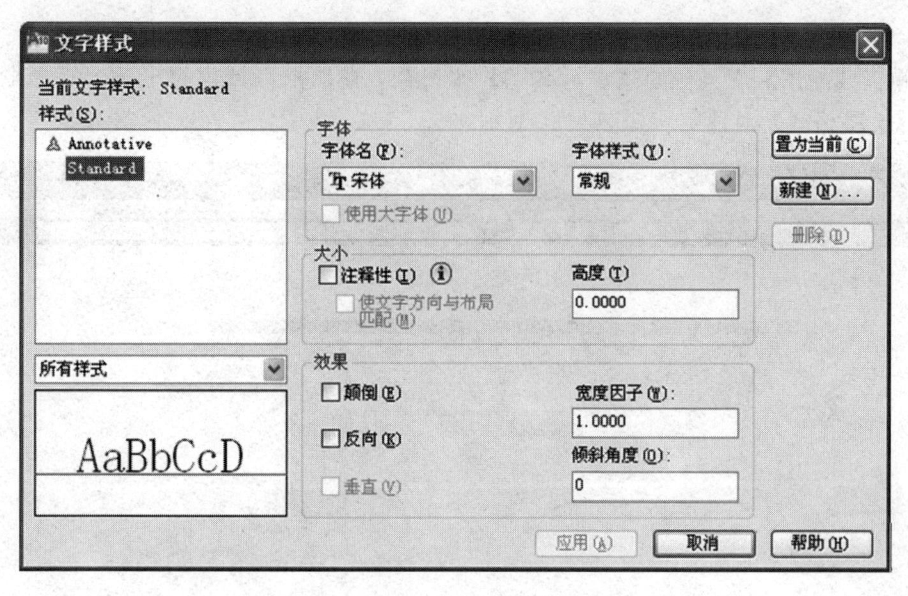

图 5-14 【文字样式】对话框

② 单击【新建】按钮，创建名为“标注多行文字”的样式，如图 5-15 所示。

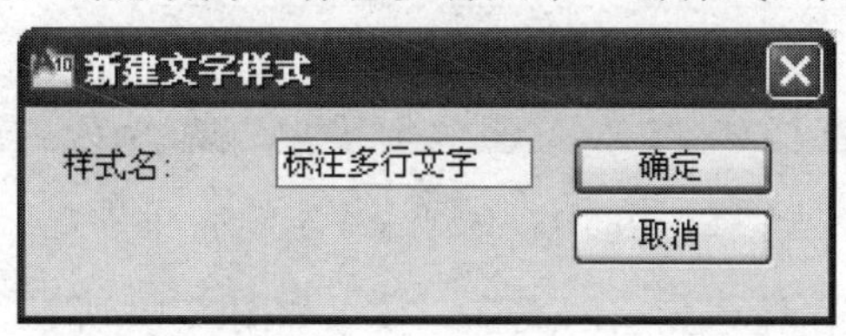

图 5-15 创建名为“标注多行文字”的样式

③ 单击【确定】按钮，返回【文字样式】对话框，把【文字样式】对话框设置为如图 5-16 所示的参数内容。

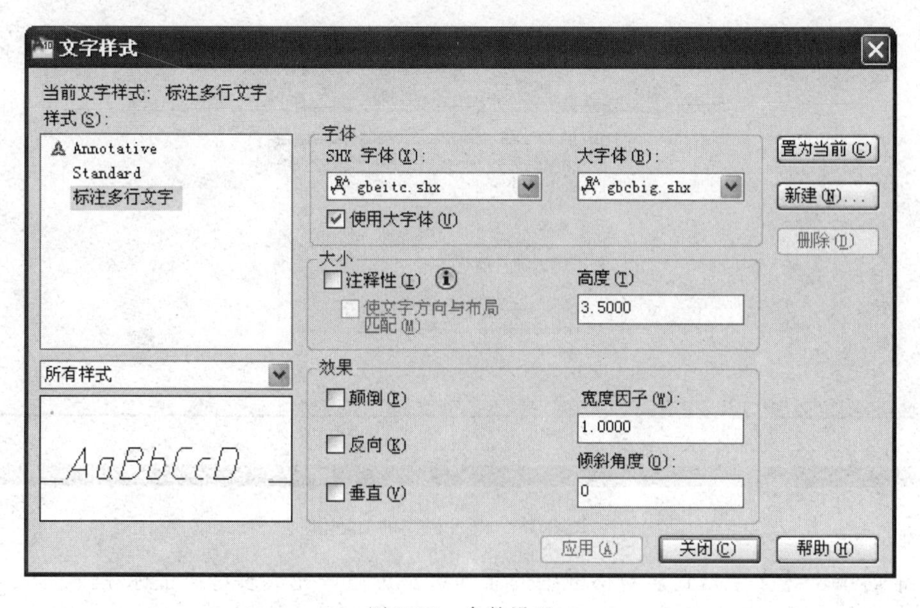

图 5-16 参数设置

④ 单击【应用】按钮，单击【置为当前（C)】按钮，关闭该对话框。

⑤ 单击【绘图】工具栏的【多行文字】按钮**A**，在图形区域内拉出一个矩形框，这时将弹出【文字格式】对话框，如图 5-17 所示。

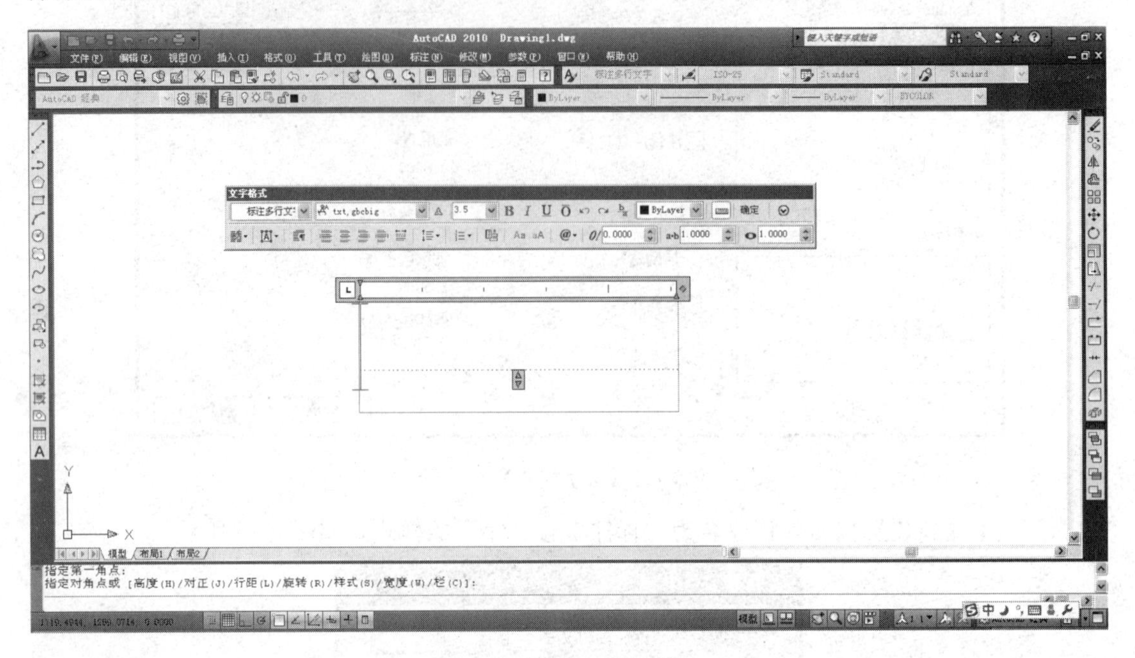

图 5-17　拉出一个矩形框

⑥ 然后在文字编辑框内输入相应的文字，效果如图 5-18 所示。

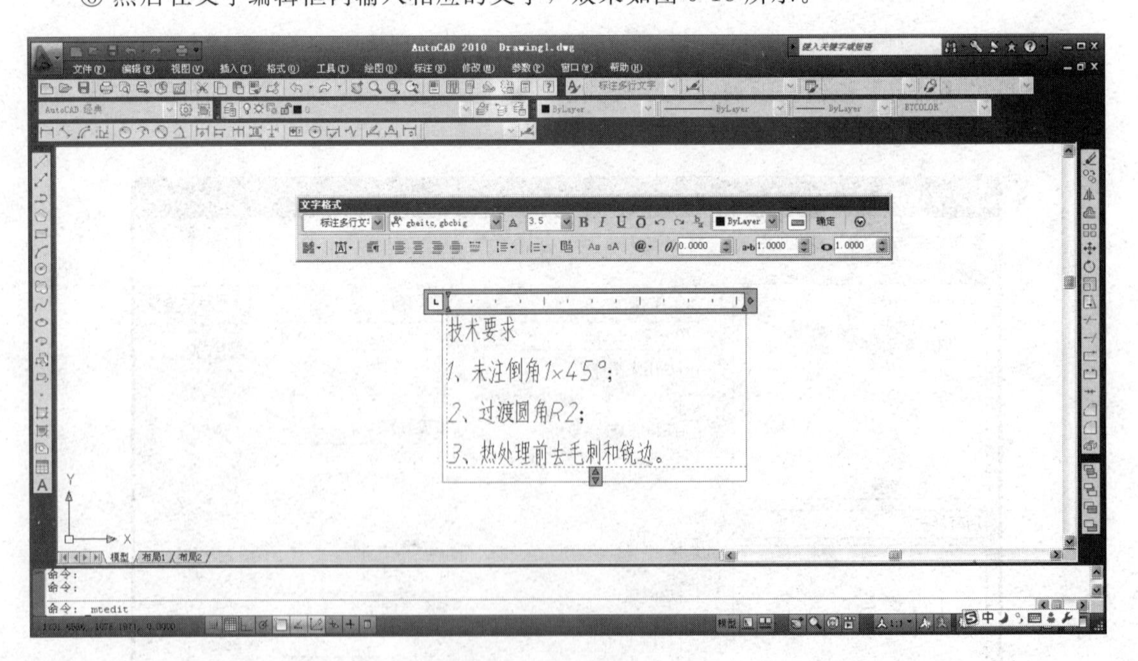

图 5-18　输入相应的文字

⑦ 最后单击【文字格式】对话框中的【确定】按钮，完成多行文字标注。

5.4　创建和编辑表格

表格是在行和列中包含数据的对象，它能简洁清晰地提供图形所需的信息。在工程图中创建标题栏和机械装配图明细表时常用到表格。

AutoCAD 2010 提供了表格创建功能，并允许从 Excel 中直接复制表格，将其作为 AutoCAD 表格对象粘贴到图形中，另外还可以输出来自 AutoCAD 的表格数据到其他程序中。

5.4.1　创建表格

① 命令。

菜单栏："绘图" | "表格"

工具栏："绘图" | "表格"

命令行：TABLE

② 执行 TABLE 命令，系统提示如下信息。

命令：_table

在命令行输入 TABLE 命令，或在"绘图"菜单中选择"表格"命令，或者单击"绘图"工具栏的"表格"按钮，弹出"插入表格"对话框，如图 5-19 所示。

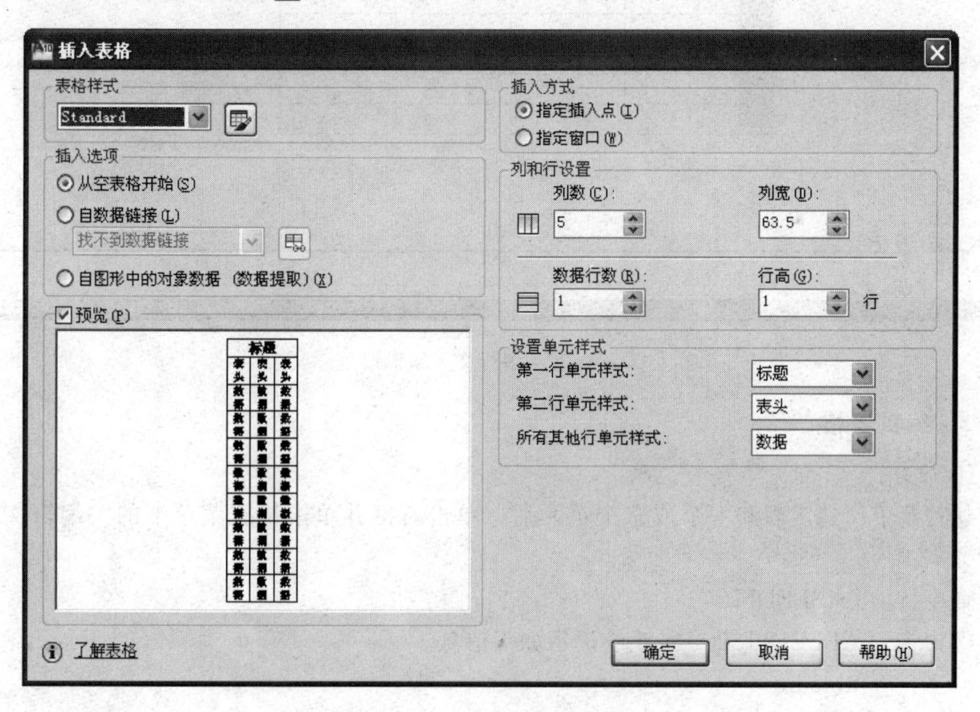

图 5-19　"插入表格"对话框

（1）"表格样式"选项组

可以在"表格样式名称"下拉列表框中选择一种表格样式，也可以单击后面的按钮新建或修改表格样式。

（2）"插入方式"选项组

①"指定插入点"单选按钮。指定表左上角的位置。可以使用定点设备，也可以在命令行输入坐标值。如果表样式将表的方向设置为由下而上读取，则插入点位于表的左下角。

②“指定窗口”单选按钮。指定表的大小和位置。可以使用定点设备，也可以在命令行输入坐标值。选定此选项时，行数、列数、列宽和行高取决于窗口的大小以及列和行设置。

(3)“列和行设置”选项组

指定列和行的数目以及列宽与行高。

注意：在“插入方式”选项组中选择了“指定窗口”单选按钮后，列和行设置的两个参数中只能指定一个，另外一个由指定窗口大小自动等分指定。

在上面的“插入表格”选项组中进行相应设置后，单击“确定”按钮，系统在指定的插入点或窗口自动插入一个空表格，并显示多行文字编辑器，可以逐行逐列输入相应的文字或数据，如图 5-20 所示。

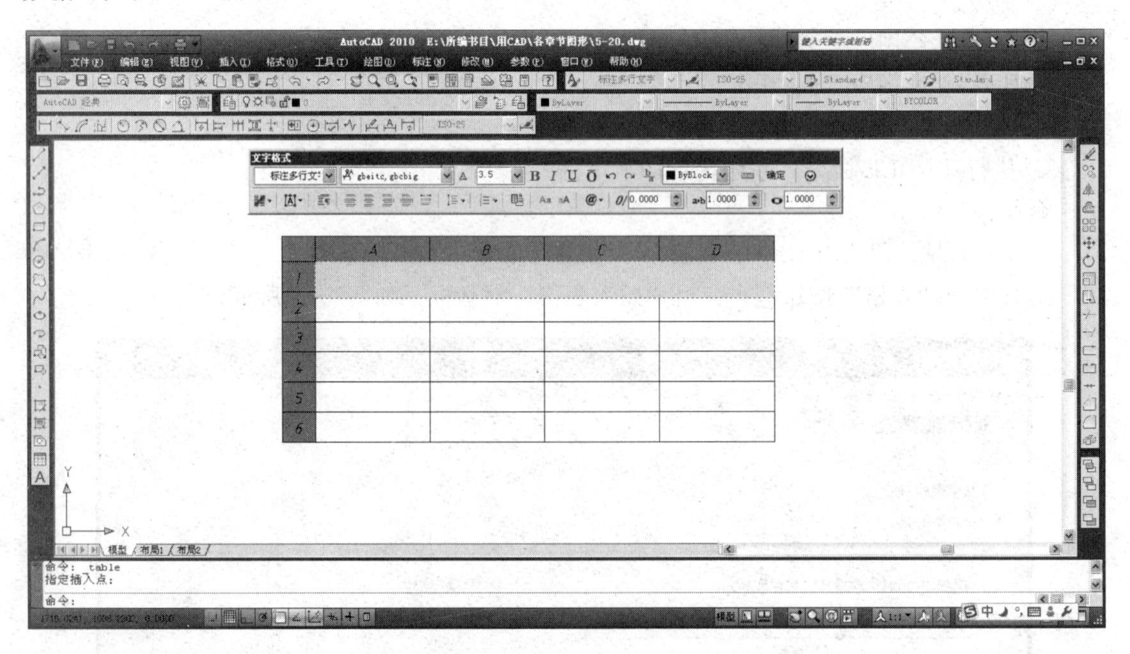

图 5-20 多行文字编辑器

5.4.2 编辑表格

① 命令。

快捷菜单：选定表和一个或多个单元后，单击右键并单击快捷菜单上的“编辑文字”，如图 5-21 所示。

命令行：TABLEDIT

② 执行 TABLEDIT 命令，系统提示如下信息。

命令：_ tabledit

系统弹出图 5-20 所示的多行文字编辑器，可以对指定表格单元的文字进行编辑。

在 Auto CAD 2010 中，可以在表格中插入简单的公式，用于计算总计、计数和平均值，以及定义简单的算术表达式。要在选定的表格单元格中插入公式，单击鼠标右键，然后选择“插入公式”，如图 5-22 所示。也可以使用在位文字编辑器来输入公式。选择一个公式后，系统提示如下。

选择表格单元范围的第一角点：(在表格内指定一点)

选择表格单元范围的第二角点：(在表格内指定另一点)

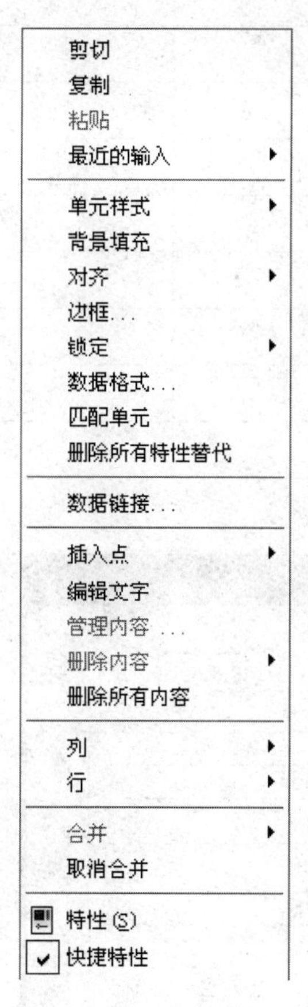

图 5-21　快捷菜单

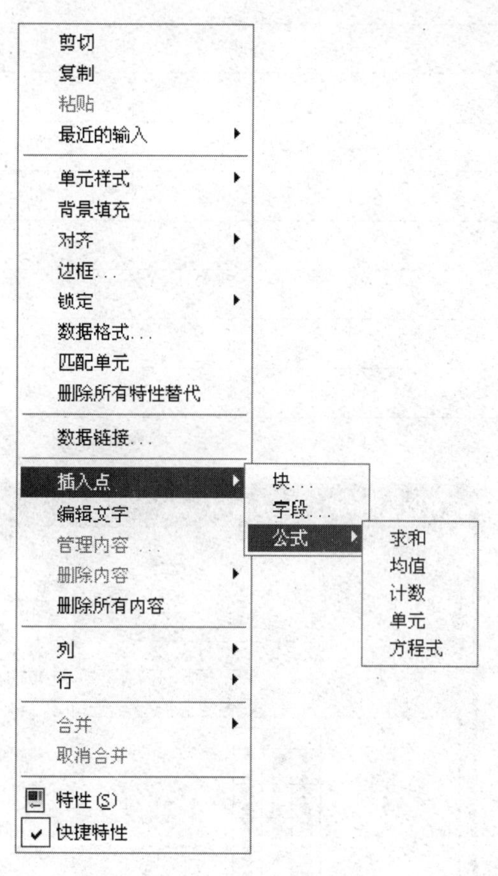

图 5-22　插入公式

指定单元范围后，系统对范围内的单元格的数值进行指定公式计算，给出最终计算值，如图 5-23 所示。

	A	B	C	D	E
1	数字统计				
2	10				
3	20				
4	30				
5	=Sum(A5:A5)				
6					
7					
8					

图 5-23　进行计算

5.5　实例——创建实用表格

本实例绘制一个如图 5-24 所示的表格。

① 执行【格式】→【表格样式】命令，打开【表格样式】对话框，选中 Standard 样式，单击【修改】按钮，打开【修改表格样式】对话框，如图 5-25 所示。

序号	名称	材料	数量	备注
1	卡环	hu1	1	
2	弹簧	hu2	1	
3	橡胶密封垫	hu3	1	
4	齿轮	hu4	1	
5	轴	hu5	1	
6	带轮	hu6	1	
7	螺母	hu7	4	

图 5-24　表格

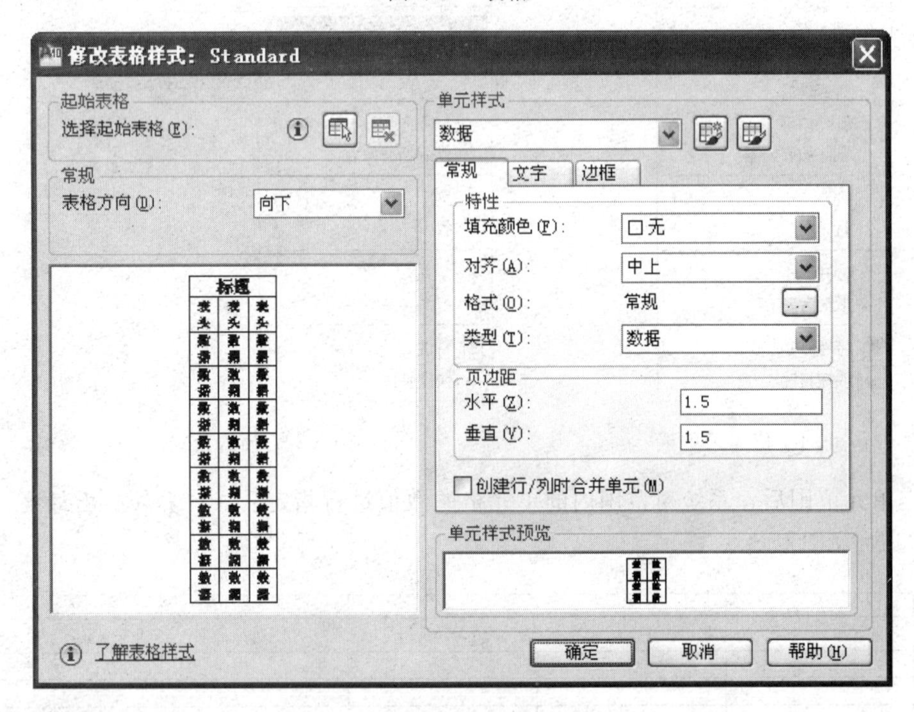

图 5-25　【修改表格样式】对话框

② 在【修改表格样式】对话框中，将【数据】选项卡中的【文字高度】改为 5，【文字颜色】改为红色，对齐方式为【左中】，【边框颜色】为蓝色，其余设置为默认值，如图 5-26 所示。

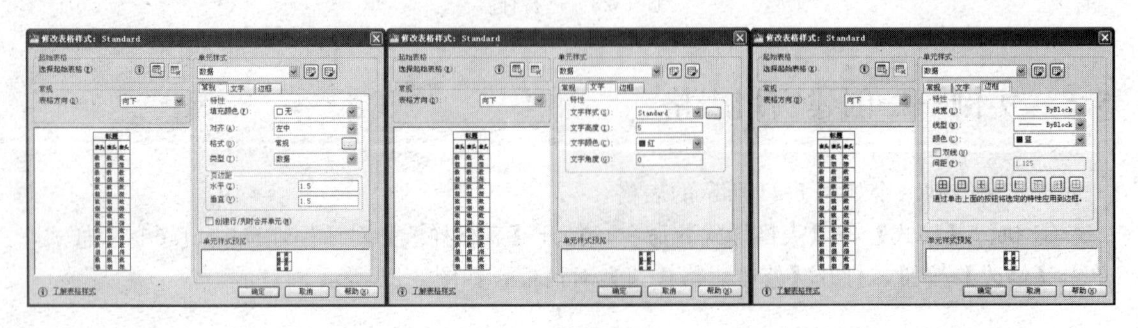

图 5-26　设置效果

③【标题】选项卡中，将【文字高度】设置为 5，【文字颜色】为绿色，对齐设置为【正中】，【边框颜色】为黑色，其他为默认值，如图 5-27 所示。

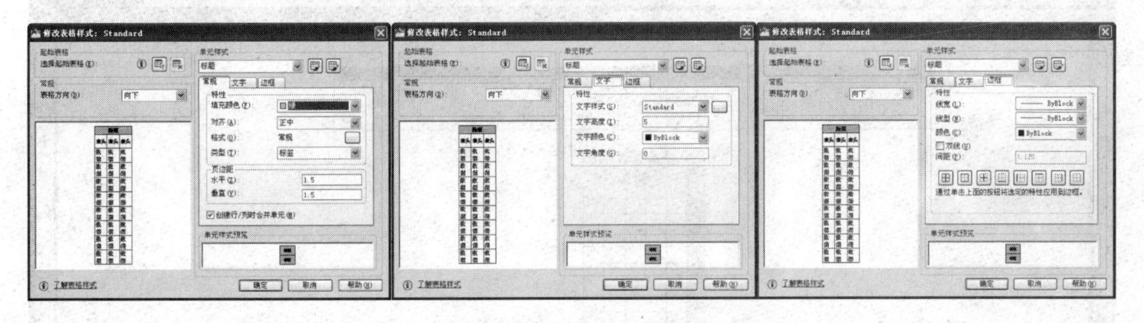

图 5-27　设置效果

④ 单击【确定】按钮，关闭【修改表格样式】对话框。单击【置为当前】按钮，关闭【表格样式】对话框。

⑤ 单击【绘图】工具栏上的【表格】按钮，打开【插入表格】对话框，在该对话框中，设置插入方式为指定插入点，列和行分别设置为 5 和 11，列宽为 10，行高为 1，如图 5-28 所示。

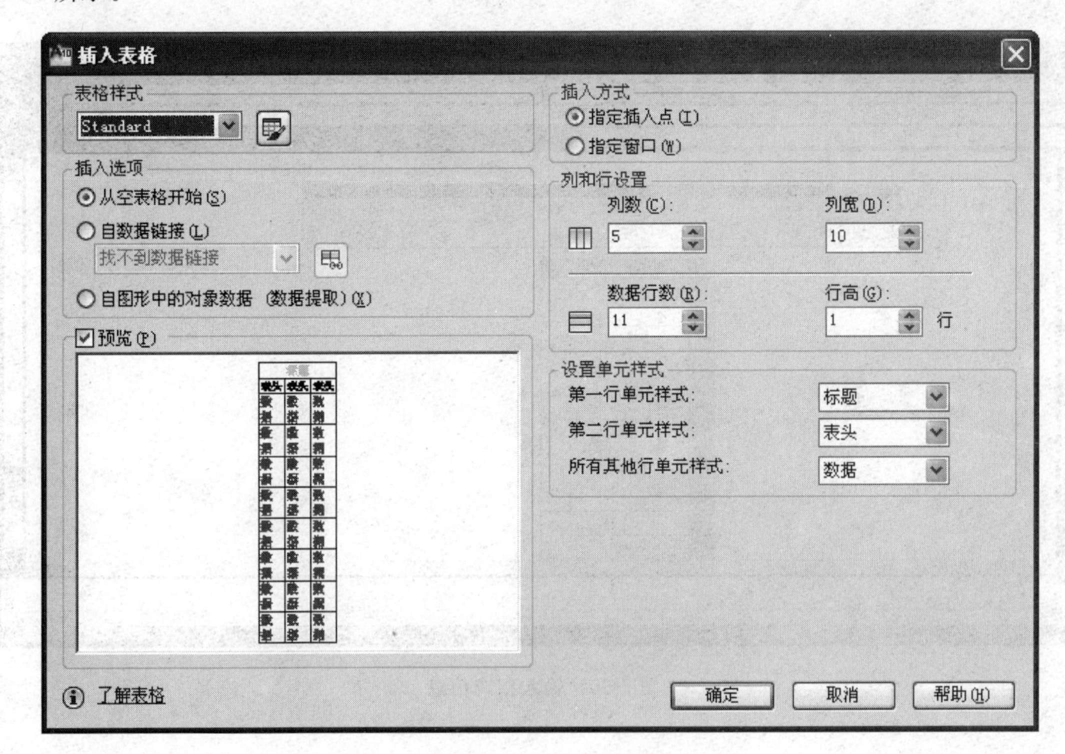

图 5-28　设置插入表格

⑥ 单击【确定】按钮，关闭【插入表格】对话框，在屏幕上单击鼠标确定表格位置，表格自动生成，如图 5-29 所示。

⑦ 根据所提供的资料在表格的相应位置输入信息，如图 5-30 所示。

⑧ 单击【文字格式】工具栏上的【确定】按钮，表格就绘制好了。

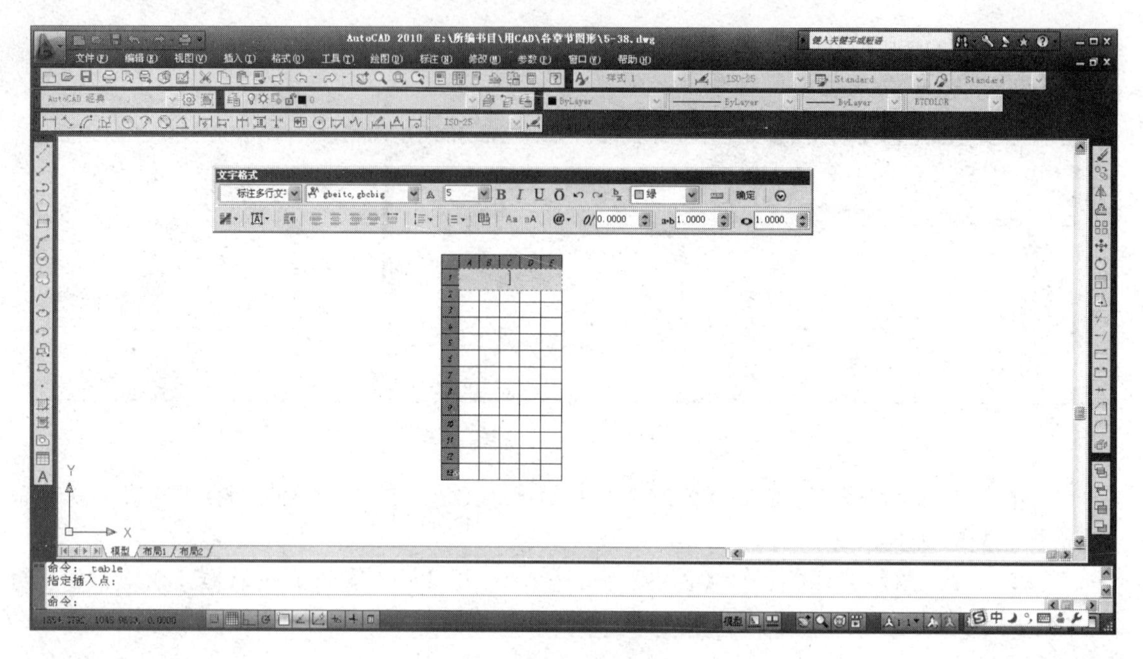

图 5-29 绘制表格

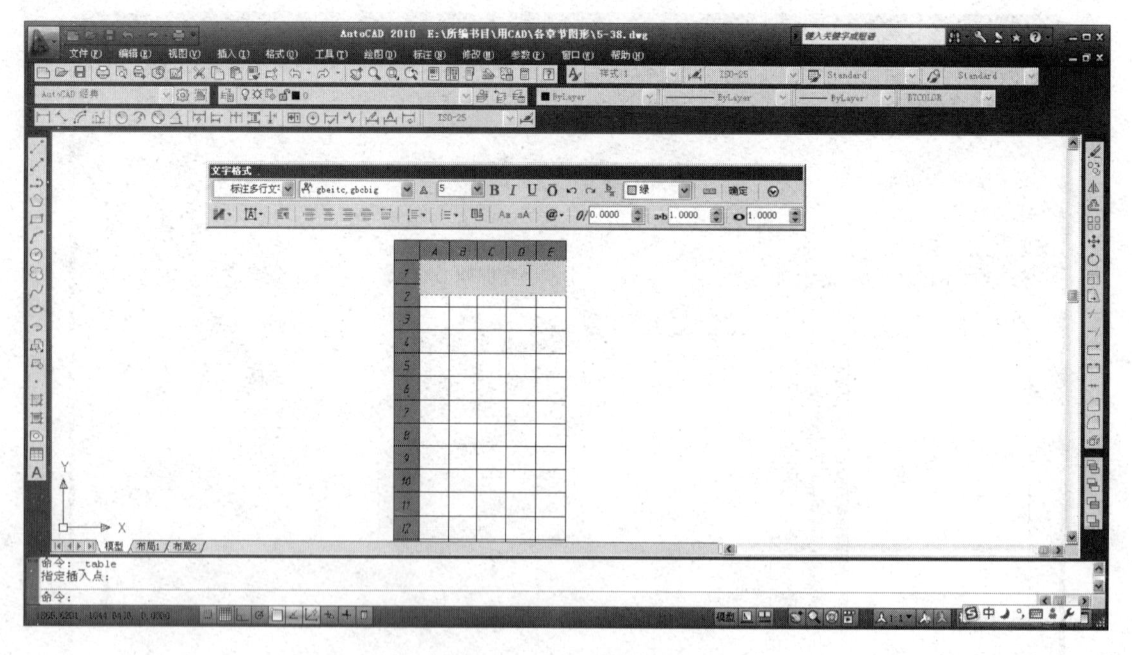

图 5-30 输入相应信息

5.6 实训实例

5.6.1 技术要求

（1）实训任务

标注如图 5-31 所示的技术要求。

技术要求

1. 两齿轮轮齿的啮合长度应占齿长的3/4以上；
2. 盖与齿轮的侧面间隙应调整到0.05~0.11mm；
3. 当机温达90℃±3℃，油压为6kgf/cm²时，油泵转速应为1857r/min，流量不得小于3290L/h。

图 5-31 技术要求

（2）实训目的

文字标注在零件图或装配图的技术要求中经常用到，正确进行文字标注是AutoCAD绘图中必不可少的一项工作。通过本例的练习，读者应掌握文字标注的一般方法，尤其是特殊字体的标注方法。

（3）绘图思路

① 设置文字标注样式。

② 利用“多行文字”命令进行标注。

③ 利用快捷键菜单，输入特殊字符。

（4）操作过程

① 选择菜单“格式”|“文字样式”命令，打开“文字样式”对话框，新建文字样式，样式名为“工程字”。设置文字字体为“gbeitc.shx”，选择“大字体”复选框，大字体名为“gbcbig.shx”，单击“应用”按钮，关闭对话框。

② 单击“绘图”工具栏中的“多行文字”按钮**A**，打开“文字格式”工具栏和文字输入窗口。在“文字格式”工具栏中设置“字高”为5。在第1行中输入“技术要求”，按Enter键。

③ 按Enter键换行，在1后面输入文字“两齿轮轮齿的啮合长度应占齿长的3/4以上”，其中“3/4”是在“文字格式”工具栏中，使用文字“堆叠”创建堆叠文字。在使用“堆叠”标注时，作为堆叠的文字或字母之间要用“/”符号分隔开。

④ 按Enter键换行，在2后面输入文字“盖与齿轮的侧面间隙应调整到0.05～0.11mm”。

⑤ 按Enter键换行，在3后面输入文字“当机温达90℃±3℃，油压为6kgf/cm^{2}时，油泵转速应为1857r/min，流量不得小于3290L/h”。

⑥ 最后单击“文字格式”工具栏上的“确定”按钮，就得到了用户所需的文字。

5.6.2　绘制标题栏

（1）实训任务

绘制如图5-32所示的零件图标题栏。

模数	m	3
齿数	z_1	20
压力角	α	20°
精度等级	7	

图5-32　齿轮参数表

（2）实训目的

标题栏是工程零件图中常用的表格。本例通过绘制标题栏，要求读者掌握表格相关命令的用法，体会表格功能的便捷性。

（3）绘图思路

① 设置表格样式。

② 插入空表格，并调整列宽。

③ 重新输入文字和数据。

（4）操作步骤

① 在“绘图”工具栏中单击“表格”按钮或在命令行中输入 table 命令，打开“插入表格”对话框。

② 在“表格样式名称”下拉列表中选择 Standard，然后在“插入方式”区域中选择“指定插入点”选项，然后在“列与行设置”区域中输入行数为 4，列数为 4。单击“确定”按钮，然后在绘图区指定一插入点，在绘图区插入如图 5-33 所示表格。

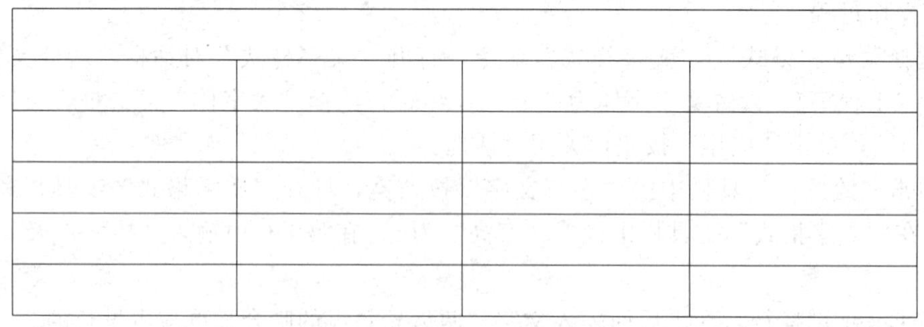

图 5-33　插入的表格

③ 同时选中第 1～2 行的所有空格，选择单击右键弹出的快捷菜单中的“行”命令，选择它的“删除”子命令，所选中的表格单元就按行删除。

④ 选中第 1～4 行的 1、2 列，选择单击右键弹出的快捷菜单中的“合并单元”命令，选择它的“按行”子命令，所选中的表格单元就按行合并。

⑤ 选中第 4 行最后两列，选择单击右键弹出的快捷菜单中的“合并单元”命令，选择它的“按行”子命令，所选中的表格单元就按行合并。

⑥ 单击表格单元的第 1 行第 1 列，在表格单元中输入文字“模数”，结果如图 5-34 所示。使用同样的方法输入其余文字，最终得到图 5-32 所示的表格。

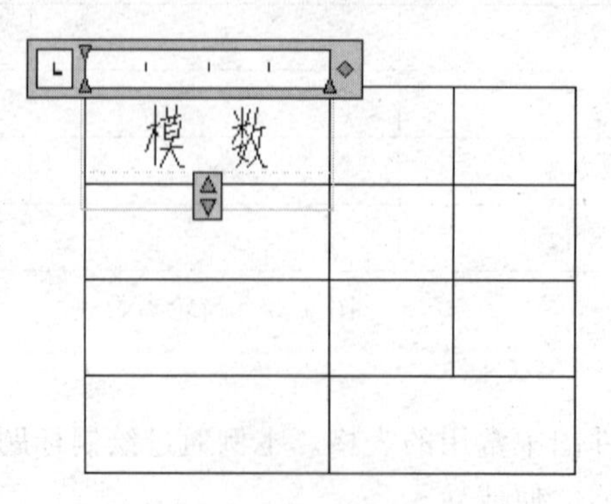

图 5-34　输入文字时的表格

思考与练习

1. 在“文字样式”窗口中可进行哪些设置？
2. 单行文字输入和多行文字输入有哪些主要区别？它们各适用于什么场合？
3. 文字编辑有哪些方式？
4. 在 AutoCAD 中如何创建文字样式？
5. 绘制如图 5-35 所示的齿轮参数表。

模数	m	3
齿数	z	51
压力角	α	20°
齿顶高系数	X	1
径向变位系数		0
全齿高	h	6.75
精度等级	6 FLGB10095.1—2001	
齿轮副中心距极限偏差	f_a	± 0.02
配对齿轮	图号	7010 (7011)
	z	49
公差组	检验项目代号	公差值
齿圈径向跳动公差	F_r	0.025
公法线长度跳动公差	F_W	0.025
齿形公差	f_f	0.009
齿距极限偏差	f_{pf}	± 0.011
齿向公差	F_B	0.012
公法线	W_k	50.895
	k	6

图 5-35　齿轮参数表

第 6 章　图形设计辅助工具

为了提高系统整体的图形设计效率，并有效管理整个系统的所有图形设计文件，经过不断探索和完善，AutoCAD 2010 中推出了大量的图形设计辅助工具，包括图块、外部参照、设计中心、工具选项板等。

图块也称块，是 AutoCAD 提供给用户的最有用的工具之一。它可以将经常使用的图形命名、存储，以便当前图形文件或其他图形文件调用。利用“块”可以简化绘图过程，减少重复劳动，提高绘图效率。

外部参照的功能类似于块，但实质有很大区别。它将外部图形文件链接到当前图形中，为同一设计项目多个设计者的协同工作提供了极大的方便。

设计中心是 AutoCAD 提供给用户的一个集成化图形组织和管理工具。使用设计中心可以浏览、打开、查找、复制、管理 AutoCAD 图形文件和属性。还可以通过拖动操作，将位于本地计算机、局域网和 Internet 上的图形、块和外部参照等内容插入到当前图形，简化绘图过程。

6.1　图块操作

图块是一组图形实体的总称。将一个或多个实体组合成一个整体，然后命名、保存，在需要时，可以将图块插入图形，在随后的图形编辑中，图块被视为一个实体。在 AutoCAD 2006 以前的版本中，系统将插入的图块作为一个独立完整的对象来看待，可以根据需要对其进行复制、移动、旋转、缩放、阵列和删除等操作。

AutoCAD 还推出了动态块功能，使用户在创建块时可以对块的局部或其属性定义动作（如旋转、拉伸等）。当动态块插入到当前图形后，可以方便地对块的局部或其属性执行已定义的动作如旋转、拉伸等。

插入的图块只能保存图块的特征性参数，而不能保存图块中的每一实体的特征参数。因此，在绘制相对复杂的图形时，使用图块可以节省磁盘空间。当需要在图中多处重复插入图块时，绘图效率明显提高。如果对当前图块进行修改或重新定义，则图形中的所有该图块均会自动修改，从而节省了时间。

6.1.1　定义图块

① 命令。

菜单栏：“绘图”|“块”|“创建”

“绘图”工具栏：“创建块”按钮

命令行：BLOCK

② 图块命令用于创建当前图形内的块。执行 BLOCK 命令，弹出“块定义”对话框，如图 6-1 所示，利用该对话框可以定义图块并为之命名。

命令：_block

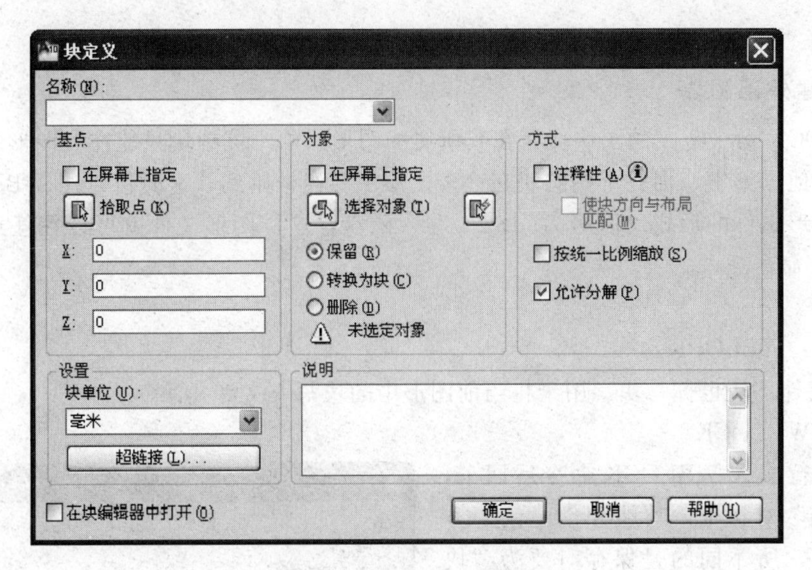

图 6-1　“块定义”对话框

a.“名称”文本框：输入图块的名称。

b.“基点”选项组：设置块插入时的基点，默认值为（0，0，0），也可以在下面的（X，Y，Z）文本框输入块的基点坐标值。单击“拾取点”按钮，到绘图区选择块的插入基点。一般选择角点、中心点等特征点作为基点。

c.“对象”选项组：设置组成块的对象。单击“选择对象”按钮，到绘图区选择用于创建块的对象。

d.“设置”选项组：设置块的单位、是否按统一比例缩放、是否允许分解等属性。

e.“在块编辑器中打开”复选框：选中该复选框，则将块设置为动态块，并在块编辑器中打开。

f.“方式”选项组：

ⅰ.“注释性”复选框：指定块为注释性。

ⅱ.“使块方向与布局匹配”复选框：指定在图纸空间视口中的块参照的方向与布局的方向匹配，如果未选中“注释性”复选框，则该选项不可用。

ⅲ.“按统一比例缩放”复选框：指定是否阻止块参照不按统一比例缩放。

ⅳ.“允许分解”复选框：指定块参照是否可以分解。

6.1.2　实例——创建图块

本实例创建一个图块，如图 6-2 所示。

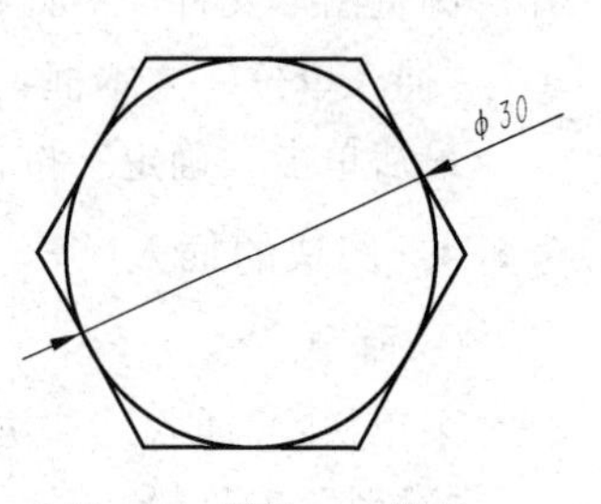

图 6-2　图块——螺母

① 单击“绘图”工具栏中的“创建块”按钮，弹出“块定义”对话框。

② 在该对话框的“名称”下拉列表框中输入块名，如“螺母”。

③ 单击“基点”选项组内的“拾取点”按钮。

④ 选择插入基点（本图块选取中心点）。

⑤ 单击“对象”选项组内的“选择对象”按钮。

⑥ 选择要定义成块的对象（本例题将所有图形全部选择）。

⑦ 选中“删除”单选按钮，即定义块后屏幕上不保留原对象。

⑧ 单击“确定”按钮，即可将所选对象定义成块。

6.1.3 创建外部图块

用 BLOCK 命令定义的图块保存在其所属的图形当中，该图块只能在该图形中插入，而不能插入其他图形中，但是有些图块在许多图形中要经常用到，这时可以用 WBLOCK 命令把图块以图形文件的形式（后缀为.dwg）写入磁盘，这样图形文件就可以在任意图形中使用 INSERT 命令插入。

① 命令。

命令行：WBLOCK

② 创建外部块也称写块。用于将当前图形中的块写入文件并保存。

命令：WBLOCK

在命令行输入 WBLOCK 命令后回车，弹出“写块”对话框。写块和创建块的方法基本相似，所不同的是保存时要为“块文件”指定一个路径目录，以便其他图形文件可以使用，如图 6-3 所示。

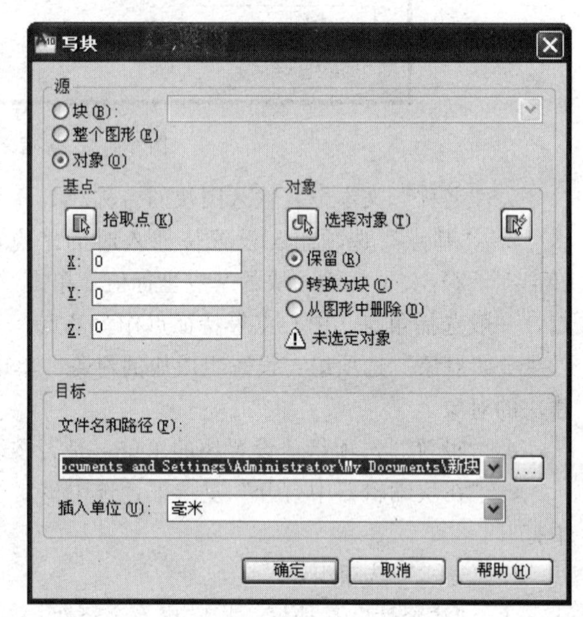

图 6-3 “写块”对话框

a. “源”选项组：用于确定图块的定义范围。

“块”单选框：用于将当前图形文件中已定义的块存盘，可在下拉列表中选择块名称。

“整个图形”单选框：用于将当前整个图形文件存盘。

“对象”单选框：用于将当前图形中指定的图形对象赋名存盘。

b. “基点”选项组和“对象”选项组：含义与创建内部图块时的选项组的含义相同。

c. “目标”选项组：用于指定图块文件的名称和路径。

“文件名和路径”文本框：用于输入块文件的名称和保存位置，也可以单击□按钮，打开“浏览图形文件”对话框，指定名称和路径。

“插入单位”文本框：用于设置图块的单位。

最后单击“确定”按钮，完成写入图块的操作。

6.1.4 图块的插入

① 命令。

菜单栏：“插入”|“块”

“绘图”工具栏：“插入块”按钮

命令行：INSERT

② 图块的插入是将块或另一图形文件按指定位置插入到当前图形中。

命令：_insert

在命令行输入 INSERT 命令后回车，弹出“插入”对话框，如图 6-4 所示。

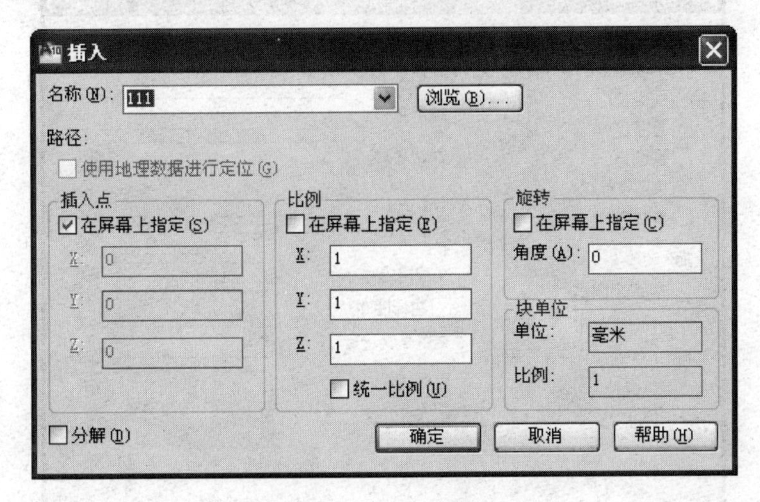

图 6-4 “插入”对话框

a. “名称”下拉列表框用于选择已有的图块名称。单击“浏览”按钮，可以选择存于外部的块或图形。

b. “插入点”选项组：用于设置块的插入点的位置。由屏幕指定，或在文本框中输入插入点的坐标值。

c. “比例”选项组：用于设置块的插入比例。由屏幕指定，或在文本框中输入 X、Y、Z 的插入比例值。若选中“在屏幕上指定”复选框，则 X、Y、Z 三个方向的比例因子是相同的。

d. “旋转”选项组：用于设置块插入时的旋转角度。由屏幕指定或在文本框中输入块的旋转角度值。

e. “分解”复选框：用于确定是否将插入的图块分解为各自独立的对象。最后，单击“确定”按钮，完成插入图块的操作。

6.2 图块的属性

图块除了包含图形对象以外，还可以具有非图形信息。例如，把一个螺栓的图形定义为图块以后，还可以把螺栓的编号、材料、重量、价格以及说明等文本信息一并加入到图块当中。图块的这些非图形信息叫做图块的属性，它是图块的一个组成部分，与图形对象一起构成一个整体，在插入图块时，系统图形对象连同属性一起插入图形中。

6.2.1 定义图块属性

① 命令。

菜单栏：“绘图”|“块”|“定义属性”

命令行：ATTDEF

② 执行 ATTDEF 命令，弹出“属性定义”对话框，如图 6-5 所示。

a. “模式”选项组：用于设置属性模式。包含 6 个复选框。

ⅰ. “不可见”复选框：用于确定属性值是否可见。

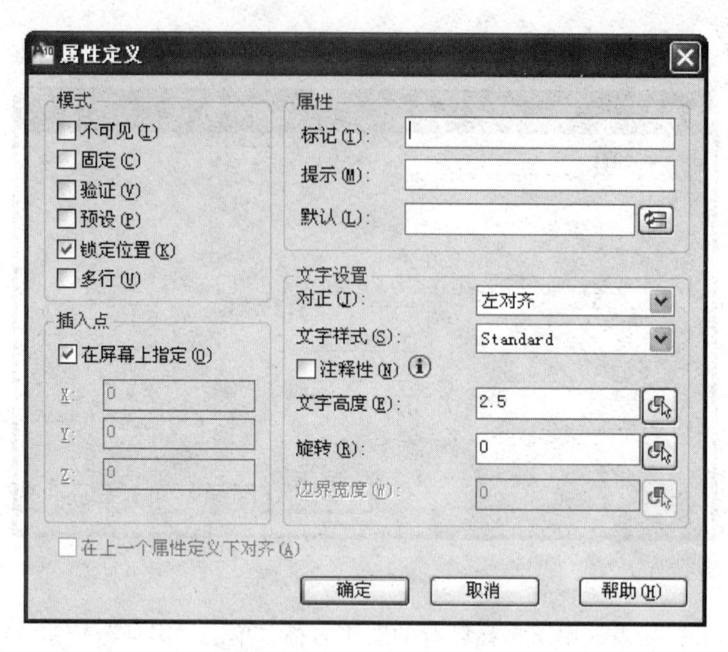

图 6-5 “属性定义”对话框

ⅱ. “固定”复选框：用于确定属性值是否是常量。

ⅲ. “验证”复选框：用于在插入带属性的图块时，提示用户确认已输入的属性值。

ⅳ. “预设”复选框：用于在插入图块及属性时，系统是否直接将默认值自动设置为实际属性值，而不再提示用户输入新值。

ⅴ. “锁定位置”复选框：当插入图形时系统锁定块参照中属性的位置。解锁后，属性可以相对于使用夹点编辑的块的其他部分移动，并且可以调整多行属性的大小。

ⅵ. “多行”复选框：指定属性值可以包含多行文字。

b. “属性”选项组：用于设置与属性相关的文字显示。在每个文本框中系统允许输入不超过 256 个字符。

ⅰ. “标记”文本框：用于设置所定义属性的标志。

ⅱ. “提示”文本框：用于设置插入图块时的属性提示。

ⅲ. “默认”文本框：用于设置属性的默认值，也可以使用次数较多的属性值作为默认值，也可不设置默认值。

c. “插入点”选项组：用于设置属性的插入点，即属性文本排列在图块中的位置。用户可以直接输入插入点的坐标值，也可以选中“在屏幕上指定”复选框，在绘图区指定属性文本的插入点。

d. “文字设置”选项组：用于设置属性文本的格式。

ⅰ. “对正”下拉列表框：用于选择文字的对齐方式。

ⅱ. “文字样式”下拉列表框：用于选择字体样式。

ⅲ. “文字高度”按钮：用于在绘图区指定文字的高度，也可以在右侧的文本框中输入高度值。

ⅳ. “旋转”按钮：用于在绘图区指定文字的旋转角度，也可以在右侧的文本框中输入旋转角度值。

6.2.2　编辑图块属性

在定义图块属性之前，可以对属性的定义加以修改，不仅可以修改属性标签，还可以修改属性提示和属性默认值。

① 命令。

菜单栏："修改" | "对象" | "属性" | "单个"

工具栏："修改Ⅱ" | "编辑属性"

命令行：EATTEDIT

② 执行 EATTEDIT 命令，系统提示信息如下。

命令：_ eattedit

选择块：

在此提示下选择要修改的块后，弹出"增强属性编辑器"对话框，如图 6-6 所示，该对话框有 3 个选项卡。

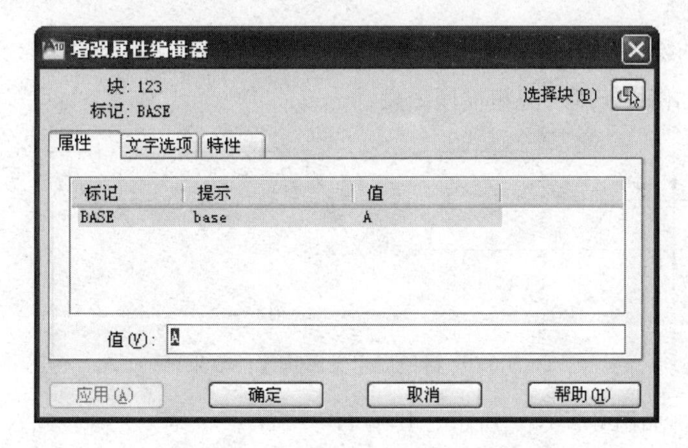

图 6-6　"增强属性编辑器"对话框

a. "属性"选项卡：用于显示图块中的所有属性的标记、提示和值，可以通过它来修改属性值。

b. "文字选项"选项卡：用于修改属性文字的格式，如图 6-7 所示。

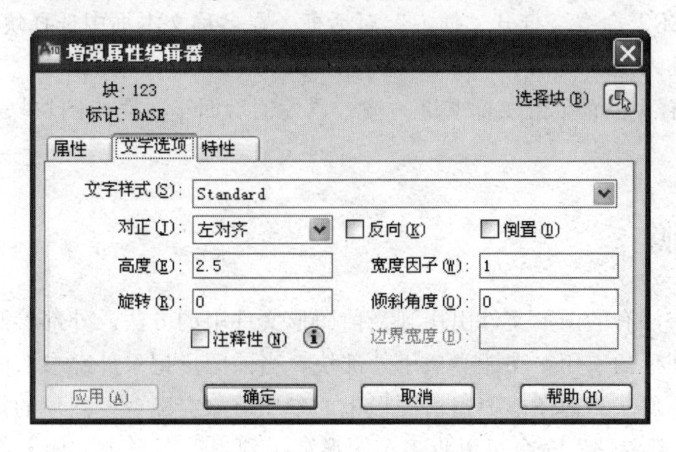

图 6-7　"文字选项"选项卡

c. "特性"选项卡：用于修改属性文字的图层，以及它的线宽、线型、颜色及打印样式等特性，如图 6-8 所示。

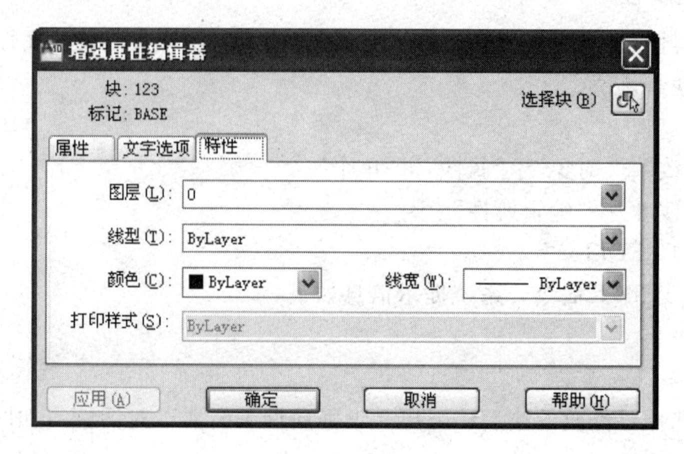

图 6-8 “特性”选项卡

6.2.3 实例——绘制粗糙度符号并定义其属性

本实例定义如图 6-9 所示的粗糙度图块。

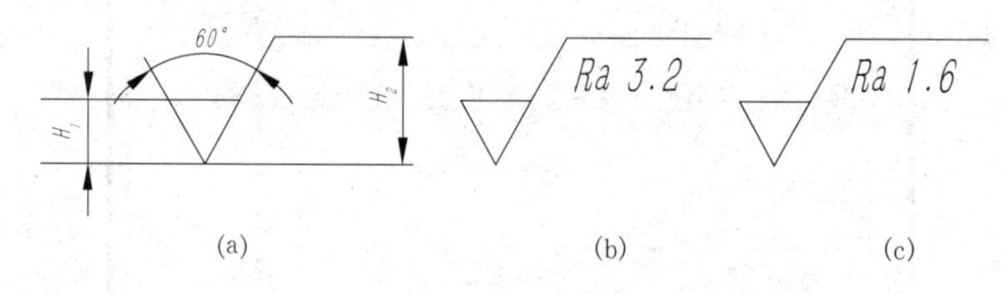

图 6-9 粗糙度定义图块属性效果图

① 绘制图形，如图 6-9（a）所示。其中 $H_2=2H_1$。

② 选择菜单“绘图”|“块”|“定义属性”命令，打开“属性定义”对话框，按图 6-5 所示设置参数。

③ 选中“在屏幕上指定”复选框，单击“确定”按钮，进入绘图区，将属性插入到适当位置，结果如图 6-9（b）所示。

④ 执行 INSERT 命令，打开“插入”对话框。在名称文本框中选择块名 czd。单击“确定”按钮，指定插入点。

⑤ 在适当的插入位置单击鼠标左键，输入属性值后回车，完成图块操作，效果如图 6-9（c）所示。

6.3 外部参照

外部参照是将已有的图形文件引用到当前图形文件中的方法。外部参照也可以认为是一幅图形对另一幅图形的引用，功能类似于外部块。当前图形记录外部参照的位置和名字，外部参照的图形并不属于当前图形。当前图形中的参照对象会随着原图形的修改而自动更新。

注意：①“外部参照”命令可以将多个图形链接到当前图形中，而不像插入块那样，把块的图形数据全部存储到当前图形中。并且作为外部参照的图形会随着原图形的修改而自动更新，而当图形作为图块插入时，它就永久性地属于当前图形的一部分。

②“外部参照”命令不会明显地增加当前图形的文件大小，从而可以节省磁盘空间，有利于保持系统的性能。

6.3.1　附着外部参照

① 命令。

菜单栏：“插入”|“DWG 参照”

命令行：XATTACH

② 附着外部参照用于将外部图形文件作为外部参照引用到当前图形文件中。

命令：_ xattach

在命令行输入 XATTACH 命令后按回车，弹出“选择参照文件”对话框，如图 6-10 所示。在该对话框中，选择附着的文件，单击“打开”按钮，弹出“附着外部参照”对话框，如图 6-11 所示。该对话框与“插入”块对话框相比，有两个特殊选项。

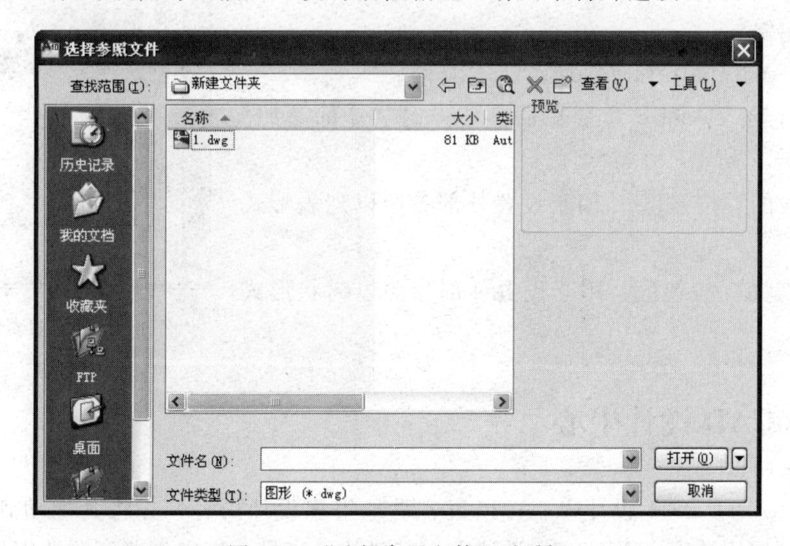

图 6-10　“选择参照文件”对话框

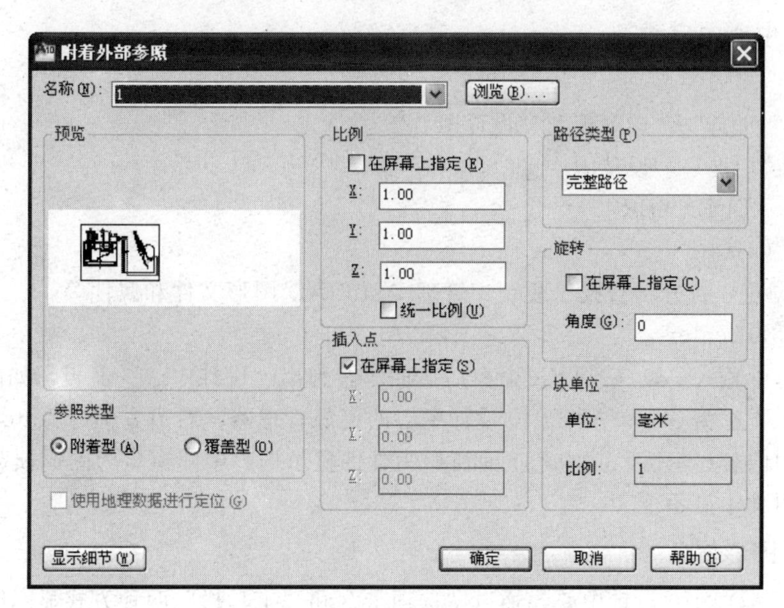

图 6-11　“附着外部参照”对话框

a. “参照类型”选项区用于确定外部参照的类型。“附着型”单选框表示将显示嵌套参照中的嵌套内容。“覆盖型”单选框表示将不显示嵌套参照中的嵌套内容。

b. “路径类型”下拉列表用于选择保存外部参照的路径类型，其中有“完整路径”、“相对路径”和“无路径”3种可选类型。

6.3.2 管理外部参照

① 命令。

菜单栏：“插入”|“外部参照”

命令行：externalreferences

② 外部参照的管理用于对当前图形文件中的外部参照进行管理和编辑。

命令：_ externalreferences

在命令行输入 XREF 命令后回车，弹出“外部参照”面板，如图 6-12 所示。

a. “列表图”按钮：用于设置外部参照以列表形式显示。

b. “树状图”按钮：用于设置外部参照以树状形式显示。

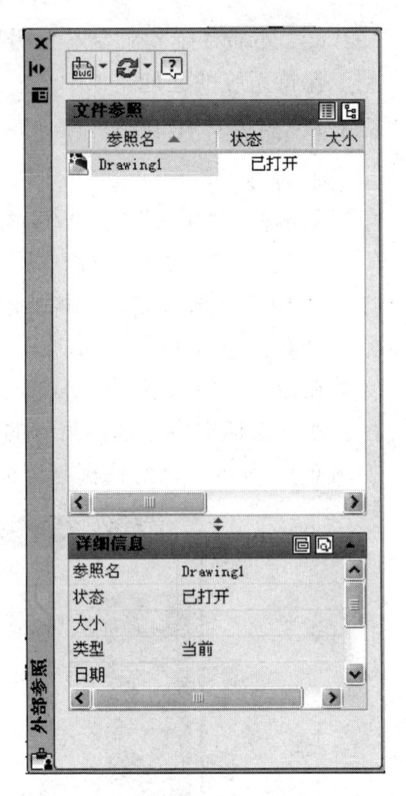

图 6-12 “外部参照”面板

6.4 AutoCAD 设计中心

使用 AutoCAD 2010 设计中心可以很容易地组织设计内容，并将其拖动到自己的图形中。用户可以使用 AutoCAD 2010 设计中心窗口的内容显示框来浏览资源的细目。

6.4.1 设计中心的启动

① 命令。

菜单栏：“工具”|“选项板”|“设计中心”

工具栏：“标准”|“设计中心”

命令行：ADCENTER

快捷键：Ctrl+2

② 用于浏览、打开、查找、复制、管理 AutoCAD 图形文件和属性等。

命令：'_ adcenter

在命令行中输入 ADCENTER 命令后按回车，弹出“设计中心”面板，如图 6-13 所示。在图中，左边方框为 AutoCAD 2010 设计中心的资源管理器，右边方框为 AutoCAD 2010 设计中心窗口的内容显示区。其中，上面窗口为文件显示框，中间窗口为图形预览显示框，下面窗口为说明文本显示框。

6.4.2 显示图形信息

在 AutoCAD 2010 设计中心，通过“选项卡”和“工具栏”两种方式显示图形信息。

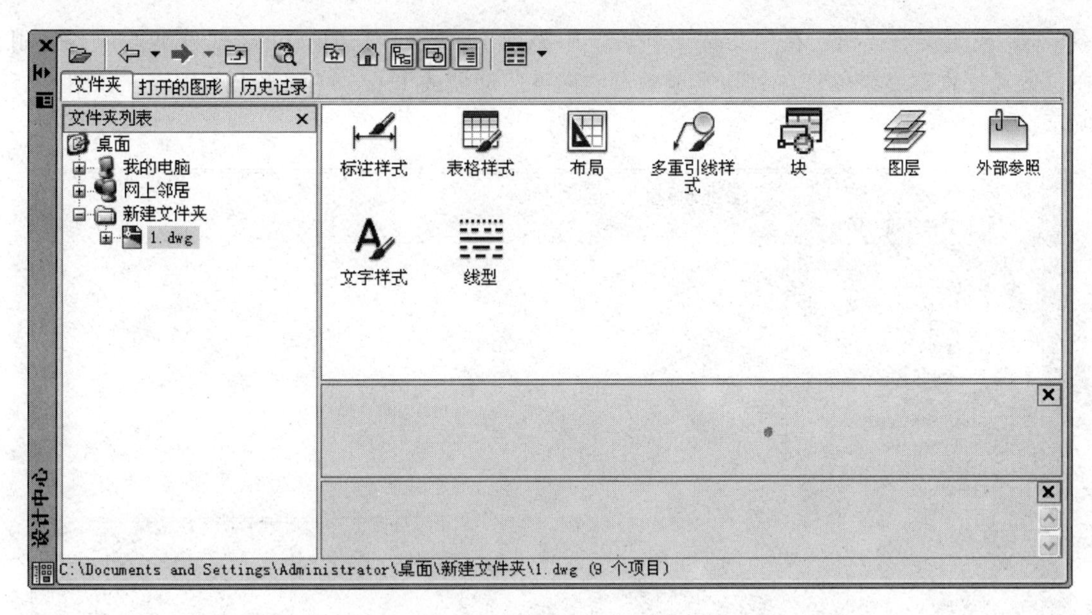

图 6-13　AutoCAD 2010 设计中心的资源管理器和内容显示区

（1）选项卡

如图 6-13 所示，AutoCAD 2010 设计中心有 3 个选项卡："文件夹"、"打开的图形" 和 "历史记录"。

（2）工具栏

设计中心窗口顶部有一系列的工具，包括"加载"、"上一页（下一页或上一级）"、"搜索"、"收藏夹"、"主页"、"树状图切换"、"预览"、"说明" 和 "视图" 等按钮。

①"加载" 按钮：弹出 "加载" 对话框，用户可以利用该对话框从 Windows 桌面、收藏夹或 Internet 上加载文件。

②"搜索" 按钮：查找对象。单击该按钮，弹出 "搜索" 对话框，如图 6-14 所示。

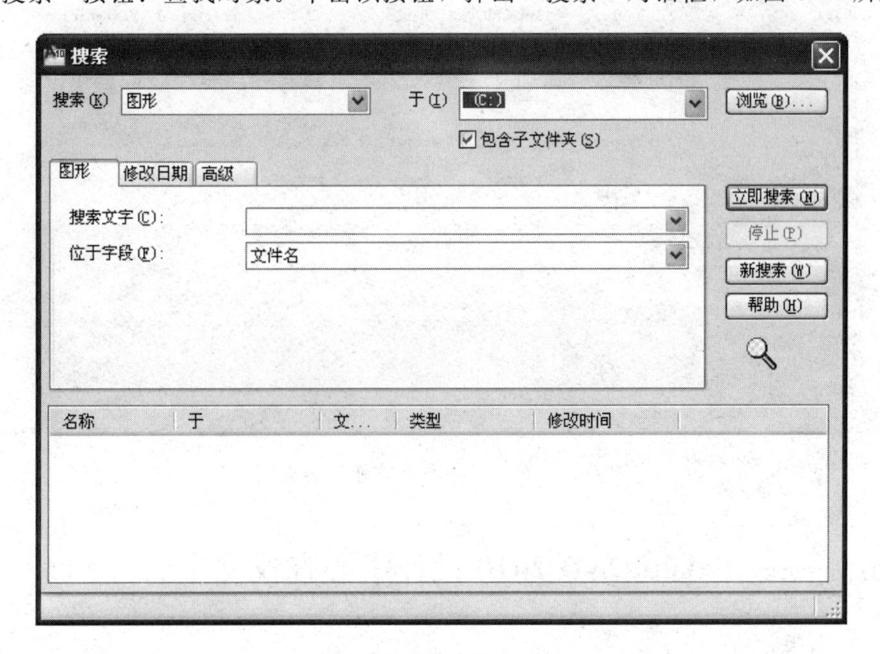

图 6-14　"搜索" 对话框

③“收藏夹”按钮：在“文件夹列表”中显示 Favorites \ Autodesk 文件夹的内容，用户可以通过收藏夹来标记存放在本地磁盘、网络驱动器或 Internet 网页上的内容，如图 6-15 所示。

图 6-15　单击“收藏夹”按钮后的界面

④“主页”按钮：快速定位到设计中心文件夹，该文件夹位于 \ AutoCAD 2010 \ Sample 下，如图 6-16 所示。

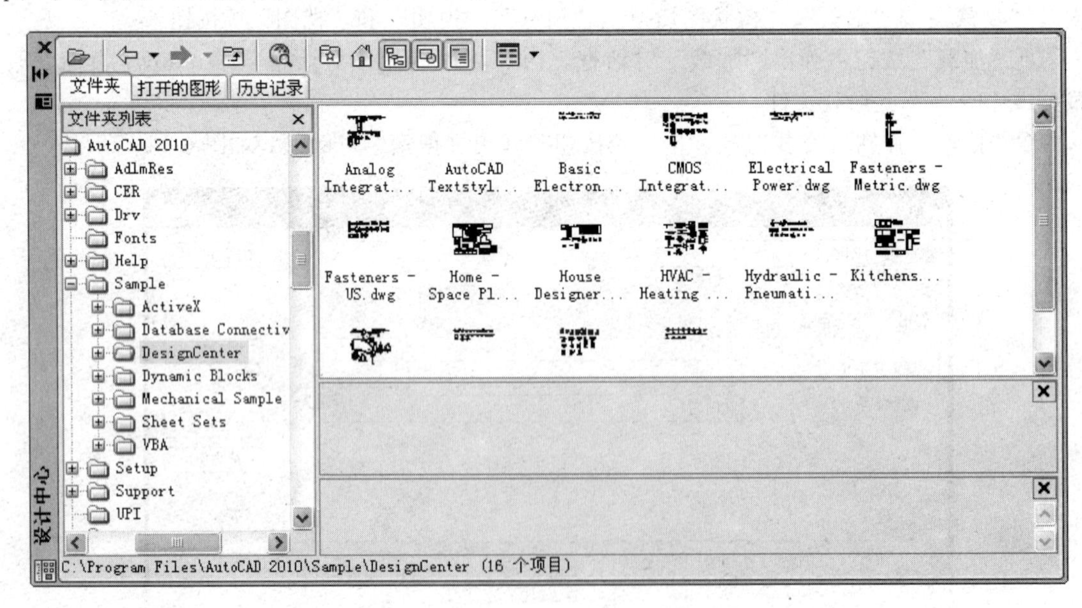

图 6-16　单击“主页”按钮后的界面

6.5　实例——在 AutoCAD 2010 设计中心查找文字

① 打开 AutoCAD 2010 设计中心。

② 单击“搜索”按钮，弹出“搜索”对话框。

③ 在“搜索”下拉列表框中选择“图形”选项，在“于”下拉列表框中选择选项。

④ 打开“图形”选项卡，在“搜索文字”下拉列表框中输入“1”，在“位于字段”下拉列表框中选择“文件名”选项。

⑤ 打开“高级”选项卡。在“包含”下拉列表框中选择“无”选项，在“大小”下拉列表框中选择“至少”选项，在右边的微调框中输入 2。

⑥ 单击“立即搜索”按钮，进行搜索。搜索结果如图 6-17 所示。

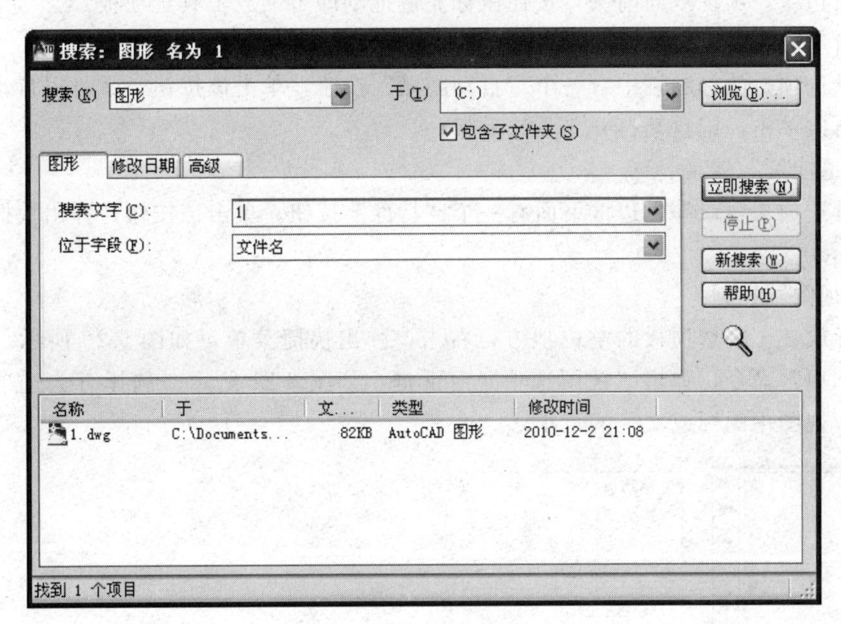

图 6-17　搜索结果

6.6　工具选项板

“工具选项板”是自 AutoCAD 2004 开始新增加的功能。在设计和绘图过程中，可将“设计中心”已有的、需经常使用的图形符号拖动到“工具选项板”上，作为工具进行使用。当图形文件需要添加图形符号时，只需将其从“工具选项板”拖动至图形文件中即可。其特点是在选项板上使用图形符号，不需再去查找图形符号库的目录路径。只要原图形不丢失或在选项板中对图形符号不进行删除，这些图形符号将永久存在，给绘图共享带来了极大方便。

6.6.1　工具选项板的打开

① 命令。

菜单栏：“工具”|“工具选项板窗口”

工具栏：“标准”|“工具选项板窗口”

命令行：TOOLPALETTES

快捷键：Ctrl+3

② 在工具选项板中，系统设置了一些常用图形选项卡，这些常用图形可方便用户绘图。

命令：'_ ToolPalettes

在命令行输入 TOOLPALETTES 命令再按回车，系统自动弹出工具选项板，如图 6-18 所示。

6.6.2 工具选项板的显示控制

（1）移动和缩放工具选项板

用户可以用鼠标按住工具选项板的标题栏，拖动鼠标即可移动工具选项板。将鼠标指向工具选项板边缘，出现双向箭头，按住鼠标左键拖动即可缩放工具选项板。

（2）自动隐藏

在工具选项板的标题栏中有一个“自动隐藏”按钮，单击该按钮，就可以自动隐藏工具选项板；再次单击，则自动打开工具选项板。

（3）“透明度”控制

在工具选项板窗口深色边框下面有一个“特性”按钮，单击该按钮，弹出快捷菜单，如图 6-19 所示。

（4）“视图”控制

将鼠标放在工具选项板的空白地方，右击，弹出快捷菜单，如图 6-20 所示。选择其中的“视图选项”命令，弹出“视图选项”对话框，如图 6-21 所示。选择有关选项，拖动滑块可以调节视图中图标或文字的大小。

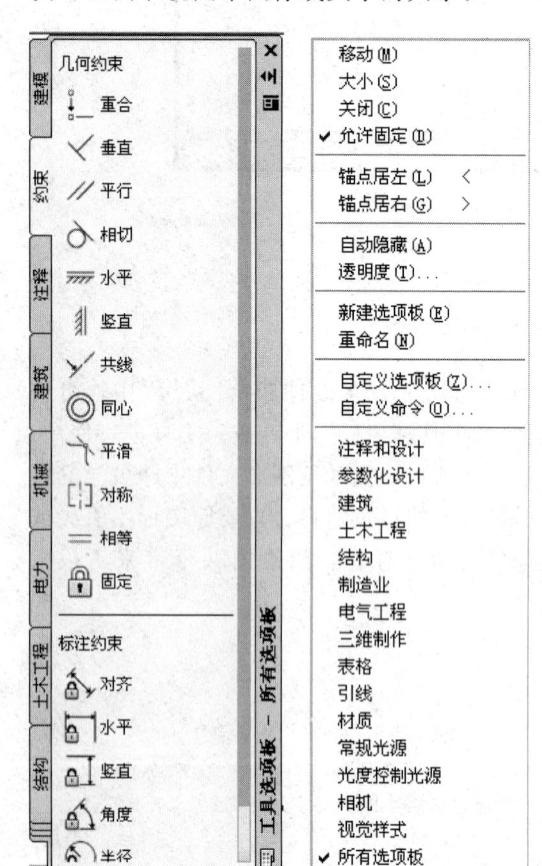

图 6-18 工具选项板　　图 6-19 快捷菜单（1）

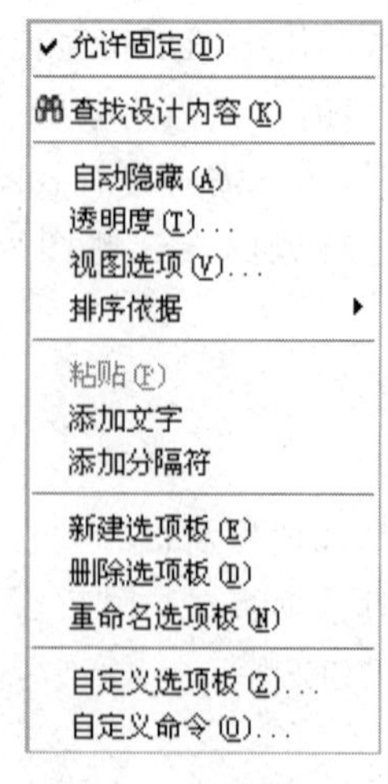

图 6-20 快捷菜单（2）

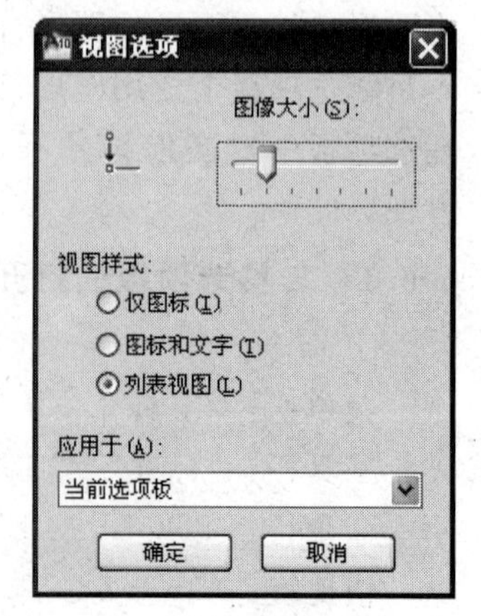

图 6-21 “视图选项”对话框

6.6.3　创建工具选项板

① 命令。

菜单栏："工具"|"自定义"|"工具选项板"

右键快捷菜单：自定义

命令行：CUSTOMIZE

② 在工具选项板中，可以新建工具选项板，这样有利于个性化作图，同时也能满足特殊作图需要。

命令：+customize

在命令行输入CUSTOMIZE命令后按回车，弹出"自定义"对话框中的"工具选项板-所有选项板"选项卡，如图6-22所示。右击鼠标，在快捷菜单中，选择"新建选项板"命令，如图6-23所示。在弹出的对话框中可以为新建的工具选项板命名。确定后，工具选项板中就多了一个新选项卡，如图6-24所示。

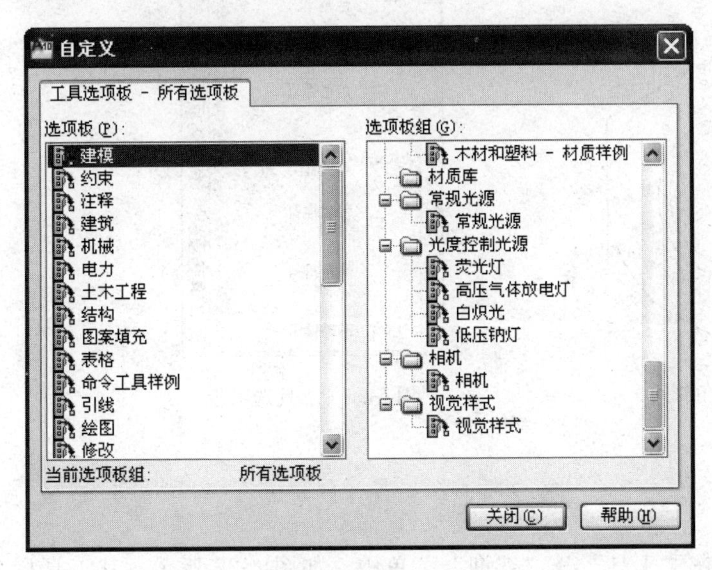

图6-22　"自定义"对话框

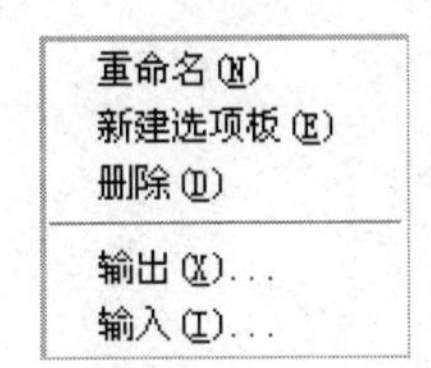

图6-23　"新建选项板"命令

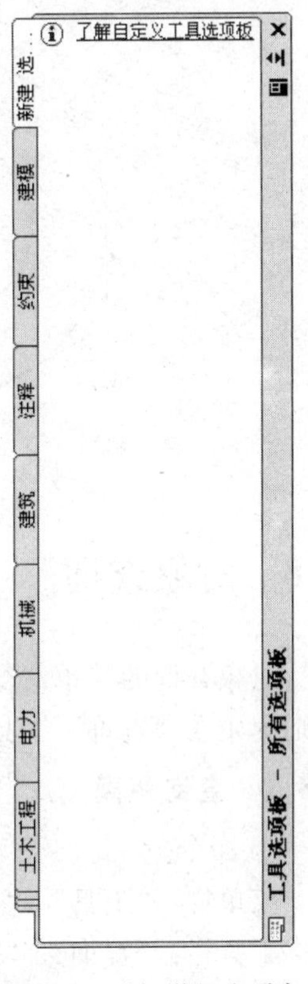

图6-24　"新增"选项卡

6.7　实例——六角螺母

利用工具选项板快速绘制如图6-25所示的六角螺母。

① 选择菜单栏中的"工具"→"选项板"→"工具选项板"命令，弹出工具选项板，选择其中的"机械"选项卡，如图6-26所示。

② 选择其中的"六角螺母-公制"选项，按住鼠标左键，拖动到绘图区即可。

③ 根据自己设计的要求进行适当的调整即可。

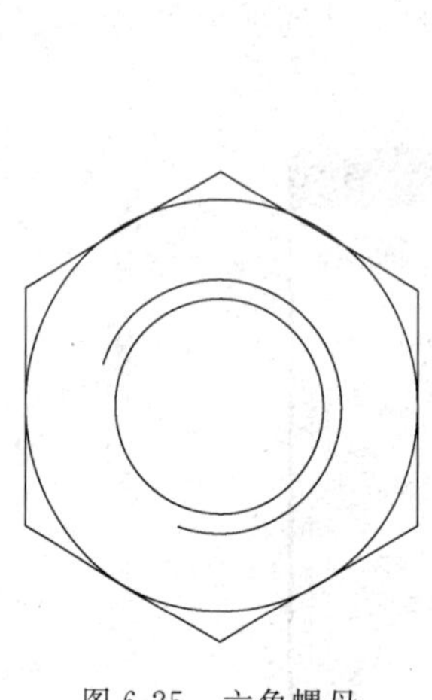

图 6-25　六角螺母

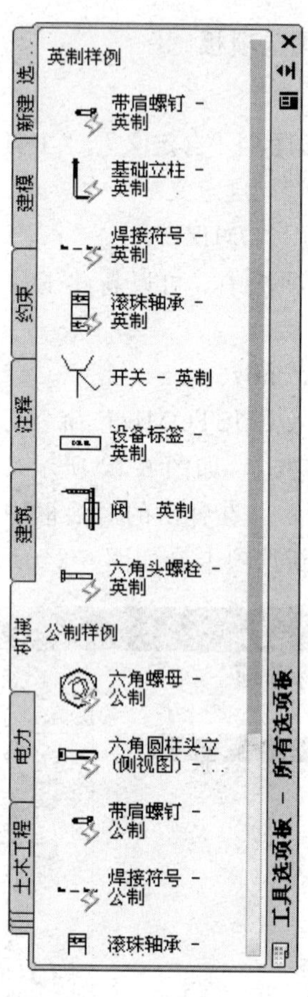

图 6-26　工具选项板

6.8　对象查询

对象查询的菜单命令集中在“工具”→“查询”菜单中，如图 6-27 所示。其工具栏命令则集中在“查询”工具栏中，如图 6-28 所示。

6.8.1　查询距离

① 命令。

菜单栏：“工具”|“查询”|“距离”

工具栏：“查询”|“距离”

命令行：MEASUREGEOM

② 执行命令行 MEASUREGEOM 命令，系统提示如下信息。

命令：_MEASUREGEOM

指定第一点：(指定第一点)

指定第二点或［多个点 (M)］：(指定第二点)

距离 = 7.4456，XY 平面中的倾角 = 0，与 XY 平面的夹角 = 0

X 增量 = 7.4456，Y 增量 = 0.0000，Z 增量 = 0.0000

面积、面域/质量特性的查询与距离查询类似，不再加以说明。

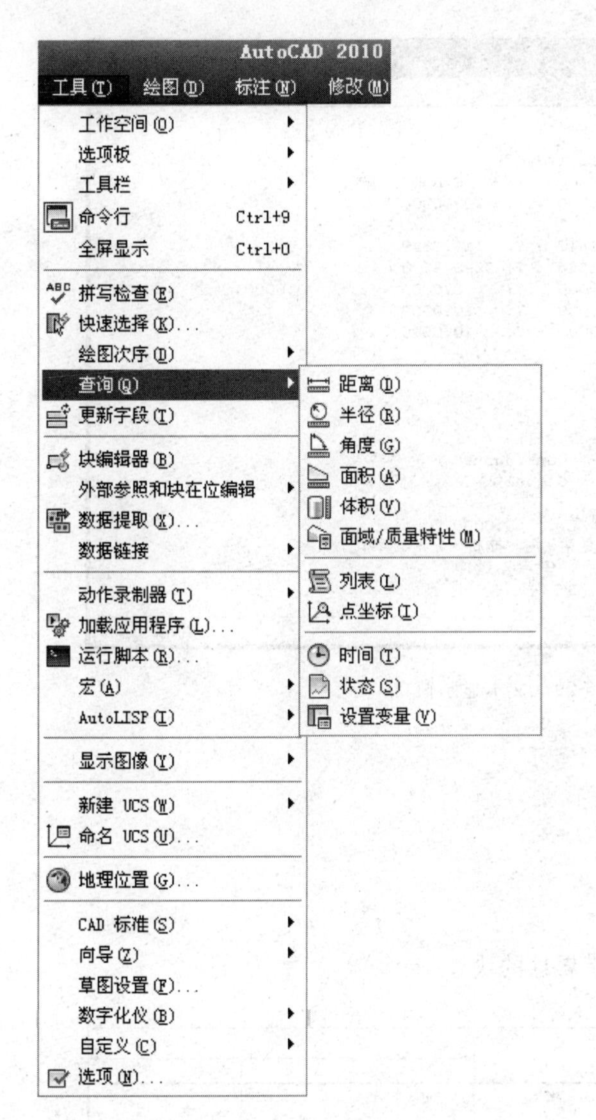

图 6-27 “工具”→“查询”菜单

图 6-28 “查询”工具栏

6.8.2 查询对象状态

① 命令。

菜单栏：“工具”|“查询”|“状态”

命令行：STATUS

② 执行命令行 STATUS 命令，系统提示如下信息。

命令：'_status

在命令行输入 STATUS 命令，选择对象后，系统自动切换到文本显示窗口，显示所选择对象的状态，包括对象的各种参数状态及对象所在磁盘的使用状态，如图 6-29 所示。

在“查询”子菜单中，列表显示，点坐标、时间、设置变量等查询工具与查询对象状态的执行方法相似，故不再加以说明。

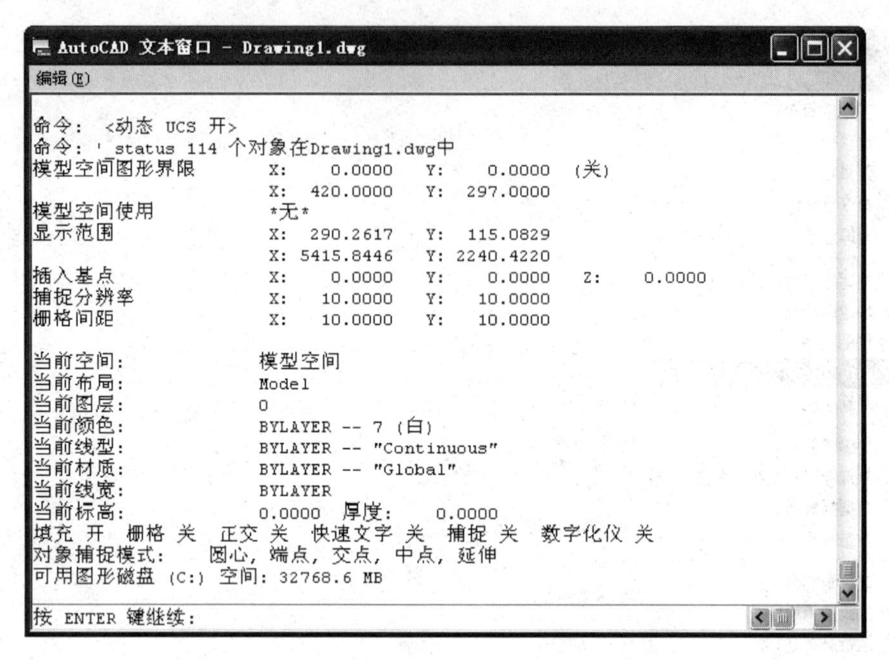

图 6-29 文本显示窗口

6.9 实训实例

6.9.1 带属性的块

(1) 实训任务

将图 6-30 所示的标题栏建成一个带属性的块。

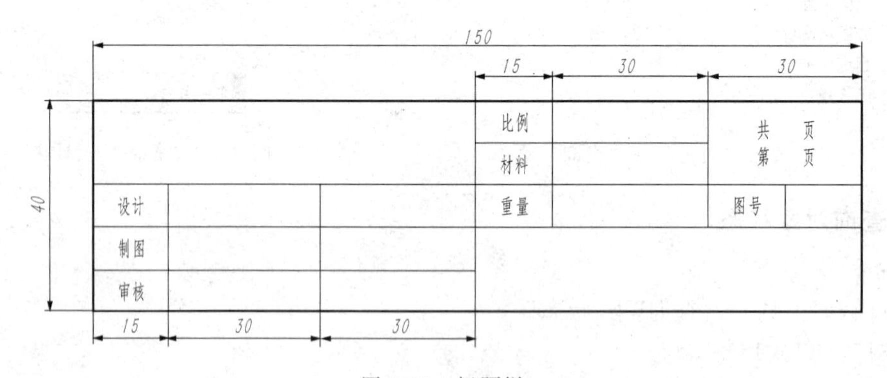

图 6-30 标题栏

(2) 实训目的

掌握带属性块的创建方法。

(3) 绘图思路

① 绘制一个如题目要求的标题栏。

② 选择“绘图”→“块”→“定义属性”菜单，打开“属性定义”对话框，对话框中各部分进行设置后，单击“确定”按钮即可。

③ 使用同样方法可创建其他属性。

④ 将所有属性创建完成后，在命令行输入：WBLOCK，回车，打开“写块”对话框，将绘制的图形和属性一起定义成图块，并存入自己指定的位置。

6.9.2　箱体组装

（1）实训任务

将图 6-31（a）、（b）、（c）、（d）所示的图形作为图块插入到图 6-32（a）中，完成后箱体组装图为图（b）。

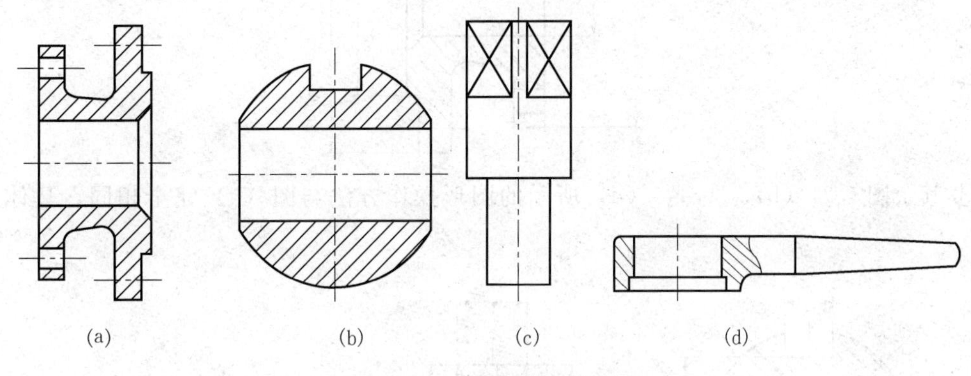

图 6-31　箱体组装零件图

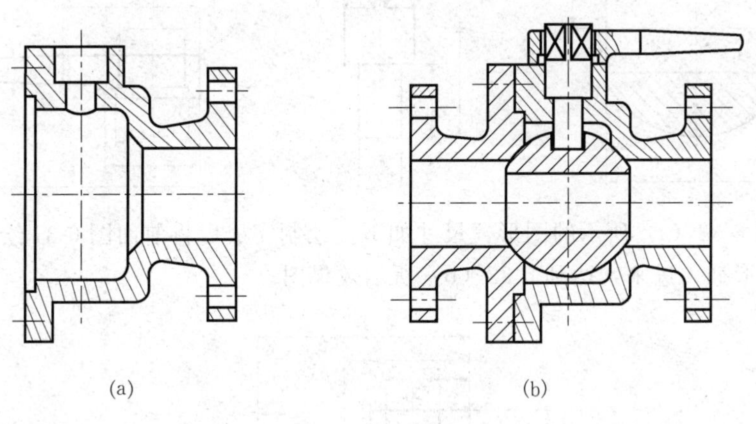

图 6-32　箱体组装图

（2）实训目的

组装图是机械制图中最重要也是最复杂的图形。为了保持零件图与组装图的一致性，同时减少一些常用零件的重复绘制，经常采用图块插入的形式。本例通过组装零件图，使读者掌握图块相关命令的使用方法与技巧。

（3）绘图思路

① 将图 6-31（a）中的零件图定义为图块并保存。

② 打开绘制好的箱体零件图，如图 6-32（a）所示。

③ 执行“插入块”命令，将步骤一中定义好的图块设置相关参数，插入到箱体零件图中。其余的相关零件插入方法与此步骤完全相同。最终形成如图 6-32（b）所示的组装图。

（4）操作步骤

① 分别绘制如图 6-31（a）、（b）、（c）、（d）所示的图形。

② 绘制图 6-31（a）所示的图形并将其建立为图块，具体尺寸如图所示。

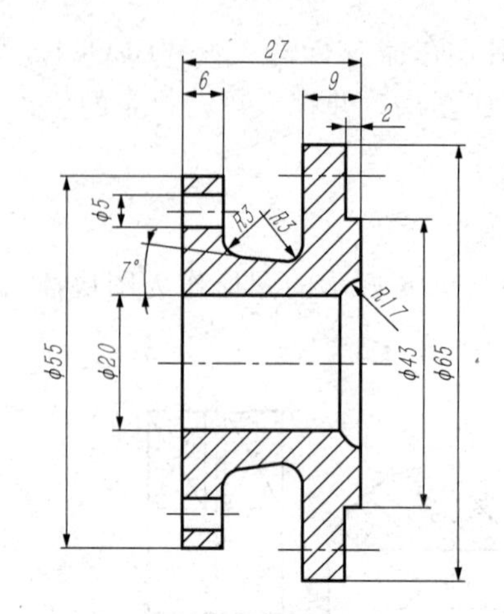

③ 其余图 6-31（b）、（c）、（d）所示的图形操作方法与图（a）完全相同，具体尺寸如下。

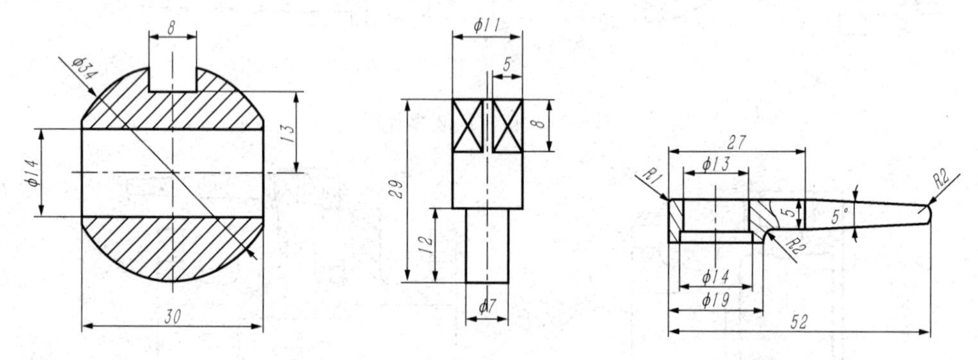

④ 绘制图 6-32（a）所示的图形，尺寸如下。绘制完成后将前面图 6-31 绘制完成并建立为块对象的图形插入进来，达到 6-32（b）所示效果图。

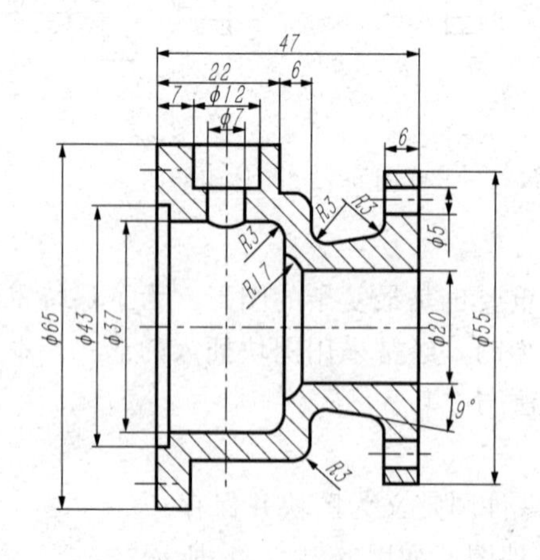

思考与练习

1. 定义块的三个要素是________、________、________。

2. 使用________和________命令均可将一个图形对象定义成图块。

3. 使用________命令定义的图块只能在当前图形文件中使用，使用________命令定义的图块可以在任何图形文件中使用。

4. 调出“块定义”对话框的方式有几种？

5. 调出插入块的“插入”对话框的方式有几种？
6. 简述建立一个带属性的块的操作方法及步骤。
7. 在图形中插入带属性的块以后，如何编辑块属性？
8. 对图 6-33 所示的端盖零件进行尺寸标注。

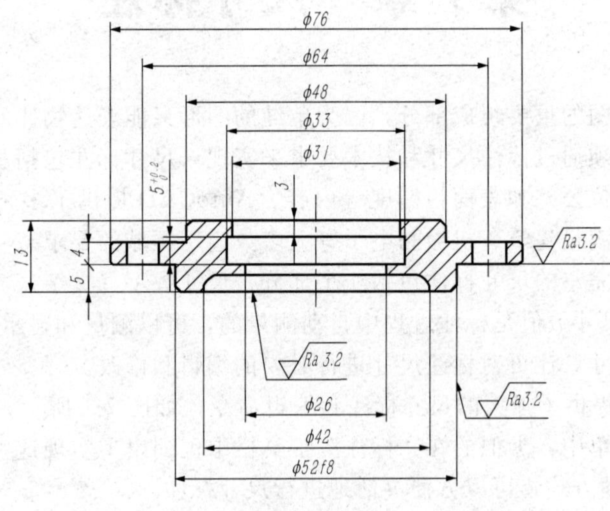

图 6-33　端盖

第 7 章　尺寸标注

尺寸标注是工程图的重要组成部分，因为单纯的图形只能表达物体的形状，要表达物体大小和设计意图，必须通过标注尺寸和技术要求来实现。尺寸标注包括基本尺寸标注、文字注释、尺寸公差、形位公差和表面粗糙度等内容。AutoCAD 提供了多种标注样式和设置标注格式的方法，可以满足建筑、机械和电子等大多数应用领域的要求。

工程制图中一个完整的尺寸标注包括 4 个部分：尺寸数字（文字）、尺寸线、尺寸界线、箭头。AutoCAD 的尺寸数值是标注过程中自动测量的，可以测量和显示对象的长度、角度、直径、圆心标记等尺寸，还可对标注尺寸进行必要的编辑和修改。

AutoCAD 2010 提供了强大的尺寸标注和编辑命令，如图 7-1 所示，这些命令被集中安排在“标注”下拉菜单中，类似的在“标注”工具栏中也列出了实现这些功能的按钮，如图 7-2 所示。利用这两种方式，可以方便灵活地进行尺寸标注。

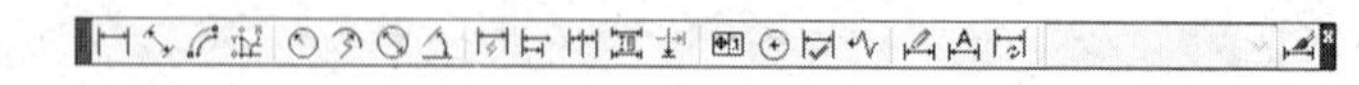

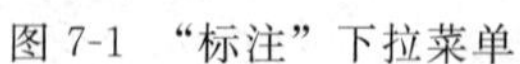

图 7-1 “标注”下拉菜单

图 7-2 “标注”工具栏

7.1　尺寸标注样式的创建与设置

7.1.1　尺寸标注样式的创建

① 命令。

菜单栏：“格式”|“标注样式”

工具栏："标注"|"标注样式"

命令行：DIMSTYLE

② 标注样式用于控制标注的格式和外观，即设置尺寸标注样式，建立强制执行的绘图标准，有利于对标注的格式及用途进行修改。执行 DIMSTYLE 命令，系统信息提示如下。

命令：'_ dimstyle

在命令行输入 DIMSTYLE 命令回车，弹出"标注样式管理器"对话框。对话框由"样式"列表框、"预览"框、若干功能按钮等组成，如图 7-3 所示。

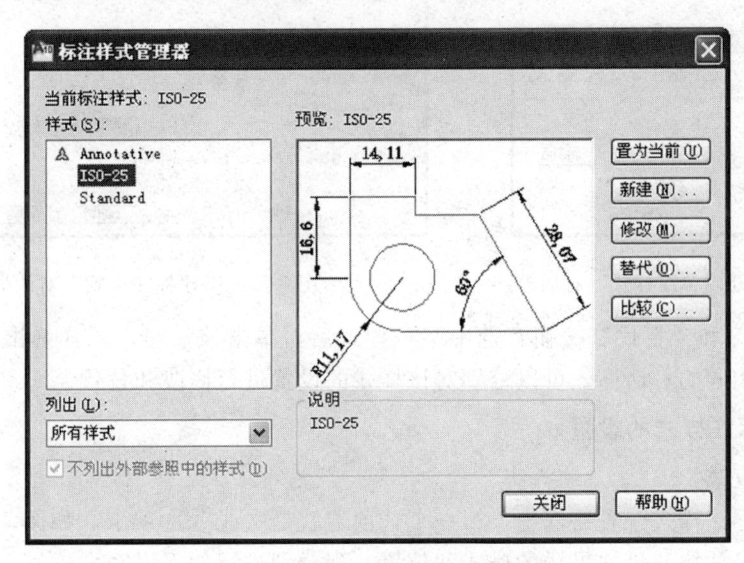

图 7-3 "标注样式管理器"对话框

a. "当前标注样式"标签：用于显示当前使用的标注样式的名称。

b. "样式"列表框：用于列出当前已有的尺寸标注样式。它根据"列出"下拉列表中是选择"所有样式"还是"正在使用的样式"而显示不同的内容。

c. "列出"下拉列表框：用于确定在"样式"列表框中所显示的尺寸标注样式，可以在"所有样式"和"正在使用的样式"中选择。

d. "预览"框：用于预览当前尺寸标注样式的标注效果。

e. "说明"框：用于对当前尺寸标注样式作出说明。

f. "置为当前"按钮：如果在"样式"列表框中选中某一样式的名称，单击该按钮，则将选择中样式设置为当前使用的样式。

g. "新建"按钮：单击"新建"按钮，弹出"创建新标注样式"对话框。可以创建一种新标注样式，如图 7-4 所示。

在"新样式名"文本框中输入新的尺寸标注样式名称，例如："我的标注"。在"基础样式"下拉列表框中选择基础样式，新建样式将在该基础样式上进行修改。"用于"下拉列表框用于指定新建样式的适用范围。其中包括"所有标注"、"线性标注"、"角度标注"、"半径标注"、"直径标注"、"坐标标注"、"引线与公差"等选项供用户选择。

完成各项设置后，单击"继续"按钮，弹出"新建标注样式"对话框，该对话框有"线"、"符号和箭头"、"文字"、"调整"、"主单位"、"换算单位"和"公差"等 7 个选项卡，如图 7-5 所示。

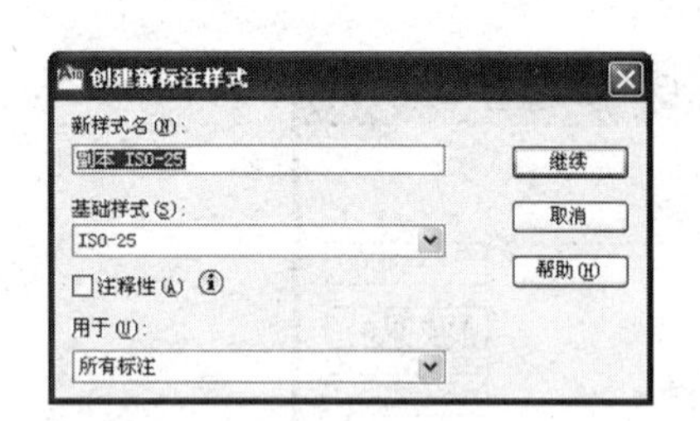

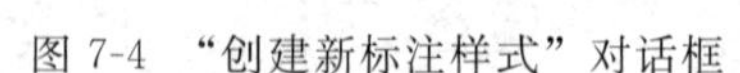

图 7-4 “创建新标注样式”对话框

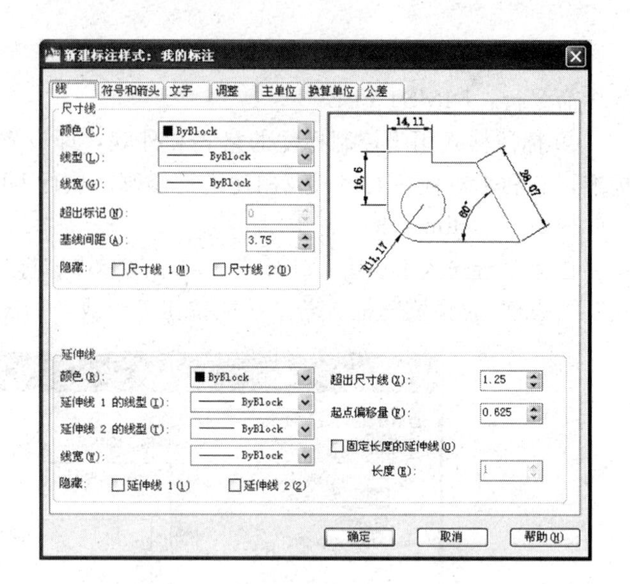

图 7-5 “新建标注样式”对话框

h. “修改”和“替代”按钮：选中某一样式后，单击该按钮，同样弹出与“创建新标注样式”内容相同的对话框，可以分别对该样式的设置进行修改和替代。

7.1.2 尺寸标注样式的设置

(1) 设置直线

在“新建标注样式”对话框中，第一个选项卡就是“线”选项卡，如图 7-5 所示。该选项卡可以设置尺寸线和尺寸界线的格式和位置。现分别进行如下说明。

①“尺寸线”选项组：用于设置尺寸线的格式，其中各选项的含义如下。

a. “颜色”下拉列表框用于设置尺寸线的颜色。

b. “线型”下拉列表框用于设置尺寸线的线型。

c. “线宽”下拉列表框用于设置尺寸线的线宽。默认情况下，尺寸线的颜色、线型和线宽都是随块的。

d. “超出标记”文本框用于设置尺寸线超出尺寸界线的距离。该选项在尺寸线端点采用斜线时可用。

e. “基线间距”文本框用于设置采用“基线”标注尺寸时，尺寸线之间的距离。

f. “隐藏”选项用于控制尺寸线的显示。选中“尺寸线 1”复选框，将隐藏第一尺寸线及箭头。选中“尺寸线 2”复选框，将隐藏第二尺寸线及箭头。

②“尺寸界线”（即图 7-5 中的延伸线，下同）选项组：用于设置尺寸界线的格式，其中各选项的含义如下。

a. “颜色”下拉列表框用于设置尺寸界线的颜色。

b. “尺寸界限 1”下拉列表框用于设置第一条尺寸界线的线型。“尺寸界限 2”下拉列表框用于设置第二条尺寸界线的线型。

c. “线宽”下拉列表框用于设置尺寸界线的线宽。默认情况下，尺寸界线的颜色、线型和线宽都是随块的。

d. “隐藏”选项用于控制尺寸界线的显示。选中“尺寸界线 1”复选框，将隐藏第一条尺寸界线。选中“尺寸界线 2”复选框，将隐藏第二条尺寸界线。

e. “超出尺寸线”文本框用于设置尺寸界线超出尺寸线的距离。

f. “起点偏移量”文本框用于设置尺寸界线的起点与被标注对象标注点的距离。

g. “固定长度的延伸线”复选框用于使用特定长度的尺寸界线来标注图形，可以在后面的“长度”文本框中输入长度值。

③ 尺寸样式显示框：在“新建标注样式”对话框的右上方，是一个尺寸样式显示框，该框以样例的形式显示用户设置的尺寸样式。

（2）设置符号和箭头

在“新建标注样式”对话框中，第二个选项卡就是“符号和箭头”选项卡，如图 7-6 所示。该选项卡可以设置箭头和圆心标记。现分别进行如下说明。

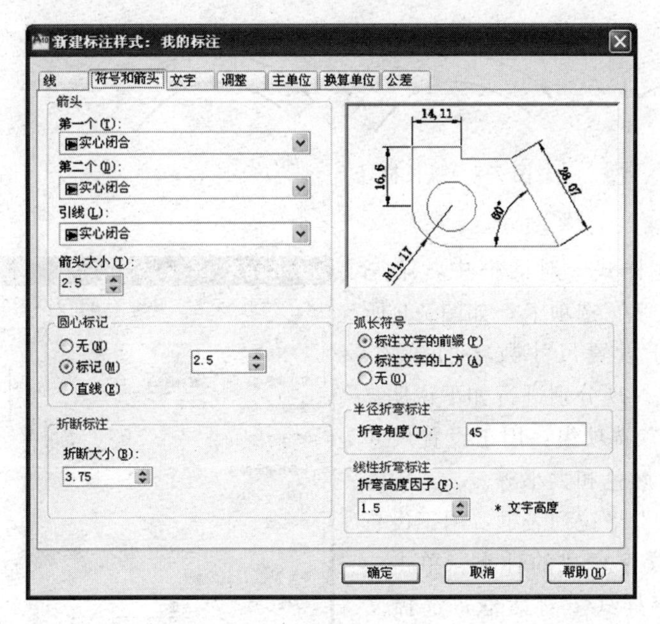

图 7-6 “符号和箭头”选项卡

①“箭头”选项组：用于设置标注箭头的外观。AutoCAD 箭头标准库中有多种箭头类型，在机械工程图中常用的有“实心闭合”、“倾斜”和“小点”等端点样式。

a. “第一个”下拉列表框：用于设置第一个尺寸线的箭头类型。在该下拉列表中选择一种箭头类型，以指定第一条尺寸线的箭头。此时，第二条尺寸线的箭头将自动更改以匹配第一个箭头。

b. “第二个”下拉列表框：当第二条尺寸线的箭头与第一条尺寸线的箭头不一致时，用于设置第二条尺寸线的箭头类型。

c. “引线”下拉列表框：用于设置引线箭头的类型。与“第一个”设置类似。

d. “箭头大小”微调框：用于设置箭头的大小。

②“圆心标记”选项组：用于设置圆心标记的类型和大小。圆心标记有“无”、“标记”和“直线”3 种类型，其中各项的含义如下。

a. 标记：中心标记为一个记号。AutoCAD 将标记大小以一个正值存在 DIMCEN 中。

b. 直线：中心标记采用中心线的形式。AutoCAD 将中心线的大小以一个负的值存在 DIMCEN 中。

c. 无：既不产生中心标记，也不产生中心线。这时 DIMCEN 的值为 0。

d. “大小”微调框：设置中心标记和中心线的大小和粗细。

③“弧长符号”选项组：用于设置弧长符号显示的位置，包括“标注文字的前缀”、“标注文字的上方”和“无”3 种方式，如图 7-7 所示。

a. 标注文字的前缀：将弧长符号放在标注文字的前面。

b. 标注文字的上方：将弧长符号放在标注文字的上方。

c. 无：不显示弧长符号。

④“半径折弯标注”选项组：用于设置在标注圆弧半径时，标注线的折弯角度大小。在“折弯角度”文本框中，可以输入连接半径标注的尺寸界线和尺寸线的横向直线的角度，如图 7-8 所示。

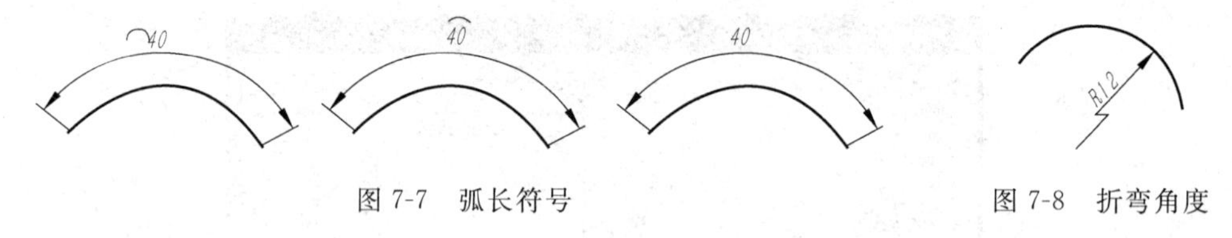

图 7-7　弧长符号　　　　图 7-8　折弯角度

（3）设置文字

在“新建标注样式”对话框中，第三个选项卡就是“文字”选项卡，如图 7-9 所示。该选项卡用于设置尺寸数字的样式、位置以及对齐方式。现分别进行如下说明。

①“文字外观”选项组：用于设置尺寸标注文字的样式、颜色和大小等。

a. “文字样式”下拉列表框：用于设置 STYLE 所定义的文字样式的种类。单击□按钮，弹出“文字样式”对话框，选择文字样式或根据图纸要求设置新样式。

b. “文字颜色”下拉列表框：用于选择标注文本的颜色。默认设为随块。

c. “文字高度”文本框：用于设置标注文本的高度。默认字高为 2.5mm。

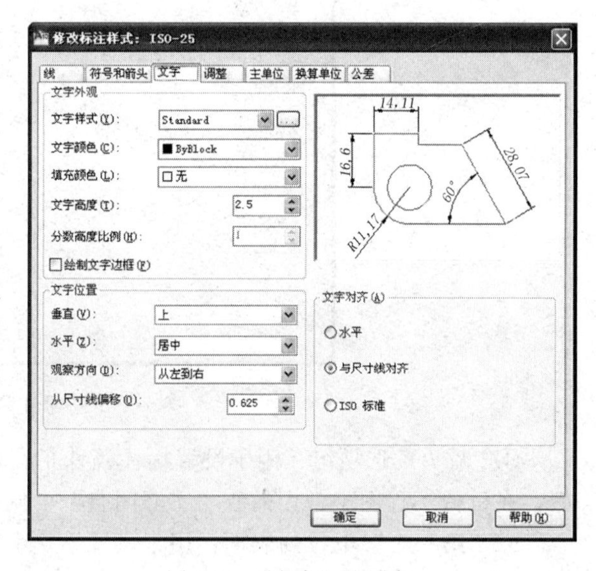

图 7-9　“文字”选项卡

d. “分数高度比例”文本框：用于设置基本尺寸中分数数字的高度。若基本尺寸数值为小数格式，该选项呈灰色不可用。

e. “绘制文字边框”复选项框：用于设置是否给标注文本添加边框。

②“文字位置”选项组：用于设置尺寸标注文本放置的位置。

a. “垂直”下拉列表框：用于设置尺寸文本相对尺寸线在垂直方向上的位置。

b. “水平”下拉列表框：用于设置尺寸文本相对尺寸线在水平方向上的位置。

c. “从尺寸线偏移”文本框：用于设置标注文本与尺寸线间的距离。

③“文字对齐”选项组：用于设置尺寸文本标注的对齐方式。

a. “水平”单选框：尺寸文本标注始终沿水平方向放置。

b. “与尺寸线对齐”单选框：尺寸文本标注与尺寸线始终平行放置。

c. “ISO 标准”单选框：尺寸文本标注按 ISO 标准放置。尺寸文本在尺寸界线以内，则与尺寸线方向平行放置；尺寸文本在尺寸界线以外，则水平放置。

（4）设置调整格式

在“新建标注样式”对话框中，第四个选项卡就是“调整”选项卡，如图 7-10 所示。该选项卡用于设置尺寸数字、箭头、引线和尺寸线的位置关系。现分别进行如下说明。

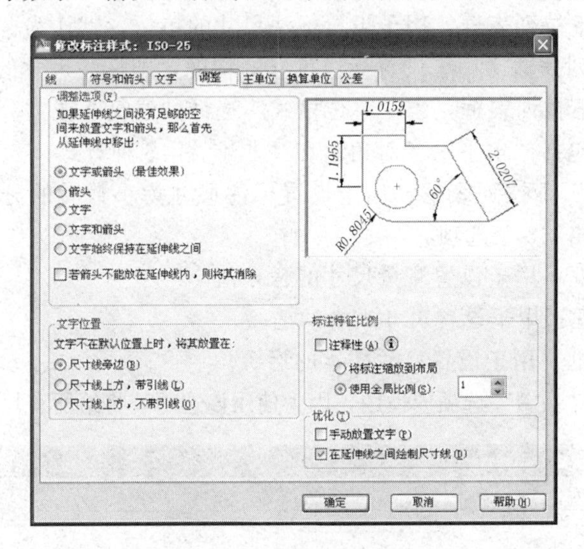

图 7-10 “调整”选项卡

①“调整选项”选项组：用于设置当尺寸界线之间的距离太小或尺寸标注的文字太长，没有足够的地方同时放置尺寸文本和尺寸箭头时，首先从尺寸界线移出的对象。

a.“文字或箭头”单选框：系统自动调节达到最佳的标注效果。

b.“箭头”单选框：在地方不够时首先移出箭头。

c.“文字”单选框：在地方不够时首先移出文字。

d.“文字和箭头”单选框：在地方不够时同时移出文字和箭头。

e.“文字始终保持在延伸线之间”单选框：将文字始终放置在尺寸界线之间。

f.“若箭头不能放在延伸线内，则将其消除”复选框：在地方不够时将不显示箭头。

②“文字位置”选项组：用于设置尺寸文本的放置位置。

a.“尺寸线旁边”单选框：将尺寸文本放在尺寸线旁边。

b.“尺寸线上方，带引线”单选框：当尺寸文本与箭头不能放置在尺寸界线内时，则设置尺寸文本放在尺寸线上方，且加引线。

c.“尺寸线上方，不带引线”单选框：当尺寸文本与箭头不能放置在尺寸界线内时，则设置尺寸文本放在尺寸线上方，但不加引线。

③“标注特征比例”选项组：用于设置尺寸特征的缩放关系。

a.“使用全局比例”单选框：设置所有元素尺寸的比例因子，所有元素尺寸将同时放大或缩小。

b.“将标注缩放到布局”单选框：根据图纸空间所具视口比例值调整。

④“优化”选项组：用于设置尺寸标注时是否使用附加调整。

a.“手动放置文字”复选框：将标注的尺寸文本，手动放置于指定的位置。

b.“在延伸线之间绘制尺寸线”复选框：始终在尺寸界线内画出尺寸线。当尺寸箭头放置于尺寸界线之外时，也在尺寸界线之内画出尺寸线。

（5）设置主单位

在“新建标注样式”对话框中，第五个选项卡就是“主单位”选项卡，如图 7-11 所示。该选项卡用于设置尺寸数字的显示精度和比例。现分别进行如下说明。

①“线性标注”选项组：用于设置标注尺寸的格式和精度。

a. “单位格式”下拉列表框：用于设置标注尺寸的单位，默认为“小数”单位格式。

b. “精度”下拉列表框：用于设置标注尺寸的精度，即标注尺寸的小数位数。

c. “分数格式”下拉列表框：当“单位格式”选择“建筑”或“分数”时，用于设置标注尺寸的分数格式。包括“水平”、“对角”和“非堆叠”3 种方式。

d. “小数分隔符”下拉列表框：用于设置标注尺寸为小数时的分隔符形式。包括“句点”、“逗点”和“空格”3 个选项。

e. “舍入”文本框：用于设置测量尺寸的舍入值。

f. “前缀”文本框：用于设置尺寸文本的前缀。

g. “后缀”文本框：用于设置尺寸文本的后缀。

注意：“前缀”和“后缀”选项应慎用，因为使用该选项，将给所有尺寸都加上前缀或后缀。

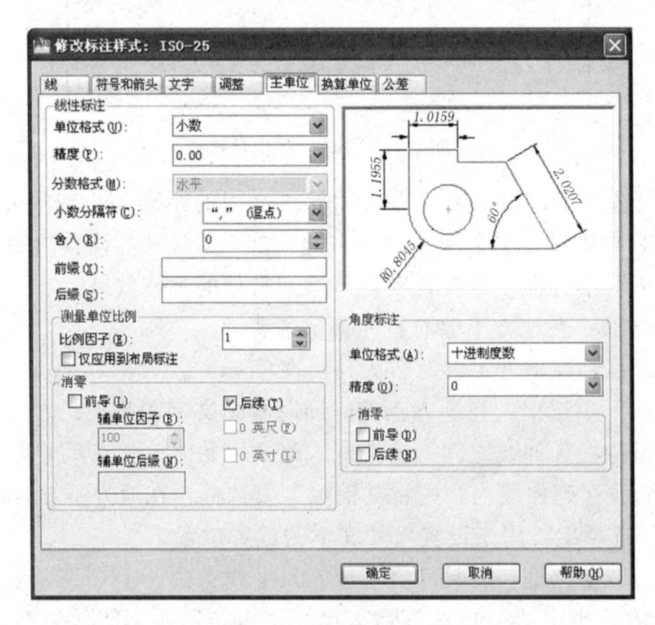

图 7-11 “主单位”选项卡

②“测量单位比例”选项组。

a. “比例因子”文本框：用于设置测量尺寸值的比例。

b. “仅应用到布局标注”复选框：用于设置是否将先行的比例系数仅应用到布局标注。

③“消零”选项：用于设置是否将标注尺寸数前导与后续无效的零隐藏。

a. “前导”复选框：用于设置标注尺寸小数点前面的零是否显示。

b. “后续”复选框：用于设置标注尺寸小数点后面的零是否显示。

④“角度标注”选项组：用于设置标注角度尺寸的单位和精度。

a. “单位格式”下拉列表框：用于设置角度标注的尺寸单位。

b. “精度”下拉列表框：用于设置角度标注的尺寸精度。

c. “前导”复选框：用于设置角度标注小数点前面的零是否显示。

d. “后续”复选框：用于设置角度标注小数点后面的零是否显示。

（6）设置换算单位

在“新建标注样式”对话框中，第六个选项卡就是“换算单位”选项卡，如图 7-12 所示。该选项卡用于设置是否显示换算单位及对换算单位进行设置。

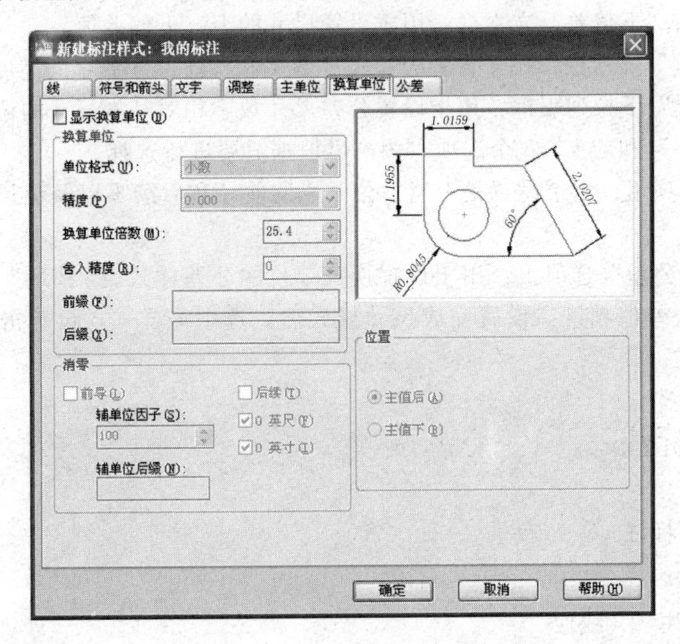

图 7-12　“换算单位”选项卡

（7）设置公差

在“新建标注样式”对话框中，第七个选项卡就是“公差”选项卡，如图 7-13 所示。该选项卡用于控制公差的格式及对公差值进行设置。现分别进行如下说明。

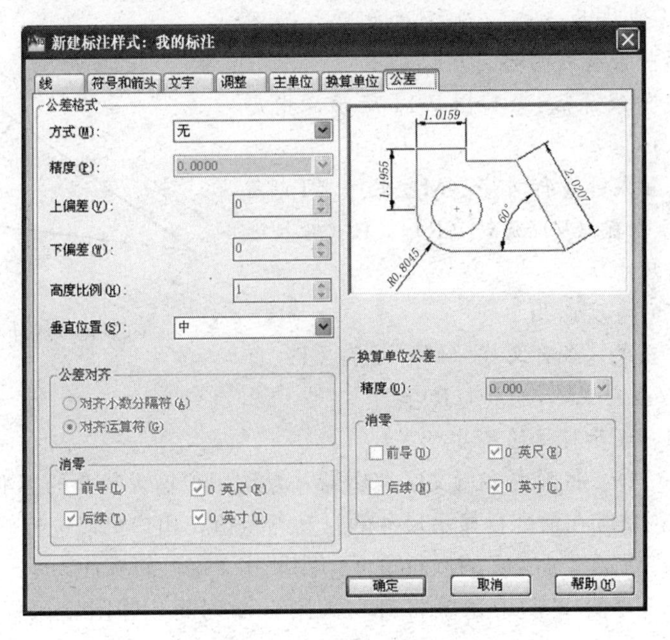

图 7-13　“公差”选项卡

①“公差格式”选项组：用于设置公差标注格式。

a. “方式”下拉列表框：用于设置公差标注方式。用户可从该下拉列表中选择“无”、“对称”、“极限偏差”、“极限尺寸”和“基本尺寸”5 种方式。

b. “精度”下拉列表框：用于设置公差值的精度。

c. “上偏差”、“下偏差”文本框：用于设置尺寸的上、下偏差值。

d. “高度比例”文本框：用于设置公差尺寸数字和标注尺寸数字的高度比。

e. “垂直位置”下拉列表框：用于设置公差尺寸数字相对基本尺寸的位置。该下拉列表提供了“下”、“中”和“上”3 个选项，用户可根据需要进行选择。

②“消零”选项组：用于设置是否消去公差值的前导和后续零以及英尺和英寸里的零是否输出。

③“换算单位公差”选项组：用于设置换算单位的公差样式。“精度”下拉列表框用于设置换算单位的公差值精度。设置完成尺寸样式后，选中该样式，再单击“置为当前”按钮，即可进行标注。

7.2 尺寸的标注

7.2.1 创建线性标注

① 命令。

菜单栏：“标注”|“线性”

工具栏：“标注”|“线性”

命令行：DIMLINEAR

② 执行 DIMLINEAR 命令，系统信息提示如下。

命令：_ dimlinear

指定第一条延伸线原点或〈选择对象〉：（如图 7-14 所示，指定第一条直线的起点）

指定第二条延伸线原点：（如图 7-14 所示，指定第一条直线的端点）

指定尺寸线位置或［多行文字（M）/文字（T）/角度（A）/水平（H）/垂直（V）/旋转（R）］：R（输入选项“R”，标注倾斜尺寸）

指定标注文字的角度：25

指定尺寸线位置或［多行文字（M）/文字（T）/角度（A）/水平（H）/垂直（V）/旋转（R）］：

标注文字 = 54（显示标注的尺寸数字）

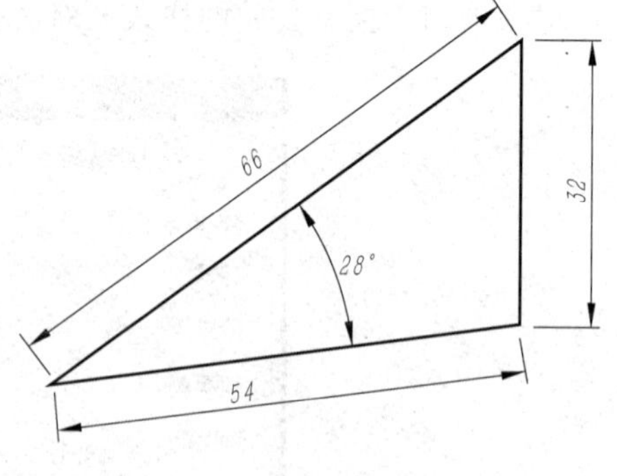

图 7-14 线性与对齐标注

a. 多行文字（M）：将弹出多行文字编辑器，允许用户输入复杂的标准文字。

b. 文字（T）：系统在命令行显示尺寸的自动测量值，用户可以进行修改。

c. 角度（A）：指定尺寸文字的倾斜角度，使尺寸文字倾斜标注。

d. 水平（H）、垂直（V）：系统将自动关闭自动判断，并限定只标注水平或者垂直尺寸。

e. 旋转（R）：系统将自动关闭自动判断，尺寸线按用户给定的倾斜角度标注斜向尺寸。

7.2.2 创建对齐线性标注

① 命令。

菜单栏："标注"|"对齐"

工具栏："标注"|"对齐"

命令行：DIMALIGNED

② 执行DIMALIGNED命令，系统信息提示如下。

命令：_ dimaligned

指定第一条延伸线原点或〈选择对象〉：（如图7-14所示，指定第一条直线的起点）

指定第二条延伸线原点：（如图7-14所示，指定第一条直线的端点）

指定尺寸线位置或［多行文字（M）/文字（T）/角度（A）］：

标注文字=32

注意：多行文字（M）、文字（T）、角度（A）的选项意义与线性标注的相同。

7.2.3 创建角度标注

① 命令。

菜单栏："标注"|"角度"

工具栏："标注"|"角度"

命令行：DIMANGULAR

② 执行DIMANGULAR命令，系统信息提示如下。

命令：_ dimangular

选择圆弧、圆、直线或〈指定顶点〉：（如图7-14所示，选择构成角的一条边）

选择第二条直线：（如图7-14所示，选择构成角的另一条边）

指定标注弧线位置或［多行文字（M）/文字（T）/角度（A）/象限点（Q）］：（确定尺寸弧的标注位置，完成标注）

标注文字=28

注意：该命令不但可以标注两直线间的夹角，还可以标注圆弧的圆心角及三点确定的角。其他选项与线性标注命令中的选项的意义相同。

7.2.4 创建圆或圆弧的直径、半径和圆心标注

（1）创建圆或圆弧的直径标注

① 命令。

菜单栏："标注"|"直径"

工具栏："标注"|"直径"

命令行：DIMDIAMETER

② 执行DIMDIAMETER命令，系统信息提示如下。

命令：_ dimdiameter

选择圆弧或圆：（选择圆弧或圆，如图7-15所示，选择左边的圆）

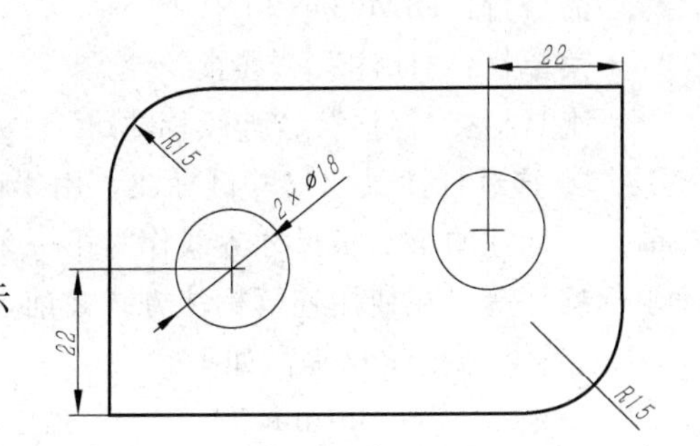

图7-15　半径、直径和圆心标注

标注文字=18

指定尺寸线位置或［多行文字（M）/文字（T）/角度（A）］：T（输入选项“T”）

标注文字〈18〉：2×〈 〉（“〈 〉”为测量值，“2×”为附加前缀）

指定尺寸线位置或［多行文字（M）/文字（T）/角度（A）］：（指定尺寸线的标注位置，完成标注）

注意：其选项与线性标注命令的选项意义相同。当选择“M”或“T”选项在多行文字编辑器或命令行中修改尺寸标注内容时，用“〈 〉”表示保留系统的自动测量值，若取消“〈 〉”，则用户可以完全改变尺寸文字的内容。

（2）创建圆或圆弧的半径标注

① 命令。

菜单栏：“标注”|“半径”

工具栏：“标注”|“半径”

命令行：DIMRADIUS

② 执行DIMRADIUS命令，系统信息提示如下。

命令：_ dimradius

选择圆弧或圆：（选择圆弧或圆，如图7-15所示）

标注文字=15

指定尺寸线位置或［多行文字（M）/文字（T）/角度（A）］：

（3）创建圆或圆弧的圆心标注

① 命令。

菜单栏：“标注”|“圆心标记”

工具栏：“标注”|“圆心标记”

命令行：DIMCENTER

② 执行DIMCENTER命令，系统信息提示如下。

命令：_ dimcenter

选择圆弧或圆：（选择圆弧或圆，如图7-15所示）

注意：对于大圆，可用该命令标记圆心位置；对于小圆，可用该命令代替中心线。

7.2.5 创建连续标注和基线标注

（1）创建连续标注

① 命令。

命令行：DIMCONTINUE

菜单栏：“标注”|“连续”

工具栏：“标注”|“连续标注”

② 连续标注又叫尺寸链标注，用于产生一系列连续的尺寸标注，后一个尺寸标注均把前一个标注的第二条尺寸界线作为第一条尺寸界线。适用于长度型尺寸标注、角度型标注和坐标标注等。在使用连续标注方式之前，应该先标注一个相关的尺寸。执行DIMCONTINUE命令，系统信息提示如下。

命令：_ dimcontinue

指定第二条延伸线原点或［放弃（U）/选择（S）］〈选择〉：

标注文字=29

指定第二条延伸线原点或［放弃（U）/选择（S）］〈选择〉：

标注文字＝25

指定第二条延伸线原点或［放弃（U）/选择（S）］〈选择〉：

（2）创建基线标注

① 命令。

菜单栏："标注"|"基线"

工具栏："标注"|"基线"

命令行：DIMBASELINE

② 执行 DIMBASELINE 命令，系统信息提示如下。

命令：_ dimbaseline

选择基准标注：

指定第二条延伸线原点或［放弃（U）/选择（S）］〈选择〉：

标注文字＝58

指定第二条延伸线原点或［放弃（U）/选择（S）］〈选择〉：

标注文字＝83

指定第二条延伸线原点或［放弃（U）/选择（S）］〈选择〉：

注意：AutoCAD 允许用户利用基线标注方式和连续标注方式进行角度标注，如图 7-16 所示。

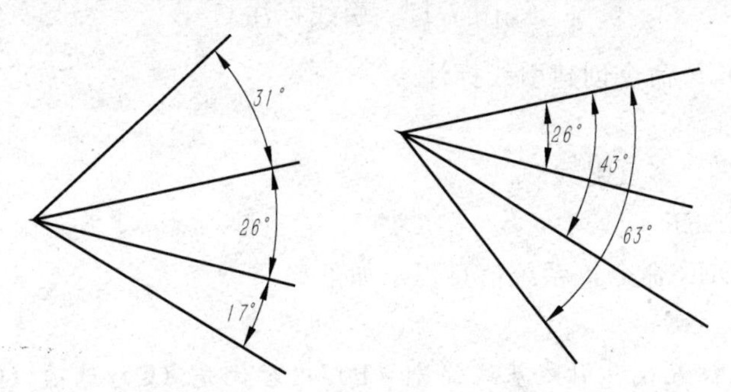

图 7-16　连续和基线角度标注

7.2.6　创建引线标注

引线标注有两个命令，即"LEADER"和"MLEADER"，分别用于不同的引线标注。下面就分别介绍这两个命令。

（1）用 LEADER 命令创建引线标注

① 命令。

命令行：LEADER

② 执行 LEADER 命令，系统信息提示如下。

命令：LEADER

指定引线起点：（指定起点）

指定下一点：（指定引线的第二点）

指定下一点或［注释（A）/格式（F）/放弃（U）］〈注释〉：（起点指引线的第三点，或回车输入注释文字）

输入注释文字的第一行或〈选项〉：（输入标注内容，回车）

输入注释文字的下一行：(继续键入标注的内容，或回车完成标注)

在命令行中相关设置的含义如下。

① 选项：在提示“输入注释文字的第一行或〈选项〉”下回车，出现后续提示：

输入注释选项［公差（T）/副本（C）/块（B）/无（N）/多行文字（M）］〈多行文字〉：

将允许用户进一步选择一些选项，如果选择了“多行文字（M）”选项，则打开多行文字编辑器，可以输入和编辑注释。

② 格式（F）：用于修改标注格式。选择该选项，出现后续提示：

输入引线格式选项［样条曲线（S）/直线（ST）/箭头（A）/无（N）］〈退出〉：

用户可以选择引线的样式，例如设置引线为样条曲线或直线，绘制起点带箭头或不带箭头的引线，如图7-17所示。

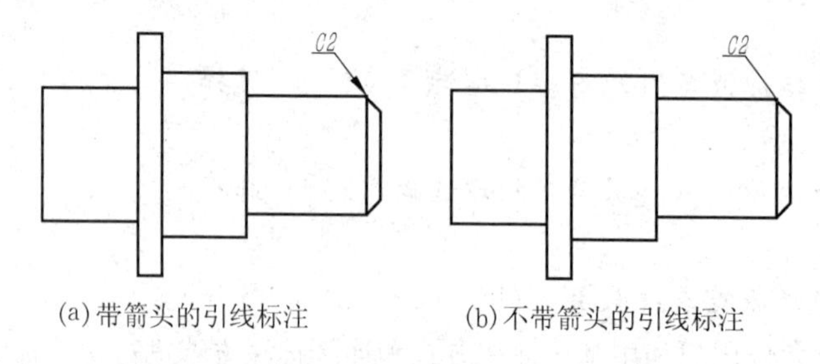

(a)带箭头的引线标注　　(b)不带箭头的引线标注

图7-17　引线标注

(2) 用MLEADER命令创建引线标注

① 命令。

菜单栏：“标注”|“多重引线”

命令行：MLEADER

② 执行MLEADER命令，系统信息提示如下。

命令：_ mleader

指定引线箭头的位置或［引线基线优先（L）/内容优先（C）/选项（O）］〈选项〉：o

输入选项［引线类型（L）/引线基线（A）/内容类型（C）/最大节点数（M）/第一个角度（F）/第二个角度（S）/退出选项（X）］〈退出选项〉：L

选择引线类型［直线（S）/样条曲线（P）/无（N）］〈直线〉：S

输入选项［引线类型（L）/引线基线（A）/内容类型（C）/最大节点数（M）/第一个角度（F）/第二个角度（S）/退出选项（X）］〈引线类型〉：A

使用基线［是（Y）/否（N）］〈是〉：Y

指定固定基线距离〈0.3600〉：0.5

输入选项［引线类型（L）/引线基线（A）/内容类型（C）/最大节点数（M）/第一个角度（F）/第二个角度（S）/退出选项（X）］〈引线基线〉：C

选择内容类型［块（B）/多行文字（M）/无（N）］〈多行文字〉：M

输入选项［引线类型（L）/引线基线（A）/内容类型（C）/最大节点数（M）/第一个角度（F）/第二个角度（S）/退出选项（X）］〈内容类型〉：M

输入引线的最大节点数〈2〉：

输入选项［引线类型（L）/引线基线（A）/内容类型（C）/最大节点数（M）/第一个角度（F）/第二个角度（S）/退出选项（X）］〈最大节点数〉：F

输入第一个角度约束〈0〉：45

输入选项［引线类型（L）/引线基线（A）/内容类型（C）/最大节点数（M）/第一个角度（F）/第二个角度（S）/退出选项（X）］〈第一个角度〉：S

输入第二个角度约束〈0〉：90

输入选项［引线类型（L）/引线基线（A）/内容类型（C）/最大节点数（M）/第一个角度（F）/第二个角度（S）/退出选项（X）］〈第二个角度〉：X

指定引线箭头的位置或［引线基线优先（L）/内容优先（C）/选项（O）］〈选项〉：

“引线设置”较为复杂，可在绘制完成后根据图7-18所示做进一步的修改，以便按照要求作图。

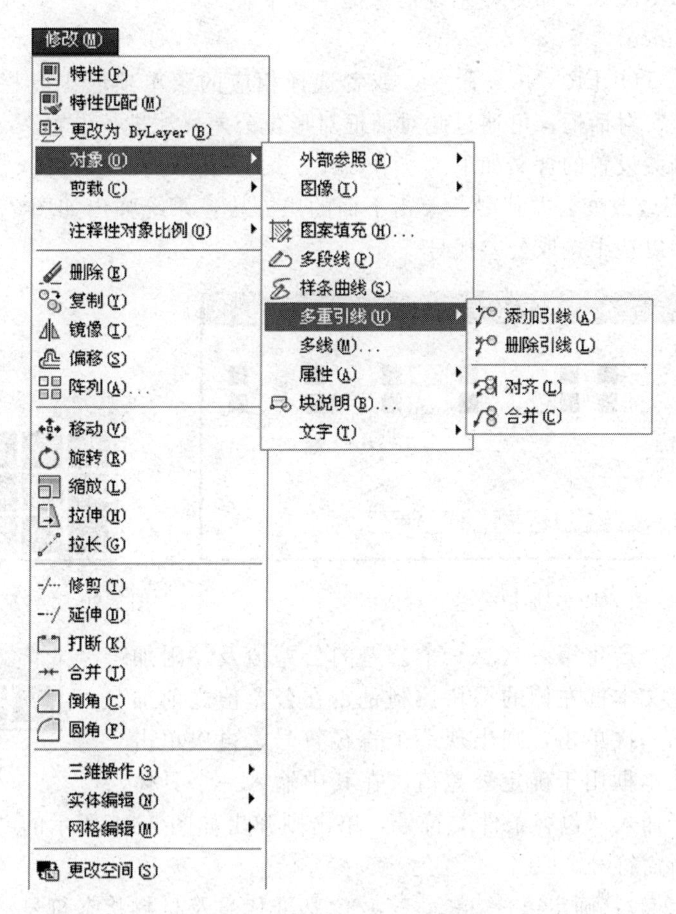

图7-18 “引线设置”对话框

7.2.7 创建坐标标注

① 命令。

菜单栏：“标注”|“坐标”

工具栏：“标注”|“坐标”

命令行：DIMORDINATE

② 执行DIMORDINATE命令，系统信息提示如下。

命令：_ dimordinate

指定点坐标：（选择要标注的点）

指定引线端点或［X 基准（X)/Y 基准（Y)/多行文字（M)/文字（T)/角度（A)］：（指定引线位置）

标注文字＝28.26（显示标注结果）

7.2.8 创建形位公差

① 命令。

菜单栏："标注"|"公差"

工具栏："标注"|"公差"

命令行：TOLERANCE

② 执行 TOLERANCE 命令，系统信息提示如下。

命令：_ tolerance

在命令行输入 TOLERANCE 命令，或者选择相应的菜单项或工具栏图标，弹出 7-19 所示的"形位公差"对话框，可通过此对话框对形位公差标注进行设置。

在命令行中相关设置的含义如下。

① 符号：设定或改变公差代号。单击下面的黑方块，系统弹出如图 7-20 所示的"特征符号"对话框，可以从中选取公差代号。

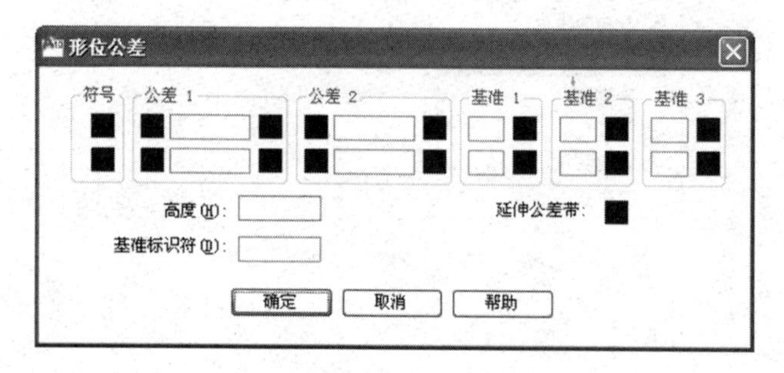

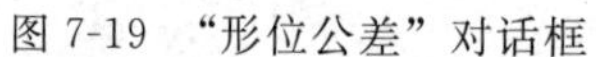
图 7-19 "形位公差"对话框

图 7-20 "特征符号"对话框

② 公差 1（2）：产生第一（二）个公差的公差值及"附加符号"符号。白色文本框左侧的黑块控制是否在公差值之前加一个直径符号，第一次单击，则出现一个直径符号，再次单击则又消失。白色文本框用于确定公差值，在其中输入一个具体值。右侧黑块用于插入"包容条件"符号，单击则弹出如图 7-21 所示的"附加符号"对话框，可从中选取所需符号。

图 7-21 "附加符号"对话框

③ 基准 1（2、3）：确定第一（二、三）个基准代号及材料状态符号。在白色文本框中输入一个基准代号。单击其右侧黑块则弹出"包容条件"对话框，可从中选取适当的"包容条件"符号。

④"高度"文本框：确定标注复合形位公差的高度。

⑤ 延伸公差带：单击此黑块，在符号公差带后面加一个复合公差符号。

⑥"基准标识符"文本框：产生一个标准符号，用一个字母表示。

7.3 尺寸标注的编辑

在进行尺寸标注时，系统的标注样式可能不符合具体要求，在此情况下，可以根据需要，对所标注的尺寸进行编辑。尺寸标注的编辑包括对已标注尺寸的标注位置、文字位置、文字内容、标注样式等内容进行修改。

7.3.1 修改尺寸标注样式

① 命令。

命令行：DDIM

② 执行DDIM命令，系统信息提示如下。

命令：DDIM

该命令与标注样式命令DIMSTYLE非常相似，系统自动执行该命令，弹出“标注样式管理器”对话框，其设置方法和前面叙述相同。

7.3.2 修改尺寸标注

（1）编辑标注

① 命令。

菜单栏：“标注”|“倾斜”

命令行：DIMEDIT

② 执行DIMEDIT命令，系统信息提示如下。

命令：_ dimedit

输入标注编辑类型［默认（H）/新建（N）/旋转（R）/倾斜（O）］〈默认〉：（选择一个选项，或回车取默认设置）

选择对象：（指定标注对象）

选择对象：（继续指定，回车结束命令）

在命令行中相关设置的含义如下。

① 默认（H）：即将标注文字放置在系统默认的位置。

② 新建（N）：用“多行文字编辑器”编辑尺寸文字的内容。

③ 旋转（R）：使标注文字旋转给定的角度。

④ 倾斜（O）：调整尺寸界线的倾斜角度。

（2）编辑标注文字内容

① 命令。

命令行：DDEDIT

② 执行DDEDIT命令，系统信息提示如下。

命令：DDEDIT

选择注释对象或［放弃（U）］：（选择一个尺寸文字对象，将弹出“文字格式”，用户可以对所选尺寸文字进行编辑）

选择注释对象或［放弃（U）］：（继续选择，或回车结束命令）

7.3.3 替代尺寸标注

① 命令。

菜单栏：“标注”|“替代”

命令行：DIMOVERRIDE

② 替代是用临时更改标注系统变量的方法来替代当前标注样式。替代后不影响原标注样式的变量设置。系统变量DIMTOFL控制是否在尺寸界线之间绘制尺寸线（即使标注文

字被放置在尺寸界线之外）。0 表示“否”，如果箭头放置在测量点之外，则不在测量点之间绘制尺寸线。1 表示“是”，即使箭头放置在测量点之外，也在测量点之间绘制尺寸线。执行 DIMOVERRIDE 命令，系统信息提示如下。

命令：_ dimoverride

输入要替代的标注变量名或［清除替代（C）］：DIMTOFL

输入标注变量的新值〈关〉：0

输入要替代的标注变量名：

选择对象：（选取相关标注）

7.3.4 更新尺寸标注

① 命令。

命令行：DIMSTYLE

菜单栏：“标注”|“更新”

② 更新尺寸标注是用当前的标注样式替代选定的原标注样式。执行 DIMSTYLE 命令，系统提示如下。

命令：_ dimstyle

当前标注样式：ISO-25

输入标注样式选项［保存（S）/恢复（R）/状态（ST）/变量（V）/应用（A）/?］〈恢复〉：

在命令行中相关设置的含义如下。

①“保存（S）”：用于保存当前新标注样式。

②“恢复（R）”：用于以新标注样式替代原来的标注样式。

③“状态（ST）”：用于在文本窗口显示当前标注样式的设置数据。

④“变量（V）”：用于选择一个尺寸标注时，自动在文本窗口显示有关数据。

⑤“应用（A）”：根据当前尺寸系统变量的设置更新指定的标注对象。

7.3.5 尺寸关联与分解

（1）尺寸关联

尺寸关联是指标注尺寸与被标注对象之间的一种关联关系。AutoCAD 的尺寸数值是按自动测量的值标注的，且默认情况下，尺寸标注是按关联模式设置的。也就是说，当被标注对象的大小改变后，相应的标注尺寸也将发生改变，相应的尺寸线、尺寸界线的位置都将发生改变，即能够自动更新。

（2）标注分解

尺寸标注的要素是 AutoCAD 系统将其作为块自动定义。如果要对标注中的某个对象进行编辑，必须使用“分解”命令将标注块进行分解，然后才能编辑修改。分解后的尺寸不再具有关联性，可调用“重新关联”命令建立标注尺寸与被标注对象的关联关系。

7.4 实训实例

7.4.1 端盖零件尺寸标注

（1）实训任务

标注如图 7-22 所示的端盖零件尺寸。

（2）实训目的

本例有线性、直径尺寸需要标注，由于具体尺寸的要求不同，需要重新设置和转换尺寸标注样式。通过本例，要求读者掌握标注尺寸的基本方法。

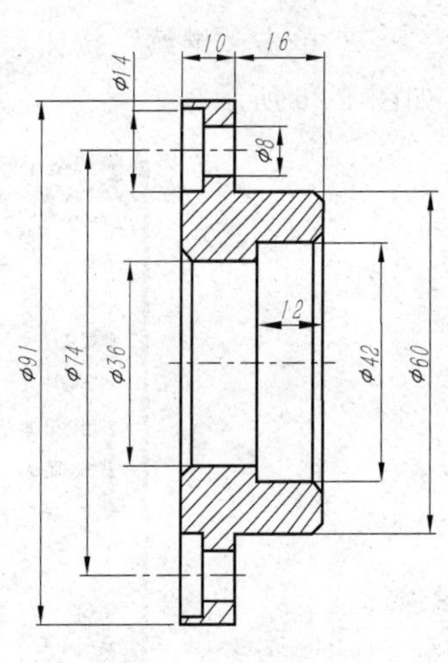

图 7-22　端盖

（3）实训思路

① 打开图形文件。

② 利用“格式”→“文字样式”命令设置文字样式，为后面的尺寸标注输入文字做准备。

③ 利用“格式”→“标注样式”命令设置标注样式，为后面的尺寸标注做准备。

④ 利用“标注”→“线性”命令标注图形的线性尺寸。

⑤ 利用“标注”→“线性”命令标注图形中直径尺寸，需要设置标注样式。

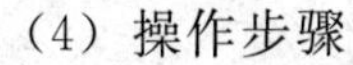

（4）操作步骤

① 打开图形文件如图 7-23 所示。

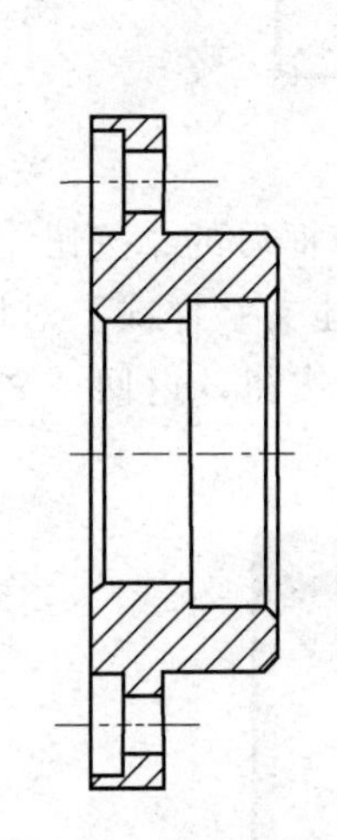
图 7-23　图形文件

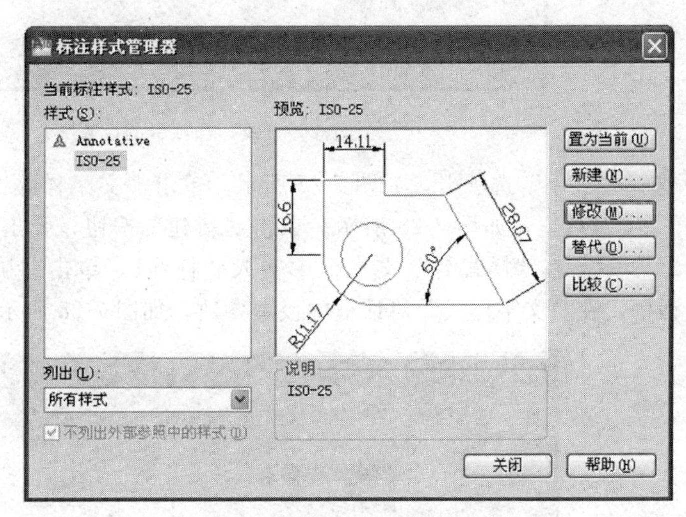

图 7-24 “标注样式管理器”对话框

② 选择菜单“格式”|“标注样式”命令，弹出“标注样式管理器”对话框，如图 7-24 所示。单击“新建”按钮，弹出“创建新标注样式”对话框。在“新样式名”文本框中输入新的标注样式名称“副本 习题”，如图 7-25 所示。

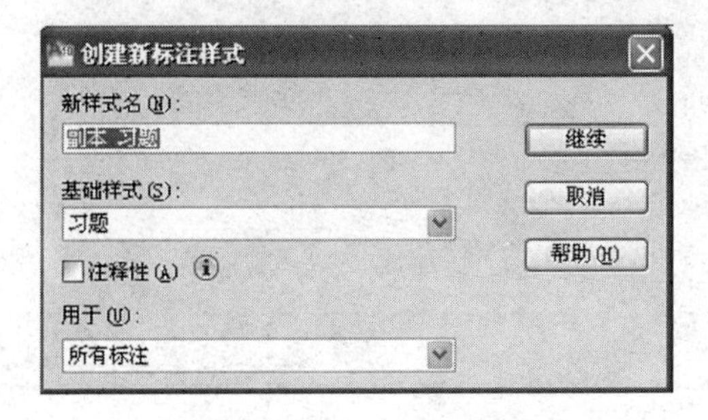

图 7-25　创建新标注样式名

③ 单击“继续”按钮，弹出“新建标注样式”对话框，设置“线”选项卡，设置参数如图 7-26 所示。

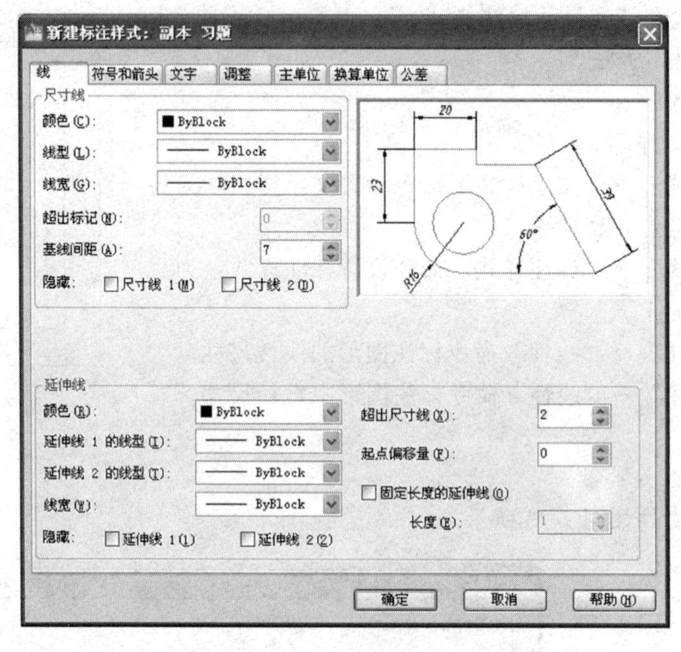

图 7-26 “线”选项卡的设置

④ 选择“文字”选项卡，如图 7-27 所示。单击“文字样式”列表框后的□按钮，弹出“文字样式”对话框，如图 7-28 所示。单击“新建”按钮，弹出“新建文字样式”对话框，如图 7-29 所示。在“样式名”文本框中输入“标注”，单击“确定”按钮，返回“文字样式”对话框。在“文字样式”对话框中设置参数，如图 7-28 所示。

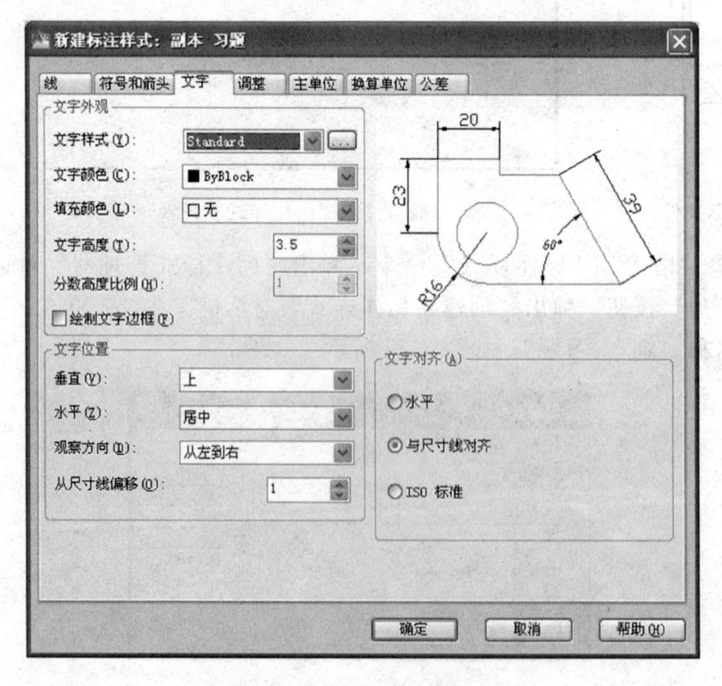

图 7-27 “文字”选项卡设置

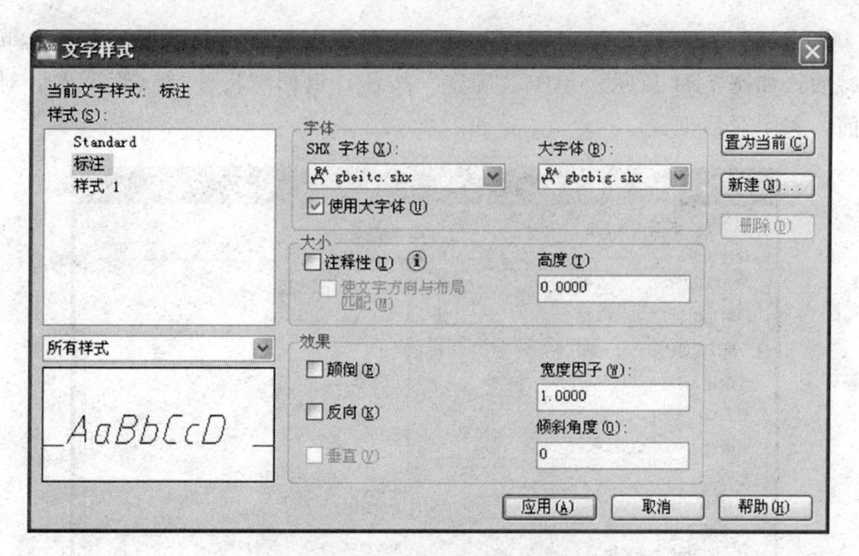

图 7-28　“文字样式”对话框

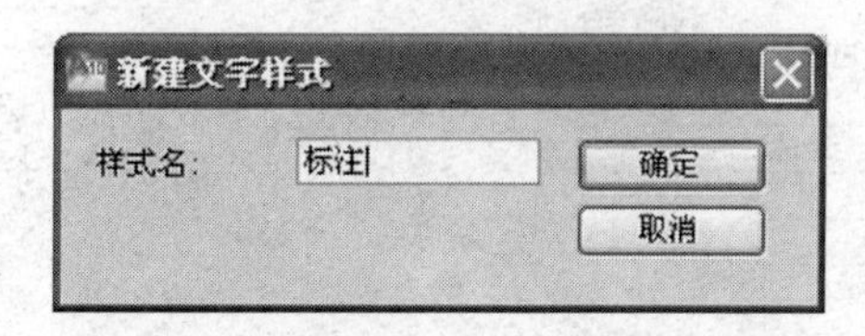

图 7-29　“新建文字样式”对话框

⑤ 在“文字”选项卡中设置参数，如图 7-30 所示。

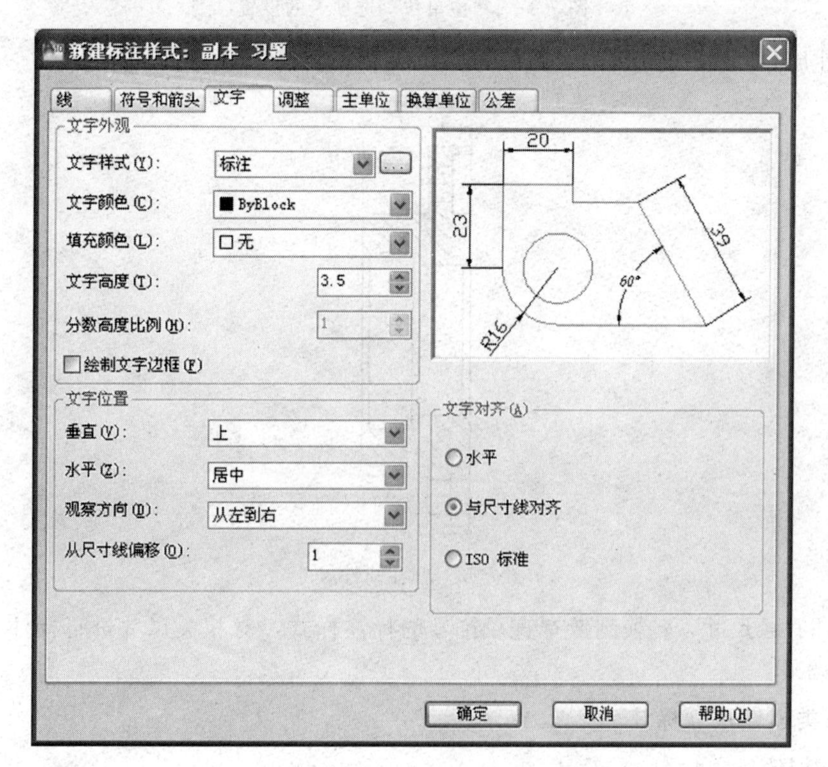

图 7-30　“文字”选项卡设置

⑥ 重新设置一种标注样式，相关的设置与前面讲述完全相同，只是在“主单位”选项卡中设置参数，如图 7-31 所示。单击“确定”按钮，返回“标注样式管理器”对话框。将其置为当前，关闭对话框。

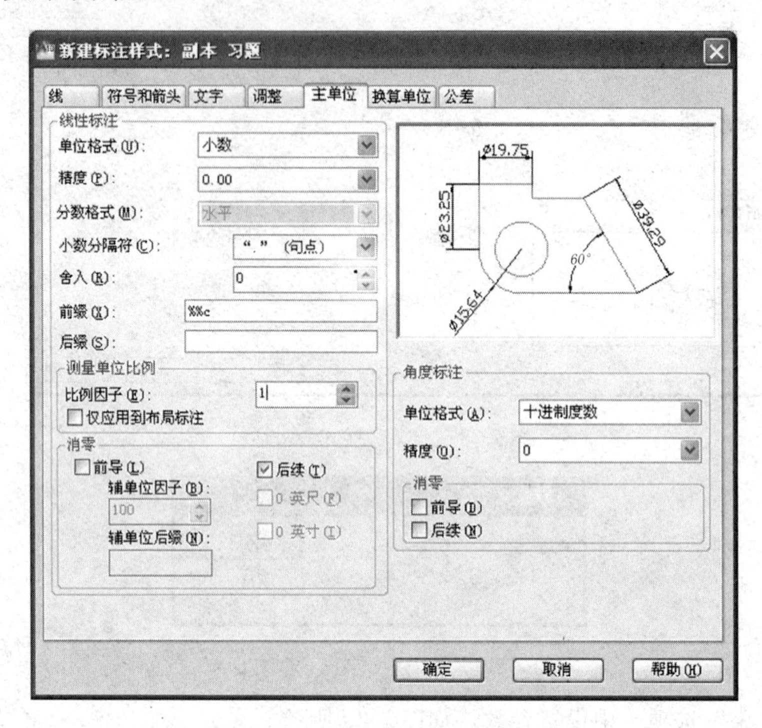

图 7-31 “主单位”选项卡的设置

⑦ 线性尺寸标注。标注图中的 10、16、12 等线性尺寸，如图 7-32 所示。

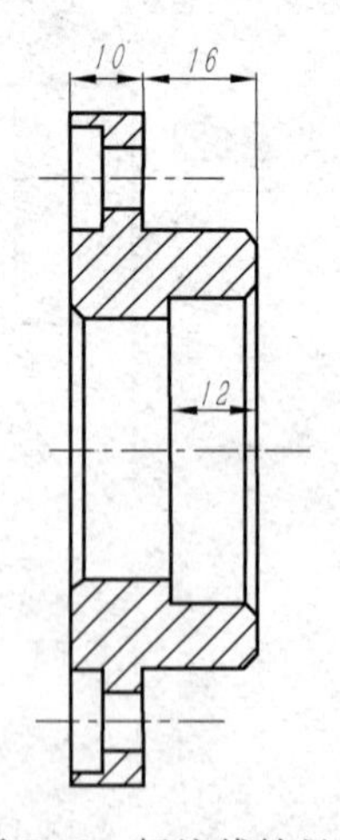

图 7-32 标注线性尺寸

⑧ 标注直径尺寸，转换到带有直径符号的标注样式，对相关尺寸进行标注。最后达到图 7-22 的效果。

7.4.2 轴类零件尺寸标注

(1) 实训任务

标注如图 7-33 所示的轴类零件尺寸。

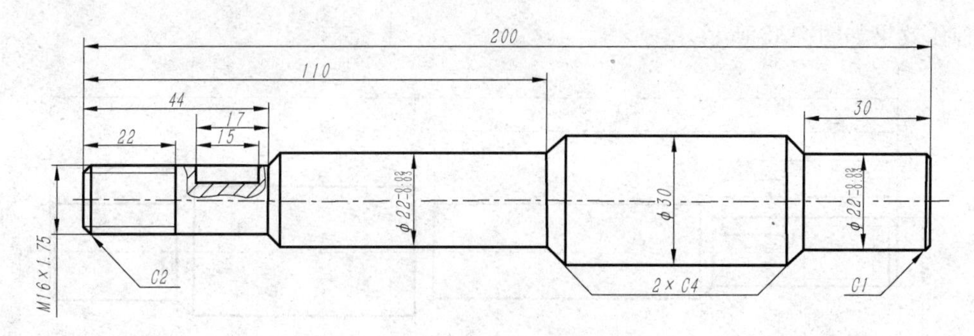

图 7-33 轴类零件标注效果图

（2）实训目的

设置标注样式是标注尺寸的首要工作。一般可以根据图形的复杂程度和尺寸类型的多少，决定设置几种尺寸标注样式。

（3）绘图思路

① 选择菜单栏中的“格式”→“标注样式”命令，打开“标注样式管理器”对话框。

② 单击“新建”按钮，打开“创建新标注样式”对话框，在“新样式名”文本框中输入新样式名。

③ 单击“继续”按钮，打开“新建标注样式”对话框。

④ 在对话框的各个选项卡中进行直线和箭头、文字、调整、主单位、换算单位和公差的设置。

（4）操作步骤

① 打开图形文件。重复 7.1.2 节中“尺寸标注样式的设置”。

② 标注线性尺寸。利用线性标注命令标注尺寸 15、17、22、30、44、110、200。标注效果如图 7-34 所示。

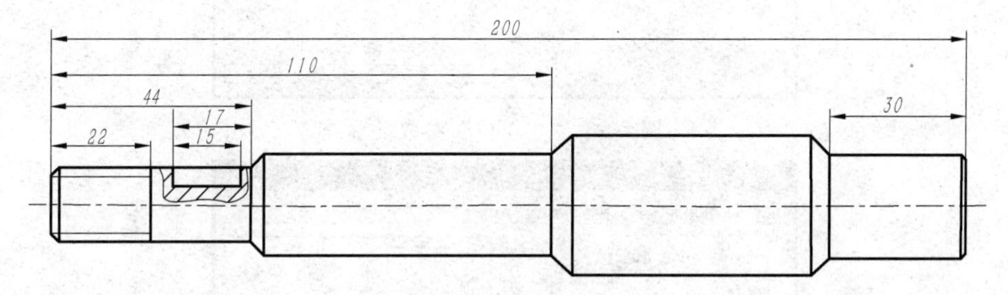

图 7-34 线性尺寸标注效果

③ 标注 M16 的螺纹。

命令：_ dimlinear

指定第一条延伸线原点或〈选择对象〉：

指定第二条延伸线原点：

指定尺寸线位置或［多行文字（M）/文字（T）/角度（A）/水平（H）/垂直（V）/旋转（R）］：t

输入标注文字〈16〉：M16＊1.75

指定尺寸线位置或［多行文字（M）/文字（T）/角度（A）/水平（H）/垂直（V）/旋转（R）］：在适当位置单击鼠标指定尺寸线位置

标注效果如图 7-35 所示。

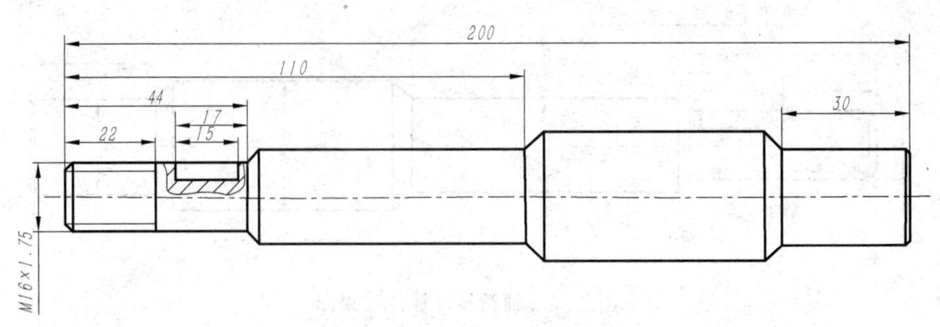

图 7-35　螺纹尺寸标注效果图

④ 选择菜单“标注”|“标注样式”命令，打开“标注样式”对话框，单击“替代”按钮，打开“替代当前样式”对话框，在“主单位”和“公差”选项卡中，分别按图 7-36 和图 7-37 所示作参数设置。单击“确定”按钮，关闭对话框。

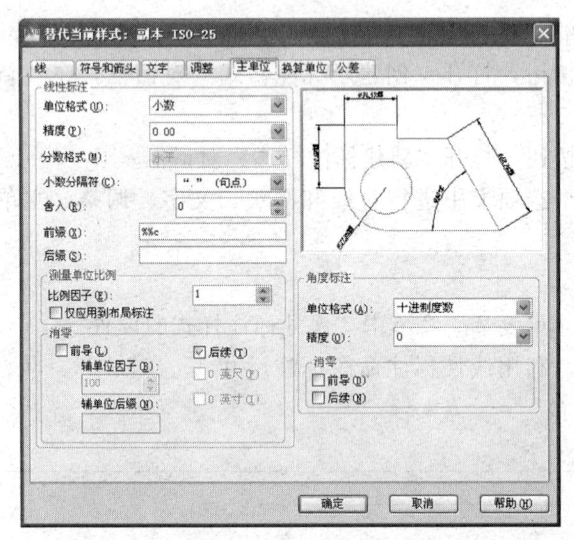

图 7-36　“主单位”参数设置

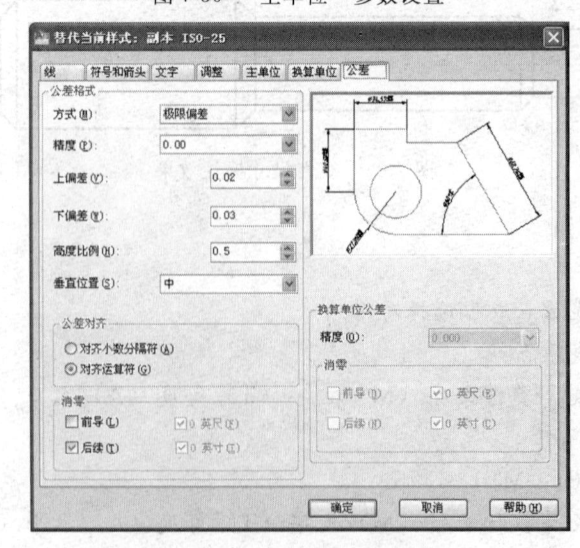

图 7-37　“公差”参数设置

标注效果如图 7-38 所示。

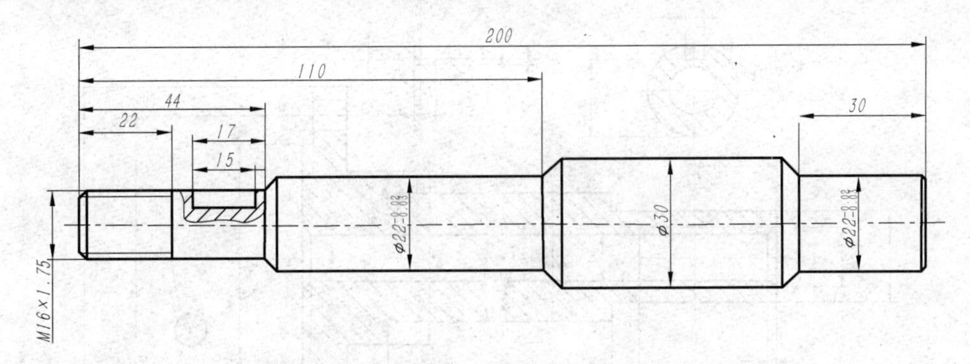

图 7-38　直径尺寸公差标注效果

⑤ 标注快速引线，在引线后面输入相关的文字，图 7-33 所有效果都将显示出来。

思考与练习

1. 在“标注样式管理器”中可以进行哪些设置？
2. 在“标注样式管理器”对某个参数进行设置与在“特性”窗口中对其进行设置有没有区别？
3. 在“标注样式管理器”中的“文字”选项卡中能否进行字体（比如仿宋字体）的设置？
4. 尺寸编辑有哪些方式？各有什么特点？
5. 在“标注样式管理器”中，不可以设置（　　）。

A. 箭头　　B. 文字　　C. 形位公差　　D. 主单位

6. 在“标注样式管理器”中，不可以设置（　　）。

A. 文字字体　　B. 文字颜色　　C. 文字位置　　D. 文字高度

7. 下面哪种标注需要事先已经有尺寸标注（　　）。

A. 对齐标注　　B. 连续标注　　C. 角度标注　　D. 引线标注

8. 对图 7-39、图 7-40 所示的轴和轴类零件图形进行标注。

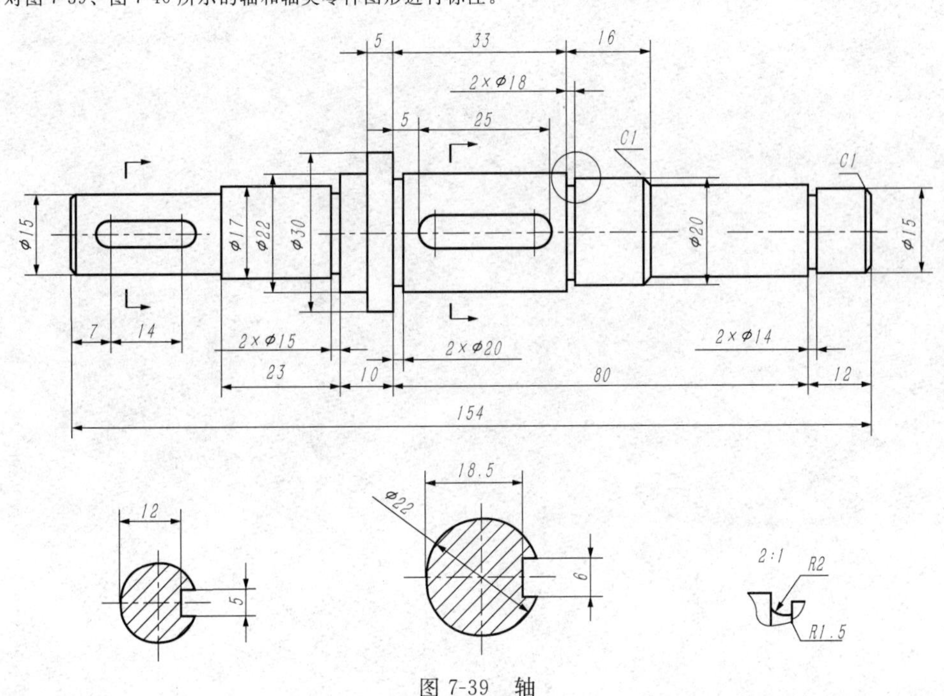

图 7-39　轴

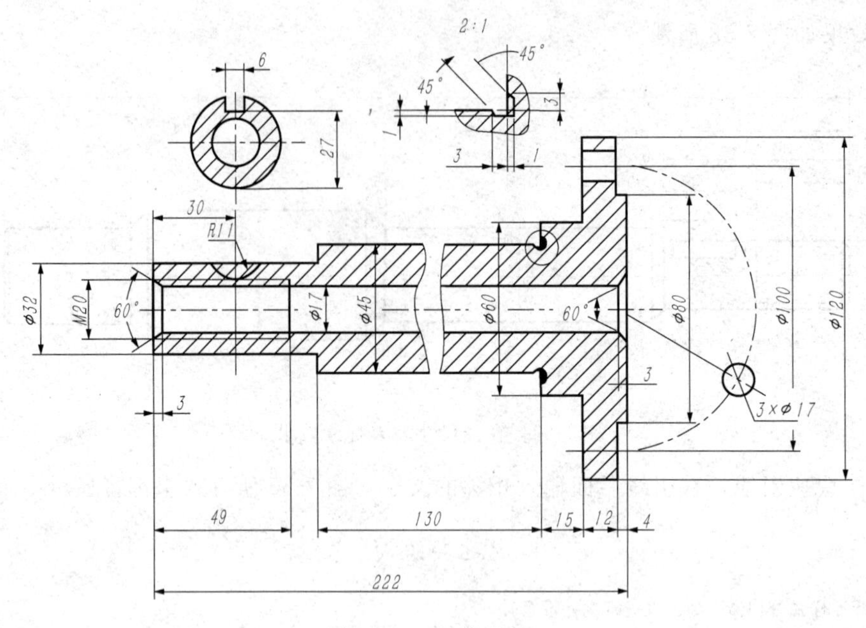
2:1
45°
45°
3
1
3
1
6
27
30
R11
Ø32
M20
60°
Ø17
Ø45
Ø60
60°
Ø80
Ø100
Ø120
3
3×Ø17
3
49
130
15
12
4
222

图 7-40 轴类零件

第 8 章　三维机械图形绘制

二维图形绘制方便、表达准确，是机械等工程图样的主要表达形式。但二维图形缺乏立体感，直观性差。因此在工程设计和产品造型过程中，三维图形的应用越来越广泛。实体模型能够完整描述对象的3D模型，比三维线框、三维曲面更能表达实物。这些功能命令的工具栏操作主要集中在“实体”工具栏和“实体编辑”工具栏。

8.1　三维坐标系统

AutoCAD 2010 使用的是笛卡儿坐标系。AutoCAD 2010 使用的直角坐标系提供了两种坐标系统。一种是固定的不变的世界坐标系（WCS）；另一种是用户定义的可以改变的用户坐标系（UCS）。在默认情况下，用户坐标系（UCS）与世界坐标系（WCS）重合。

在三维空间中绘图时，需要经常改变 UCS 的原点位置和坐标方向，以满足绘图要求。为了指示 UCS 的位置和方向，AutoCAD 在 UCS 原点或当前视口的左下角显示 UCS 图标。

8.1.1　三维用户坐标系的建立

① 命令。

菜单栏：“工具”|“新建 UCS”|级联子菜单选项

命令行：UCS

② 三维用户坐标系用于重新确定坐标系原点和 X 轴、Y 轴、Z 轴方向。执行 UCS 命令，系统提示如下。

命令：_ ucs

指定 UCS 的原点或［面（F）/命名（NA）/对象（OB）/上一个（P）/视图（V）/世界（W）/X/Y/Z/Z 轴（ZA）］〈世界〉：

其中命令行中各选项含义如下。

①“指定 UCS 的原点”：使用一点、两点或三点定义一个新的 UCS。如果指定单个点，当前 UCS 的原点将会移动，而不会更改 X、Y 和 Z 轴的方向。显示效果如图 8-1（a）、（b）、（c）、（d）所示。

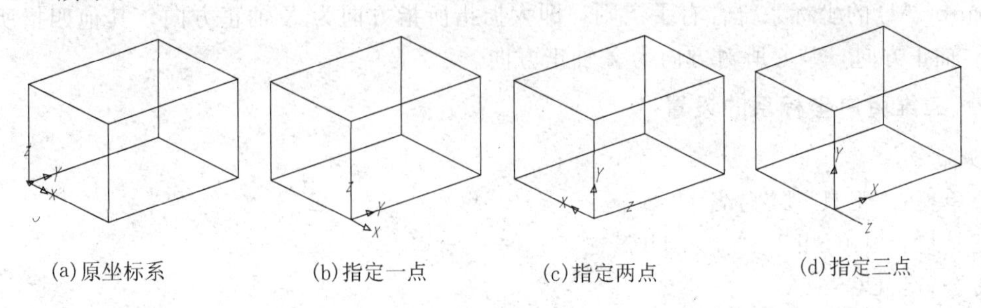

(a)原坐标系　(b)指定一点　(c)指定两点　(d)指定三点

图 8-1　指定原点

② Z 轴（ZA）：用指定的 Z 轴正半轴定义 UCS。

③ X/Y/Z：绕指定轴旋转当前 UCS。

④“世界（W）”：从当前的用户坐标系恢复到世界坐标系。

⑤“面（F）”：将 UCS 与实体对象的选定面对齐。新 UCS 的 X 轴将与找到的实体面上的最近的边对齐。

⑥“对象（OB）”：将 UCS 的 XY 平面与绘制该对象所在的平面对齐。新 UCS 的原点将位于离选定对象最近的顶点处，并且 X 轴与一条边对齐或相切。该选项不能用于三维多段线、三维网格和构造线。

8.1.2 三维用户坐标系图标

① 命令。

菜单栏：“视图”|“显示”|“UCS 图标”| 级联子菜单选项

命令行：UCSICON

② 三维用户坐标系图标可以关闭或显示 UCS 图标，可以将“UCS 图标”设置在原点位置。从“特性”子菜单中，可打开“UCS 图标”对话框以设置图标特性，如图 8-2 所示。

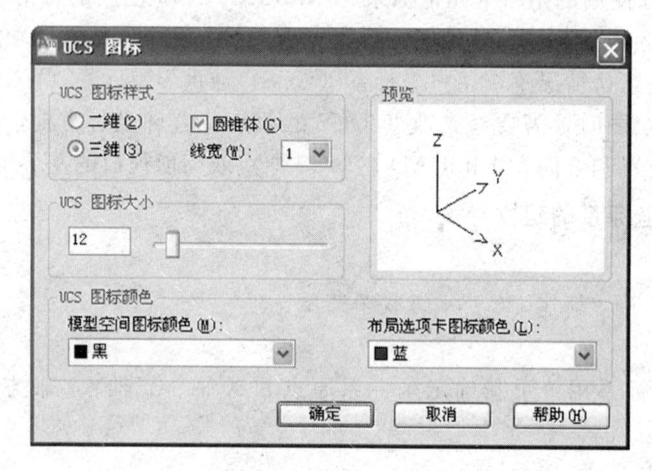

图 8-2 “UCS 图标”对话框

用户可以选择 3 种图标样式之一来表示 UCS。在任意时刻，只有一个当前 UCS，坐标输入和屏幕显示均是相对于当前 UCS 定位的，新对象只能绘制在当前 UCS 的 XY 平面上。

由于立体图具有多个平面，用户为了完成在不同平面上绘图，并将图素完整地绘制在正确的平面上，有时需要制定新的用户坐标原点、X 轴、Y 轴和 Z 轴，即确定新的用户坐标系。AutoCAD 的坐标系符合右手定则，即大拇指所指方向为 X 轴正方向，其他四指所指方向为 Y 轴正方向，掌心所对方向为 Z 轴正方向。

8.1.3 三维用户坐标系的设置

① 命令。

菜单栏：“工具”|“命名 UCS”

工具栏：“UCSⅡ”|“命名 UCS”

命令行：UCSMAN

② 执行 UCSMAN 命令，系统打开如图 8-3 所示的“UCS”对话框。

图 8-3　“UCS”对话框

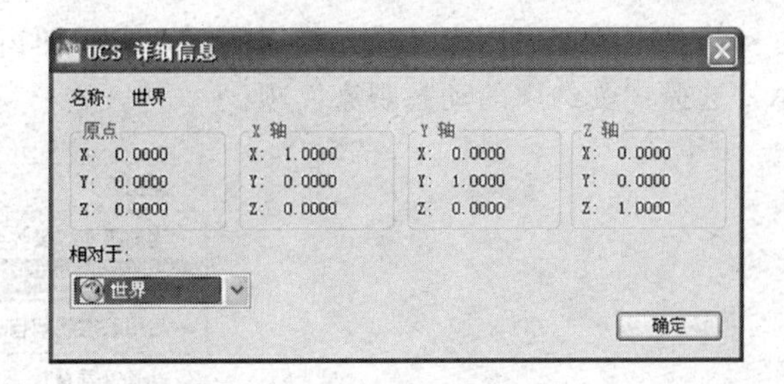

图 8-4　“UCS 详细信息”对话框

在此窗口中各选项含义如下。

①“命名 UCS”选项卡：该选项卡用于显示已有的 UCS、设置当前坐标系。

在“命名 UCS”选项卡中，用户可以将世界坐标系、上一次使用的 UCS 或某一命名的 UCS 设置为当前坐标。其具体方法是：从列表框中选择某一坐标系，单击“置为当前”按钮。还可以利用选项卡中的“详细信息”按钮，了解指定坐标系相对于某一坐标系的详细信息。其具体步骤是：单击“详细信息”按钮，系统打开如图 8-4 所示的“UCS 详细信息”对话框，该对话框详细说明了用户所选坐标系的原点及 X、Y 和 Z 轴的方向。

②“正交 UCS”选项卡：用于将 UCS 设置成某一正交模式，如图 8-5 所示。

③“设置”选项卡：用于设置 UCS 图标的显示形式、应用范围等，如图 8-6 所示。

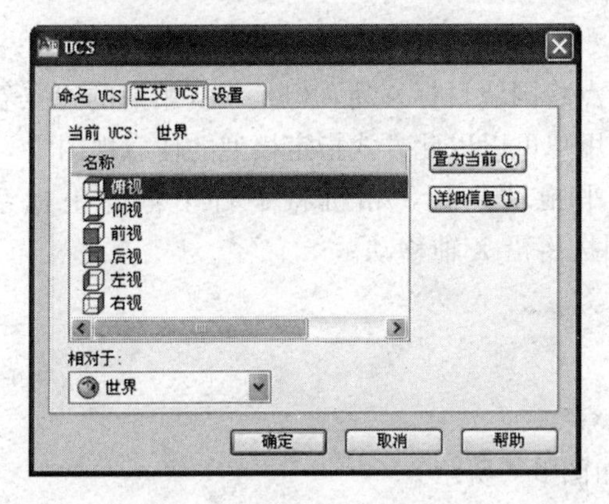

图 8-5　“正交 UCS”选项卡

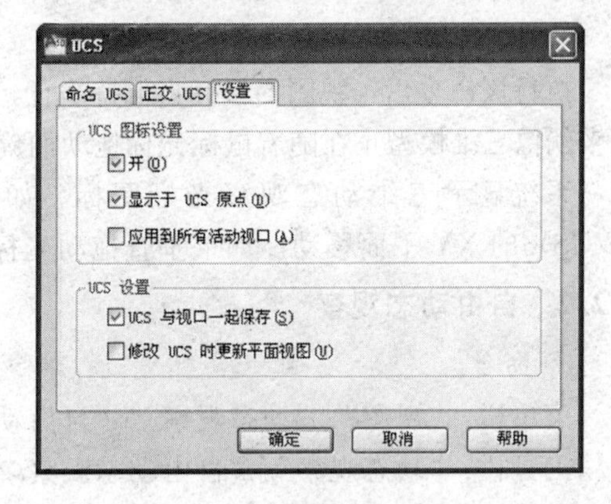

图 8-6　“设置”选项卡

8.2　三维动态观察

AutoCAD 2010 提供了具有交互控制功能的三维动态观察器，采用三维动态观察器，用户可以实时地控制和改变当前视口中创建的三维视图，以得到用户期望的效果。

8.2.1　受约束的动态观察

① 命令。

菜单栏：“视图”|“动态观察”|“受约束的动态观察”

工具栏：“动态观察”|“受约束的动态观察”或“三维导航”|“受约束的动态观察”

（如图 8-7 所示）

命令行：3DORBIT

快捷菜单：启用交互式三维视图后，在视图窗口中单击右键弹出快捷菜单。如图 8-8 所示，选择“受约束的动态观察”项。

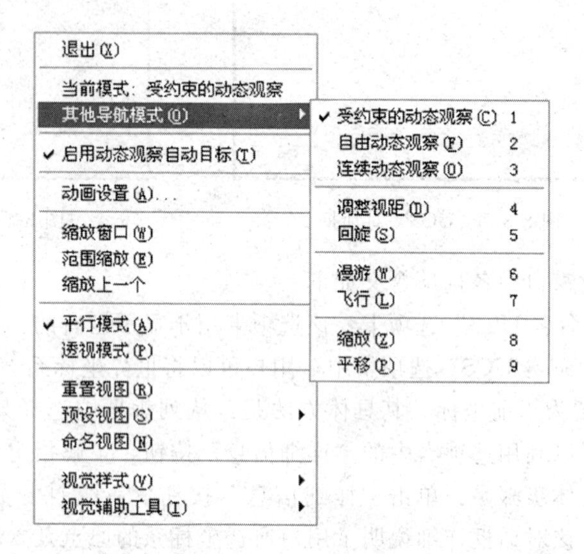

图 8-7 “动态观察”工具栏

图 8-8 快捷菜单

② 执行 3DORBIT 命令，系统提示如下信息。

命令：'_ 3dorbit

执行该命令后，视图的目标将保持静止，而视点将围绕目标移动，但是，从用户的视点看起来就像三维模型正在随着鼠标光标拖动而旋转。用户可以以此方式指定模型的任意视图。

系统显示三维动态观察光标图标。如果水平拖动光标，相机将平行于世界坐标系（WCS）的 XY 平面移动。如果垂直拖动光标，相机将沿 Z 轴移动。

8.2.2 自由动态观察

① 命令。

菜单栏：“视图”|“动态观察”|“自由动态观察”

工具栏：“动态观察”|“自由动态观察”（如图 8-7 所示）

命令行：3DFORBIT

快捷菜单：启用交互式三维视图后，在视图窗口中单击右键弹出快捷菜单。如图 8-8 所示，选择“自由动态观察”项。

② 执行 3DFORBIT 命令，系统提示如下信息。

命令：'_ 3dforbit

执行该命令后，在当前视口出现一个绿色的大圆，在大圆上有 4 个绿色的小圆。此时通过拖动鼠标就可以对视图进行旋转观测。在三维动态观察器中，查看目标的点被固定，用户可以利用鼠标控制相机位置绕观察对象得到动态的观测效果。当鼠标在绿色大圆的不同位置进行拖动时，鼠标的表现形式是不同的，视图的旋转方向也不同。视图的旋转由光标的表现形式和其位置决定。鼠标在不同位置有 4 种表现形式，拖动这些图标，可分别对对象进行不同形式旋转。

8.2.3　连续动态观察

① 命令。

菜单栏："视图"|"动态观察"|"连续动态观察"

工具栏："动态观察"|"连续动态观察"（如图 8-7 所示）

命令行：3DCORBIT

快捷菜单：启用交互式三维视图后，在视图窗口中单击右键弹出快捷菜单。如图 8-8 所示，选择"连续动态观察"项。

② 执行 3DCORBIT 命令，系统提示如下信息。

命令：'_ 3dcorbit

执行该命令后，界面出现动态观察图标，按住鼠标左键拖动，图形按鼠标拖动方向旋转，旋转速度为鼠标的拖动速度。

8.3　三维视图显示

8.3.1　设置视图的视点

（1）标准视图

在绘制三维图形时，一个视图一般不能完全反映物体的真实形状。AutoCAD 提供了 10 种标准视图供用户选择：俯视、仰视、左视、右视、主视、后视、西南等轴测、东南等轴测、东北等轴测和西北等轴测。

选择菜单"视图"→"三维视图"→"级联子菜单"命令，可从指定的视点观察图形。在"视图"工具栏中有对应的命令按钮，如图 8-9 所示。

图 8-9　"视图"工具栏

（2）使用罗盘设置视点

选择菜单"视图"→"三维视图"→"视点"命令（VPIONT），可利用光标拖动旋转的三轴架以设置用户指定的视点。该视点是相对于 WCS 坐标系的，如图 8-10 所示。光标在罗盘上移动，可调整视点在 XY 平面上的角度以及与 XY 平面的夹角。

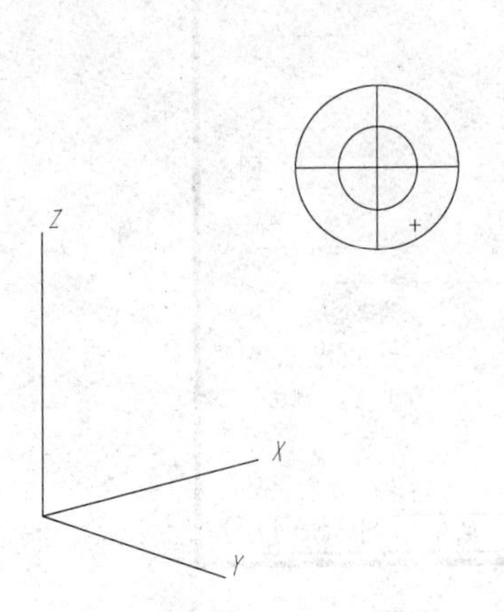

图 8-10　使用罗盘设置视点

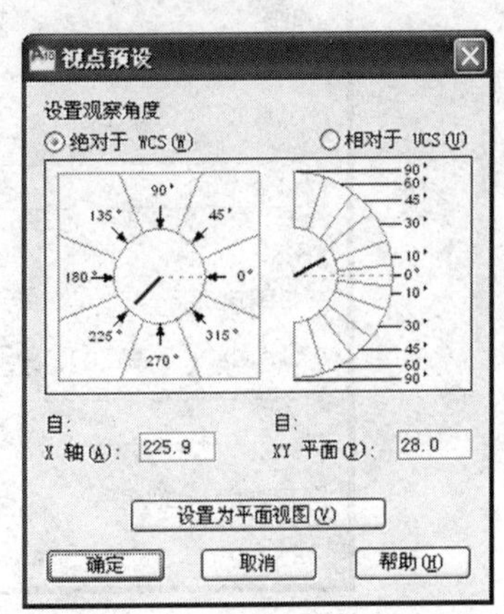

图 8-11　"视点预设"对话框

（3）视点预设

选择菜单“视图”→“三维视图”→“视点预设”命令（DDVPOINT），可利用“视点预设”对话框设置视点，如图 8-11 所示。对话框中，左图表示视线在 XY 平面上的投影与 X 轴正向的夹角；右图表示视线与投影线之间的夹角。单击“设置为平面视图”按钮可将视图设置为平面视图。默认情况下，观察角度是相对于 WCS 坐标系俯视的。

8.3.2 视图中相机的使用

（1）创建相机

相机是 AutoCAD 引入的一个新对象，利用相机，用户可以自行定义 3D 透视图。选择命令 CAMERA，可以在视图中创建相机，当指定相机位置和目标位置后，系统提示如下。

输入选项［?/名称（N）/位置（LO）/高度（H）/目标（T）/镜头（LE）/剪裁（C）/视图（V）/退出（X）］〈退出〉：

选择选项可指定相机名称、相机位置、相机高度、目标位置、镜头长度、剪裁方式以及是否切换到相机视图。

① 镜头长度定义相机镜头的比例特性。镜头长度（即焦距）越大，视野越窄。

② 剪裁方式是指可以通过定位前向剪裁和后向剪裁平面来创建图形的剖面视图。

（2）相机特性编辑

相机创建后，单击相机，将打开“相机预览”窗口，有多种方法可以改变相机设置，对相机特性进行编辑。

① 利用夹点可以调整相机焦距或视野的大小，对相机重新定位。

② 使用动态输入，在“动态输入”界面的工具栏提示下，输入 X、Y、Z 坐标值，可调整相机位置、目标位置及焦距大小。

③ 可以使用特性选项板，在“相机特性”选项板中修改相机特性。

④ 选择菜单“视图”→“相机”→“调整视距”命令，垂直拖动光标向上或向下，可以使相机靠近或远离对象，从而使对象显示变大或变小。

⑤ 选择菜单“视图”→“相机”→“回旋”命令，可在拖动方向上模拟相机平移，使目标位置更改。回旋方向为沿 XY 平面或 Z 轴移动。

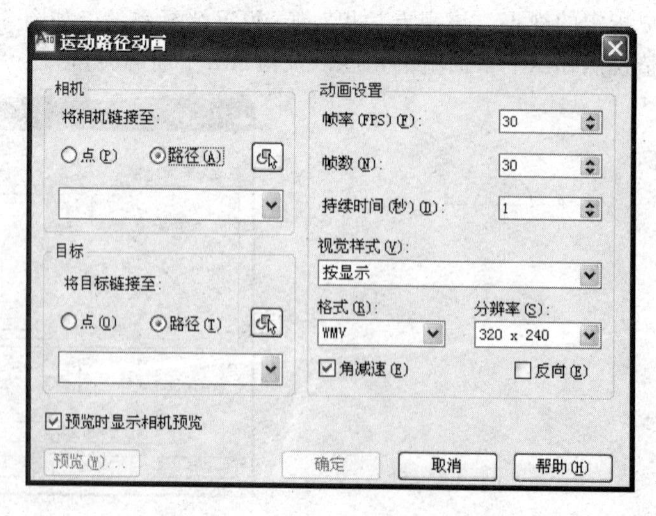

图 8-12 “运动路径动画”对话框

(3) 运动路径动画

选择菜单“视图”→“运动路径动画”命令（ANIPATH），可以创建相机沿路径运动，观察图形的动画。执行 ANIPATH 命令，将打开“运动路径动画”对话框，如图 8-12 所示。对话框有 3 个区域。

①“相机”区域：设置相机在图形中的位置或运动路径。

②“目标”区域：设置目标的位置或运动路径。

③“动画设置”区域：设置动画的帧率、帧数、持续时间、分辨率和动画输出格式等。

8.3.3　视图中漫游与飞行

① 命令。

命令行：3DWALK/3DFLY 或 WALKFLYSETTINGS

菜单栏：“视图”|“漫游和飞行”|级联子菜单命令

② 在 AutoCAD 中，用户可以模拟在三维图形中漫游和飞行。

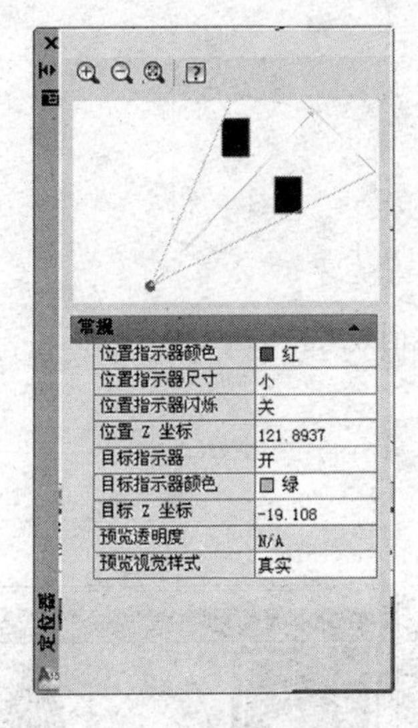

图 8-13　“定位器”选项板

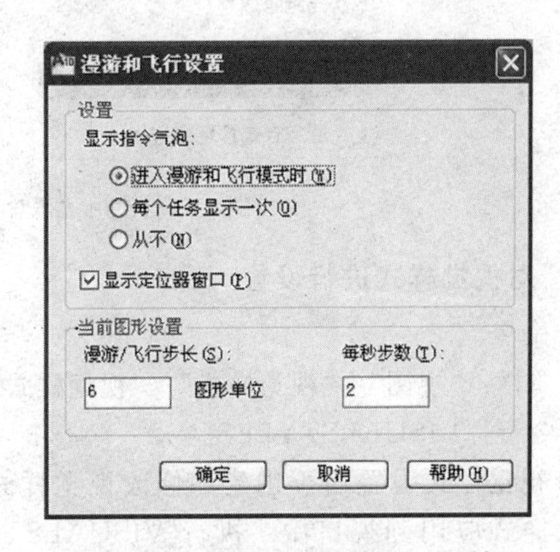

图 8-14　“漫游和飞行设置”对话框

a. 执行 3DWALK /3DFLY 命令，将打开“三维漫游导航映射”对话框和“定位器”选项板，如图 8-13 所示。“三维漫游导航映射”对话框显示了用于导航的快捷键及其对应的功能。在“定位器”选项板的“预览”窗口中，可对位置指示器和目标指示器的位置进行编辑和修改，在“基本”选项组中，可对其特性进行设置。在漫游模型时，用户是沿 XY 平面移动的。在飞行模型时，用户将不受 XY 平面的约束，所以，看起来像“飞”过模型中的区域一样。

b. 执行 WALKFLYSETTINGS 命令，将打开“漫游和飞行设置”对话框。在该对话框中，可设置指令窗口显示的时机，窗口显示的时间，漫游飞行的步长和每秒步数，如图 8-14 所示。

8.4　三维视图的视觉样式

8.4.1　三维视图的消隐

① 命令。

菜单栏：“视图”|“消隐”

命令行：HIDE

② 三维视图的消隐用于隐藏三维表面或实体中被遮盖的线条。执行 HIDE 命令后，系统将自动对当前视口中的所有对象进行消隐，图形越复杂，消隐所需的时间越长。消隐后，用户暂时不能执行实时“缩放”和“平移”命令，需重新生成图形。

8.4.2 使用视觉样式

① 命令。

菜单栏：“视图”|“视觉样式”|级联子菜单选项

命令行：SHADEMODE

② 视觉样式用于控制视口中对象的边和着色的显示。AutoCAD 提供了 5 种视觉样式。用户选定了一种视觉样式后，就可在视口中观察其效果。如图 8-15 所示，为使用“概念”视觉样式的效果。

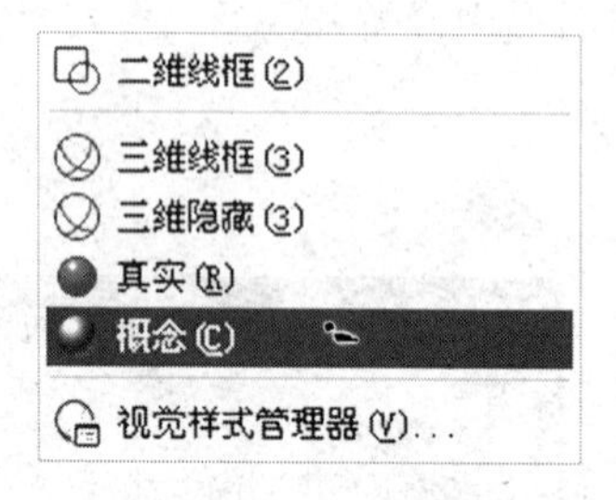

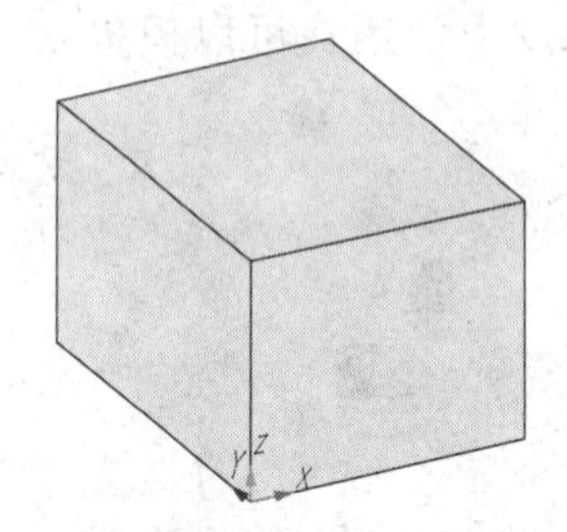

图 8-15 使用“概念”视觉样式的效果

8.4.3 对视觉样式进行设置

① 命令。

菜单栏：“视图”|“视觉样式”|“视觉样式管理器”

命令行：VISUALSTYLES

② 视觉样式设置用于创建和修改视觉样式，并将视觉样式应用到视口中。执行 VISUALSTYLES 命令，将打开“视觉样式管理器”选项板。在此选项板中，可对视觉样式进行管理，如图 8-16 所示。

在“图形中的可用视觉样式”列表框中，显示了系统默认的 5 种视觉样式。选定某一样式后，单击“将选定的视觉样式应用于当前视口”按钮，即可将该样式应用到当前视口中。在参数设置区域中，用户可设置选定样式的面、材料和颜色、环境、边等相关信息。用户还可创建新的视觉样式，并设置相关参数。

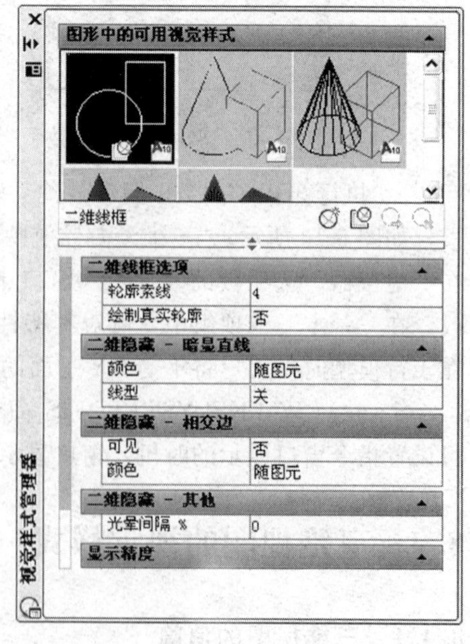

图 8-16 “视觉样式管理器”选项板

8.5 绘制三维线框模型

三维线框模型描述三维对象的框架，是三维模型中最简单的一种模型。线框模型中，没有面、体的特征，它是由描述对象边界的点、直线和曲线组成的。线框模型显示速度快，但不能进行消隐等操作。

8.5.1　三维多段线的绘制

① 命令。

菜单栏：“绘图”|“三维多段线”

命令行：3DPLOY

② 三维多段线用于在三维空间中创建多段线。三维多段线的绘制方法与二维多段线的类似，但在其使用过程中不能设置线宽，也不能绘制弧线。三维多段线绘制好后，可以使用 PEDIT 命令对三维多段线进行编辑。

8.5.2　三维螺旋线的绘制

① 命令。

菜单栏：“绘图”|“螺旋”

命令行：HELIX

② 绘制三维螺旋线用于在三维空间中创建三维螺旋线。执行 HELIX 命令，系统提示如下。

命令：_ helix

指定螺旋高度或［轴端点（A)/圈数（T)/圈高（H)/扭曲（W)］〈1.0000〉：

指定螺旋线底面中心点、底面半径和顶面半径，输入以下选项。

a. 指定螺旋高度：指定螺旋底面到顶面的距离。

b. 轴端点（A)：指定螺旋轴的端点位置，用以确定螺旋高度。

c. 圈数（T)/圈高（H)：指定螺旋线的圈数和各圈之间的距离，螺旋线的默认圈数为 3。

d. 扭曲（W)：指定螺旋线的扭曲方向，CW 是“顺时针”，CCW 是“逆时针”。

③ 实例——绘制螺旋线。

绘制一个底面半径为 200，顶面半径为 200，高度为 400，圈数为 10 的螺旋线。绘制好的螺旋线如图 8-17 所示。

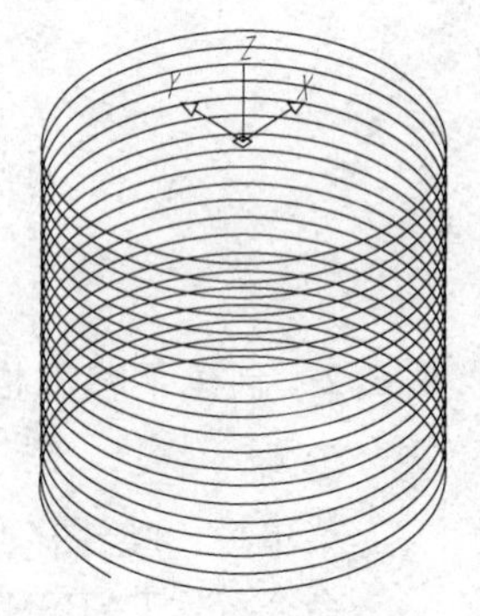

图 8-17　绘制螺旋线

a. 选择菜单“视图”→“三维视图”→“西南等轴测”命令，设置等轴测视图。

b. 在命令行提示下依次输入相关数字。

命令：HELIX

圈数 = 3.0000　扭曲 = CCW

指定底面的中心点：0，0

指定底面半径或［直径（D)］〈1.0000〉：200

指定顶面半径或［直径（D)］〈200.0000〉：200

指定螺旋高度或［轴端点（A)/圈数（T)/圈高（H)/扭曲（W)］〈1.0000〉：t

输入圈数〈3.0000〉：10

指定螺旋高度或［轴端点（A)/圈数（T)/圈高（H)/扭曲（W)］〈1.0000〉：w

输入螺旋的扭曲方向［顺时针（CW)/逆时针（CCW)］〈CCW〉：cw

指定螺旋高度或［轴端点（A)/圈数（T)/圈高（H)/扭曲（W)］〈1.0000〉：400

8.6 创建三维网格曲面

8.6.1 创建三维面

① 命令。

菜单栏："绘图"|"建模"|"网格"|"三维面"

命令行：3DFACE

② 三维面的绘制：是通过确定三维面上各顶点的方式创建三维面。执行 3DFACE 命令，系统提示如下信息。

命令：_ 3dface

指定第一点或［不可见（I）］：（指定某一点或输入 I）

a. 指定第一点：输入某一点的坐标或用鼠标确定某一点，以定义三维面的起点。在输入第一点后，可按顺时针或逆时针方向输入其余的点，以创建普通三维面。如果在输入四点后按回车键，则以指定的四点生成一个空间三维平面。如果在提示下继续输入第二个平面上的第三点和第四点坐标，则生成第二个平面。该平面以第一个平面的第三点和第四点作为第一点和第二点。即创建两个三维平面。继续输入点可创建用户要创建的平面，按回车键结束。

b. 不可见（I）：控制三维面各边的可见性，以便建立有孔对象的正确模型。如果在输入某一边之前输入 I，则可以使该边不可见。如图 8-18 所示为建立一长方体时某一边使用 I 命令和不使用 I 命令的视图比较。

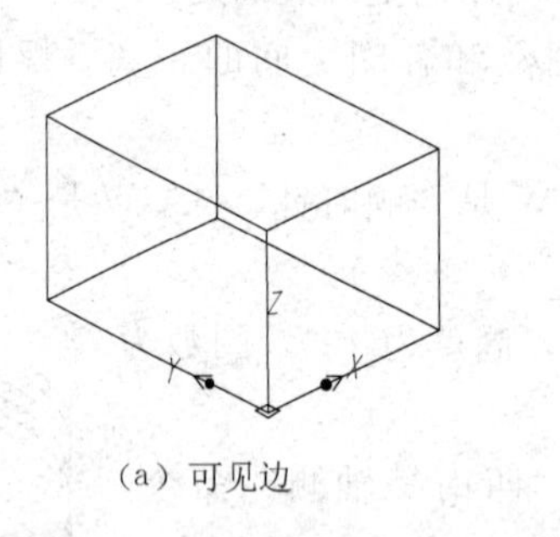

（a）可见边

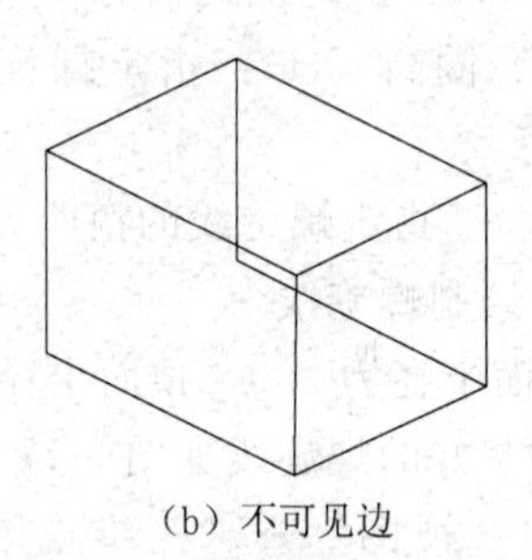

（b）不可见边

图 8-18 "不可见"命令选项视图比较

8.6.2 创建平移网格

① 命令。

菜单栏："绘图"|"建模"|"网格"|"平移网格"

命令行：TABSURF

② 平移网格用于将路径曲线沿指定的矢量方向拉伸，构成平移网格。执行 TABSURF 命令，系统提示如下信息。

命令：_ tabsurf

当前线框密度：SURFTAB1 = 6

选择用作轮廓曲线的对象：（选择如图 8-19（a）绘制的五边形）

选择用作方向矢量的对象：（选择如图 8-19（a）绘制的直线）

最后绘制的图形如图 8-19（b）所示。

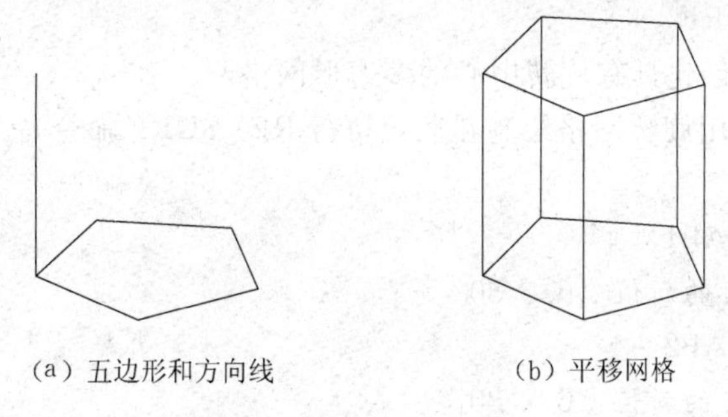

（a）五边形和方向线　　（b）平移网格

图 8-19　平移网格的绘制

a. 轮廓曲线：轮廓曲线可以是直线、圆弧、圆、椭圆、二维或三维多段线。AutoCAD 从轮廓曲线上离选定点最近的点开始绘制曲面。

b. 方向矢量：方向矢量指出形状的拉伸方向和长度。在多段线或直线上选定的端点决定了拉伸方向。

8.6.3　创建直纹网格

① 命令。

菜单栏："绘图" | "建模" | "网格" | "直纹网格"

命令行：RULESURF

② 直纹网格用于在两条曲线之间创建表示直纹曲面的多边形网格。执行 RULESURF 命令，系统提示如下信息。

命令：_ rulesurf

当前线框密度：SURFTAB1 = 6

输入 SURFTAB1 的新值〈6〉：30

选择第一条定义曲线：（选择如图 8-20（a）绘制的大椭圆）

选择第二条定义曲线：（选择如图 8-20（a）绘制的小椭圆）

最后绘制的图形如图 8-20（b）所示。

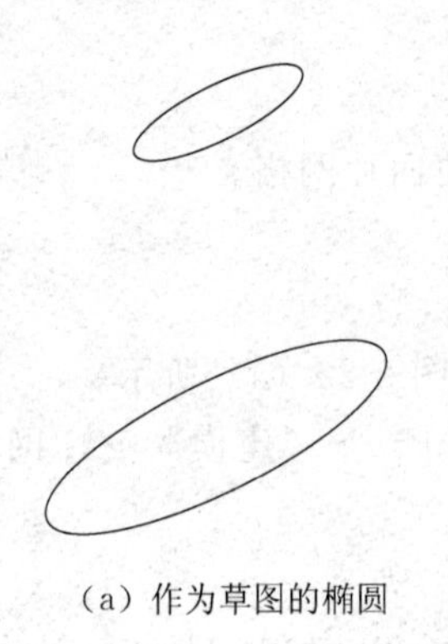

（a）作为草图的椭圆　　（b）生成的直纹网格曲面

图 8-20　绘制直纹网格曲面

8.6.4　创建旋转网格

① 命令。

菜单栏："绘图" | "建模" | "网格" | "旋转网格"

命令行：REVSURF

② 旋转网格用于创建具有旋转中心的多边形网格。

如图 8-21 所示，用旋转网格绘制花瓶，执行 REVSURF 命令，系统提示如下信息。

命令：_ revsurf

命令行：SURFTAB1

输入 SURFTAB1 的新值〈6〉：30

命令行：SURFTAB2

输入 SURFTAB2 的新值〈6〉：30

当前线框密度：SURFTAB1 = 30　SURFTAB2 = 30

选择要旋转的对象：(选取右边的曲线)

选择定义旋转轴的对象：(选取直线)

指定起点角度〈0〉：(一般不改变，直接回车即可)

指定包含角（+ = 逆时针，－ = 顺时针）〈360〉：(输入需要旋转的角度或直接回车)

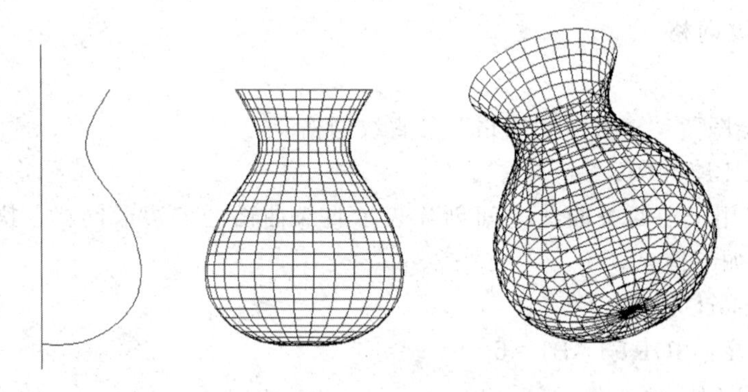

图 8-21　用旋转网格绘制花瓶

8.6.5　创建边界网格

① 命令。

菜单栏："绘图" | "建模" | "网格" | "边界网格"

命令行：EDGESURF

② 边界网格用于创建由 4 条邻接边定义的孔斯曲面片网格。

实例——绘制边界网格

将视图设置为俯视图，绘制样条曲线 1 和 2。

将视图设置为前视图，绘制样条曲线 3 和 4，如图 8-22（a）所示。

将视图设置为西南等轴测视图，选择菜单"绘图"→"建模"→"网格"→"边界网格"命令，系统提示如下。

命令：_ edgesurf

当前线框密度：SURFTAB1 = 30　SURFTAB2 = 30（控制 M 向和 N 向网格密度）

选择用作曲面边界的对象 1：(单击边界 1)

选择用作曲面边界的对象 2：(单击边界 2)

选择用作曲面边界的对象 3：(单击边界 3)

选择用作曲面边界的对象 4：(单击边界 4)

生成的边界网格如图 8-22（b）所示。

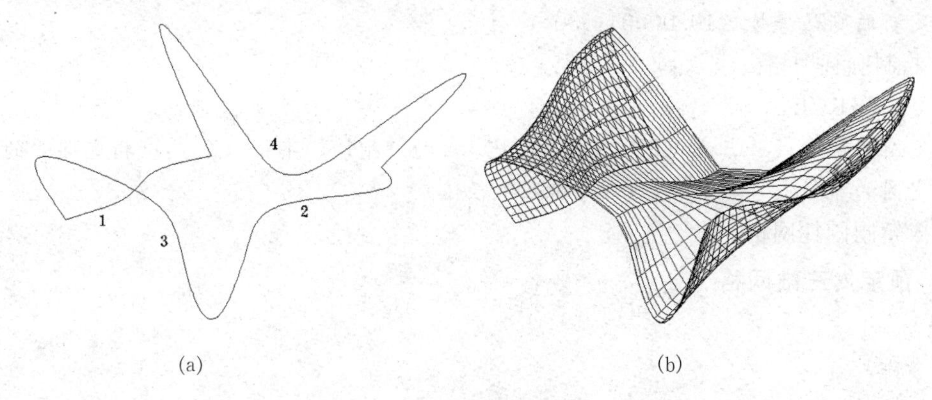

图 8-22　创建边界网格

8.7　三维网格模型

三维网格模型比线框模型复杂，它不仅定义了三维对象的边，而且以网格的形式定义了它的表面。用户可以先生成线框模型，将其作为骨架，然后附加网格表面。网格模型可以进行消隐、着色和渲染等操作。

8.7.1　三维网格基面的高度与厚度

用户在绘制图形时，如果没有指定 Z 坐标，AutoCAD 会自动指定 Z 坐标值为 0。在三维绘图中，用户需输入 Z 坐标，或者重新设置当前的高度。

① 命令。

命令行：ELEV

② 基面的高度与厚度用于设置新对象与 XY 平面的距离及拉伸厚度。

实例 1——绘制矩形网格

网格：标高为 0，厚度为 20。

实例 2——绘制圆柱网格

网格：标高为 15，厚度为 30。绘制好的图形如图 8-23 所示。

① 绘制矩形网格。

命令：RECTANG

指定第一个角点或［倒角（C）/标高（E）/圆角（F）/厚度（T）/宽度（W）］：e

指定矩形的标高〈0.0000〉：0

指定第一个角点或［倒角（C）/标高（E）/圆角（F）/厚度（T）/宽度（W）］：t

指定矩形的厚度〈0.0000〉：20

用光标指定矩形的第一个角点，第二个角点，完成绘制矩形网格。

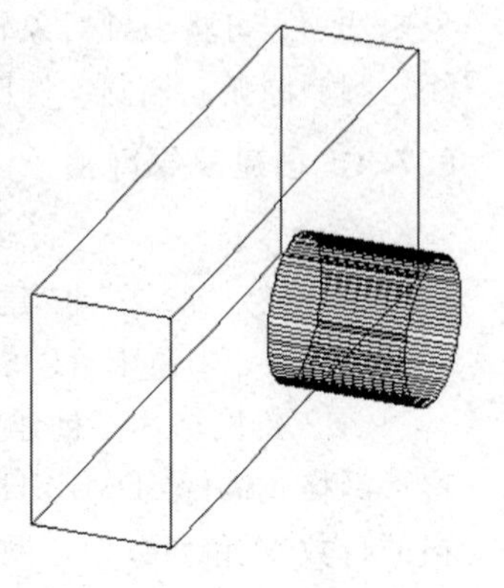

图 8-23　基本三维网格模型

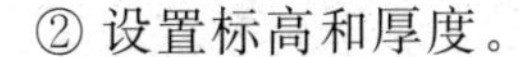

② 设置标高和厚度。

命令：ELEV

指定新的默认标高〈0.0000〉：15

指定新的默认厚度〈10.0000〉：30

③ 绘制圆柱网格。

命令：CIRCLE

指定圆的圆心或［三点（3P）/两点（2P）/相切、相切、半径（T）］：（指定圆心的位置）

指定圆的半径或［直径（D）］：（输入半径值）

完成绘制圆柱网格。

8.7.2 预定义三维网格

① 命令。

命令行：3D

② 3D用于创建预定义的三维网格。执行3D命令，系统提示信息如下。

命令：3D

输入选项［长方体表面（B）/圆锥面（C）/下半球面（DI）/上半球面（DO）/网格（M）/棱锥面（P）/球面（S）/圆环面（T）/楔体表面（W）］：

输入选项，可以创建长方体表面、圆锥面（圆柱面）、球面、圆环面、楔体表面和棱锥面等外表面多边形网格。

8.7.3 创建平面曲面

① 命令。

菜单栏："绘图"|"建模"|"平面曲面"

命令行：PLANESURF

② 平面曲面用于创建矩形平面曲面或将二维对象转换为平面对象。执行PLANESURF命令，系统提示信息如下。

命令：_planesurf

指定第一个角点或［对象（O）］〈对象〉：

指定其他角点：

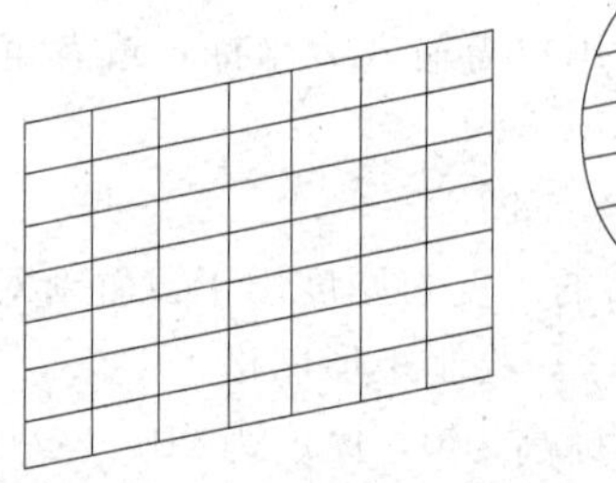
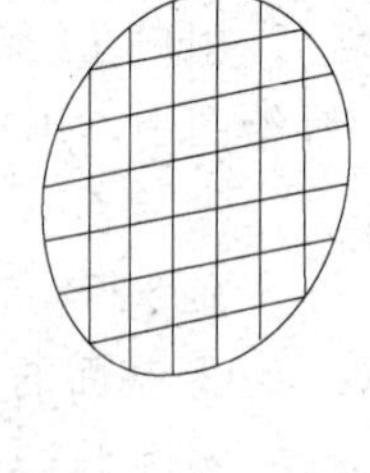

图8-24 平面曲面

直接指定对角点可绘制平面曲面。选择"对象"选项，可将二维对象转换为平面曲面，如图8-24所示。可用于转换的对象有闭合的直线、圆、圆弧、椭圆、椭圆弧、二维多段线、平面三维多段线和平面样条曲线。

8.7.4 创建三维网格

① 命令。

菜单栏："绘图"|"建模"|"三维网格"

命令行：3DMESH

② 三维网格用于创建由M×N个顶点定义的三维空间多边形网格。执行3DMESH命令后，在系统提示下输入三维网格的行数M和列数N，网格上的顶点数等于M×N，顶点分布为空间矩阵。使用菜单"修改"→"对象"→"多段线"命令，可编辑绘制的网格。

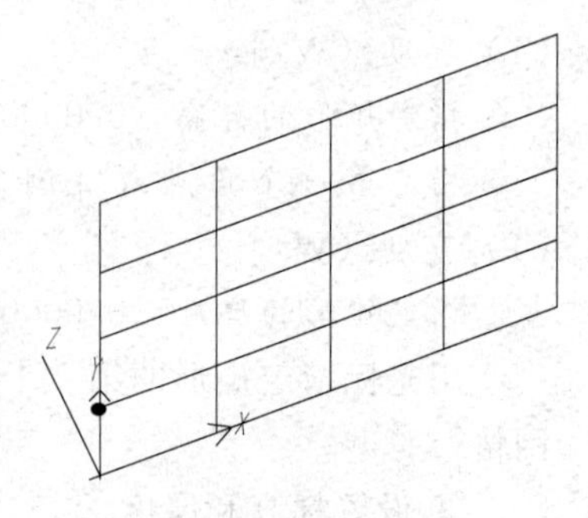

图8-25 创建三维网格

选择菜单"绘图"→"建模"→"三维网格"命令，输入 M 行数为 5，N 列数为 5，依次输入顶点坐标（0，0，0）、（0，1，0）、（0，2，0）、（0，3，0）、（0，4，0）、（1，0，0）、（1，1，0）、（1，2，0）、（1，3，0）、（1，4，0）、（2，0，0）、（2，0，1）、（2，0，2）、（2，0，3）、（2，0，4）、（3，0，0）、（3，0，1）、（3，0，2）、（3，0，3）、（3，0，4）、（4，0，0）、（4，0，1）、（4，0，2）、（4，0，3）、（4，0，4），即可生成三维网格，如图 8-25 所示。

8.8　实训实例

8.8.1　绘制长方体三维表面

（1）实训任务

绘制如图 8-26 所示的一个长、宽、高分别为 100、50、80 的长方体三维表面。

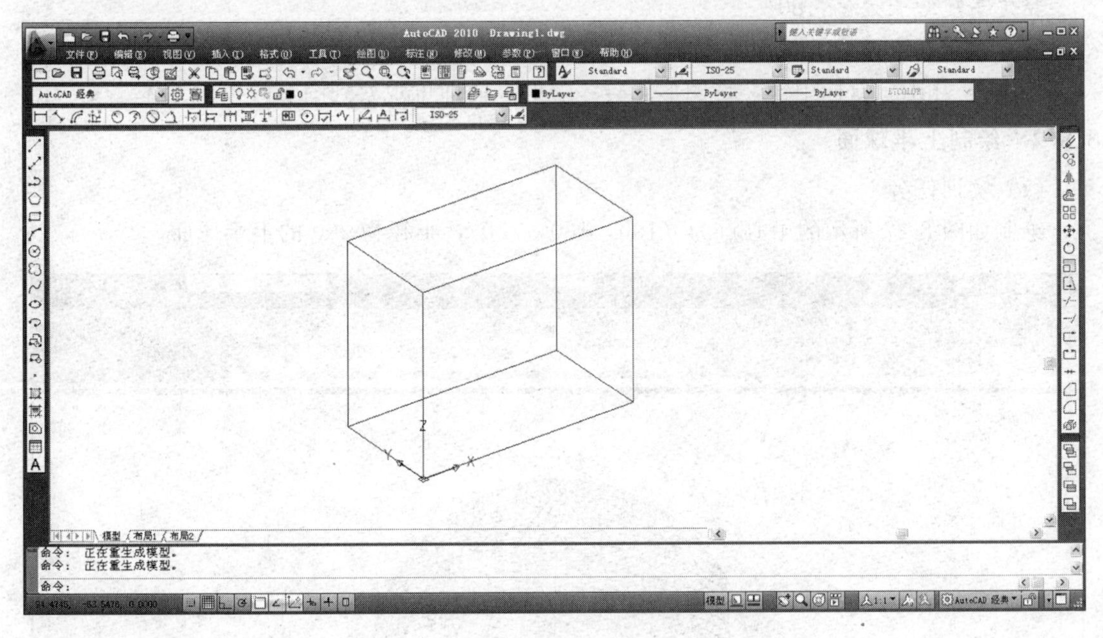

图 8-26　绘制长方体

（2）实训目的

3D 命令作为三维绘图的基础命令，主要通过命令行的输入参数来控制图形的生成。通过本例的练习，读者将进一步了解 3D 作图的快捷性与简便性。

（3）绘图思路

① 在命令行输入 3D 命令，系统将提示相关操作信息。

② 选取长方体表面命令，在命令行输入 B，回车即可。

③ 单击窗口任一位置作为长方体的角点。

④ 分别在命令行输入长、宽、高的数值，回车即可完成创建。

（4）操作步骤

① 选择菜单“格式”|“图形界限”命令，设置绘图范围。

命令：_ limits

重新设置模型空间界限：

指定左下角点或［开（ON)/关（OFF)］〈0.0000，0.0000〉：0，0

指定右上角点〈420.0000，297.0000〉：150，150

② 选择菜单“视图”|“缩放”|“全部”命令，显示全部图形。

③ 利用 3D 命令绘制图形。

命令：3d

输入选项

［长方体表面（B)/圆锥面（C)/下半球面（DI)/上半球面（DO)/网格（M)/棱锥体（P)/球面（S)/圆环面（T)/楔体表面（W)］：b

指定角点给长方体：0，0

指定长度给长方体：100

指定长方体表面的宽度或［立方体（C)］：50

指定高度给长方体：80

指定长方体表面绕 Z 轴旋转的角度或［参照（R)］：0

④ 按下 shift＋鼠标中键，将图形旋转一定的方向即可观察到图示效果长方体。

8.8.2 绘制上半球面

（1）实训任务

绘制如图 8-27 所示的中心点为（100，100，100），半径为 200 的上半球面。

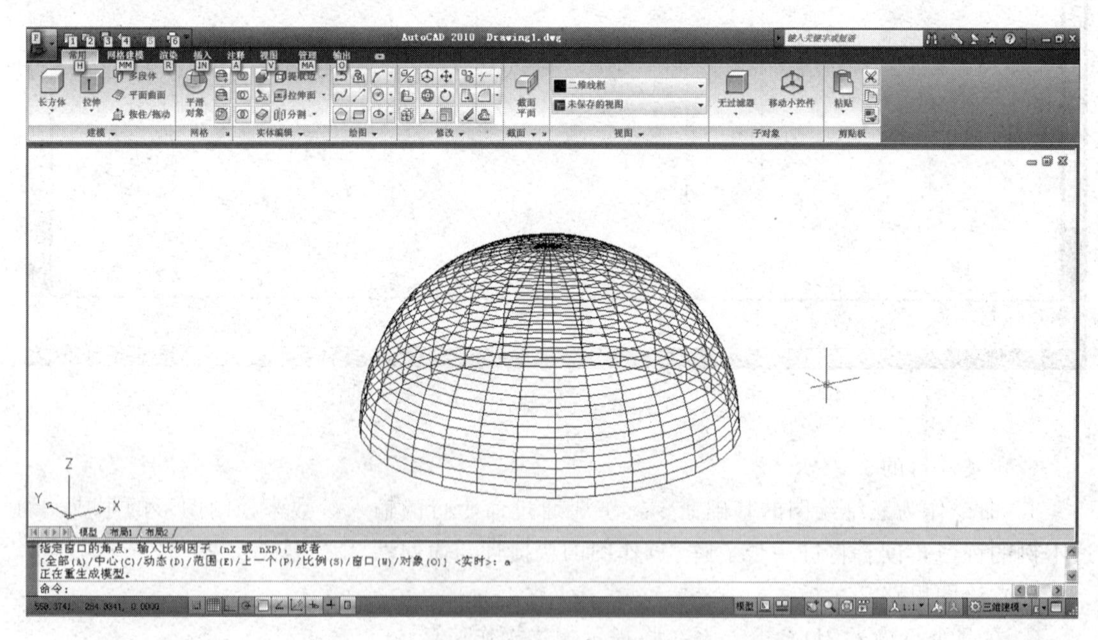

图 8-27 绘制上半球面

（2）实训目的

3D 命令作为三维绘图的基础命令，主要通过命令行的输入参数来控制图形的生成。通过本例的练习，读者将进一步了解 3D 作图的快捷性与简便性。

（3）绘图思路

① 在命令行输入 3D 命令，系统将提示相关操作信息。

② 选取上半球面命令，在命令行输入 DO，回车即可。

③ 指定球体的中心点位置。

④ 输入球体半径值。

⑤ 输入曲面上的经线和纬线数目，回车即可完成创建。

(4) 操作步骤

① 选择菜单“格式”|“图形界限”命令，设置绘图范围。

命令：_ limits

重新设置模型空间界限：

指定左下角点或［开（ON）/关（OFF）］〈0.0000，0.0000〉：0，0

指定右上角点〈420.0000，297.0000〉：200，200

② 选择菜单“视图”|“缩放”|“全部”命令，显示全部图形。

③ 利用 3D 命令绘制图形。

命令行：3d

输入选项

［长方体表面（B）/圆锥面（C）/下半球面（DI）/上半球面（DO）/网格（M）/棱锥体（P）/球面（S）/圆环面（T）/楔体表面（W）］：DO

指定中心点给上半球面：100，100，100

指定上半球面的半径或［直径（D）］：200

输入曲面的经线数目给上半球面〈16〉：32

输入曲面的纬线数目给上半球面〈8〉：16

④ 调整视图方向观察效果图。

思考与练习

1. 在 AutoCAD 中，设置视点的方法有哪些？
2. 在 AutoCAD 中，有哪几种视觉样式，如何应用视觉样式？
3. 利用 3D 绘图命令绘制如图 8-28（a）、(b) 所示的三维线框图形。

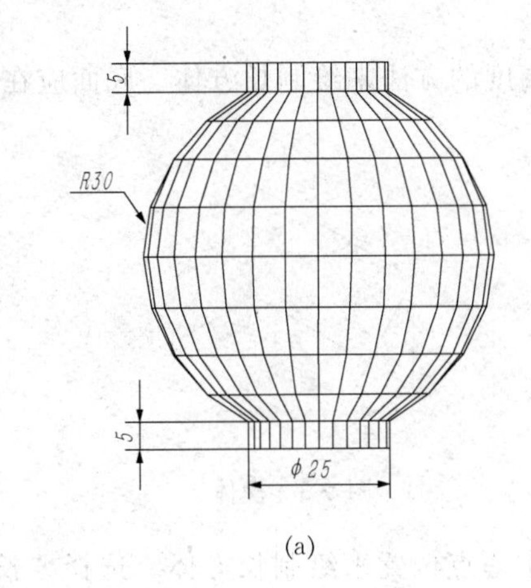

(a)

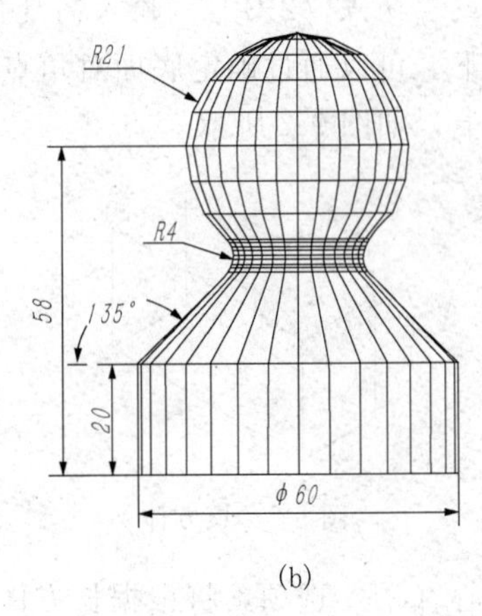

(b)

图 8-28　三维线框图形

第 9 章　三维造型及编辑

构造实体模型最基本的实体是多段实体、长方体、楔体、圆锥、圆球、圆柱、圆环、棱锥，另外还有拉伸、旋转、放样、扫掠等方法形成实体，通过对这些实体的编辑，可以形成形状比较复杂的形体。如图 9-1 所示为“建模”工具栏。

图 9-1　“建模”工具栏

9.1　基本实体模型

9.1.1　长方体

① 命令。

菜单：“绘图”|“建模”|“长方体”

“建模”工具栏：

命令行：BOX

② 执行该命令，AutoCAD 提示如下。

_ box

指定第一个角点或［中心（C）］：（输入底面第一个角点）

指定其他角点或［立方体（C）/长度（L）］：（输入第二个对角点）

指定高度或［两点（2P）］：（输入高度值）

默认情况下，可以通过确定底面对角点和高度的方法来绘制长方体。底面应在当前坐标系的 XY 平面上，如图 9-2 所示。

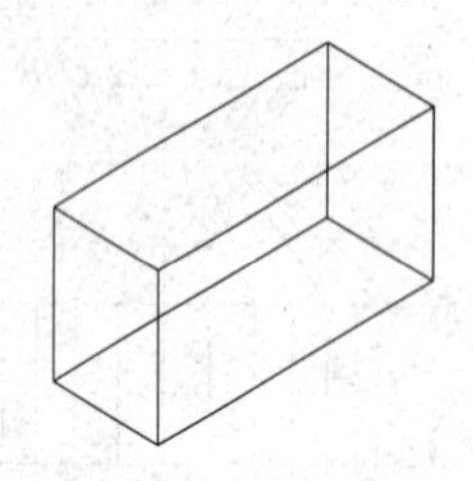

图 9-2　长方体

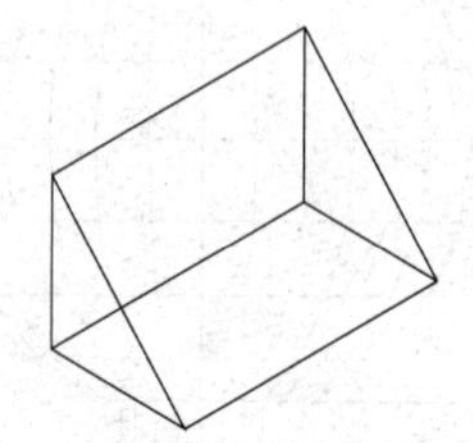

图 9-3　楔体

选择“中心（C）”选项，将根据长方体的中心点位置来绘制长方体。选择“长度（L）”选项，将按照指定长、宽、高的方式来绘制长方体。选择“立方体（C）”选项，将通过指定立方体的边长来绘制立方体。

9.1.2　楔体

命令如下。

菜单："绘图"|"建模"|"楔体"

"建模"工具栏：

命令行：WEDGE

绘制楔体与绘制长方体输入的参数与命令执行过程完全相同。绘制的楔体如图9-3所示。

9.1.3 圆锥体

① 命令。

菜单："绘图"|"建模"|"圆锥体"

"建模"工具栏：

命令行：CONE

② 执行该命令，AutoCAD提示如下。

_cone

指定底面的中心点或［三点（3P）/两点（2P）/切点、切点、半径（T）/椭圆（E）］：（输入底圆中心点）

指定底面半径或［直径（D）］：（输入半径值）

指定高度或［两点（2P）/轴端点（A）/顶面半径（T）］：（输入高度值）

默认情况下，可以通过确定底圆中心点、底圆半径和高度的方法来绘制圆锥体。底圆应在当前坐标系的XY平面上，如图9-4所示。

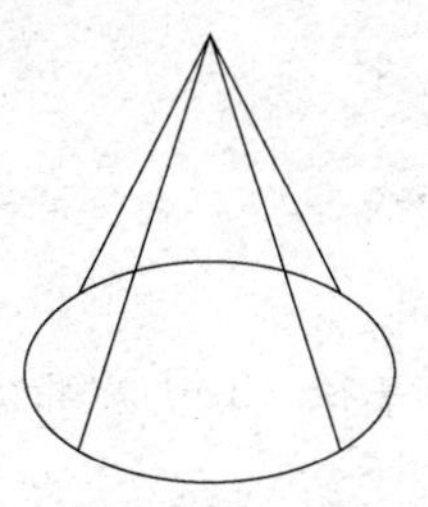

图9-4 圆锥体

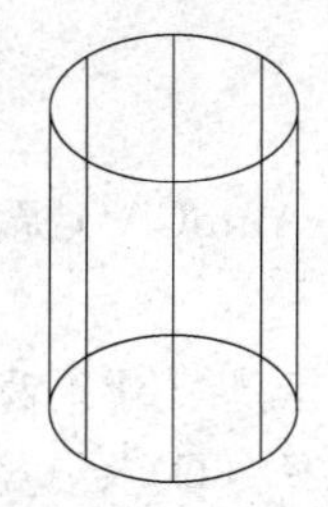

图9-5 圆柱体

a. 指定底面的中心点选项［三点（3P）/两点（2P）/切点、切点、半径（T）/椭圆（E）］中，选项［三点（3P）/两点（2P）/切点、切点、半径（T）］分别表示以三种不同方式确定圆锥体的底面圆，其操作方法与用CIRCLE命令绘制圆相同。选项［椭圆（E）］用来绘制圆锥体，即横截面是椭圆的锥体，执行该选项，AutoCAD提示如下。

指定第一个轴的端点或［中心（C）］：

要求用户确定圆锥体的底面椭圆，其操作方法与用ELLIPSE命令绘制椭圆类似。确定了椭圆锥体的底面椭圆后，AutoCAD提示如下。

指定高度或［两点（2P）/轴端点（A）/顶面半径（T）］：

用户按照提示操作即可。

b. 指定圆锥高度的选项［两点（2P）/轴端点（A）/顶面半径（T）］中，选项［两点（2P）］要求指定两点间的距离作为圆锥体的高度。执行该选项，AutoCAD提示如下。

指定第一点：（确定第一点）

指定第二点：（确定第二点）

选项［轴端点（A）］要求确定圆锥体的顶点位置，执行该选项，AutoCAD提示如下。

指定轴端点：

在此提示下确定圆锥体的顶点（即轴端点）位置后，绘制出圆锥体。利用该方法，可以绘制出沿任意方向放置的圆锥体。

选项［顶面半径（T)］用于绘制圆台，执行该选项，AutoCAD 提示如下。

指定顶面半径：(指定顶面半径)

指定高度或［两点（2P)/轴端点（A)］：(执行某一选项即可)

9.1.4 圆柱体

命令如下。

菜单："绘图"|"建模"|"圆柱体"

"建模"工具栏：

命令行：CYLINDER

绘制圆柱体与绘制圆锥体输入的参数与命令执行过程完全相同。绘制的圆柱如图 9-5 所示。提示：曲面实体的显示是由 ISOLINES 系统变量来控制的，其缺省值为 4，即仅使用最少的几根曲线来粗略地观察曲面实体的轮廓，这样有利于快速显示。增大 ISOLINES 值虽然能改善其视觉效果，但却以牺牲图形的显示速度为代价。

9.1.5 圆环体

① 命令。

菜单："绘图"|"建模"|"圆环体"

"建模"工具栏：

命令行：TORUS

② 执行该命令，AutoCAD 提示如下。

_ torus

指定中心点或［三点（3P)/两点（2P)/切点、切点、半径（T)］：(指定圆环的中心点)

指定半径或［直径（D)］：(输入圆环半径)

指定圆管半径或［两点（2P)/直径（D)］：(输入圆管半径)

默认情况下，可以通过确定圆环的中心点、圆环体的半径和圆管半径的方法来绘制圆环体。圆环体的中心点应在当前坐标系的 XY 平面上，如图 9-6 所示。

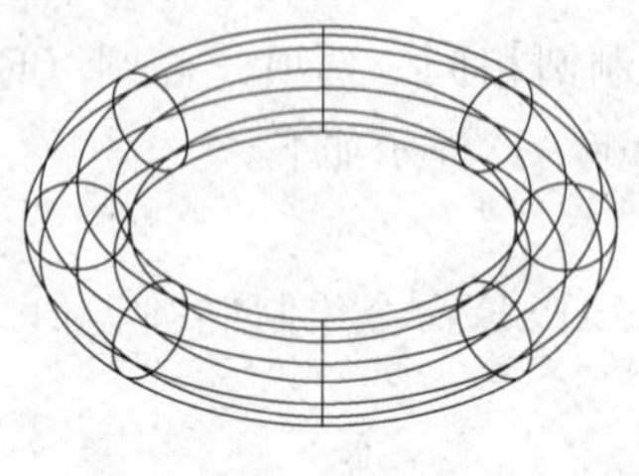

图 9-6 圆环体

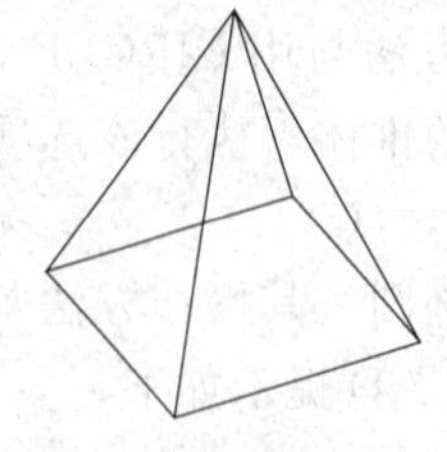

图 9-7 棱锥体

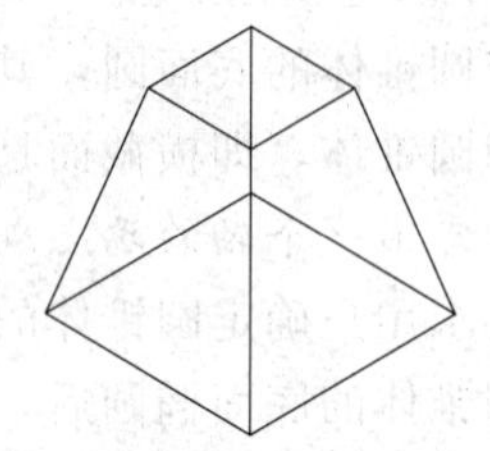

图 9-8 棱台

指定中心点选项［三点（3P)/两点（2P)/切点、切点、半径（T)］中，选项［三点（3P)/两点（2P)/切点、切点、半径（T)］分别表示以三种不同方式确定圆环体的中心线圆，其操作方法与用 CIRCLE 命令绘制圆相同。

9.1.6 棱锥体

① 命令。

菜单："绘图"|"建模"|"棱锥体"

"建模"工具栏：

命令行：PYRAMID

② 执行该命令，AutoCAD 提示如下。

_ pyramid

4 个侧面　外切

指定底面的中心点或［边（E）/侧面（S）］：（指定底面中心）

指定底面半径或［外切（C）］：（输入底面半径）

指定高度或［两点（2P）/轴端点（A）/顶面半径（T）］：（输入高度）

指定棱锥体底面中心、半径和高度即可绘制棱锥体。AutoCAD 默认"四棱锥体，底面轮廓外切于圆"。如图 9-7 所示。

a. 指定底面中心点选项［边（E）/侧面（S）］中，选项［边（E）］要求用户根据底面轮廓上某一条边的两端点确定底面轮廓。执行该选项，AutoCAD 提示如下。

指定边的第一个端点：（指定底面轮廓上某一条边的一端点）

指定边的第二个端点：（指定底面轮廓上相同边的另一端点）

指定高度或［两点（2P）/轴端点（A）/顶面半径（T）］：

选项［侧面（S）］要求用户确定棱锥体的侧面数，即所绘制的棱锥为几棱锥，执行该选项，AutoCAD 提示如下。

输入侧面数：（输入面数，有效数据为 3～32）

指定底面的中心点或［边（E）/侧面（S）］：（执行对应选项继续操作）

b. 指定底面半径选项［内接（I）］要求用户根据假设的内切圆或外接圆确定底面轮廓，与执行 POLYGON 命令绘制正多边形类似。

c. 指定高度选项［两点（2P）/轴端点（A）/顶面半径（T）］中，选项［两点（2P）］要求用户指定两点间的距离确定棱锥体的高度。选项［轴端点（A）］要求用户指定棱锥体顶点的位置。选项［顶面半径（T）］用于绘制棱台，如图 9-8 所示。执行该选项，AutoCAD 提示如下。

指定顶面半径：（输入半径值）

指定高度或［两点（2P）/轴端点（A）］：（输入高度）

9.1.7　多段体

① 命令。

菜单："绘图"|"建模"|"多段体"

"建模"工具栏：

命令行：POLYSOLID

② 执行该命令，AutoCAD 提示如下。

_ Polysolid 高度 = 80.00，宽度 = 5.00，对正 = 居中

指定起点或［对象（O）/高度（H）/宽度（W）/对正（J）］〈对象〉：

根据选项，用户可以设置实体的高度、宽度，或将对象转换为实体。选择"对正"选项，可以设置光标与实体的对正方式，有"左对正"、"居中"和"右对正"3 种。

a. 操作示例，以多段线创建多段体，如图 9-9 所示。绘制如图 9-9（a）所示的多段线。将视图切换为西南等轴测视图。选择菜单"绘图"|"建模"|"多段体"命令，AutoCAD 提

示信息如下。

_ Polysolid 高度 = 80.00，宽度 = 5.00，对正 = 左对齐

指定起点或 [对象 (O)/高度 (H)/宽度 (W)/对正 (J)] 〈对象〉：w

指定宽度〈5.00〉：10

指定起点或 [对象 (O)/高度 (H)/宽度 (W)/对正 (J)] 〈对象〉：h

指定高度〈80.00〉：100

指定起点或 [对象 (O)/高度 (H)/宽度 (W)/对正 (J)] 〈对象〉：j

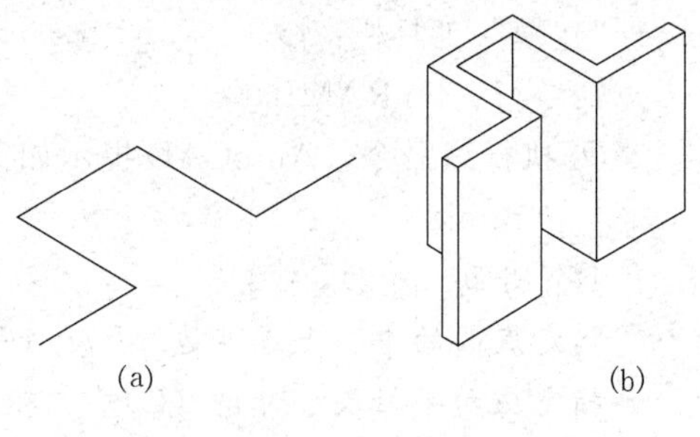

图 9-9 多段体

输入对正方式 [左对正 (L)/居中 (C)/右对正 (R)] 〈左对正〉：c

高度 = 100.00，宽度 = 10.00，对正 = 居中

指定起点或 [对象 (O)/高度 (H)/宽度 (W)/对正 (J)] 〈对象〉：o (选择多段线，生成多段体)

b. 选项 [对象 (O)/高度 (H)/宽度 (W)/对正 (J)] 中，[对象 (O)] 是将二维对象转换成多段体。执行该选项，AutoCAD 提示如下。

选择对象：

在此提示下选择对应的对象后，AutoCAD 按当前的宽度和高度设置将其转换成多段体。用户可以将使用 LINE 命令绘制的直线、使用 CIRCLE 命令绘制的圆、使用 PLINE 命令绘制的多段线和使用 ARC 命令绘制的圆弧等转换成多段体。

选项 [高度 (H)/宽度 (W)] 用来设置多段体的高度和宽度，执行某一选项后，根据提示设置即可。

选项 [对正 (J)] 用来设置绘制多段体时多段体相对于光标的位置，即设置多段体上的哪条边要随光标移动。执行该选项，AutoCAD 提示如下。

输入对正方式 [左对正 (L)/居中 (C)/右对正 (R)] 〈居中〉：

[左对正 (L)] 表示从左向右绘多段体时，多段体的上边随光标移动。

[居中 (C)] 表示绘多段体时，多段体的中心线随光标移动。

[右对正 (R)] 表示当从左绘多段体时，多段体的下边随光标移动。

9.1.8 拉伸

① 命令。

菜单："绘图" | "建模" | "拉伸"

"建模" 工具栏：

命令行：EXTRUDE

要将二维对象拉伸成实体，拉伸对象必须是封闭的二维多段线、圆、椭圆、封闭的样条、圆环以及面域等。

② 执行 EXTRUDE 命令后，指定要拉伸的二维对象，AutoCAD 提示信息如下。

_ extrude

当前线框密度：ISOLINES = 4

选择要拉伸的对象：找到 1 个

选择要拉伸的对象：(回车结束选择或者继续选择对象)

指定拉伸的高度或［方向 (D)/路径 (P)/倾斜角 (T)］〈输入高度〉：

默认情况下对象将沿 Z 轴方向拉伸。选择“倾斜角”选项，输入倾斜角度，对象将拉伸出锥度。角度为正，对象将产生向内拉伸的正锥度；角度为负，对象将产生向外拉伸的负锥度，如图 9-10 所示。

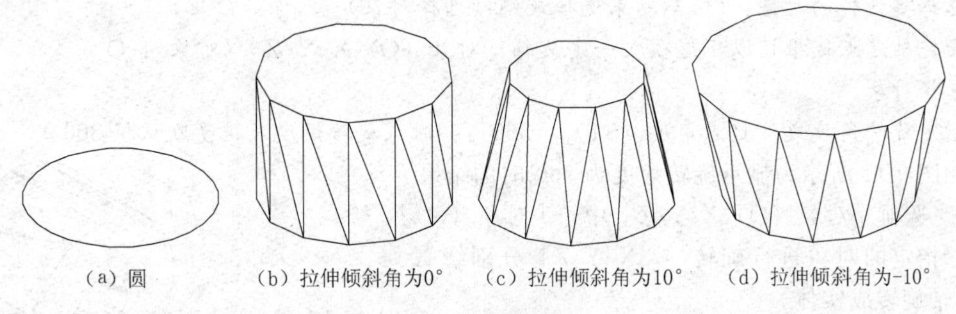

(a) 圆　(b) 拉伸倾斜角为0°　(c) 拉伸倾斜角为10°　(d) 拉伸倾斜角为-10°

图 9-10　拉伸实体

a. 选项［方向 (D)］用来确定拉伸方向，执行该选项，AutoCAD 提示如下。

指定方向的起点：

指定方向的端点：

用户依次响应后，AutoCAD 以所指定两点之间的距离为拉伸高度，以两点之间的连接方向为拉伸方向绘制出拉伸对象。

b. 选项［路径 (P)］要求按路径拉伸，执行该选项，AutoCAD 提示如下。

选择拉伸路径或［倾斜角 (T)］：

用户选择路径进行拉伸即可，如图 9-11 所示。

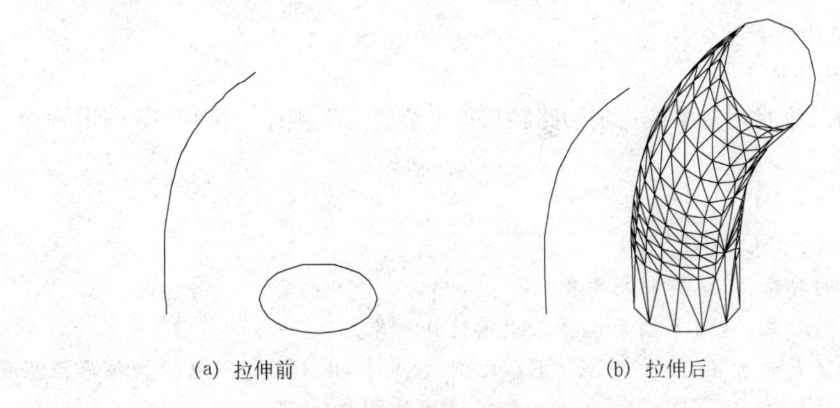

(a) 拉伸前　(b) 拉伸后

图 9-11　沿路径拉伸

c. DELOBJ 系统变量决定是否保留被“拉伸”命令用于创建实体的原始对象。缺省为删除，DELOBJ 的值为 1。设置 DELOBJ 值为 0 可以保留用于创建其他对象的原始对象。

9.1.9　旋转

① 命令。

菜单：“绘图”|“建模”|“旋转”

“建模”工具栏：

命令行：REVOLVE

② 执行 REVOLVE 命令后，AutoCAD 提示如下。

_ revolve

当前线框密度：ISOLINES = 4

选择要旋转的对象：(选择二维封闭对象。用于旋转的二维对象可以是面域、圆、椭圆、圆弧、封闭二维多段线或封闭的样条曲线等)

选择要旋转的对象：(回车结束选择或继续选择对象)

指定轴起点或根据以下选项之一定义轴 [对象 (O)/X/Y/Z] 〈对象〉：O

选择对象：

指定旋转角度或 [起点角度 (ST)] 〈360〉：(输入旋转角度或接受默认值 360°)

如图 9-12 所示为显示旋转角度为 360°时的结果。

a. 选项 [对象 (O)/X/Y/Z] 中，[对象 (O)] 按用户指定的对象进行旋转。[X/Y/Z] 分别绕 X、Y、Z 轴旋转成实体。

选项 [起点角度 (ST)] 要求用户确定旋转的起始角度。执行该选项，AutoCAD 提示如下。

指定起点角度：(输入旋转的起始角度)

指定旋转角度：(输入旋转角度)

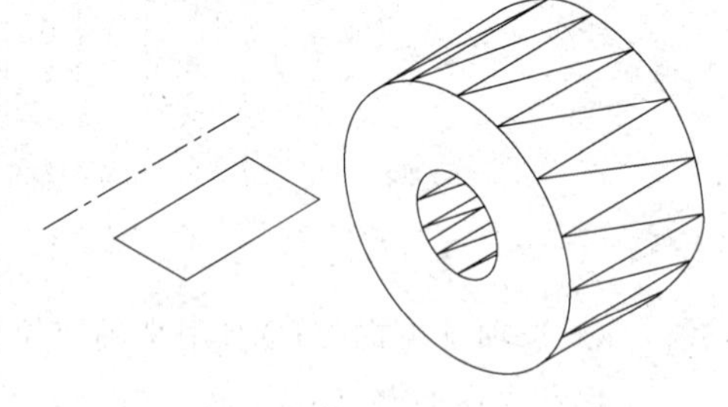

图 9-12 旋转实体

b. DELOBJ 系统变量决定是否删除原始对象。其缺省值为 1 (删除对象)。设置 DELOBJ 值为 0 则可保留原始对象。

9.1.10 扫掠

① 命令。

菜单："绘图" | "建模" | "扫掠"

"建模" 工具栏：

命令行：SWEEP

② 扫掠是将二维封闭对象按指定的路径扫掠来绘制三维实体，执行 SWEEP 命令，AutoCAD 提示如下。

_ sweep

当前线框密度：ISOLINES = 4

选择要扫掠的对象：(选择扫掠对象)

选择要扫掠的对象：(回车结束选择或继续选择对象)

选择扫掠路径或 [对齐 (A)/基点 (B)/比例 (S)/扭曲 (T)]：(选择扫掠路径螺旋线)

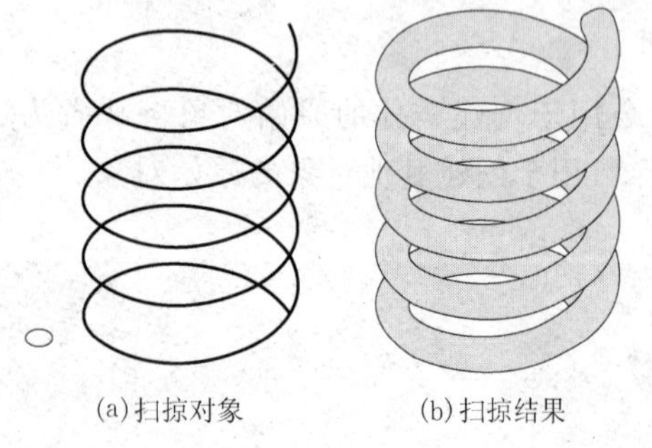

(a) 扫掠对象　(b) 扫掠结果

图 9-13 扫掠

扫掠结果如图 9-13 所示。

a. 在选项选择扫掠路径或 [对齐 (A)/基点 (B)/比例 (S)/扭曲 (T)] 中，选择路径进行扫掠为默认选项。选项 [对齐 (A)] 询问用户在扫掠前是否将用于扫掠的对象垂直对齐于路径后再进行扫掠，用户可根据提示操作即可。选项 [基点 (B)] 要求用户确定扫掠基点，即确定扫掠对象上的哪一点 (或对象外的一点) 将沿扫掠路径移动，执行该选项，AutoCAD 提示如下。

指定基点：(指定基点)

选择扫掠路径或［对齐（A)/基点（B)/比例（S)/扭曲（T)］：(选择扫掠路径或进行其他操作)

选项［比例（S)］要求用户指定扫掠的比例因子，使从起点到终点的扫掠按此比例均匀放大或缩小。执行［比例（S)］选项，AutoCAD 提示如下。

输入比例因子或［参照（R)］：(输入比例因子或通过［参照（R)］选项设置比例)

选择扫掠路径或［对齐（A)/基点（B)/比例（S)/扭曲（T)］：(选择扫掠路径或进行其他操作)

选项［扭曲（T)］要求用户指定角度或倾斜角度，使在扫掠的同时，从起点到终点按指定的角度扭曲或倾斜。执行该选项，AutoCAD 提示如下。

输入扭曲角度或允许非平面扫掠路径倾斜［倾斜（B)］：(输入扭曲角度，也可通过［倾斜（B)］选项输入倾斜角度)

选择扫掠路径或［对齐（A)/基点（B)/比例（S)/扭曲（T)］：(选择扫掠路径或进行其他操作)

b. 扫掠与拉伸不同，用于拉伸的路径只能是二维曲线，且拉伸对象与路径不能共面。而用于扫掠的路径可以是二维曲线，也可以是三维曲线。扫掠轮廓时，轮廓将自动与路径垂直并对齐。

9.1.11 放样

① 命令。

菜单：“绘图”|“建模”|“放样”

“建模”工具栏：

命令行：LOFT

② 放样是通过一系列封闭曲线（称为横截面轮廓）绘制三维实体。如图 9-14（a）所示，先绘制三个放样截面，将视图切换到东南等轴测视图，执行 LOFT 命令后，AutoCAD 提示如下。

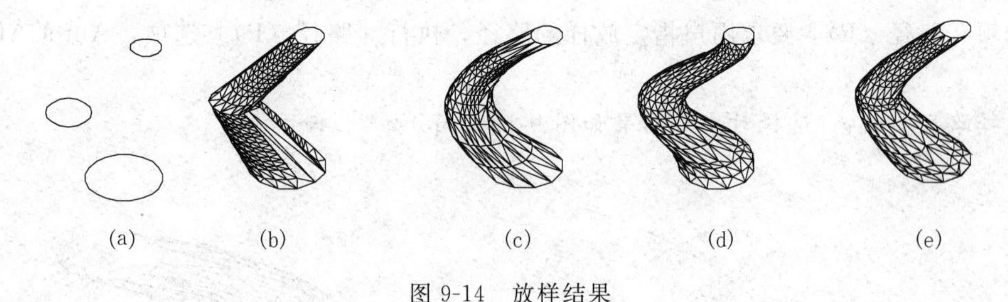

图 9-14 放样结果

_ loft

按放样次序选择横截面：找到 1 个

按放样次序选择横截面：找到 1 个，总计 2 个

按放样次序选择横截面：找到 1 个，总计 3 个

按放样次序选择横截面：(回车结束选择或继续选择横截面)

输入选项［导向（G)/路径（P)/仅横截面（C)］〈仅横截面〉：(回车接受默认选项)

AutoCAD 打开“放样设置”对话框，如图 9-15 所示。其中有四个单选钮选项，如图 9-

14（b）所示为点选“直纹”单选钮的放样结果。图 9-14（c）所示为点选“平滑拟合”单选钮的放样结果。图 9-14（d）所示为点选“法线指向”单选钮并选择“所有横截面”的放样结果。图 9-14（e）所示为点选“拔模斜度”单选钮并设置“起点角度”为 45°、“起点幅值”为 10、“端点角度”为 60°、“端点幅值”为 10 的放样结果。

放样设置
横截面上的曲面控制
◉ 直纹(R)
○ 平滑拟合(F)
○ 法线指向(N):
所有横截面
○ 拔模斜度(D)
起点角度(S): 90
起点幅值(T): 0
端点角度(E): 90
端点幅值(M): 0
☐ 闭合曲面或实体(C)
☑ 预览更改(P)
确定　取消　帮助(H)

图 9-15　“放样设置”对话框

选项［导向（G）/路径（P）/仅横截面（C）］中，［导向（G）］要求用户指定用于绘制放样对象的导向曲线，导向曲线可以是直线或曲线。利用导向曲线，可以通过添加线框信息的方式进一步定义放样对象的形状。导向曲线应满足的要求：导向曲线要与每一截面相交；起始于第一个截面并结束于最后一个截面。执行［导向（G）］选项，AutoCAD 提示如下。

选择导向曲线：(选择对象)

选项［路径（P）］要求用户指定放样的路径，执行［路径（P）］选项，AutoCAD 提示如下。

选择路径曲线：(选择对象，结果如图 9-16 所示)

图 9-16　路径放样

9.2　三维操作

9.2.1　三维移动

① 命令。

菜单："修改"|"三维操作"|"三维移动"

命令行：3DMOVE

② 执行 3DMOVE 命令后，选择要移动的对象，三维移动小控件（如图 9-17 所示）将在视图中显示，可以使用移动小控件将移动约束到轴或平面上。将光标悬停在小控件上的轴控制柄上时，将显示与轴对齐的矢量，且指定轴将变为黄色。单击轴控制柄。如图 9-18 所示为三维对象沿 X 轴移动。图 9-19 所示为三维对象沿 XZ 平面移动。

拖动光标时，选定三维对象的移动将约束到亮显的轴上。可以单击或输入值以指定距基点的移动距离。如果输入值，对象的移动方向将沿光标移动的初始方向。

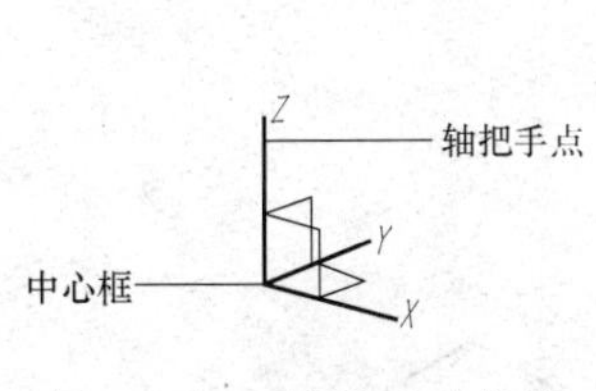

图 9-17　三维移动小控件

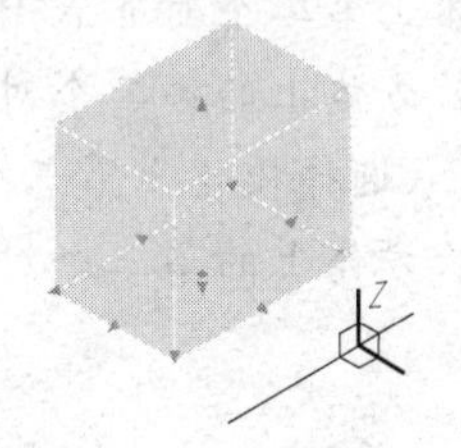

图 9-18　沿轴移动

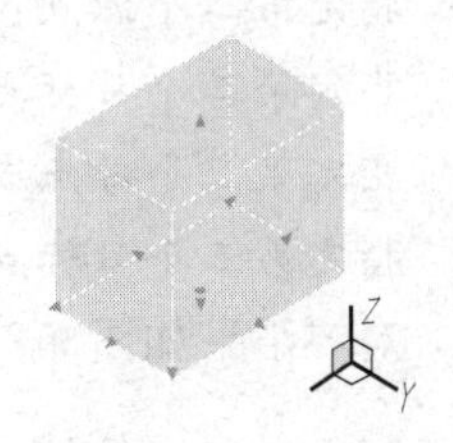

图 9-19　沿面移动

9.2.2　三维旋转

① 命令。

菜单："修改"|"三维操作"|"三维旋转"

命令行：3DROTATE

② 执行 3DROTATE 命令后，选择要旋转的对象，三维旋转小控件（如图 9-20 所示）将在视图中显示，可以使用旋转小控件将旋转约束到轴上。可以将旋转约束到指定的轴上。将光标移动到三维旋转小控件的旋转路径上时，将显示表示旋转轴的矢量线。通过在旋转路径变为黄色时单击该路径，可以指定旋转轴。如图 9-21 所示，三维对象将绕 X 轴旋转。

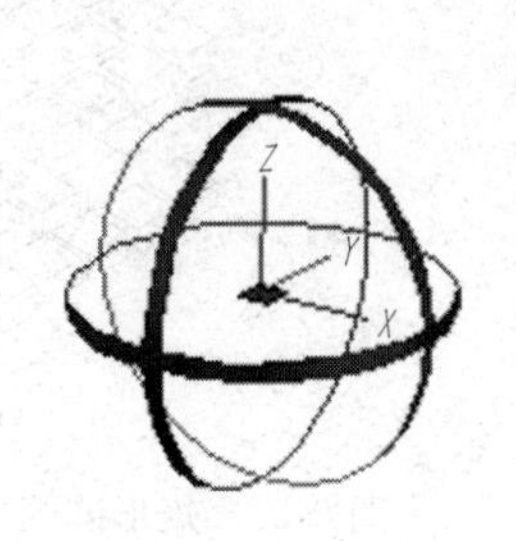

图 9-20　三维旋转小控件

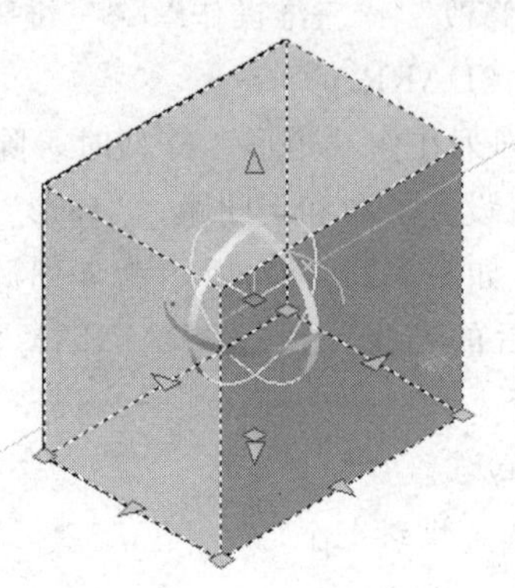

图 9-21　沿指定轴旋转

拖动光标时，选定三维对象将沿指定的轴绕基点旋转。小控件将显示对象移动时从对象的原始位置旋转的度数。可以单击或输入值以指定旋转的角度。

9.2.3 对齐

① 命令。

菜单："修改"|"三维操作"|"对齐"

命令行：ALIGN

② 对齐就是将源对象通过平移、缩放和旋转的方式与目标对象在指定点处对齐。执行ALIGN命令后，AutoCAD提示如下。

_ align

选择对象：找到1个

选择对象：(选择要移动的源对象楔体)

指定第一个源点：(选择楔体上第一个对齐点A)

指定第一个目标点：(选择长方体上的第一个对应点A)

指定第二个源点：(选择楔体上第二个对齐点B)

指定第二个目标点：(选择长方体上的第二个对应点B)

指定第三个源点或〈继续〉：(选择楔体上第三个对齐点C)

指定第三个目标点：(选择长方体上的第三个对应点C)

对齐结果如图9-22所示。

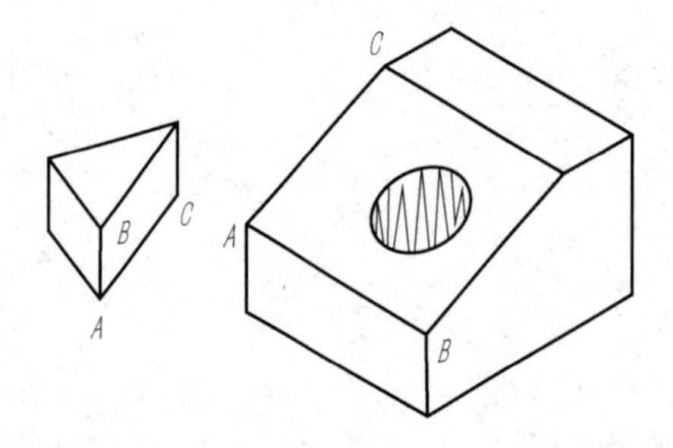

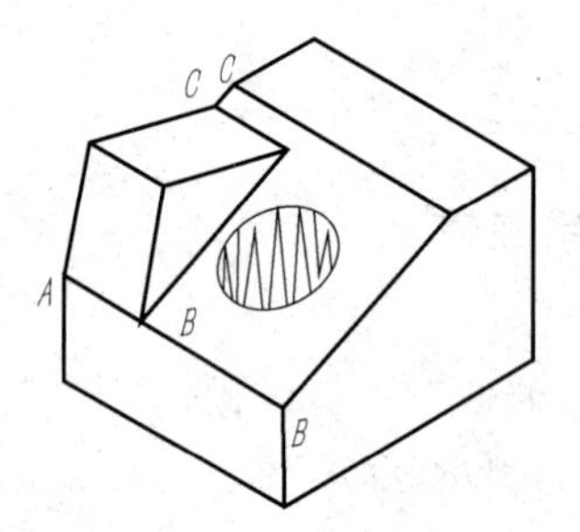

图9-22 对齐

9.2.4 三维阵列

① 命令。

菜单："修改"|"三维操作"|"三维阵列"

命令行：3DARRAY

② 三维阵列在作"矩形"阵列时，除了设置行数和列数外，还可设置层数和层间距；"环形"阵列是绕旋转轴复制对象。如图9-23(a)所示为阵列源，图9-23(b)为矩形阵列后的结果。执行3DARRAY命令后，AutoCAD提示如下。

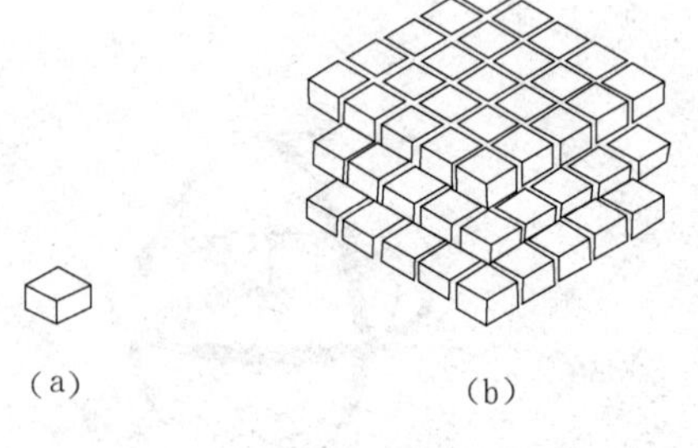

图9-23 矩形阵列

_ 3darray

选择对象：找到1个

选择对象：

输入阵列类型[矩形(R)/环形(P)]〈矩形〉：

输入行数（---）〈1〉：5

输入列数（|||）〈1〉：5

输入层数（...）〈1〉：3

指定行间距（---）：16

指定列间距（|||）：16

指定层间距（...）：10

其中，行数是指三维矩形阵列沿 Y 轴方向的数目；列数是指三维矩形阵列沿 X 轴方向的数目；层数是指三维矩形阵列沿 Z 轴方向的数目。行间距是相邻两行之间的距离，指定正的行间距将向 Y 轴的正向创建阵列，而指定负的行间距将向 Y 轴的负向创建阵列；列间距和层间距的作用与此相同。

选择“环形（P）”命令选项，可以按指定的数目、角度和旋转轴创建三维环形阵列。

输入阵列类型［矩形（R）/环形（P）］〈矩形〉：p

输入阵列中的项目数目：(选择对象)

指定要填充的角度（+ = 逆时针，- = 顺时针）〈360〉：

旋转阵列对象？［是（Y）/否（N）］〈是〉：

指定阵列的中心点：(指定旋转轴上的第一点)

指定旋转轴上的第二点：(指定第二点)

创建三维环形阵列时，需要指定阵列中项目的数量和整个环形阵列所成的角度，即填充角度，填充角度的正方向由旋转轴按右手定则确定。

9.3　实体编辑

9.3.1　布尔运算

（1）并集

并集运算是将两个或两个以上的实体合并成一个新实体。选择菜单“修改”|“实体编辑”|“并集”命令，依次选择待合并的实体，回车，即可得到新实体，如图 9-24 所示。

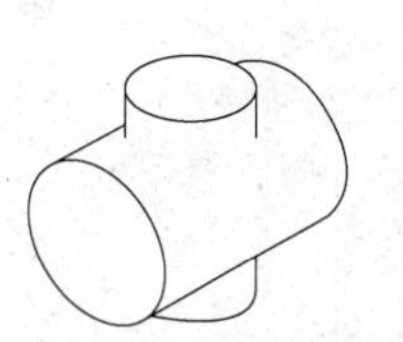

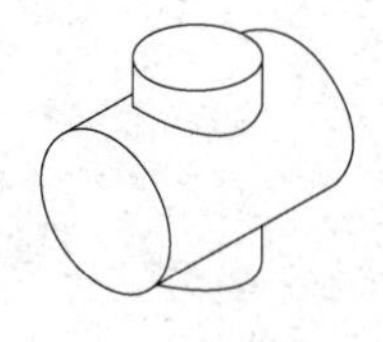

图 9-24　并集

（2）差集

差集运算是从一个或多个实体中减去另一个或多个实体，从而得到一个新实体。选择菜单“修改”|“实体编辑”|“差集”命令后，首先选择求差的源实体，然后选择被减去的实体，回车，得到新实体，如图 9-25 所示。

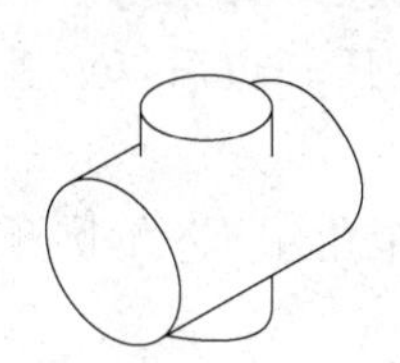

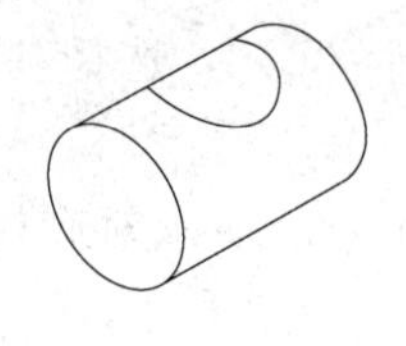

图 9-25　差集

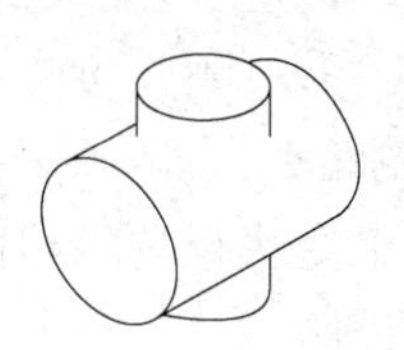

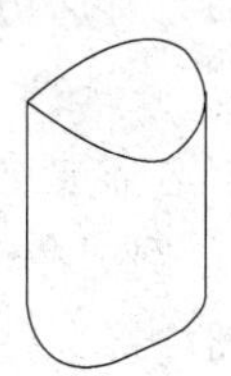

图 9-26　交集

（3）交集

交集运算是从两个或两个以上的实体中抽取其重叠部分，从而得到新的实体。选择菜单

“修改”|“实体编辑”|“交集”命令后，单击所有需要作交集运算的实体，回车，即可得到新实体，如图9-26所示。

9.3.2 倒角与倒圆

① 命令。

菜单：“修改”|“倒角”/“倒圆”

“修改”工具栏：◻/◻

命令行：CHAMFER/FILLET

② 倒角和倒圆在工程零件中经常见到，用CHAMFER和FILLET命令不仅可以对二维图形进行倒角和倒圆操作，也可以对实体模型进行倒角和倒圆操作。执行CHAMFER命令后，AutoCAD提示如下。

_chamfer

(“修剪”模式）当前倒角距离1=0.00，距离2=0.00

选择第一条直线或［放弃（U）/多段线（P）/距离（D）/角度（A）/修剪（T）/方式（E）/多个（M）］：(选择一个需要切掉的边，系统会自动搜索到一个面作为基面）

基面选择...

输入曲面选择选项［下一个（N）/当前（OK）］〈当前（OK）〉：(按回车键或选择N选项）

指定基面的倒角距离：10（输入基面上的倒角距离）

指定其他曲面的倒角距离〈10.00〉：(输入与基面邻接的曲面上的倒角距离）

选择边或［环（L）］：(选择基面上的需要倒角的边，结果如图9-27所示）

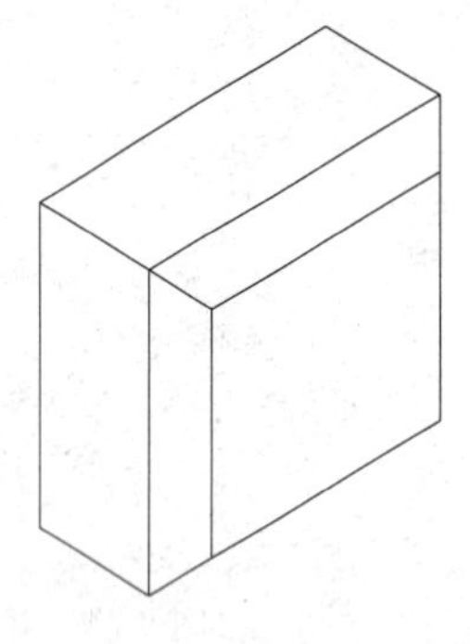

图9-27 倒角

图9-28 倒圆角

a. 在输入曲面选择选项［下一个（N）/当前（OK）］中，如果选择［下一个（N）］，基面转到与所选边相邻的实体面上。

b. 在选择边或［环（L）］中，如果选择［环（L）］，选择基面上任一边后，该基面上的所有边都被选中参加倒角。

c. 倒圆命令与倒角命令执行过程相同，如图9-28所示对底板四个角用*R*8倒圆角，底板与圆柱接合处用*R*3倒圆角。

9.3.3 剖切

① 命令。

菜单：“修改”|“三维操作”|“剖切”

命令行：SLICE

② 剖切是用平面或曲面剖切实体创建新的实体，执行 SLICE 命令，AutoCAD 提示如下。

_ slice

选择要剖切的对象：(选择剖切对象)

选择要剖切的对象：(回车结束选择或继续选择对象)

指定切面的起点或［平面对象（O)/曲面（S)/Z 轴（Z)/视图（V)/XY 平面（XY)/YZ 平面（YZ)/ZX 平面（ZX)/三点（3)］〈三点〉：

指定平面上的第二个点：(指定点)

指定平面上的第三个点：(指定点)

在所需的侧面上指定点或［保留两个侧面（B)］〈保留两个侧面〉：(接受默认提示，剖切结果如图 9-29 所示)

图 9-29　剖切

在指定切面的起点或［平面对象（O)/曲面（S)/Z 轴（Z)/视图（V)/XY 平面（XY)/YZ 平面（YZ)/ZX 平面（ZX)/三点（3)］〈三点〉选项中，默认为〈三点〉，AutoCAD 将根据用户指定的不在同一条直线上的三个点计算出切面的位置。

选择“平面对象（O)”命令选项，然后指定某个二维对象，AutoCAD 将该对象所在的平面定义为实体的切面。

选择“Z 轴（Z)”命令选项，然后指定两点作为切面的法线，从而定义切面。

选择“视图（V)”命令选项，并指定切面上任意一点，AutoCAD 将通过该点并与当前视口的视图平面相平行的面定义为切面。

选择“XY 平面（XY)”、“YZ 平面（YZ)”或“ZX 平面（ZX)”命令选项，并指定切面上任意一点，AutoCAD 将通过该点并与当前 UCS 的 XY 平面、YZ 平面或 ZX 平面相平行的平面定义为切面。

9.3.4　截面

① 命令。

菜单：“绘图”|“实体”|“截面”

命令行：SECTION

② 与实体剖切的操作过程类似，可以定义一个与实体相交的平面，AutoCAD 将在该平面上创建实体的截面，该截面用面域对象表示。执行 SECTION 命令，AutoCAD 提示如下。

SECTION

选择对象：(选择对象)

选择对象：(回车结束选择或继续选择对象)

指定截面上的第一个点，依照［对象（O)/Z 轴（Z)/视图（V)/XY 平面（XY)/YZ 平面

(YZ)/ZX 平面（ZX)/三点（3)］〈三点〉：(指定点)

指定平面上的第二个点：(指定点)

指定平面上的第三个点：(指定点)

③ 创建实体截面的操作过程与实体剖切基本相同，但实体截面命令中实体不会被切割，而是创建面域对象以表示实体的截面。例如，对于图 9-30 中左侧的实体对象，如果在平行

于该对象轴线的平面上创建截面，可以得到如图 9-30 右侧所示的面域对象。

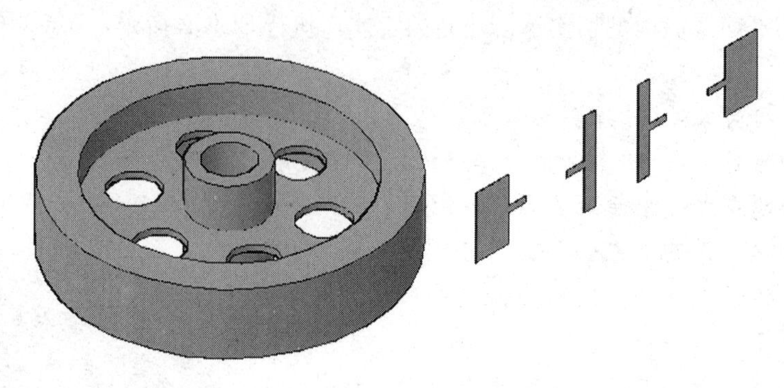

图 9-30 截面

9.4 三维编辑

9.4.1 编辑实体的面

① 命令。

菜单：“修改”|“实体编辑” | 级联子菜单选项

“实体编辑”工具栏：

命令行：SOLIDEDIT

② 对于实体中的面，AutoCAD 提供了拉伸、移动、旋转、偏移、倾斜、删除、着色和复制等多种编辑方法。执行 SOLIDEDIT 命令，选择选项，可进行如下操作。

a. “拉伸面”：按指定的高度或沿指定的路径拉伸实体的面，如图 9-31 所示。

b. “移动面”：将实体面移动到指定的位置。如图 9-32 所示，将圆柱面从左移动到右。

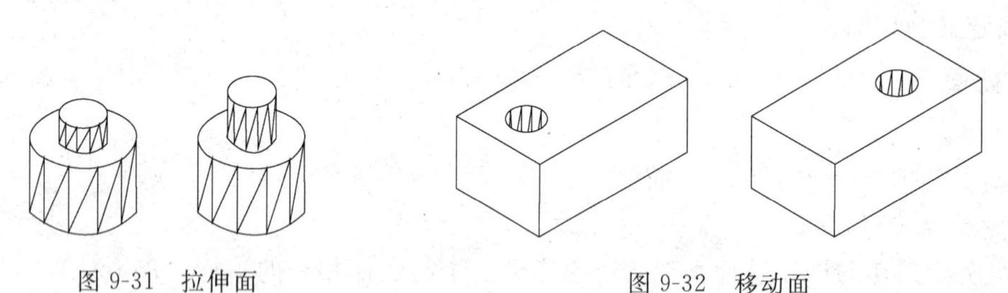

图 9-31 拉伸面　　图 9-32 移动面

c. “偏移面”：按指定的距离偏移实体指定的面。距离值为正，实体尺寸或体积增大；如图 9-33（b）所示。距离值为负，实体尺寸或体积减小；如图 9-33（c）所示。

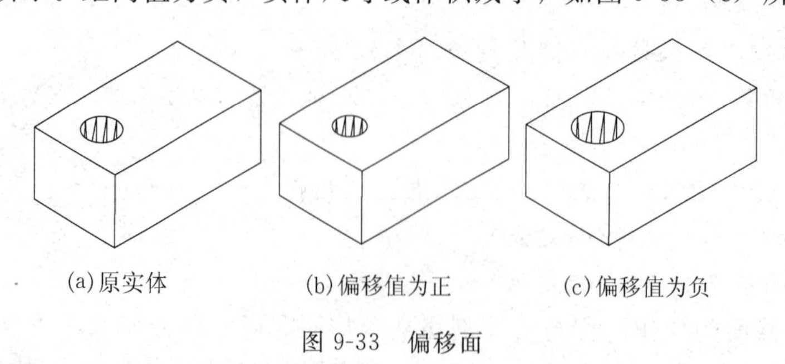

(a)原实体　(b)偏移值为正　(c)偏移值为负

图 9-33 偏移面

d. “删除面”：删除实体上指定的面，如图 9-34 所示。

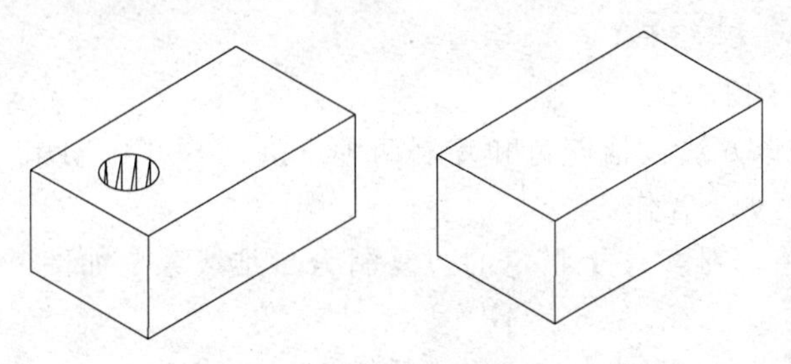

图 9-34　删除面

e. “旋转面”：将实体的面绕指定的轴进行旋转。如图 9-35 所示。

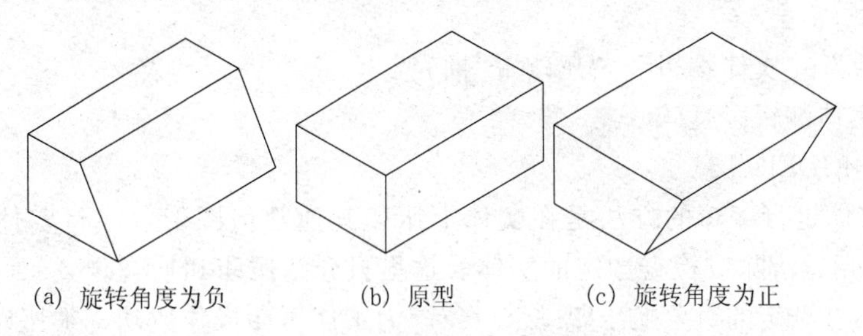

(a) 旋转角度为负　　(b) 原型　　(c) 旋转角度为正

图 9-35　旋转面

f. “倾斜面”：将实体的面按指定的角度倾斜。如图 9-36 所示。

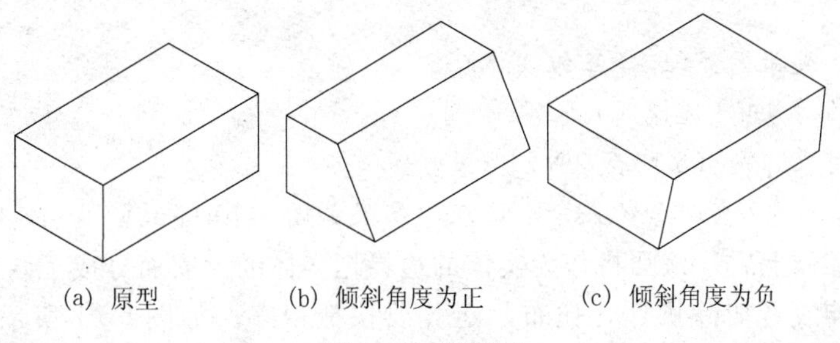

(a) 原型　　(b) 倾斜角度为正　　(c) 倾斜角度为负

图 9-36　倾斜面

g. “复制面”：复制实体上指定的面。如图 9-37 所示。

h. “着色面”：对实体上指定的面进行着色。如图 9-38 所示。

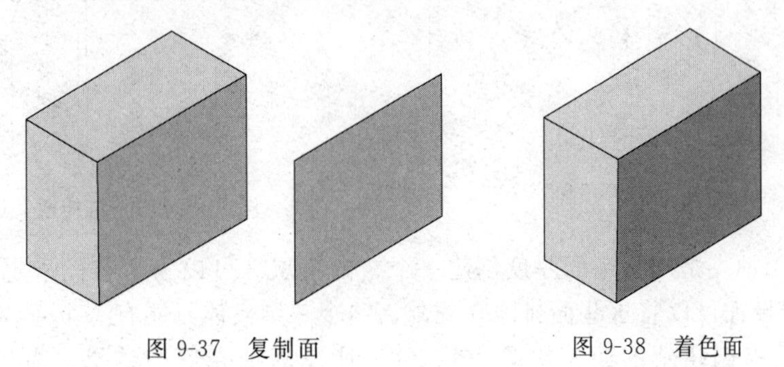

图 9-37　复制面　　图 9-38　着色面

9.4.2　编辑实体的边

① 命令。

菜单："修改"|"实体编辑"|"着色边" / "复制边"

"实体编辑"工具栏：

命令行：SOLIDEDIT

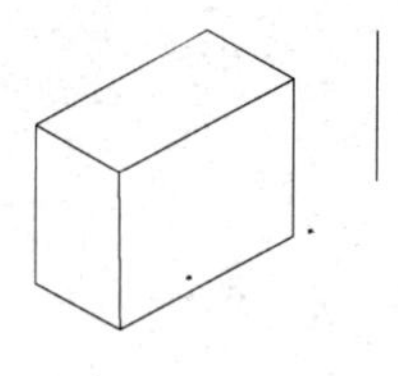
图 9-39 复制边

② 对实体边的编辑方法包括着色和复制两种。执行 SOLIDEDIT 命令，选择选项，可进行如下操作。

a. "复制边"：将三维实体上指定的边复制为二维线条。如图 9-39 所示。

b. "着色边"：更改三维实体上选定边的颜色。

9.4.3 编辑实体的体

① 命令。

菜单："修改"|"实体编辑"|"压印"/"抽壳"

工具栏："实体编辑" /

命令行：SOLIDEDIT

② 对整个实体进行编辑的方法是在实体上压印其他几何图形，或将实体分割为独立实体对象，以及抽壳、清除或检查选定的实体。这里只介绍压印和抽壳。

a. "压印"：在选定的对象上压印一个对象。为了使压印操作成功，被压印的对象必须与选定对象的一个或多个面相交。"压印"选项仅限于以下对象执行：圆弧、圆、直线、二维和三维多段线、椭圆、样条曲线、面域、体和三维实体。执行压印命令，AutoCAD 提示如下。

_ imprint

选择三维实体或曲面：(选择三维实体)

选择要压印的对象：(选择圆)

是否删除源对象 [是 (Y)/否 (N)] 〈N〉：y

选择要压印的对象：(回车结束命令，压印结果如图 9-40 所示)

将圆压印到实体上后，该圆将作为实体的边界把实体的上表面分成了两部分，可以分别对两个面进行拉伸或者切除操作，比布尔运算要快捷得多。如图 9-41 所示可用"拉伸面"命令切除圆柱面。

图 9-40 压印

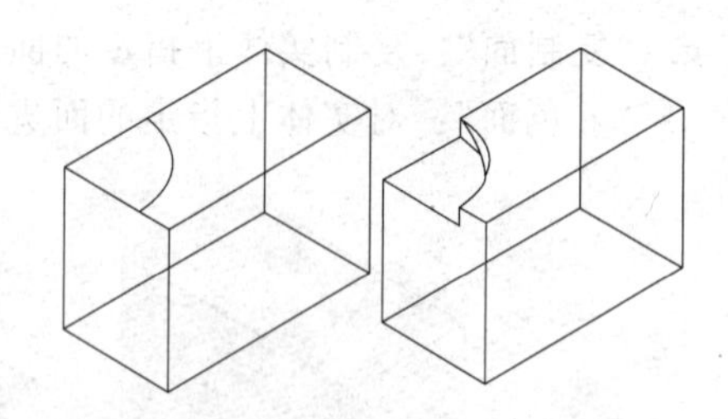
图 9-41 用"拉伸面"进行切除

b. "抽壳"：抽壳是用指定的厚度创建一个空的薄层。可以为所有面指定一个固定的薄层厚度。通过选择面可以将这些面排除在壳外。一个三维实体只能有一个壳。通过将现有面偏移出其原位置来创建新的面。如图 9-42（b）所示为抽壳后的结果。为执行抽壳命令，AutoCAD 提示如下。

_ solidedit

实体编辑自动检查：SOLIDCHECK = 1

输入实体编辑选项［面（F）/边（E）/体（B）/放弃（U）/退出（X）］〈退出〉：_ body

输入体编辑选项

［压印（I）/分割实体（P）/抽壳（S）/清除（L）/检查（C）/放弃（U）/退出（X）］〈退出〉：_ shell

选择三维实体：（选择三维实体）

删除面或［放弃（U）/添加（A）/全部（ALL）］：（选择右前面）找到一个面，已删除1个。

删除面或［放弃（U）/添加（A）/全部（ALL）］：（回车结束选择或者继续选择对象）

输入抽壳偏移距离：50

已开始实体校验。

已完成实体校验。

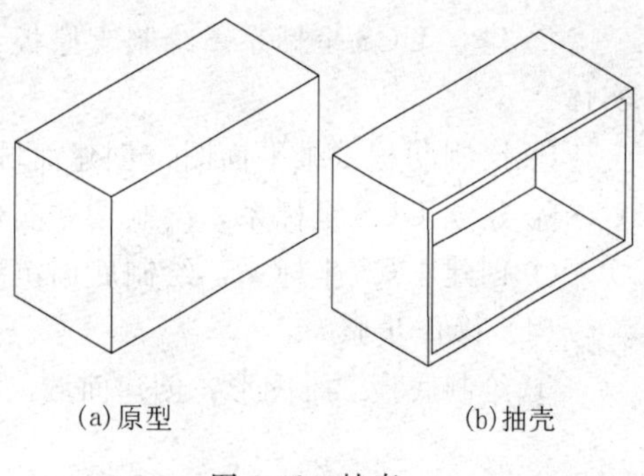

图 9-42 抽壳

9.5 实训实例

9.5.1 绘制支架

（1）实训任务

绘制如图 9-43 所示的支架的三维实体模型。

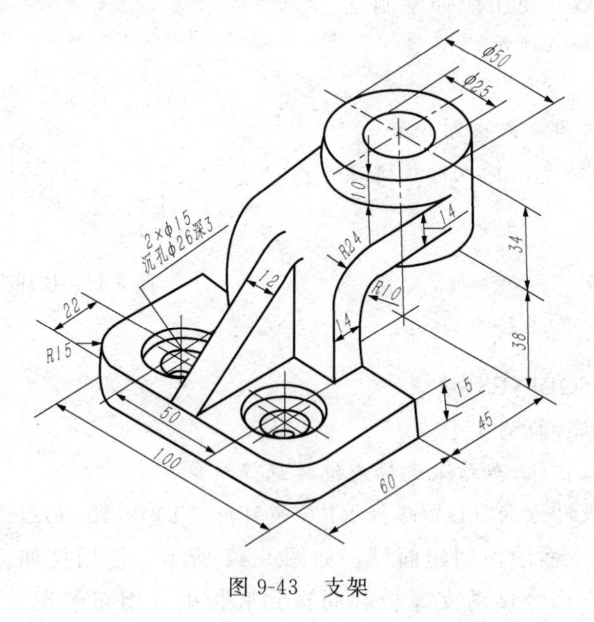

图 9-43 支架

（2）实训目的

掌握视图的切换方法；掌握创建 UCS 坐标系的方法；掌握创建面域的方法；掌握拉伸实体的方法；掌握“移动”命令；掌握对实体进行布尔运算的方法；掌握“对象捕捉”功能；掌握“三维镜像”命令；掌握基本实体的创建方法。

（3）绘图思路

① 先绘制底板的二维平面图，建立面域，使用拉伸命令形成实体。

② 建立UCS坐标系，绘制支撑板二维平面图形，创建面域，使用拉伸绘制支撑板三维实体。

③ 绘制肋板二维平面图，创建面域，使用拉伸命令形成实体。

④ 建立UCS坐标系，绘制圆柱实体。

⑤ 创建UCS坐标系，绘制底面沉孔的三维实体，使用布尔运算形成支架三维实体。

（4）操作步骤

① 绘制底板二维图形，创建面域，使用“拉伸”命令进行拉伸。如图9-44、图9-45所示。

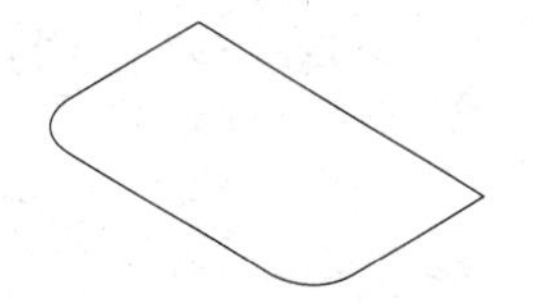

图9-44　底板二维图

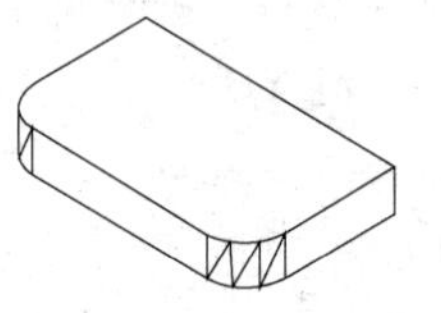

图9-45　拉伸底板

_ extrude

当前线框密度：ISOLINES=4

选择要拉伸的对象：（选择面域）找到1个

选择要拉伸的对象：（回车结束选择或继续选择对象）

指定拉伸的高度或［方向（D）/路径（P）/倾斜角（T）］〈1057.67〉：15

② 建立UCS坐标系，绘制支撑板二维平面图形，创建面域，使用拉伸绘制支撑板三维实体。如图9-46所示。

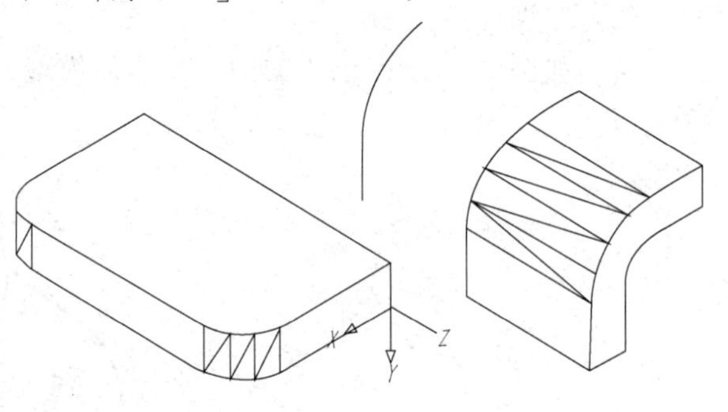

图9-46　拉伸支撑板

region

选择对象：指定对角点：找到8个

选择对象：（回车结束选择或继续选择对象）

已提取1个环。

已创建1个面域。

命令：_ extrude

当前线框密度：ISOLINES=4

选择要拉伸的对象：找到1个

选择要拉伸的对象：（回车结束选择或继续选择对象）

指定拉伸的高度或［方向（D）/路径（P）/倾斜角（T）］〈15.00〉：50

③ 绘制肋板二维平面图，创建面域，如图9-47所示。使用拉伸命令形成实体。如图9-48所示。用“移动”命令移动支撑板和肋板到底板上，用布尔运算进行“并集”操作。如图9-49所示。

_ region

选择对象：指定对角点：找到4个

选择对象：（回车结束选择或继续选择对象）

已提取1个环。

已创建1个面域。

extrude
当前线框密度：ISOLINES＝4
选择要拉伸的对象：找到1个
选择要拉伸的对象：(回车结束选择或继续选择对象)
指定拉伸的高度或［方向（D)/路径（P)/倾斜角（T)］〈50.00〉：12

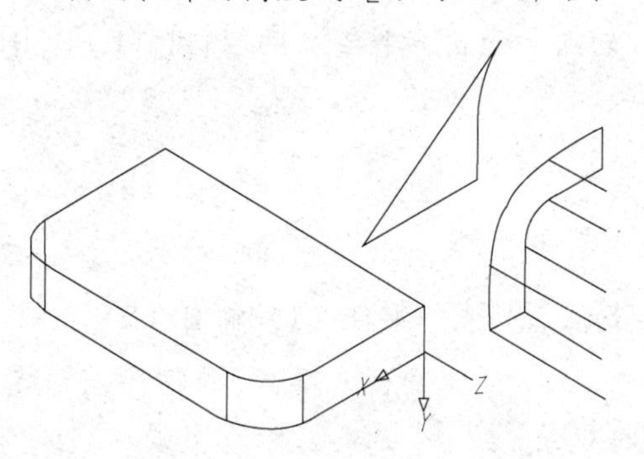
图9-47　肋板二维图

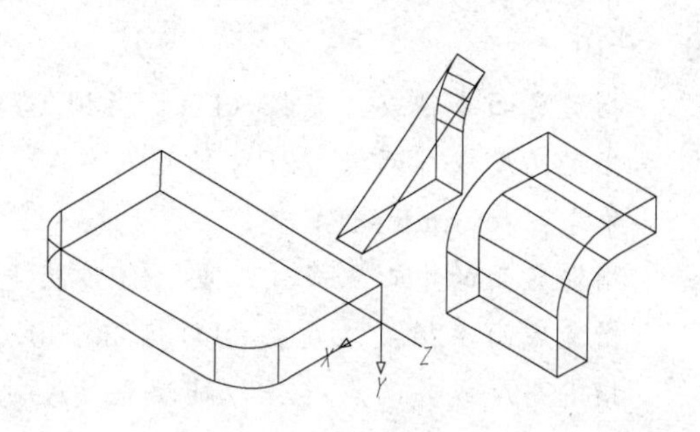
图9-48　拉伸肋板

_ move
选择对象：找到1个
选择对象：
指定基点或［位移（D)］〈位移〉：指定第二个点或〈使用第一个点作为位移〉：
命令：_ move
选择对象：指定对角点：找到2个
选择对象：
指定基点或［位移（D)］〈位移〉：指定第二个点或〈使用第一个点作为位移〉：
命令：_ union
选择对象：指定对角点：找到3个
选择对象：

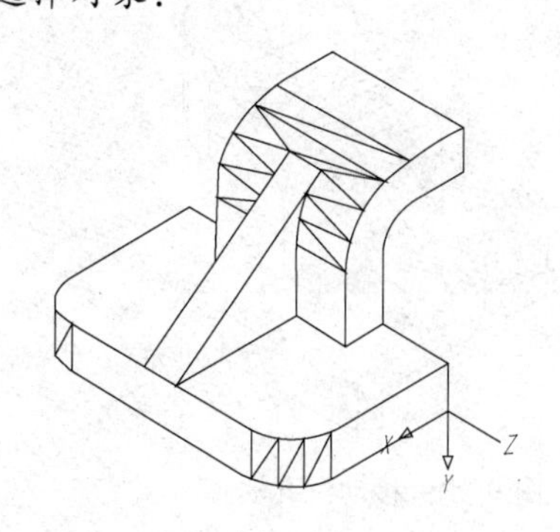
图9-49　移动后并集

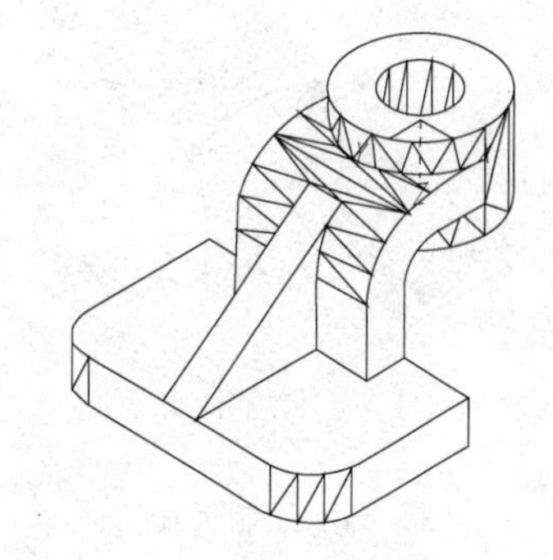
图9-50　绘制圆柱体并做布尔运算

④ 建立UCS坐标系，绘制 $\phi50$ 的圆柱体，再绘制 $\phi25$ 的圆柱体，用布尔运算形成实体，如图9-50所示。

_ ucs
当前UCS名称：＊没有名称＊
指定CS的原点或［面（F)/命名（NA)/对象（OB)/上一个（P)/视图（V)/世界

(W)/X/Y/Z/Z 轴 (ZA)]〈世界〉: _ 3

指定新原点〈0, 0, 0〉:

在正 X 轴范围上指定点〈-30.00, -62.00, -50.00〉:

在 UCS XY 平面的正 Y 轴范围上指定点〈-31.00, -61.00, -50.00〉:

_ cylinder

指定底面的中心点或 [三点 (3P)/两点 (2P)/切点、切点、半径 (T)/椭圆 (E)]: 0, 0, -10

指定底面半径或 [直径 (D)]〈120.67〉: 25

指定高度或 [两点 (2P)/轴端点 (A)]〈12.00〉: 34

命令: _ cylinder

指定底面的中心点或 [三点 (3P)/两点 (2P)/切点、切点、半径 (T)/椭圆 (E)]:

指定底面半径或 [直径 (D)]〈25.00〉: 12.5

指定高度或 [两点 (2P)/轴端点 (A)]〈34.00〉:

命令: _ union

选择对象: 找到 1 个

选择对象: 找到 1 个, 总计 2 个

命令: _ subtract 选择要从中减去的实体、曲面和面域...

选择对象: 找到 1 个

选择对象:

选择要减去的实体、曲面和面域...

选择对象: 找到 1 个

⑤ 创建 UCS 坐标系，绘制底面沉孔的三维实体，如图 9-51 所示，移动三维实体到指定的位置，如图 9-52 所示。用“三维镜像”命令镜像实体，如图 9-53 所示。再做布尔运算形成支架实体，如图 9-54 所示。

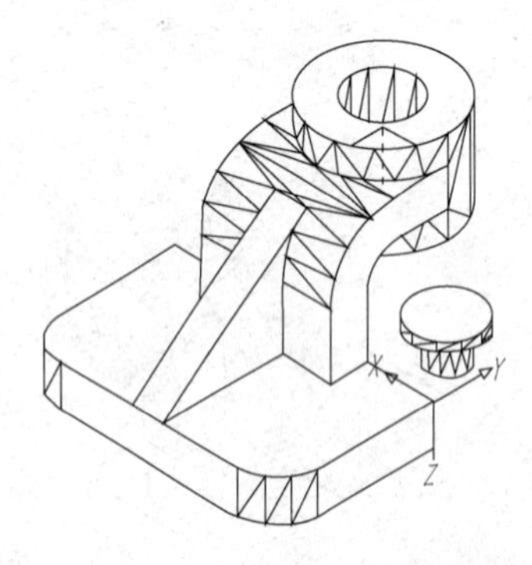

图 9-51 绘制沉孔实体

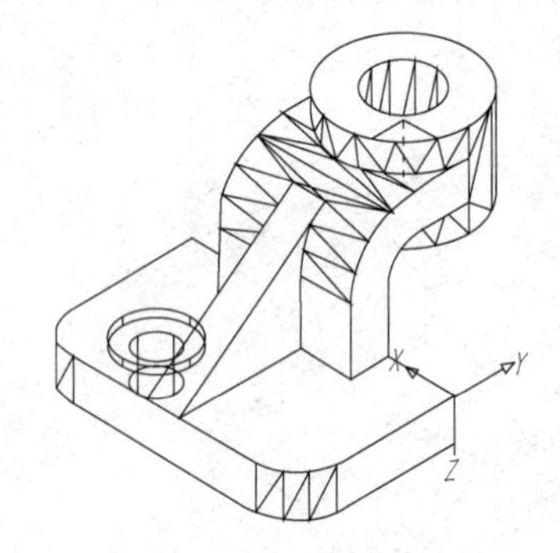

图 9-52 移动沉孔实体

_ move

选择对象: 指定对角点: 找到 1 个

选择对象:

指定基点或 [位移 (D)]〈位移〉: 指定第二个点或〈使用第一个点作为位移〉: _ from 基点:〈偏移〉: @-25, -38

_ mirror3d

选择对象：找到1个

选择对象：

指定镜像平面（三点）的第一个点或［对象（O）/最近的（L）/Z轴（Z）/视图（V）/XY平面（XY）/YZ平面（YZ）/ZX平面（ZX）/三点（3）］〈三点〉：YZ

指定YZ平面上的点〈0，0，0〉：

是否删除源对象？［是（Y）/否（N）］〈否〉：

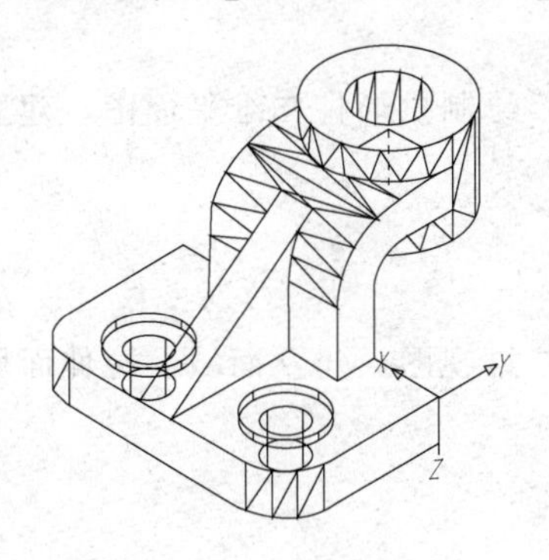

图9-53 镜像沉孔

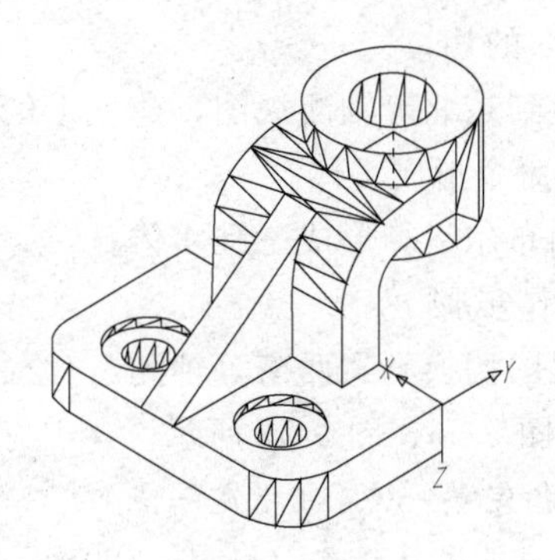

图9-54 布尔运算

9.5.2 绘制轴承座

（1）实训任务

绘制如图9-55所示的轴承座三维实体模型。

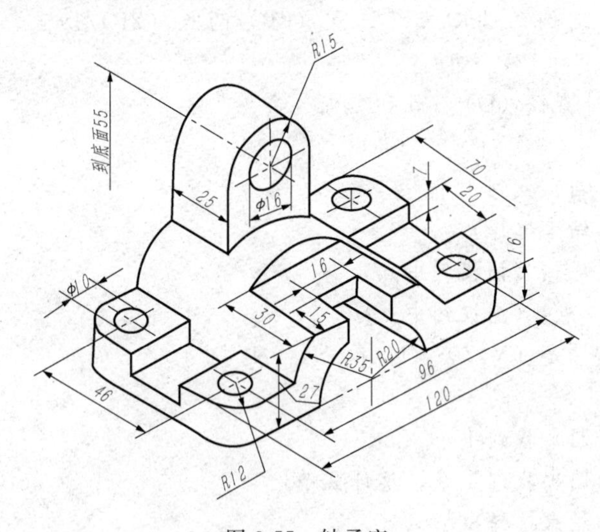

图9-55 轴承座

（2）实训目的

掌握视图的切换方法；掌握创建UCS坐标系的方法；掌握创建面域的方法；掌握拉伸实体的方法；掌握“移动”命令；掌握对实体进行布尔运算的方法；掌握“对象捕捉”功能；掌握“三维镜像”命令；掌握“偏移”命令；掌握“压印”命令的应用；掌握基本实体的创建方法。

（3）绘图思路

① 先绘制底板的二维平面图，建立面域，使用“拉伸”命令形成实体。

② 在底板上表面中心绘制一条长120的直线，用“偏移”命令后，再用“压印”命令将底板的上表面分离成三部分，对中间的面使用“拉伸面”命令形成凹槽。

③ 建立UCS坐标系，绘制半径$R35$和$R20$的圆柱体，布尔运算后再使用“剖切”命令形成半圆柱实体。

④ 在圆柱的前端面上绘制直线，“偏移”直线，“压印”后使用“拉伸面”命令切除圆柱的上半部分。在切除圆柱后形成的平面上绘制直线，“压印”后使用“拉伸面”命令绘制长16、宽15的切口。

⑤ 切换到东北等轴测视图，建立UCS坐标系，绘制拱形柱二维平面图，建立面域，使用“拉伸”命令形成实体。

⑥ 使用布尔运算形成三维实体。

（4）操作步骤

① 将视图切换到“西南等轴测”，绘制底板的二维视图，建立面域。拉伸面域，形成底板实体。如图9-56、图9-57所示。

_line 指定第一点：(指定一点)

指定下一点或［放弃（U)］：120

指定下一点或［放弃（U)］：70

指定下一点或［闭合（C)/放弃（U)］：120

指定下一点或［闭合（C)/放弃（U)］：C

指定下一点或［闭合（C)/放弃（U)］：(回车结束选择)

命令：_circle 指定圆的圆心或［三点（3P)/两点（2P)/切点、切点、半径（T)］：_from 基点：〈偏移〉：@12，-12

指定圆的半径或［直径（D)］〈5.00〉：5

命令：_mirror

选择对象：(选择圆）找到1个

选择对象：(回车结束选择)

指定镜像线的第一点：(捕捉到中点)

指定镜像线的第二点：(捕捉到中点)

要删除源对象吗？［是（Y)/否（N)］〈N〉：N

命令：_mirror

选择对象：(选择圆）找到1个

选择对象：(选择圆）找到1个，总计2个

选择对象：(回车结束选择)

指定镜像线的第一点：(捕捉中点)

指定镜像线的第二点：(捕捉中点)

要删除源对象吗？［是（Y)/否（N)］〈N〉：N

命令：_fillet

当前设置：模式=修剪，半径=12.00

选择第一个对象或［放弃（U)/多段线（P)/半径（R)/修剪（T)/多个（M)］：(选择边)

选择第二个对象，或按住Shift键选择要应用角点的对象：(选择边)

命令：_fillet

当前设置：模式=修剪，半径=12.00

选择第一个对象或［放弃（U）/多段线（P）/半径（R）/修剪（T）/多个（M）］：(选择边)

选择第二个对象，或按住Shift键选择要应用角点的对象：(选择边)

命令：_ fillet

当前设置：模式=修剪，半径=12.00

选择第一个对象或［放弃（U）/多段线（P）/半径（R）/修剪（T）/多个（M）］：(选择边)

选择第二个对象，或按住Shift键选择要应用角点的对象：(选择边)

命令：_ fillet

当前设置：模式=修剪，半径=12.00

选择第一个对象或［放弃（U）/多段线（P）/半径（R）/修剪（T）/多个（M）］：(选择边)

选择第二个对象，或按住Shift键选择要应用角点的对象：(选择边)

命令：_ region

选择对象：指定对角点：找到12个

选择对象：(回车结束选择)

已提取5个环。

已创建5个面域。

命令：_ subtract 选择要从中减去的实体、曲面和面域...

选择对象：找到1个

选择对象：(回车结束选择)

选择要减去的实体、曲面和面域...

选择对象：找到1个

选择对象：找到1个，总计2个

选择对象：找到1个，总计3个

选择对象：找到1个，总计4个

选择对象：(回车结束选择。结果如图9-56所示)

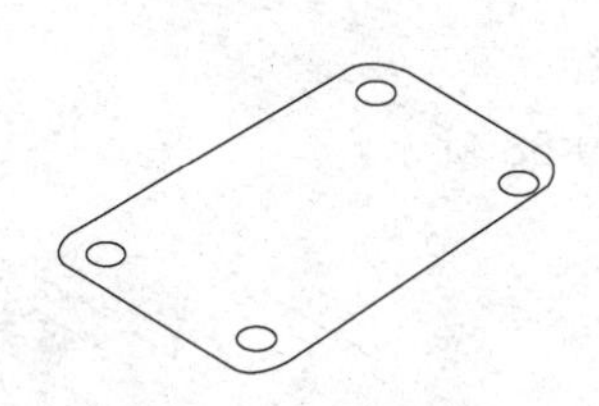

图9-56 底板二维图形

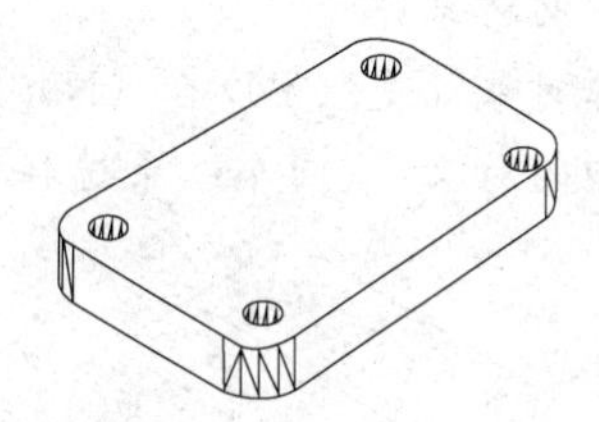

图9-57 拉伸底板

命令：_ extrude

当前线框密度：ISOLINES=4

选择要拉伸的对象：找到1个

选择要拉伸的对象：

指定拉伸的高度或［方向（D）/路径（P）/倾斜角（T）］：16（回车结束命令，结果如图9-57所示）

② 在底板上表面建立UCS坐标系，在底板上表面利用“捕捉”中点绘制一条长120的直线，用“偏移”命令偏移直线后，删除原直线，再用“压印”命令将底板的上表面分离成

三部分，对中间的面使用“拉伸面”命令形成凹槽。如图 9-58、图 9-59 所示。

_ ucs

当前 UCS 名称：*没有名称*

指定 UCS 的原点或［面（F）/命名（NA）/对象（OB）/上一个（P）/视图（V）/世界（W）/X/Y/Z/Z 轴（ZA）］〈世界〉：_ fa

选择实体对象的面：（选择底板的上表面）

输入选项［下一个（N）/X 轴反向（X）/Y 轴反向（Y）］〈接受〉：（回车结束选择）

命令：_ line 指定第一点：（选择底板上表面边线中点）

指定下一点或［放弃（U）］：（选择底板上表面边线中点）

指定下一点或［放弃（U）］：（回车结束选择）

命令：_ offset

当前设置：删除源 = 否　图层 = 源　OFFSETGAPTYPE = 0

指定偏移距离或［通过（T）/删除（E）/图层（L）］〈通过〉：10

选择要偏移的对象，或［退出（E）/放弃（U）］〈退出〉：（选择绘制的直线）

指定要偏移的那一侧上的点，或［退出（E）/多个（M）/放弃（U）］〈退出〉：

选择要偏移的对象，或［退出（E）/放弃（U）］〈退出〉：（选择绘制的直线）

指定要偏移的那一侧上的点，或［退出（E）/多个（M）/放弃（U）］〈退出〉：

选择要偏移的对象，或［退出（E）/放弃（U）］〈退出〉：

命令：_ erase

选择对象：（选择先前绘制的直线）找到 1 个

选择对象：（回车结束选择）

_ imprint

选择三维实体或曲面：

选择要压印的对象：

是否删除源对象［是（Y）/否（N）］〈N〉：y

选择要压印的对象：

是否删除源对象［是（Y）/否（N）］〈Y〉：y

选择要压印的对象：（回车结束选择，结果如图 9-58 所示）

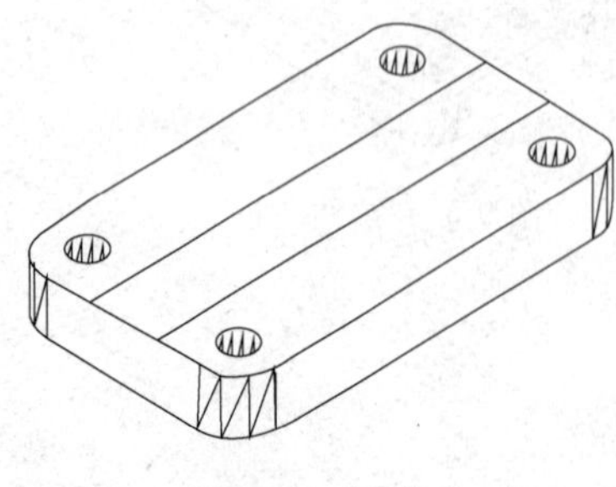

图 9-58 “压印”

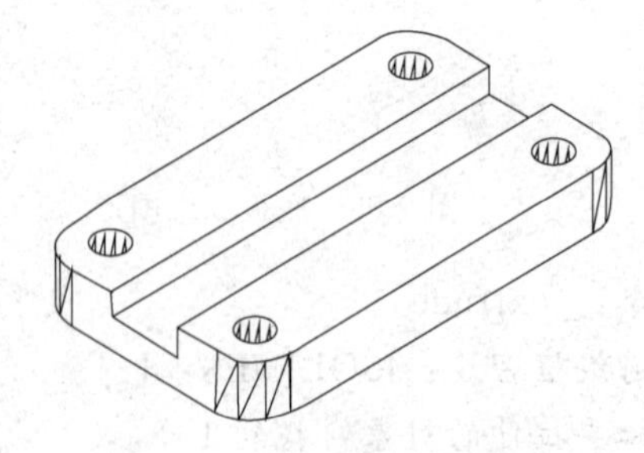

图 9-59 “拉伸面”形成凹槽

_ solidedit

实体编辑自动检查：SOLIDCHECK = 1

输入实体编辑选项［面（F）/边（E）/体（B）/放弃（U）/退出（X）］〈退出〉：_ face

输入面编辑选项

[拉伸 (E)/移动 (M)/旋转 (R)/偏移 (O)/倾斜 (T)/删除 (D)/复制 (C)/颜色 (L)/材质 (A)/放弃 (U)/退出 (X)]〈退出〉:

_ extrude

选择面或 [放弃 (U)/删除 (R)]: 找到一个面。

选择面或 [放弃 (U)/删除 (R)/全部 (ALL)]:

指定拉伸高度或 [路径 (P)]: -7

指定拉伸的倾斜角度〈0〉:

已开始实体校验。

已完成实体校验。

输入面编辑选项

[拉伸 (E)/移动 (M)/旋转 (R)/偏移 (O)/倾斜 (T)/删除 (D)/复制 (C)/颜色 (L)/材质 (A)/放弃 (U)/退出 (X)]〈退出〉:

实体编辑自动检查: SOLIDCHECK=1

输入实体编辑选项 [面 (F)/边 (E)/体 (B)/放弃 (U)/退出 (X)]〈退出〉: (回车结束命令，结果如图 9-59 所示)

③ 在底板的右前面建立 UCS 坐标系，绘制半径 *R*35 和 *R*20 的圆柱体。布尔运算后再使用“剖切”命令形成半圆柱实体。在圆柱右前端面上绘制直线，“压印”后使用“拉伸面”命令进行切除。如图 9-60、图 9-61 所示。

_ ucs

当前 UCS 名称: *世界*

指定 UCS 的原点或 [面 (F)/命名 (NA)/对象 (OB)/上一个 (P)/视图 (V)/世界 (W)/X/Y/Z/Z 轴 (ZA)]〈世界〉: _ 3

指定新原点〈0, 0, 0〉: (捕捉底边中点)

在正 X 轴范围上指定点〈-36.84, 66.80, 0.00〉:

在 UCS XY 平面的正 Y 轴范围上指定点〈-37.93, 67.79, 0.00〉:

命令: _ cylinder

指定底面的中心点或 [三点 (3P)/两点 (2P)/切点、切点、半径 (T)/椭圆 (E)]: (捕捉底边中点)

指定底面半径或 [直径 (D)]〈20.00〉: 35

指定高度或 [两点 (2P)/轴端点 (A)]〈-70.00〉: -70

命令: _ cylinder

指定底面的中心点或 [三点 (3P)/两点 (2P)/切点、切点、半径 (T)/椭圆 (E)]: (捕捉底边中点)

指定底面半径或 [直径 (D)]〈35.00〉: 20

指定高度或 [两点 (2P)/轴端点 (A)]〈-70.00〉: -70 (回车结束命令，结果如图 9-60 所示)

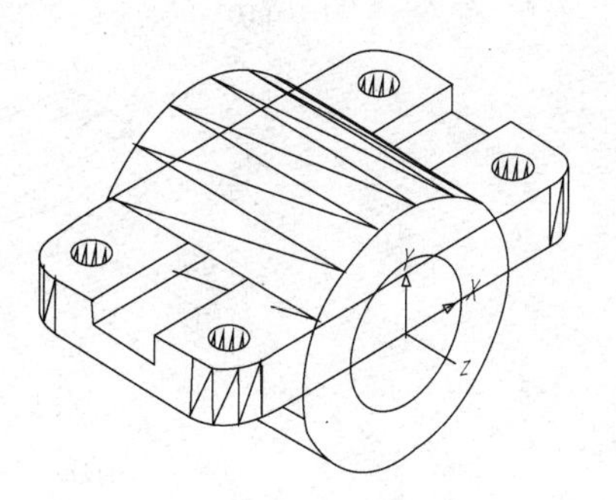

图 9-60　绘制圆柱

_ union

选择对象: (选择底板与 *R*35 的圆柱) 找到 1 个

选择对象: 找到 1 个，总计 2 个

选择对象: (回车结束选择)

命令：_ subtract 选择要从中减去的实体、曲面和面域...
选择对象：(选择底板) 找到 1 个
选择对象：(回车结束选择)
选择要减去的实体、曲面和面域...
选择对象：(选择 R20 的圆柱) 找到 1 个
选择对象：(回车结束选择)
命令：_ slice
选择要剖切的对象：(选择实体对象) 找到 1 个
选择要剖切的对象：(回车结束选择)
指定切面的起点或 [平面对象 (O)/曲面 (S)/Z 轴 (Z)/视图 (V)/XY 平面 (XY)/YZ 平面 (YZ)/ZX 平面 (ZX)/三点 (3)] 〈三点〉: ZX
指定 ZX 平面上的点〈0, 0, 0〉: (选择圆柱的圆心)
在所需的侧面上指定点或 [保留两个侧面 (B)] 〈保留两个侧面〉: (在圆柱的上面选择一点，结果如图 9-61 所示)

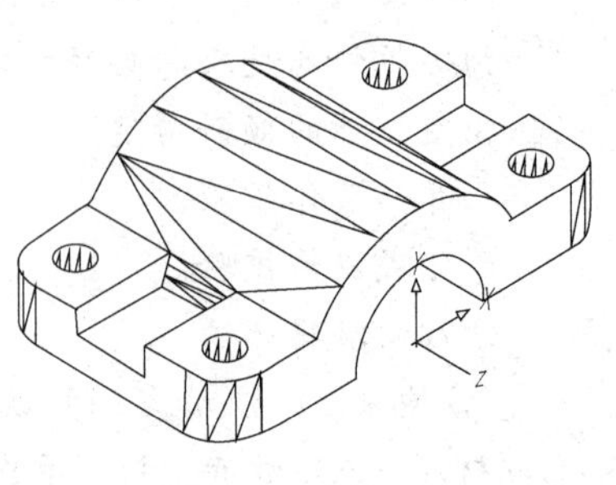

图 9-61 剖切

④ 在圆柱的前端面上绘制直线，"偏移"直线，"压印"后使用"拉伸面"命令切除圆柱的上半部分。建立 UCS 坐标系，在切除圆柱后形成的平面上绘制直线，"压印"后使用"拉伸面"命令绘制长 16、宽 15 的切口。如图 9-62、图 9-63、图 9-64、图 9-65 所示。

_ line 指定第一点：(捕捉底板底面上的点)
指定下一点或 [放弃 (U)]: (捕捉底板底面上的点)
指定下一点或 [放弃 (U)]: (回车结束命令)
命令：_ offset
当前设置：删除源 = 否　图层 = 源　OFFSETGAPTYPE = 0
指定偏移距离或 [通过 (T)/删除 (E)/图层 (L)] 〈通过〉: 27
选择要偏移的对象，或 [退出 (E)/放弃 (U)] 〈退出〉: (选择绘制的直线)
指定要偏移的那一侧上的点，或 [退出 (E)/多个 (M)/放弃 (U)] 〈退出〉:
选择要偏移的对象，或 [退出 (E)/放弃 (U)] 〈退出〉: (回车结束命令)
命令：_ erase
选择对象：(选择绘制的直线) 找到 1 个
选择对象：(回车结束命令)
命令：_ imprint

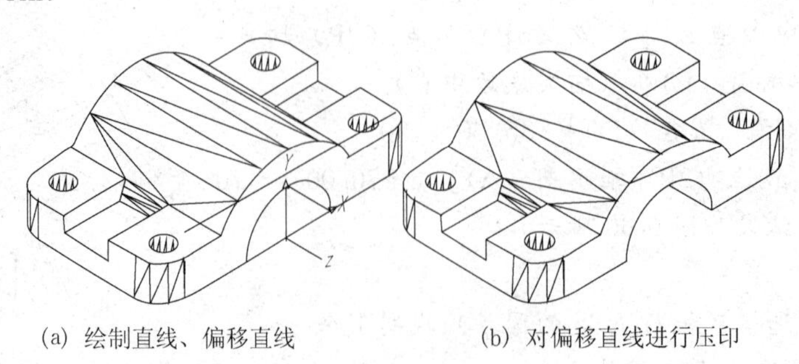

(a) 绘制直线、偏移直线　　(b) 对偏移直线进行压印

图 9-62 压印

选择三维实体或曲面：(选择三维实体)

选择要压印的对象：(选择偏移的直线)

是否删除源对象［是（Y）/否（N）］〈N〉：y

选择要压印的对象：(回车结束命令，结果如图 9-62 所示)

_ solidedit

实体编辑自动检查：SOLIDCHECK = 1

输入实体编辑选项［面（F）/边（E）/体（B）/放弃（U）/退出（X）］〈退出〉：_ face

输入面编辑选项

［拉伸（E）/移动（M）/旋转（R）/偏移（O）/倾斜（T）/删除（D）/复制（C）/颜色（L）/材质（A）/放弃（U）/退出（X）］〈退出〉：

_ extrude

选择面或［放弃（U）/删除（R）］：(选择要切除的面) 找到一个面。

选择面或［放弃（U）/删除（R）/全部（ALL）］：

指定拉伸高度或［路径（P）］：- 30

指定拉伸的倾斜角度〈0〉：

已开始实体校验。

已完成实体校验。

输入面编辑选项

［拉伸（E）/移动（M）/旋转（R）/偏移（O）/倾斜（T）/删除（D）/复制（C）/颜色（L）/材质（A）/放弃（U）/退出（X）］〈退出〉：(回车结束命令，结果如图 9-63 所示)

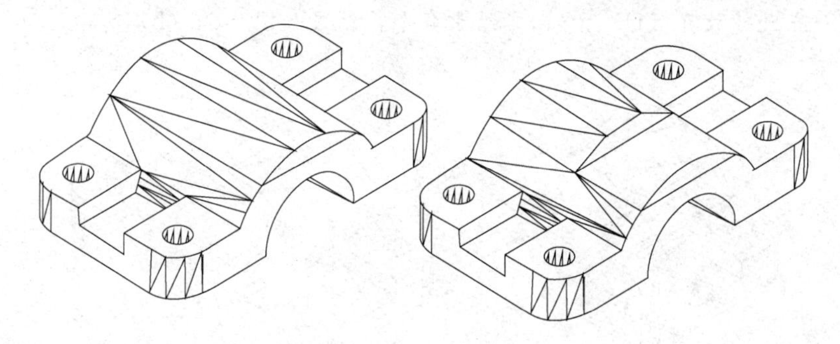

图 9-63　切除

_ ucs

当前 UCS 名称：*没有名称*

指定 UCS 的原点或［面（F）/命名（NA）/对象（OB）/上一个（P）/视图（V）/世界（W）/X/Y/Z/Z 轴（ZA）］〈世界〉：_ fa

选择实体对象的面：(选择上表面)

输入选项［下一个（N）/X 轴反向（X）/Y 轴反向（Y）］〈接受〉：

命令：_ line 指定第一点：(选择上表面的中点)

指定下一点或［放弃（U）］：@ 0，- 15

指定下一点或［放弃（U）］：(回车结束命令，结果如图 9-64（a）所示)

命令：_ offset

当前设置：删除源 = 否　图层 = 源　OFFSETGAPTYPE = 0

指定偏移距离或［通过（T）/删除（E）/图层（L）］〈27.00〉：8
选择要偏移的对象，或［退出（E）/放弃（U）］〈退出〉：（选择绘制的直线）
指定要偏移的那一侧上的点，或［退出（E）/多个（M）/放弃（U）］〈退出〉：
选择要偏移的对象，或［退出（E）/放弃（U）］〈退出〉：（选择绘制的直线）
指定要偏移的那一侧上的点，或［退出（E）/多个（M）/放弃（U）］〈退出〉：
选择要偏移的对象，或［退出（E）/放弃（U）］〈退出〉：（回车结束命令）
命令：_ erase
选择对象：（选择绘制的直线）找到1个
选择对象：（回车结束命令）
命令：_ imprint
选择三维实体或曲面：（选择底板）
选择要压印的对象：（选择偏移的直线）
是否删除源对象［是（Y）/否（N）］〈N〉：y
选择要压印的对象：（选择偏移的直线）
是否删除源对象［是（Y）/否（N）］〈Y〉：y
选择要压印的对象：（选择偏移的直线）
是否删除源对象［是（Y）/否（N）］〈Y〉：y
选择要压印的对象：（回车结束命令）
_ line 指定第一点：（捕捉直线端点）
指定下一点或［放弃（U）］：（捕捉直线端点）
指定下一点或［放弃（U）］：（回车结束命令，结果如图9-64（b）所示）

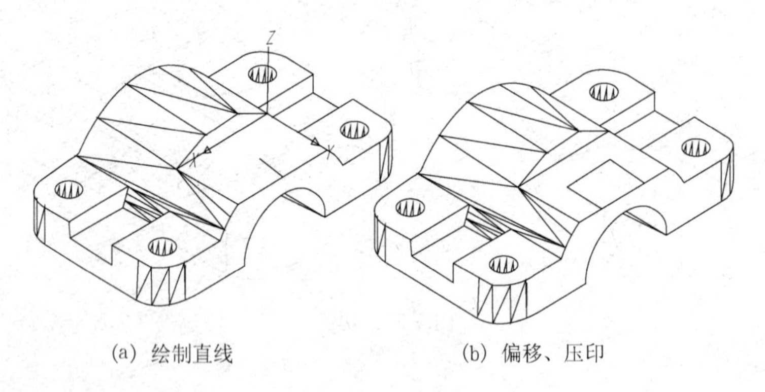

(a) 绘制直线　　(b) 偏移、压印

图9-64　压印

_ solidedit
实体编辑自动检查：SOLIDCHECK = 1
输入实体编辑选项［面（F）/边（E）/体（B）/放弃（U）/退出（X）］〈退出〉：_ face
输入面编辑选项
［拉伸（E）/移动（M）/旋转（R）/偏移（O）/倾斜（T）/删除（D）/复制（C）/颜色（L）/材质（A）/放弃（U）/退出（X）］〈退出〉：
_ extrude
选择面或［放弃（U）/删除（R）］：找到一个面。
选择面或［放弃（U）/删除（R）/全部（ALL）］：

指定拉伸高度或［路径（P）］：-50

指定拉伸的倾斜角度〈0〉：

已开始实体校验。

已完成实体校验。

输入面编辑选项［拉伸（E）/移动（M）/旋转（R）/偏移（O）/倾斜（T）/删除（D）/复制（C）/颜色（L）/材质（A）/放弃（U）/退出（X）］〈退出〉：

实体编辑自动检查：SOLIDCHECK = 1

输入实体编辑选项［面（F）/边（E）/体（B）/放弃（U）/退出（X）］：（回车结束命令，结果如图 9-65 所示）

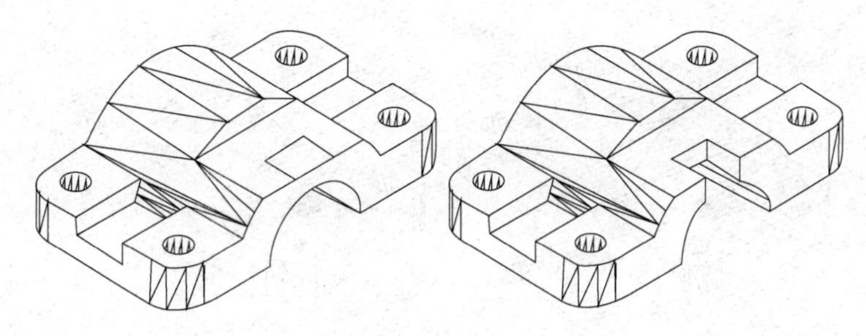

图 9-65 拉伸面

⑤ 切换到东北等轴测视图，建立 UCS 坐标系，绘制拱形柱二维平面图，建立面域，使用“拉伸”命令形成实体。

_ ucs

当前 UCS 名称：*没有名称*

指定 UCS 的原点或［面（F）/命名（NA）/对象（OB）/上一个（P）/视图（V）/世界（W）/X/Y/Z/Z 轴（ZA）］〈世界〉：_ 3

指定新原点〈0，0，0〉：（捕捉圆柱中心）

在正 X 轴范围上指定点〈90.78，-42.89，0.00〉：

在 UCS XY 平面的正 Y 轴范围上指定点〈89.78，-43.89，0.00〉：

利用“直线”、“圆”等命令绘制拱形柱截面图，利用“修剪”命令进行修剪。创建面域，进行布尔运算。

_ region

选择对象：找到 1 个

选择对象：找到 1 个，总计 2 个

选择对象：找到 1 个，总计 3 个

选择对象：找到 1 个，总计 4 个

选择对象：找到 1 个，总计 5 个

选择对象：

已提取 2 个环。

已创建 2 个面域。

_ subtract 选择要从中减去的实体、曲面和面域...

选择对象：找到 1 个

选择对象：

选择要减去的实体、曲面和面域...
选择对象：找到1个
选择对象：(回车结束命令)
_ extrude
当前线框密度：ISOLINES = 4
选择要拉伸的对象：找到1个
选择要拉伸的对象：(选择面域)
指定拉伸的高度或［方向(D)/路径(P)/倾斜角(T)］：25(回车结束命令，结果如图9-66所示)

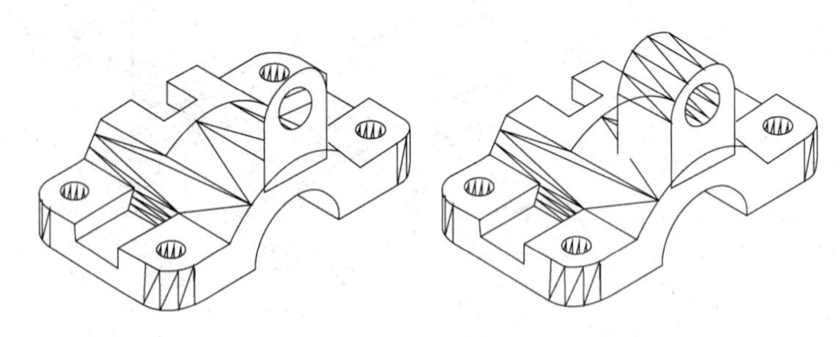

图9-66 拉伸拱形柱

⑥ 使用布尔运算形成三维实体。
_ union
选择对象：找到1个
选择对象：找到1个，总计2个
选择对象：(回车结束命令，结果如图9-67所示)

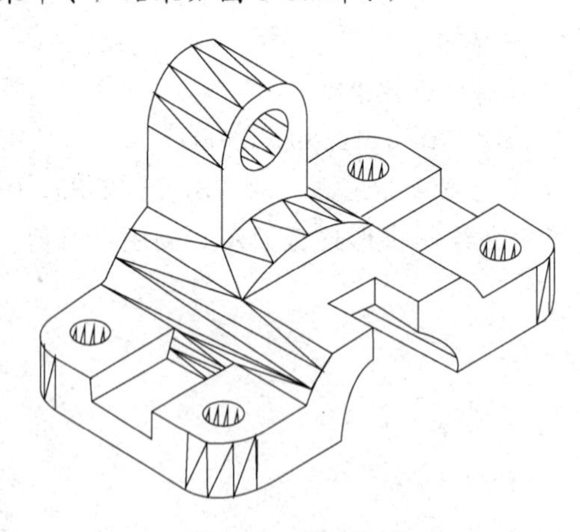

图9-67 完成造型

思考与练习

1. 绘制三维实体的方法有哪些？
2. 如何对三维实体进行布尔运算？
3. 压印命令有什么用处？
4. 根据图9-68、图9-69、图9-70所示形体的轴测图及其尺寸，使用三维实体建模及编辑命令构造该零件体的实体模型。

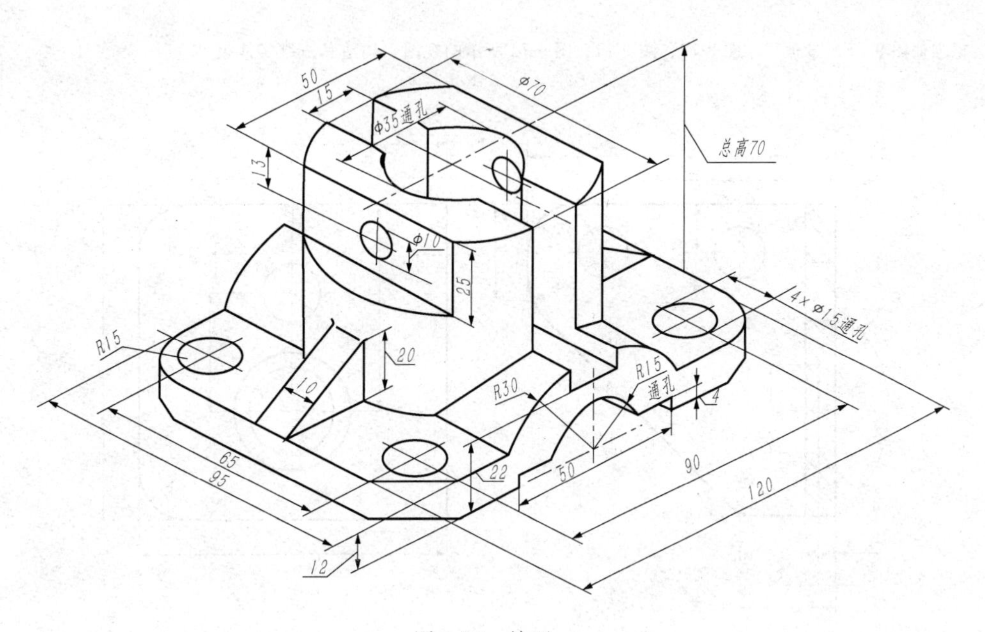

图 9-68　练习一

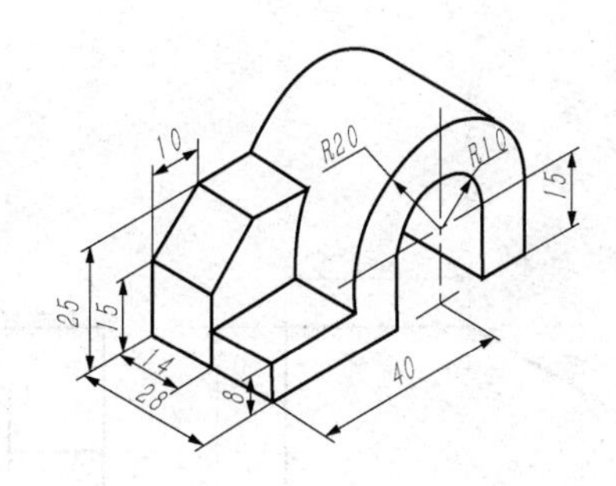

图 9-69　练习二

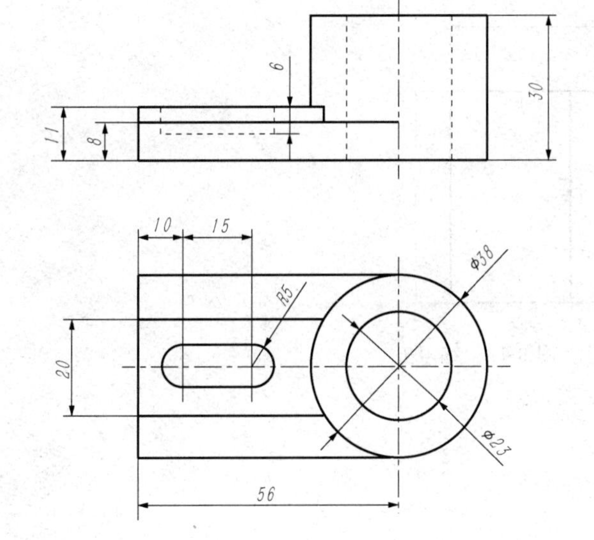

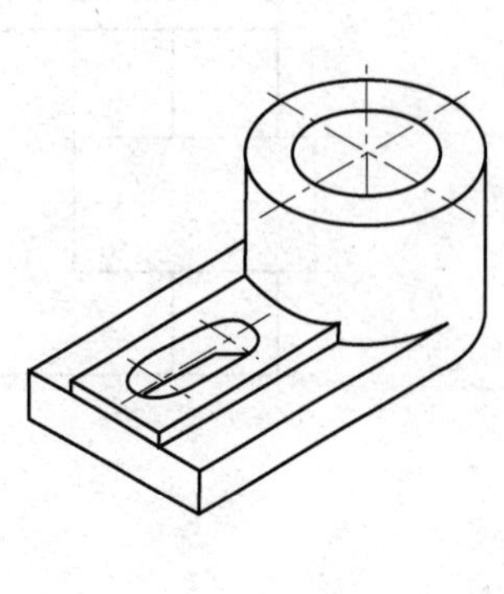

图 9-70　练习三

5. 根据如图 9-71、图 9-72、图 9-73、图 9-74、图 9-75 所示的视图，构造其三维实体模型。

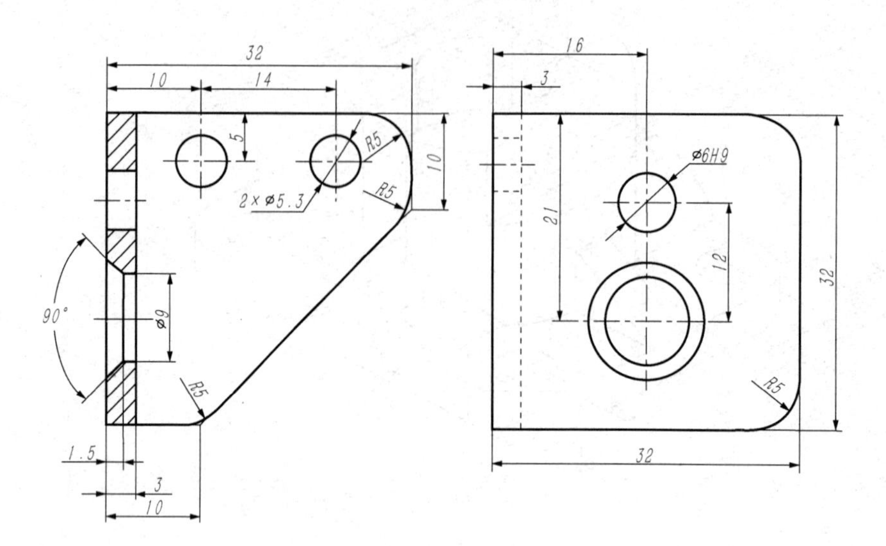

图 9-71　练习四

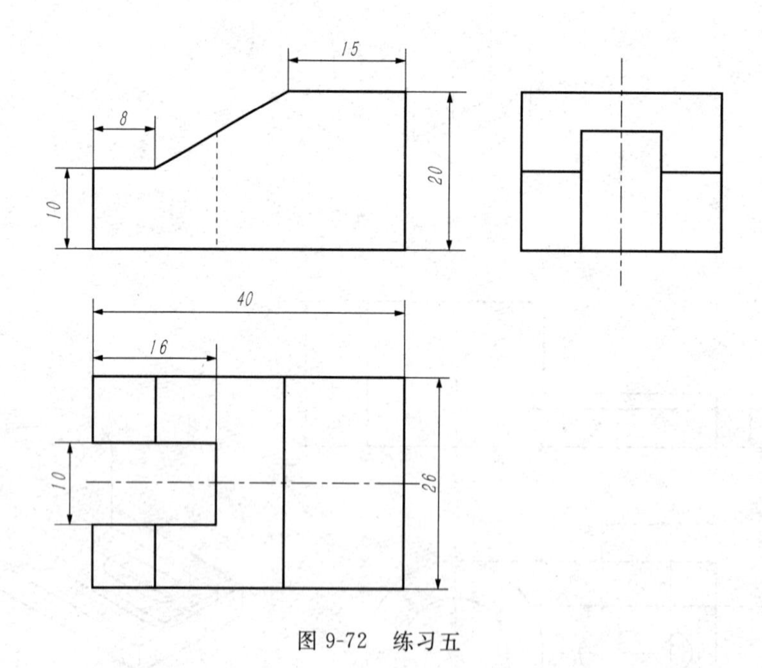

图 9-72　练习五

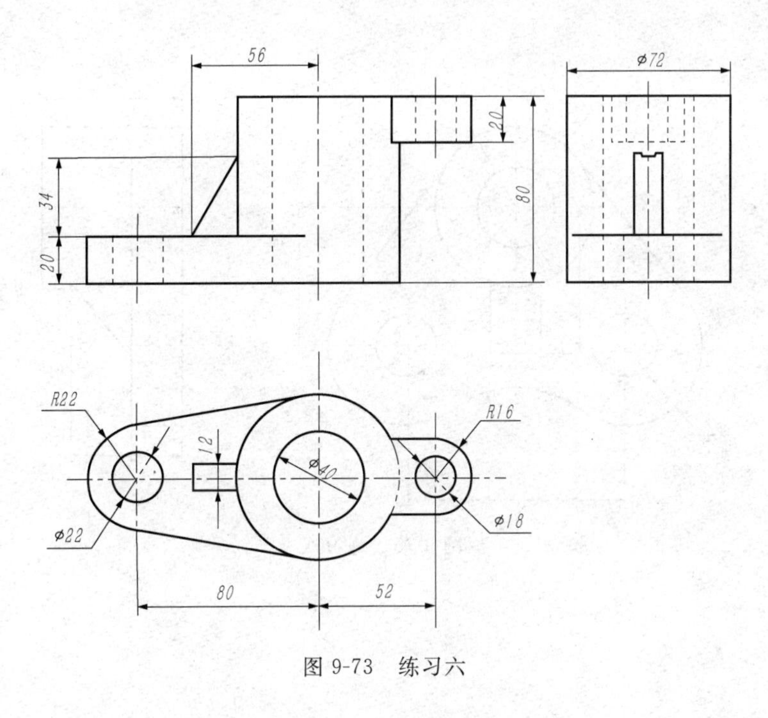

图 9-73　练习六

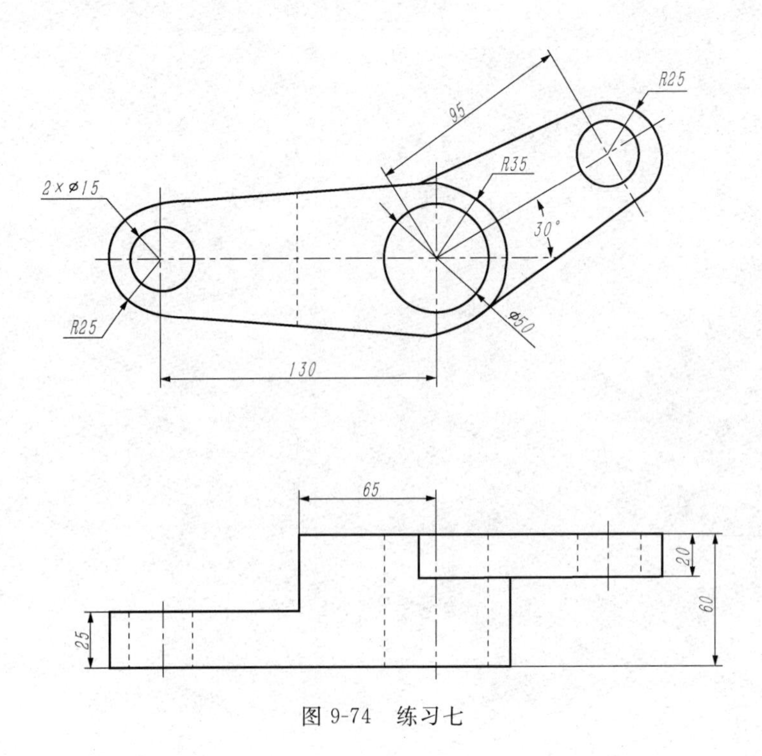

图 9-74　练习七

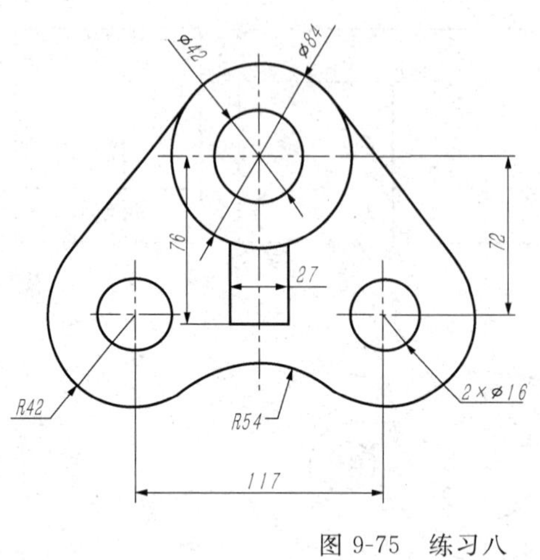

图 9-75　练习八

第 10 章　工程图的布局和输出

AutoCAD 绘制好的图形，作为计算机辅助设计的最有效的结果，可以用打印机或绘图仪输出，用于指导工作和生产。“模型”空间和“图纸”空间是 AutoCAD 中两个不同的工作空间，输出图形可以在“模型”空间输出，也可以在“图纸”空间输出。

10.1　模型空间和图纸空间

10.1.1　模型空间

“模型”空间（MSPACE）是指用户在其中进行设计、绘图的工作空间。在本书中，迄今为止用户一直在模型空间中工作，AutoCAD 在绘图区域的左下角显示“模型”选项卡，激活情况下确保总在模型空间中。在模型空间中，可以直接创建二维图形和三维图形，以及进行必要的尺寸标注和文字说明。一般情况下，模型空间的绘图区域以单个视口的形式显示，如图 10-1 所示。

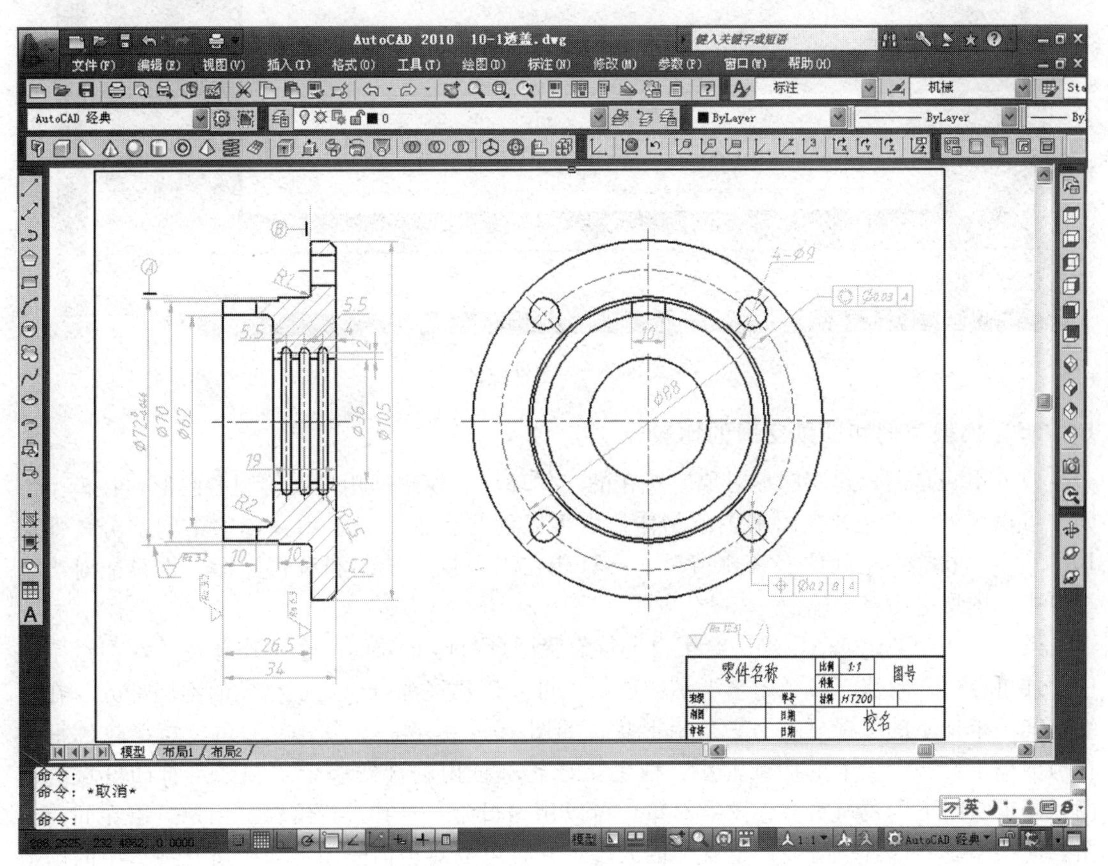

图 10-1　模型空间

10.1.2 图纸空间

“图纸”空间（又称布局空间，PSPACE）可以看作是由一张图纸构成的平面，用户可以在图纸空间上插入标题栏、加注尺寸、标注文字及技术要求，主要用于完成图纸的布局及打印。如图 10-2 所示。图纸空间的所有图形均为平面图形，利用图纸空间可以把在模型空间绘制的三维模型在同一张图纸上以多个视图的形式按一定的方式排列（例如以三视图的形式排列），以便在同一张图纸上打印输出它们，且这些视图可以采用不同的比例，而这一点在模型空间中是无法实现的。

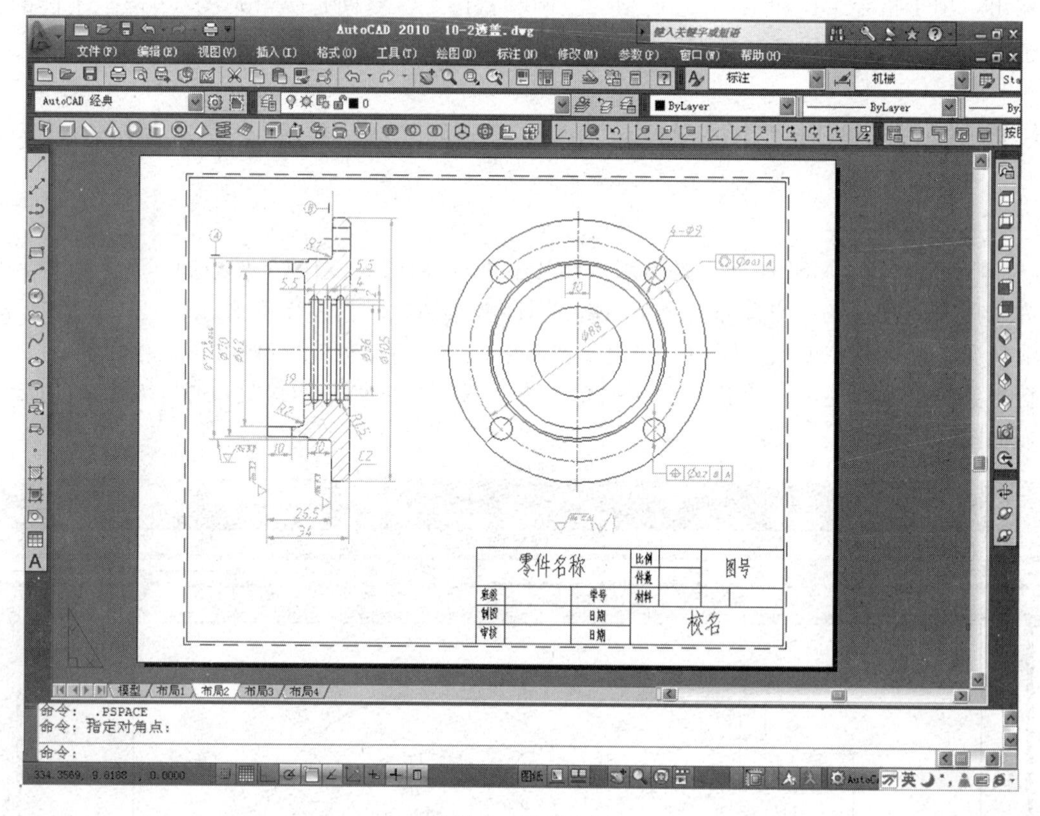

图 10-2 图纸空间

10.1.3 模型空间和图纸空间的比较

模型空间是用户建立图形对象时所在的工作环境。模型即用户所绘制的图形，在模型空间中可以用二维或三维视图来表示物体，也可以创建多视口以显示物体的不同部分，如图 10-3 所示。在模型空间的多视口情况下，只能在当前视口绘制和编辑图形，也只能对当前视口中的图形进行打印输出。

图纸空间是 AutoCAD 提供给用户进行设置图形打印布局的一个工作环境。在图纸空间中同样可以用二维或三维视图来表示物体，也可以创建多视口以显示物体的不同部分。在图纸空间下坐标系的图标显示为三角板形状，如图 10-4 所示，图中显示的白色矩形轮廓框是在当前输出设备配置下的图纸大小，白色矩形轮廓框内的虚线表示了图纸可打印区域的范围。图纸空间下的视口被看作图形对象，可以用编辑命令对其进行编辑。用户可以在同一绘图页面中绘制图形，也可以调整视图的放置，并且可以对当前绘图页面中所有视口中的图形同时进行打印输出。

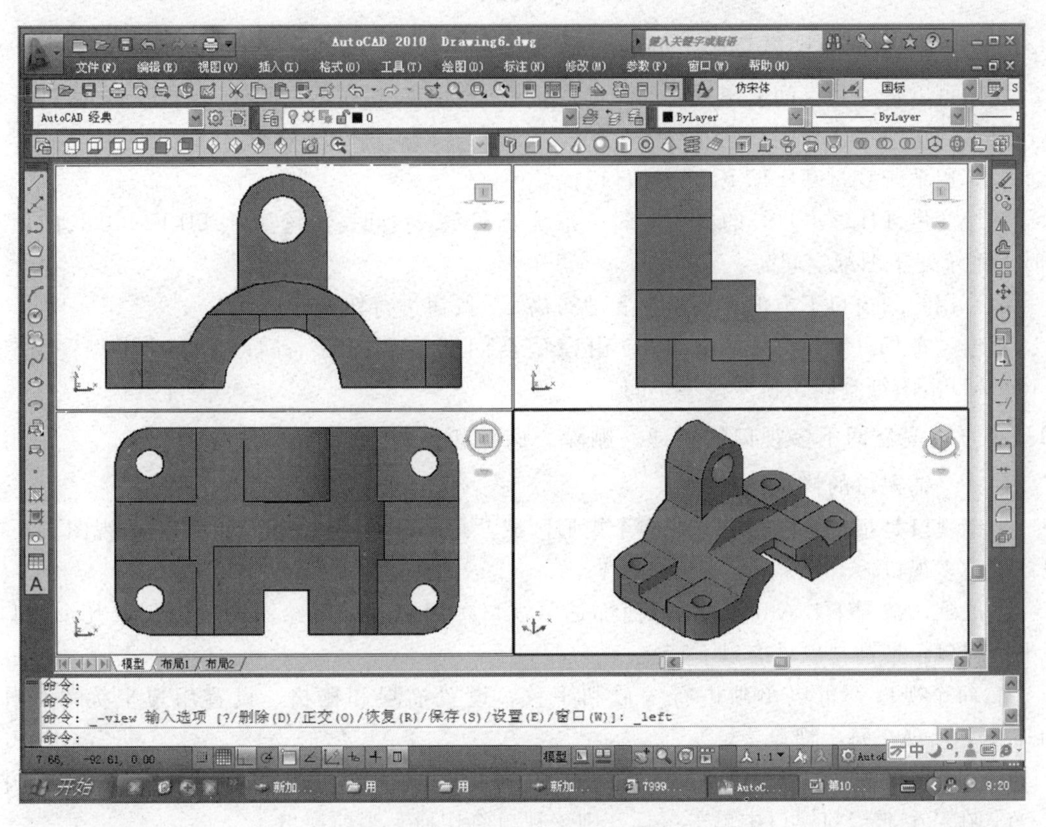

图 10-3　模型空间下的多视口

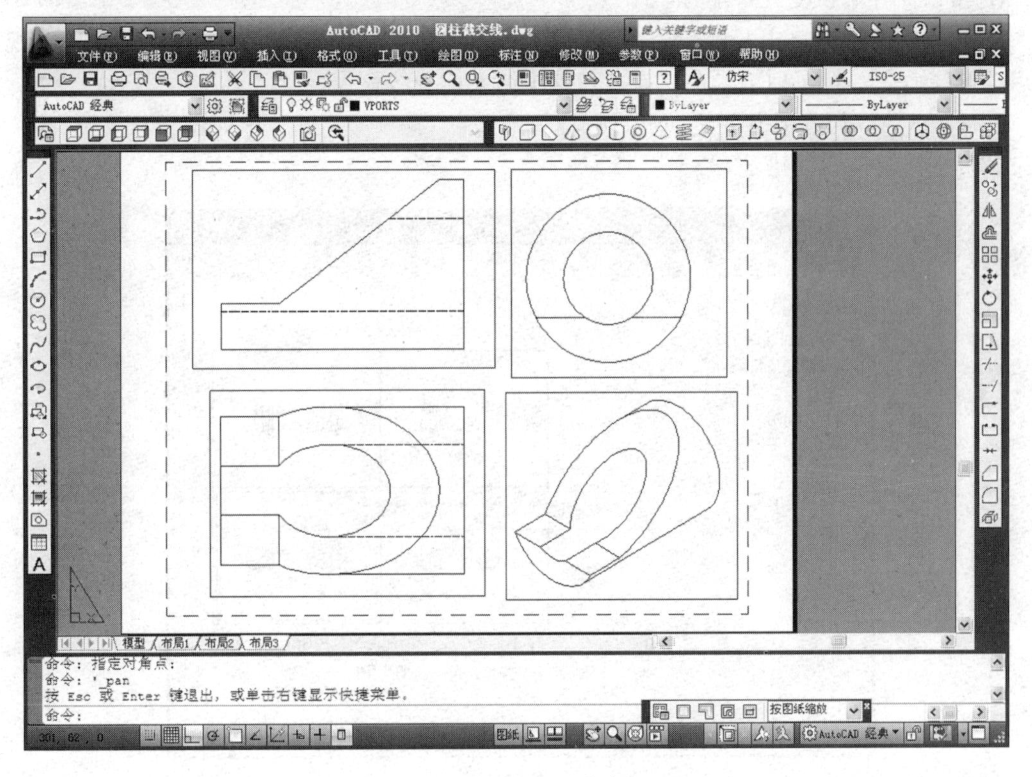

图 10-4　图纸空间下的多视口

10.1.4 模型空间与图纸空间之间的切换

用户可以在模型空间或图纸空间下工作，也可以随时在模型空间和图纸空间之间进行切换，具体的切换操作介绍如下。

（1）用系统变量 TILEMODE 进行切换

系统变量 TILEMODE 的值为 1 时，系统处于模型空间；系统变量 TILEMODE 的值为 0 时，系统处于图纸空间。

（2）用绘图窗口下方的“模型”和“布局 1”按钮进行切换

单击“布局 1”按钮，AutoCAD 由模型空间切换至图纸空间；单击“模型”按钮，AutoCAD 由图纸空间切换至模型空间。

10.1.5 模型空间下多视口的创建、删除、保存和恢复

（1）平铺视口的特点

平铺视口是指把绘图窗口分成多个矩形区域，每个区域可以显示不同的命名视图。平铺视口也称多视口。

一般默认情况下，AutoCAD 界面都是单视口，用户可以将绘图窗口分割成几个视口，即平铺视口。平铺视口具有以下特点。

① 每个视口都可以单独进行缩放和平移、设置捕捉和栅格、设置用户坐标等操作，UCS 图标出现在每个视口中。

② 每次只能激活一个视口，被激活的视口有一个粗边框。十字光标只出现在被激活的视口中。

③ 在某个非当前视口中单击鼠标，则该视口将切换为当前视口。

④ 可以保存和恢复视口配置。

⑤ 可以在一个视口中开始一个命令而在另一个视口中结束它。例如：可以在一个视口中启动画线命令，切换到第二个视口，在其中结束此画线命令。

⑥ AutoCAD 允许最多创建 96 个视口。

（2）平铺视口的创建

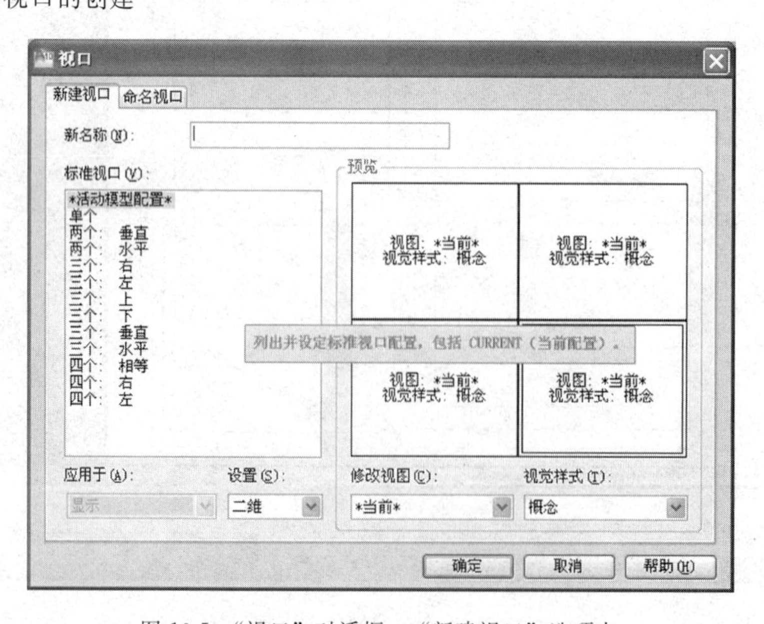

图 10-5 “视口”对话框—“新建视口”选项卡

选择“视图”|“视口”|“新建视口”命令，AutoCAD 弹出如图 10-5 所示的“视口”对话框，该对话框有“新建视口”和“命名视口”两个选项卡，分别如图 10-5 和图 10-6 所示，现在对该对话框的两个选项卡分别进行介绍。

①“新建视口”选项卡用于创建并设置新的平铺视口。

“新名称”文本框用于输入创建的平铺视口名称。“标准视口”列表框用于显示用户可以选择的所需配置。“预览”区用于显示用户所选择配置的结果。“应用于”下拉列表用于设置用户所选的视口配置是用于整个屏幕还是当前视口，它有两个选项，“显示”选项表示将选定的视口配置应用于整个屏幕；“当前视口”选项表示将选定的视口配置应用于当前视口。“设置”下拉列表用于设置指定“二维”或“三维”，选择“二维”选项，使用视口中的当前视图来初始化配置视口；选择“三维”选项，AutoCAD 将在视口中生成标准的正交视图。“修改视图”下拉列表用于设置选定视口的视点（投影方向）。“视觉样式”下拉列表用于设置选定视口的图形显示方式。

②“命名视口”选项卡中显示了已命名的视口配置，选择其中一个时，该视口配置的布局情况将显示在预览框中，如图 10-6 所示。

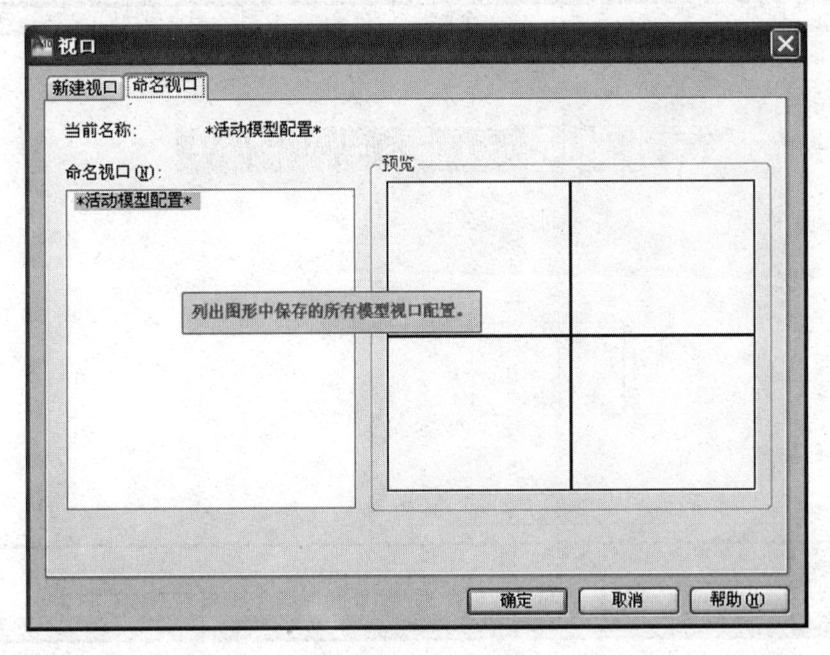

图 10-6 “视口”对话框—“命名视口”选项卡

（3）删除平铺视口

删除平铺视口的一种方法是把它合并到另一个视口。为了把一个视口合并到另一个视口，选择“视图”|“视口”|“合并”。在“选择主视口〈当前视口〉:”提示下，单击所想保留的视口，或者，如果想保留当前视口按回车键，在“选择要合并的视口”提示下，单击想合并到主视口的视口。随着 AutoCAD 对两个视口的合并，用户失去被合并视口中的显示。

一次删除所有平铺视口的另外一个唯一的方法是返回到单视口配置，选择“视图”|“视口”|“一个视口”，AutoCAD 保持当前视口中的显示，合并其他的视口。

（4）保存视口配置

一旦已创建了某个自己喜欢的视口配置，可以按如下步骤把它保存起来。

① 如果“视口”对话框还未准备好，可以选择“视图”|“视口”|“新建视口”。

② 在“新名称”文本框中输入名称，单击“确定”即可。

(5) 恢复视口配置

在返回到某个视口配置或者使用一个不同的配置后，用户可以调用某个已有的配置，具体步骤如下。

① 选择“视图”|“视口”|“命名视口”，AutoCAD打开视口对话框的“命名视口”选项卡。

② 选择想要恢复的视口，单击“确定”。

下面通过实例来介绍平铺视口的具体应用。

练习如下。

① 打开如图10-7所示的图形。

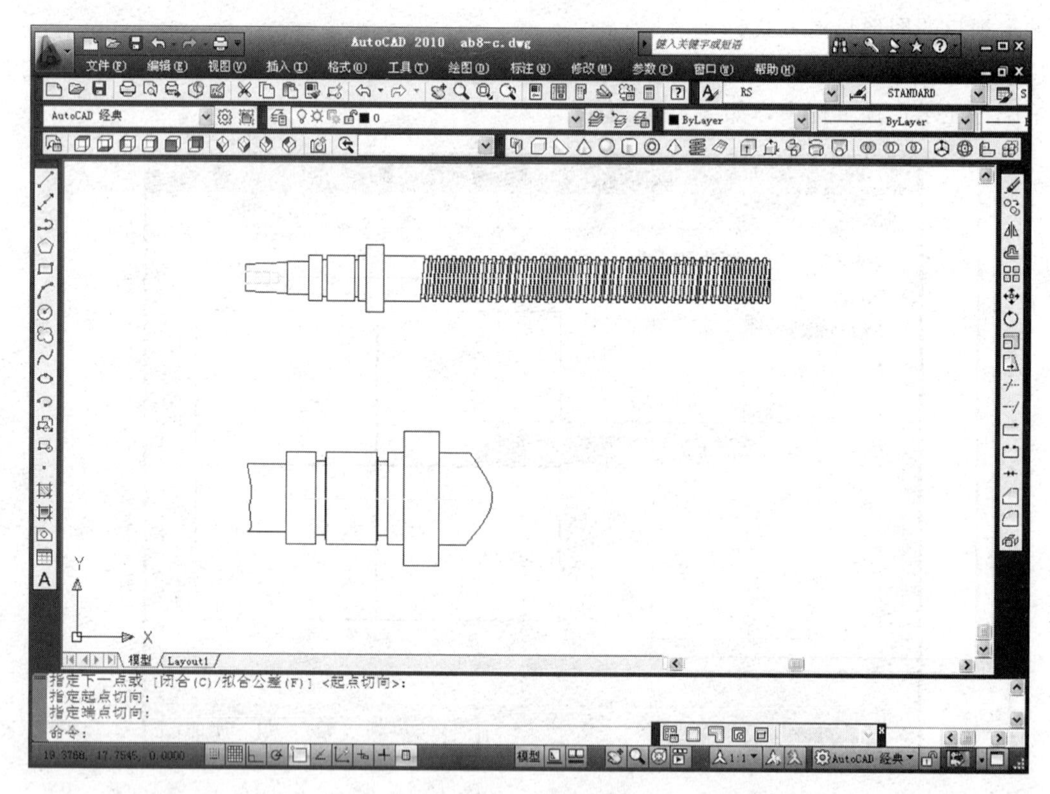

图10-7 一个视口

② 选择“视图”|“视口”|“新建视口”，打开“视口”对话框。

③ 在对话框的左边的清单中，选择“三个：上”，单击“确定”。AutoCAD建立三个平铺视口。

④ 单击右下角的视口，在“标准”工具栏的“缩放”弹出条上单击“窗口缩放”，提示用框选方式选择图形，选择图形的上面部分。

⑤ 单击右下角的视口，在“标准”工具栏的“缩放”弹出条上单击“窗口缩放”，提示用框选方式选择图形，选择图形的下面部分。

⑥ 单击上部视口，在“标准”工具栏的“缩放”弹出条上单击“窗口缩放”，提示用框选方式选择图形，选择全部图形，其结果如图10-8所示。

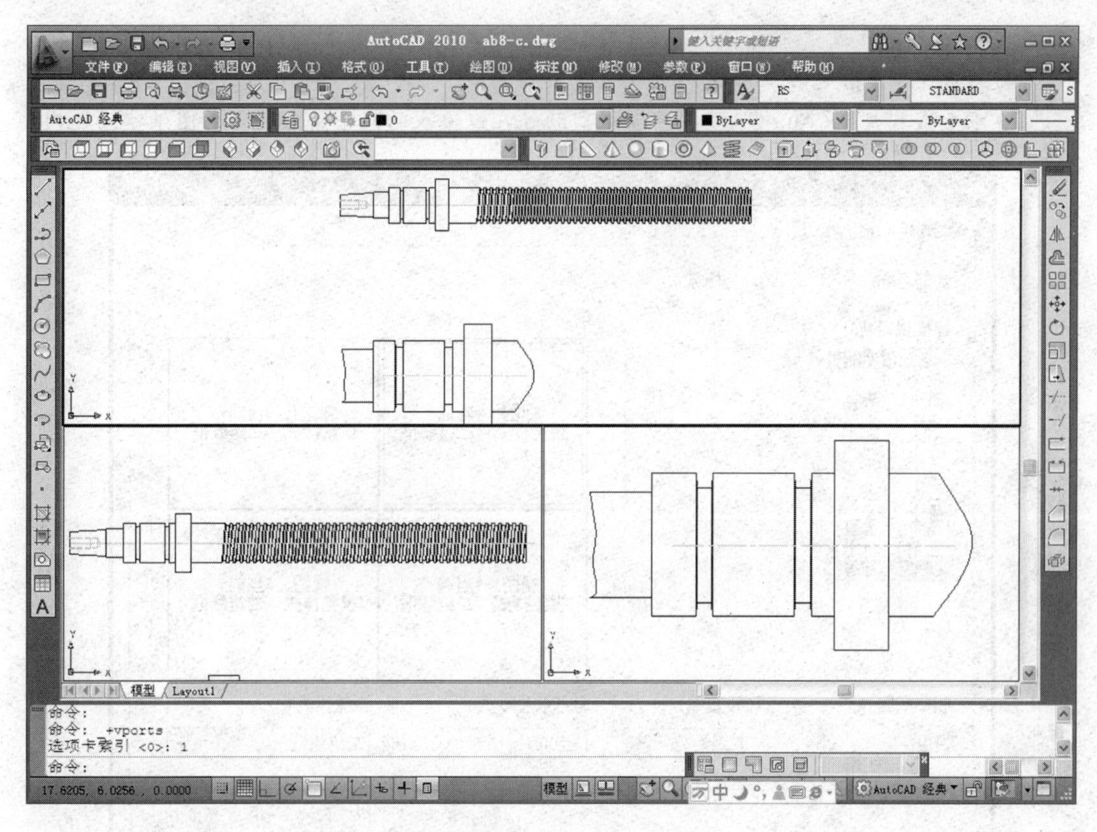

图 10-8　三个视口

⑦ 选择“视图”|“视口”|“命名视口”，在“新名称”文本框中键入“三视口-上”并单击确定。

⑧ 上部视口处于被激活状态，选择“视图”|“视口”|“一个视口”，AutoCAD 显示在最后被激活视口中所显示的视图。

⑨ 选择“视图”|“视口”|“命名视口”。

⑩ 选择名称为“三视口-上”并单击确定。AutoCAD 恢复视口配置，包括每个视口中的视图。

10.1.6　图纸空间下多视口的创建

在图纸空间下用户同样可以创建多视口，此时的视口称为浮动视口。平铺视口和浮动视口的区别是：前者将绘图区域分成若干个固定大小和位置的视口，彼此之间不能重叠；后者可以改变视口的大小与位置，而且它们之间可以相互重叠。下面介绍图纸空间下多视口创建的方法。

在图纸空间下选择“视图”|“视口”|“新建视口”命令，AutoCAD 会弹出如图 10-9 所示的“视口”对话框。该对话框与创建平铺视口的对话框内容基本相同，不同的是，“新建视口”选项卡中的“视口间距”文本框代替了原来的“应用于”下拉列表框。在此文本框中，用户可以通过改变数值的大小来确定各浮动视口之间的距离。在该对话框中进行创建浮动视口的各种设置后，单击对话框中的“确定”按钮，对话框消失，AutoCAD 提示如下。

_ + vports

选项卡索引〈0〉: 0

指定第一个角点或［布满（F）］〈布满〉：（指定第一角点）

指定对角点：（指定第二角点）正在重生成布局。

正在重生成模型。（AutoCAD 将浮动视口放置在以输入的两个角点确定的图纸空间之内。）

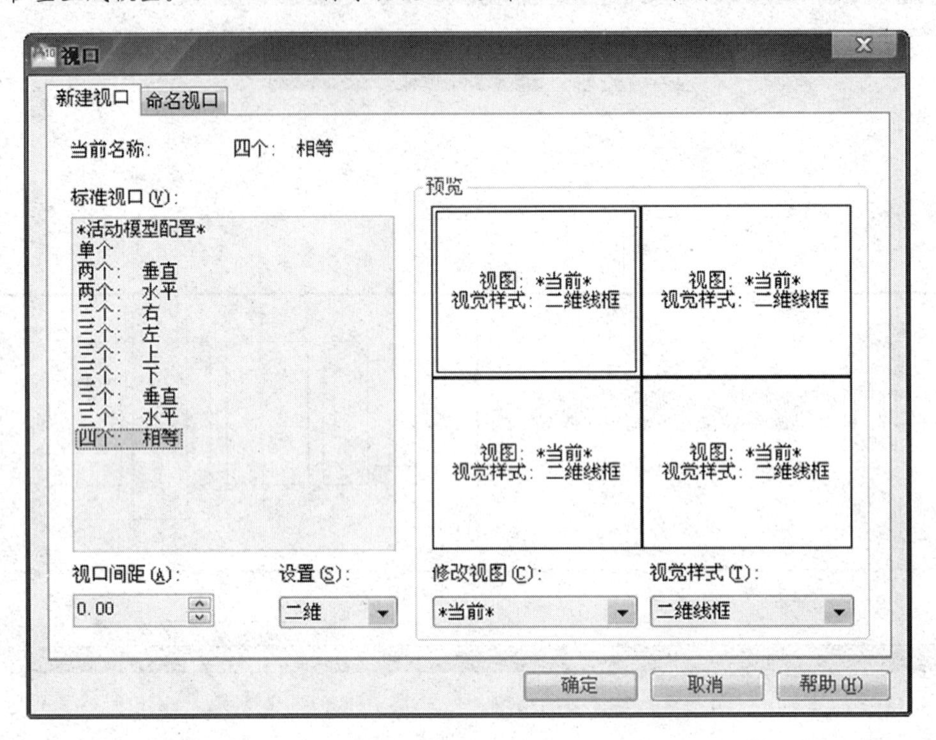

图 10-9 图纸空间下的“视口”对话框

10.1.7 图纸空间与浮动模型空间的切换

前面已介绍过，图纸空间下的视口称为浮动视口。为了能够对浮动视口中的图形对象进行编辑，AutoCAD 提供了在图纸空间下的浮动视口进入临时模型空间的方法。浮动视口进入临时模型空间后，用户便可对其内部的图形对象进行编辑，也可以在该浮动视口内进行绘图，此时的图纸空间称为浮动模型空间。图纸空间与浮动模型空间之间的相互切换可以用以下方法进行。

（1）双击鼠标

在图纸空间状态下的任意一个浮动视口内双击鼠标，该浮动视口即可进入临时模型空间，图纸空间也随之切换至浮动模型空间；在浮动模型空间状态下的视口外任意位置双击鼠标，AutoCAD 即可切换至图纸空间。

（2）单击状态栏的“图纸/模型”按钮

在图纸空间状态下单击状态栏的“图纸”按钮，AutoCAD 由图纸空间切换至浮动模型空间，此时，状态栏的“图纸”按钮变为“模型”按钮；在浮动模型空间状态下单击状态栏的“模型”按钮，AutoCAD 则由浮动模型空间切换至图纸空间，此时，状态栏的“模型”按钮又变为“图纸”按钮。

（3）通过命令行输入命令

在命令行中输入“MSPACE”，按 Enter 键，AutoCAD 由图纸空间切换至浮动模型空间；

在命令行中输入“PSPACE”，按 Enter 键，AutoCAD 由浮动模型空间切换至图纸空间。

10.2　创建布局的基本方法

10.2.1　使用向导创建布局

菜单："工具"|"向导"|"创建布局"

命令行：LAYOUTWIZARD

执行该命令，AutoCAD 弹出"创建布局-开始"对话框，如图 10-10 所示。

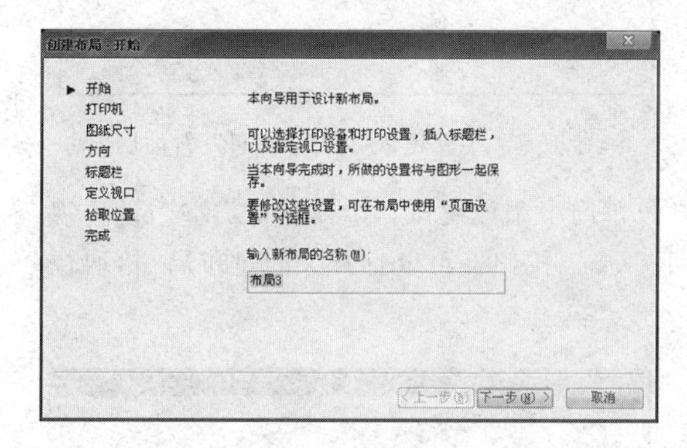

图 10-10　"创建布局-开始"对话框

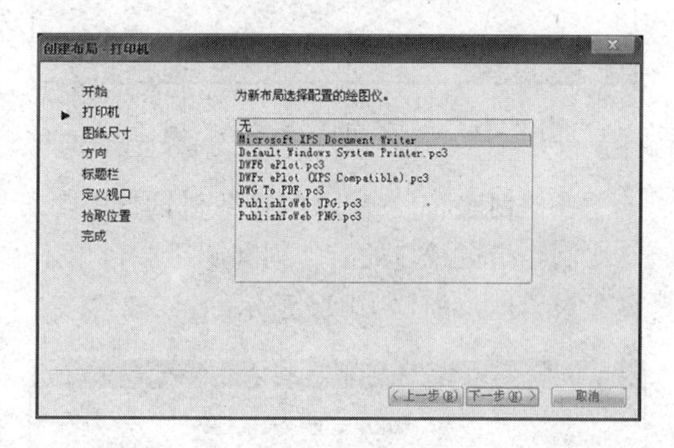

图 10-11　"创建布局-打印机"对话框

在该对话框的"输入新布局的名称"框中，AutoCAD 默认的新布局名称是"布局 3"，可以重新输入其他的布局名称。在"创建布局-开始"对话框中单击"下一步"按钮，可以打开"创建布局-打印机"对话框，如图 10-11 所示。

在该对话框的"为新布局选择配置的绘图仪"列表中，可以指定打印设备，再击"下一步"按钮，打开"创建布局-图纸尺寸"对话框，如图 10-12 所示。

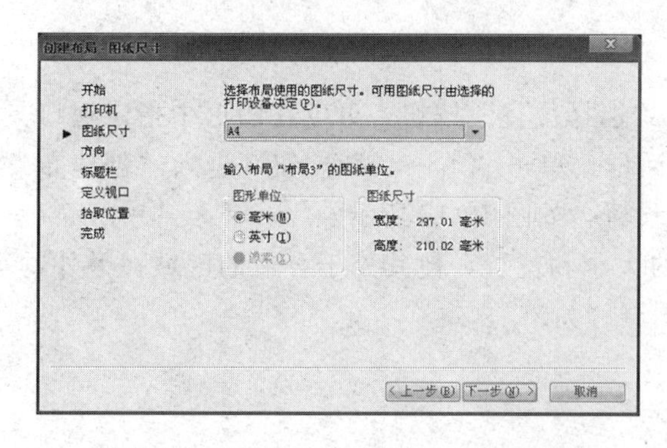

图 10-12　"创建布局-图纸尺寸"对话框

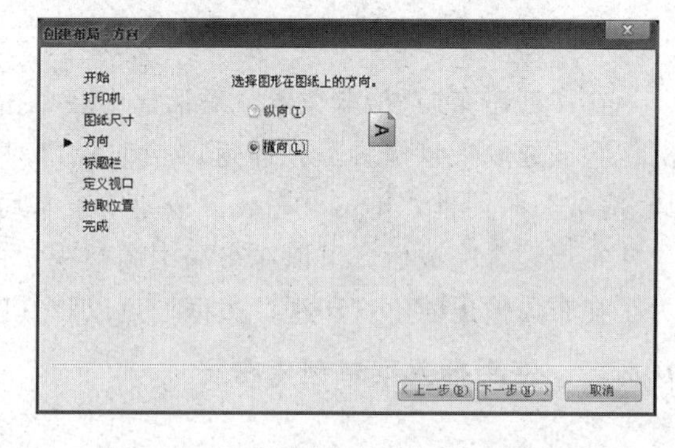

图 10-13　"创建布局-方向"对话框

在"创建布局-图纸尺寸"对话框的布局使用的图纸尺寸列表框中可以选择所需的图纸尺寸，在图形单位框里，可以选择"毫米"或"英寸"作为图形的单位。单击"下一步"按钮，可以打开"创建布局-方向"对话框，如图 10-13 所示。

在"创建布局-方向"对话框中，选择图形在图纸上的方向，有"横向"和"纵向"两种。单击"下一步"按钮，可以打开"创建布局-标题栏"对话框，如图 10-14 所示。

在"创建布局-标题栏"对话框中，为布局选择合适的标题栏。也可以选择自己绘制的并以块的形式存储起来的标题栏。再单击"下一步"按钮，打开"创建布局-定义视口"对话框，如图 10-15 所示。

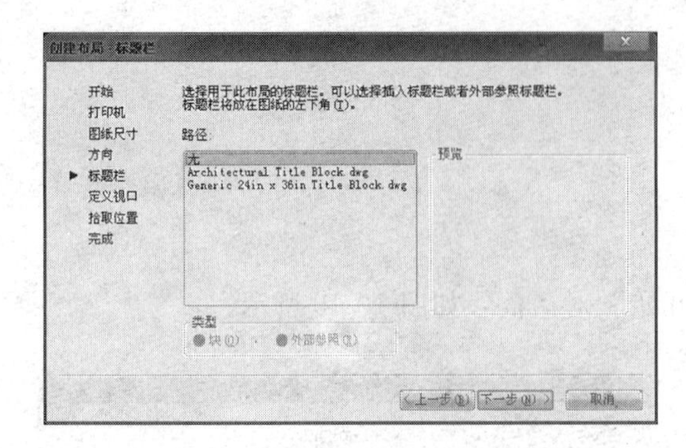

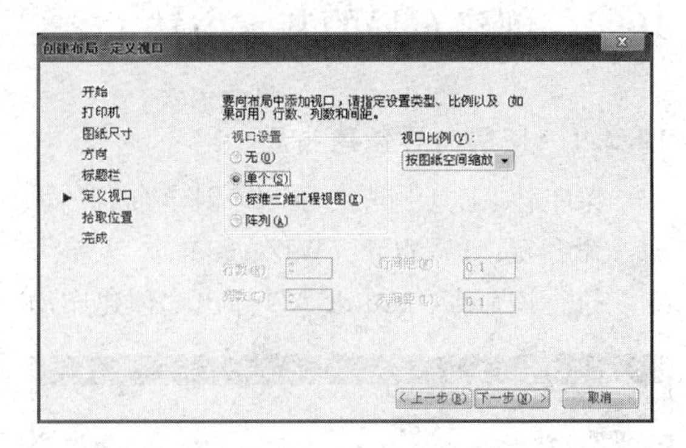

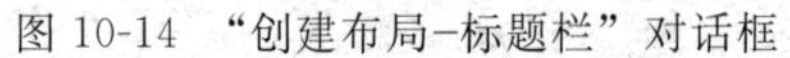

图 10-14 “创建布局-标题栏”对话框

图 10-15 “创建布局-定义视口”对话框

在“创建布局-定义视口”对话框中，可以向布局中添加视口，选择视口类型，设置视口比例，指定视口的行、列和间距。再单击“下一步”按钮，可以打开“创建布局-拾取位置”对话框，如图 10-16 所示。

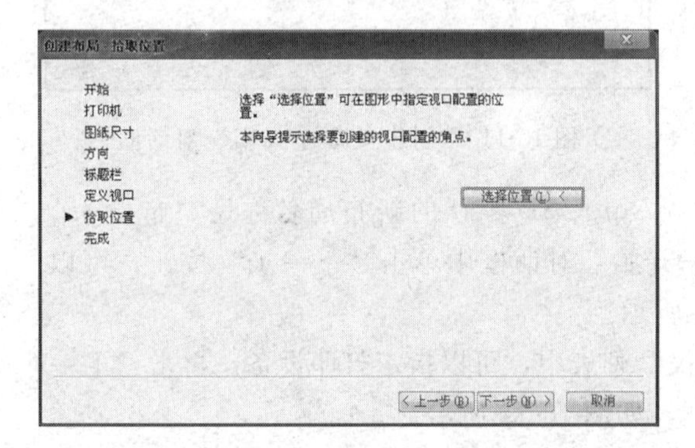

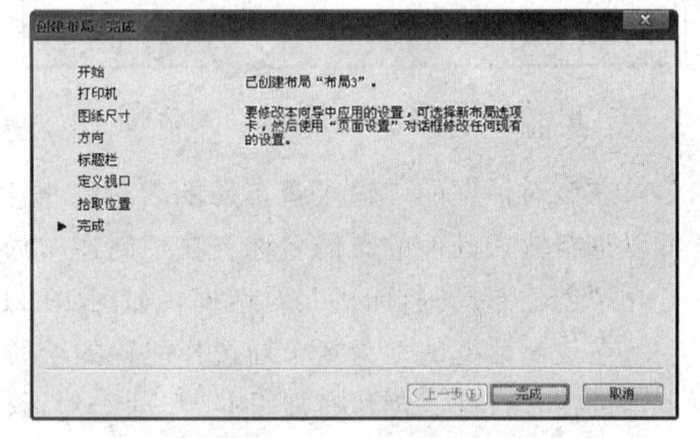

图 10-16 “创建布局-拾取位置”对话框

图 10-17 “创建布局-完成”对话框

在“创建布局-拾取位置”对话框中，单击“选择位置”按钮，可以在图形中指定视口的位置。选取视口位置后，即返回拾取视口对话框，单击“下一步”按钮，进入“创建布局-完成”对话框，单击“完成”按钮结束布局设置，如图 10-17 所示。

布局设置完成后，可以在布局中调整视口的大小和位置，使其处于合适的区域，另外，为了在布局输出时不打印视口边框，可以将其图层“关闭”。

10.2.2 使用插入菜单创建布局

① 命令 1。

菜单：“插入”|“布局”|“新建布局”

命令行：LAYOUT

执行该命令，AutoCAD 提示如下。

_ layout

输入布局选项 [复制 (C)/删除 (D)/新建 (N)/样板 (T)/重命名 (R)/另存为 (SA)/设置 (S)/?] 〈设置〉: _ new

输入新布局名〈布局 4〉:

② 命令 2。

菜单："插入" | "布局" | "来自样板的布局"

命令行：LAYOUT

命令执行后，出现如图 10-18 所示对话框，在布局样板文件列表框中，选择合适的布局样板文件，单击"打开"按钮，打开插入布局对话框，单击"确定"按钮，即可完成。

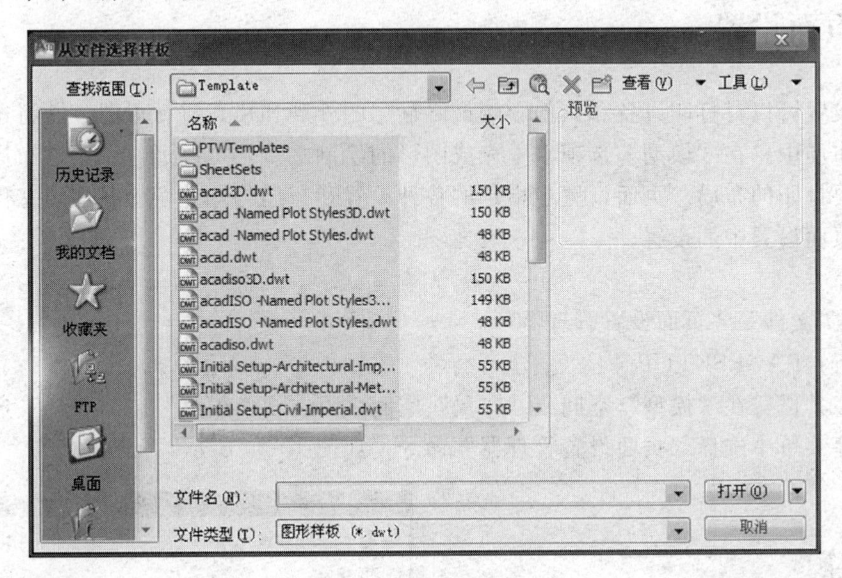

图 10-18　选择布局样板文件

③ 命令 3。

菜单："插入" | "布局" | "创建布局向导"

命令行：LAYOUTWIZARD

这种方式与"工具" | "向导" | "创建布局"命令创建布局的方法相同。

10.2.3　通过"设计中心"设置布局

可以通过设计中心从已有的图形文件中或样板文件中，把已经建好的布局拖入到当前图形文件中。方法：用鼠标左键单击标准工具条中的▦按钮，会弹出如图 10-19 所示的"设计

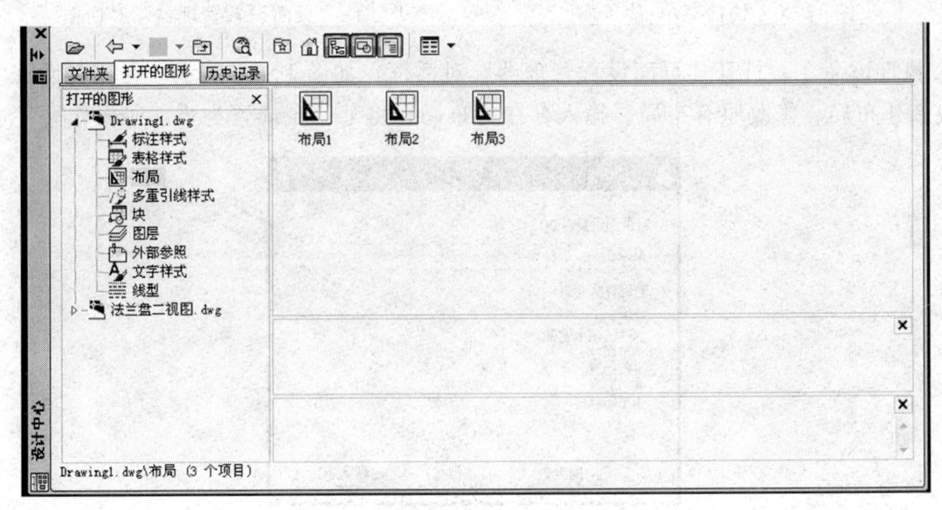

图 10-19　AutoCAD 设计中心

中心”对话框，在对话框中左边“打开的图形”库中选择已有的图形，并选中其中的布局项目，在右边的空白区域会显示出该图形包含的布局种类，用鼠标左键把其中需要的布局拖到当前图形中即可建立与其完全一样的布局形式。

10.3 页面设置

页面设置可以对打印设备和其他影响最终输出的外观和格式进行设置，并将这些设置应用到其他布局中，在“模型”选项卡中完成图形的绘制之后，可以通过单击“布局”选项卡开始创建要打印的布局。页面设置中指定的各种设置和布局将一起存储在图形文件中，可以随时修改页面设置中的设置。

(1) 命令

菜单：“文件”|“页面设置管理器”

命令行：PAGESETUP

快捷工具栏：在“模型”空间或“布局”空间中，右击“模型”或“布局”选项卡，在打开的快捷菜单中选择“页面设置管理器”命令，如图 10-20 所示。

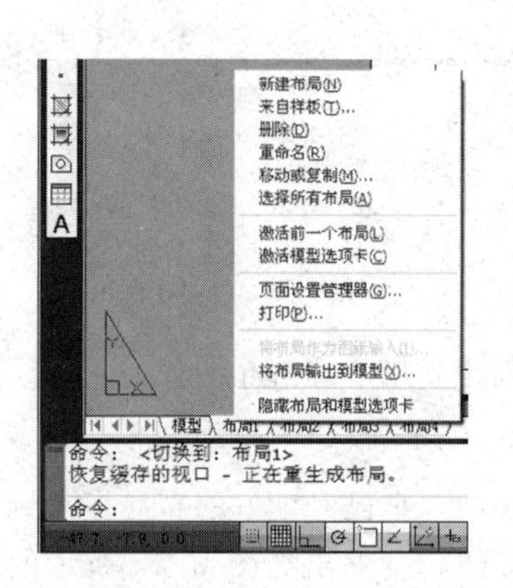

图 10-20 快捷菜单

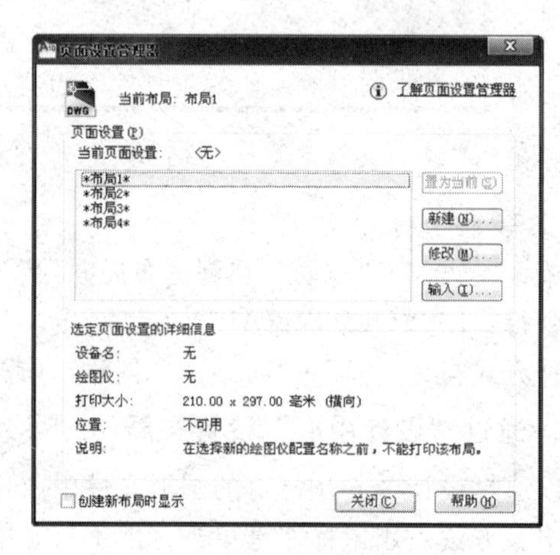

图 10-21 “页面设置管理器”对话框

① 执行该命令，打开“页面设置管理器”对话框，如图 10-21 所示。在该对话框中，可以完成新建布局、修改原有布局、输入存在的布局和将某一布局置为当前等操作。

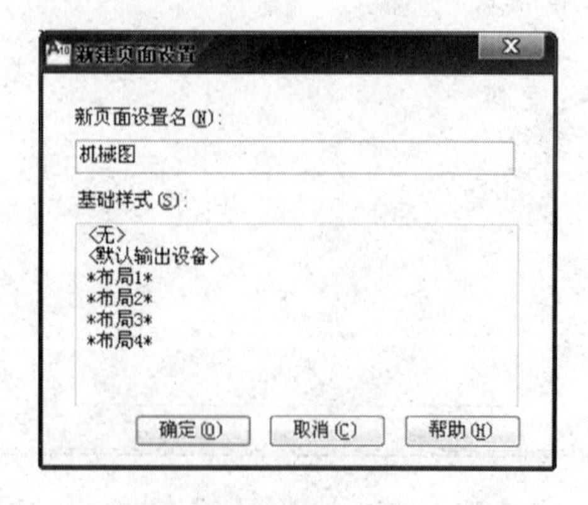

图 10-22 “新建页面设置”对话框

② 在“页面设置管理器”对话框中，单击“新建”按钮，打开“新建页面设置”对话框，如图 10-22 所示。

③ 在“新页面设置名”文本框中输入新建页面的名称，如“机械图”，单击“确定”按钮，打开“页面设置-布局 1”对话框，如图 10-23 所示。

④ 在“页面设置-布局 1”对话框中，可以设置布局和打印并预览结果，对于一个布局，可利用“页面设置”对话框来完成其设置，设置完毕后，单击“确定”按钮。

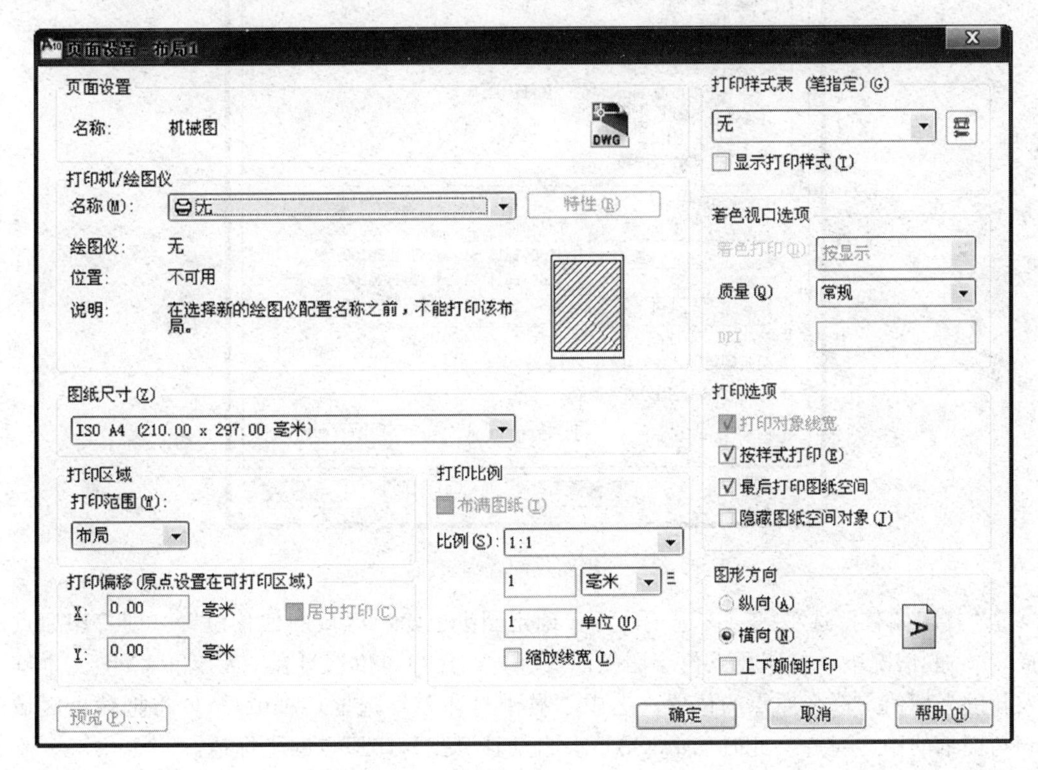

图 10-23 “页面设置-布局 1”对话框

(2) 页面设置的内容

利用如图 10-23 所示的“页面设置-布局 1”对话框可以对布局进行各种页面设置。

①“打印机/绘图仪”选项区 该选项区用于选择图形的打印输出设备和显示选中设备的有关说明。其中“名称”下拉列表用于选择图形的打印输出设备；单击“特性”按钮，AutoCAD 将弹出如图 10-24 所示的“绘图仪配置编辑器”对话框。

②“图纸尺寸”选项区 该选项区用于选择图纸的尺寸。用户在该选项区可以单击下三角按钮打开“图纸尺寸”下拉列表，从列表中选取合适的图纸尺寸，如果列表中没有用户所需要的图纸（尺寸不合适），用户可以自己定义合适的图纸尺寸。

③“打印比例”选项区 该选项区用于设置图形输出比例。用户可以从下拉列表中选择一个比例，也可以在下面文本框中通过设置一个绘图单位等于多少毫米（或英寸）的方法来自定比例。选中“缩放线宽”复选框表示按确定的比例调整图形对象的线宽。

④“打印区域”选项区 该选项区用于设置图形在图纸上输出的范围。选中“布局”选项表示输出区域为当前布局中图纸的可打印区域；选中“范围”选项表示最大限度地输出当前布局中的所有图形；选中“显示”选项表示打印输出的内容为当前显示在绘图窗口中的内

容；选中“窗口”选项表示要用窗口指定打印输出的区域。

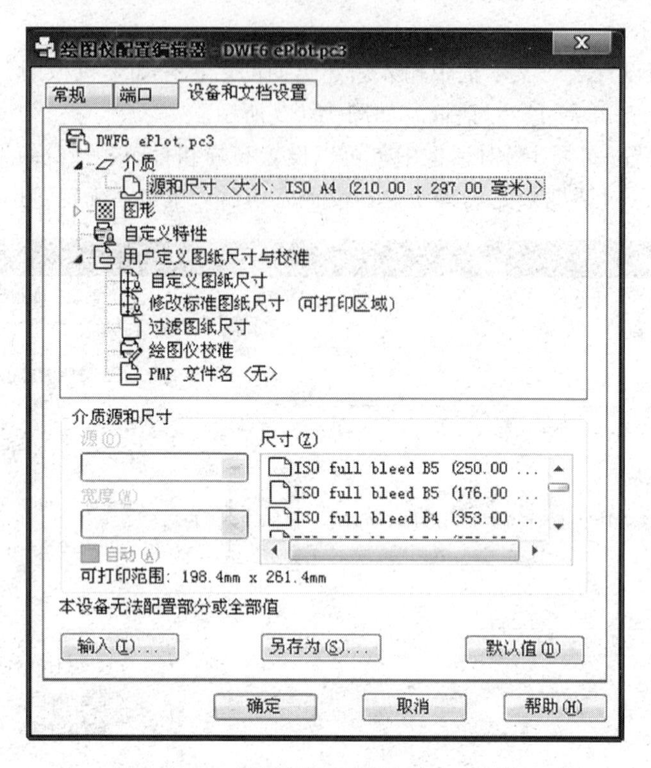

图 10-24　“绘图仪配置编辑器”对话框

⑤“打印偏移”选项区　该选项区用于确定图纸上输出区域的偏移位置（即打印原点的位置）。一般情况下，打印原点位于图纸的左下方，用户可以通过在“X”和“Y”文本框中输入新的坐标值来改变原点的位置。选中“居中打印”复选框，AutoCAD 将把输出区域的中心与图纸的中心对齐，此时 AutoCAD 会自动计算出打印原点的坐标值。

⑥“打印样式表”选项区　该选项区用于确定是否选定打印样式。

⑦“着色视口选项”选项区　该选项区用于设置着色视口的三维图形按什么显示方式进行打印输出。

⑧“打印选项”选项区　该选项区用于设置其他打印选项。选中“打印对象线宽”复选框表示按照图形对象的线宽设置输出图形；选中“按样式打印”复选框表示按照打印样式表中指定给图形对象的打印样式进行打印输出；选中“最后打印图纸空间”复选框表示首先输出模型空间的图形对象，然后输出打印图纸空间的图形对象；选中“隐藏图纸空间对象”复选框表示在图形输出时删除图形的隐藏线。

⑨“图形方向”选项区　该选项区用于确定图形相对于图纸的方向以及设置图形是否反向打印。选中“上下颠倒打印”复选框，表示在确定图形相对于图纸方向的基础上进行反向打印。

10.4　对选定的绘图仪进行配置

用户在页面设置时，选定图形输出设备后可以单击如图 10-23 所示的“页面设置”对话框中“打印机/绘图仪”选项区的“特性”按钮，AutoCAD 将弹出如图 10-24 所示的“绘图仪配置编辑器”对话框，该对话框包括“常规”、“端口”和“设备和文档设置”3 个选项卡，在该对话框中用户可以对选定的图形输出设备进行配置。

（1）“常规”选项卡（如图 10-25 所示）

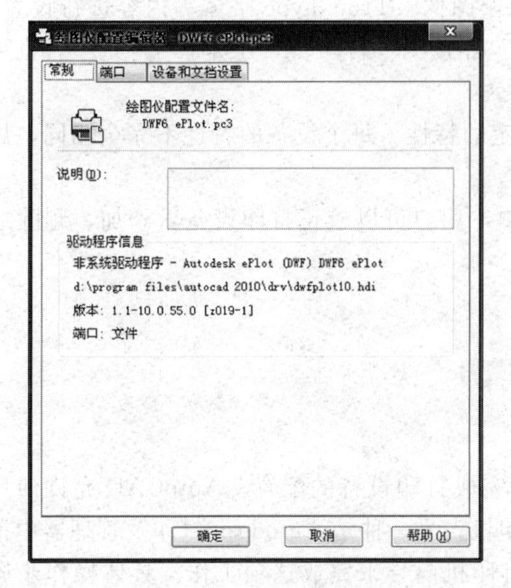

图 10-25 “常规”选项卡

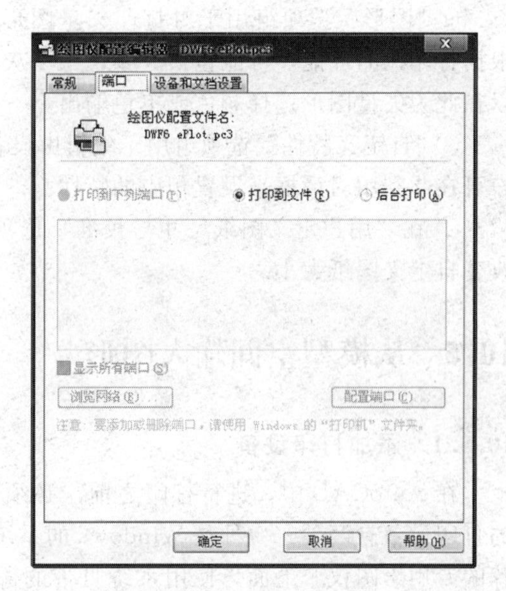

图 10-26 “端口”选项卡

① 绘图仪配置文件名：显示在“添加打印机”向导中指定的文件名。

② 驱动程序信息：显示绘图仪驱动程序类型（系统或非系统）、名称、型号和位置、HDI 驱动程序文件版本号（AutoCAD 专用驱动程序文件）、网络服务器 UNC 名（如果绘图仪与网络服务器连接）、I/O 端口（如果绘图仪连接在本地）、系统打印机名（如果配置的绘图仪是系统打印机）、PMP（绘图仪型号参数）文件名和位置（如果 PMP 文件附着在 PC3 文件中）。

（2）“端口”选项卡（如图 10-26 所示）

①“打印到下列端口”单选钮：点选该单选钮将图形通过选定端口发送到绘图仪。

②“打印到文件”单选钮：点选该单选钮将图形发送至在“打印”对话框中指定的文件。

③“后台打印”单选钮：点选该单选钮使用后台打印实用程序打印图形。

④ 端口列表：显示可用端口（本地和网络）的列表和说明。

⑤“显示所有端口”复选框：勾选该复选框显示计算机上的所有可用端口，不管绘图仪使用哪个端口。

⑥“浏览网络”按钮：单击该按钮显示网络选择，可以连接到另一台非系统绘图仪。

⑦“配置端口”按钮：单击该按钮打印样式显示“配置 LPT 端口”对话框或“COM 端口设置”对话框。

（3）“设备和文档设置”选项卡（如图 10-24 所示）

在该选项卡中，AutoCAD 以树状结构显示了打印输出设备的多种设置，不同的打印输出设备显示的树状结构内容不同，而且并不是显示出来的每项内容设置都支持当前所选择的设备，当某项内容设置有效或可以修改时，AutoCAD 会显示该项的下一层次的内容，这些内容可能包括以下各部分。

① 在“介质”选项组中，用户可以指定纸张来源、大小、类型等与绘图介质有关的参数。

②“图形”选项组用于对打印矢量图形、光栅图像、True Type 字体等内容进行设置。根据打印机的性能，可能包括“颜色”、“灰度”、“精度”、“抖动”、“分辨率”等选项，也可以在此为矢量图形选择彩色或单色输出。

③“自定义特性”选项组用于编辑由设备指定的特性。每个设备的特性不完全相同，用户可在此利用对话框来设置相应的特性。

④ 在“用户定义图纸尺寸与校准”选项组中，用户可以校正打印设备，添加、删除或改变自定义图纸大小。

10.5 从模型空间输入图形

10.5.1 添加打印设备

在 AutoCAD 中，进行打印之前，必须首先完成打印设备的配置。AutoCAD 允许使用的打印设备有两种，一种是 Windows 的系统打印机，另一种是 Autodesk 打印及管理器中推荐的专用绘图仪。下面，使用系统自带的添加打印机向导来完成这项工作。具体操作步骤如下。

① 选择菜单“工具”|“向导”|“添加绘图仪”命令，弹出“添加绘图仪-简介”对话框，如图 10-27 所示。

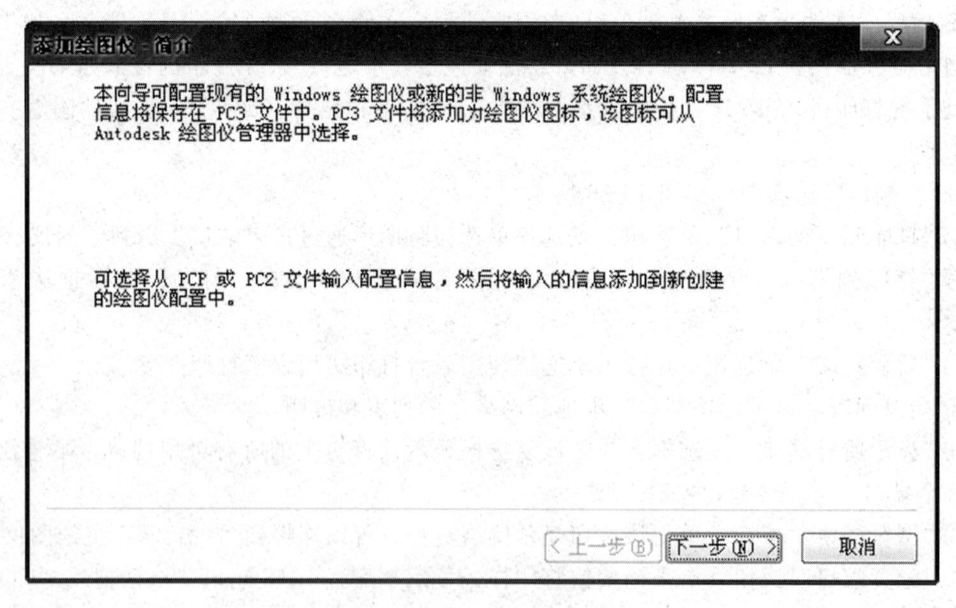

图 10-27 添加绘图仪向导

② 在对话框中，单击“下一步”按钮，弹出“添加绘图仪-开始”对话框。在该对话框中，AutoCAD 要求输入打印机的配置设置，选择“系统打印机”单选按钮，如图 10-28 所示。

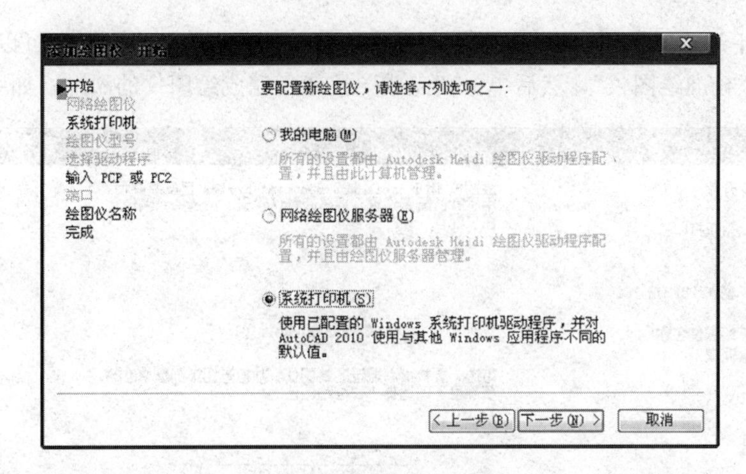

图 10-28　设置打印机配置

③ 单击“下一步”按钮，弹出“添加绘图仪-系统打印机”对话框，在选择系统绘图仪列表中，选择需要使用的 HP LaserJet P1007 打印机，如图 10-29 所示。

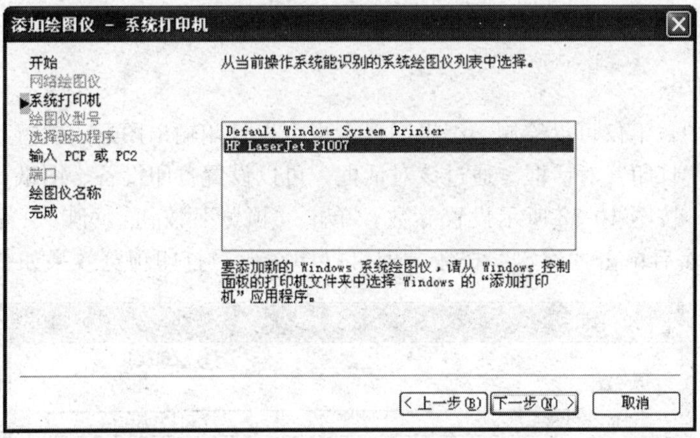

图 10-29　选择系统绘图仪

④ 单击“下一步”按钮，弹出“添加绘图仪-绘图仪名称”对话框，在“绘图仪名称”文本框中，输入绘图仪名称，如图 10-30 所示。

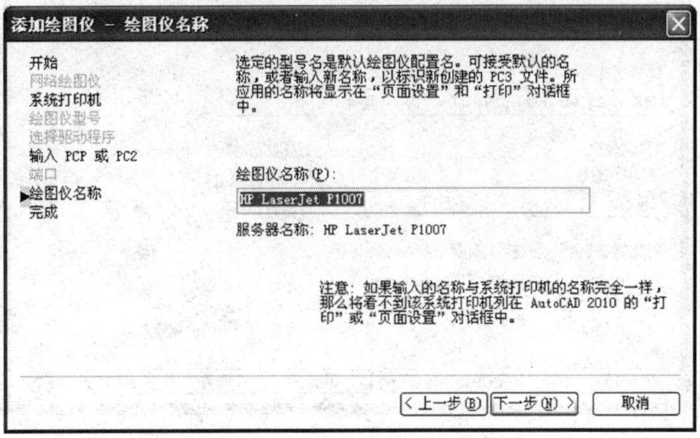

图 10-30　添加绘图仪名称

⑤ 单击“下一步”按钮，弹出“添加绘图仪-完成”对话框，此对话框可以设置“编辑绘图仪配置”和“校准绘图仪”，然后单击“完成”按钮，完成绘图仪的添加，如图 10-31 所示。

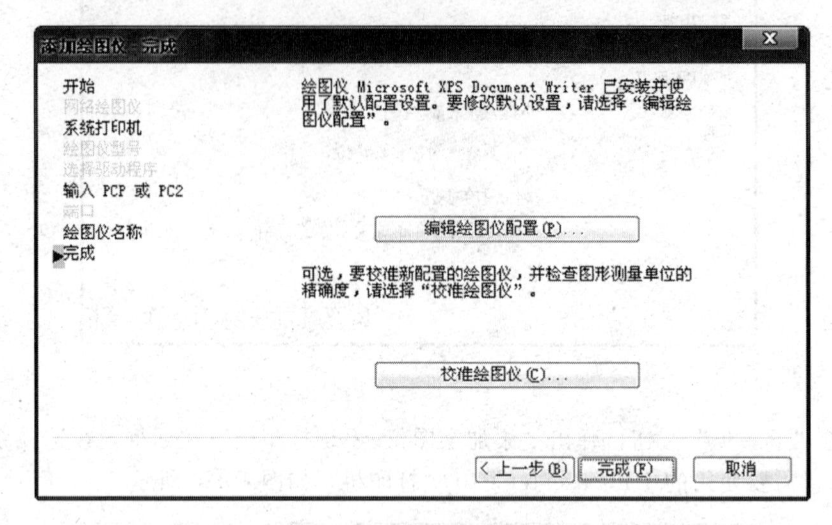

图 10-31　完成绘图仪的添加

10.5.2　打印输出

在模型空间中，不仅可以绘制、编辑图形，也可以打印输出图形。执行菜单“文件”|“打印”命令，弹出“打印”对话框。通过该对话框，可以设置打印设备、图纸尺寸、打印比例和输出范围等参数。按图 10-32 所示设置参数，单击“预览”按钮，可以预览输出结果，检查设置是否正确。然后单击“确定”按钮，即可打印图形。打印预览效果如图 10-33 所示。

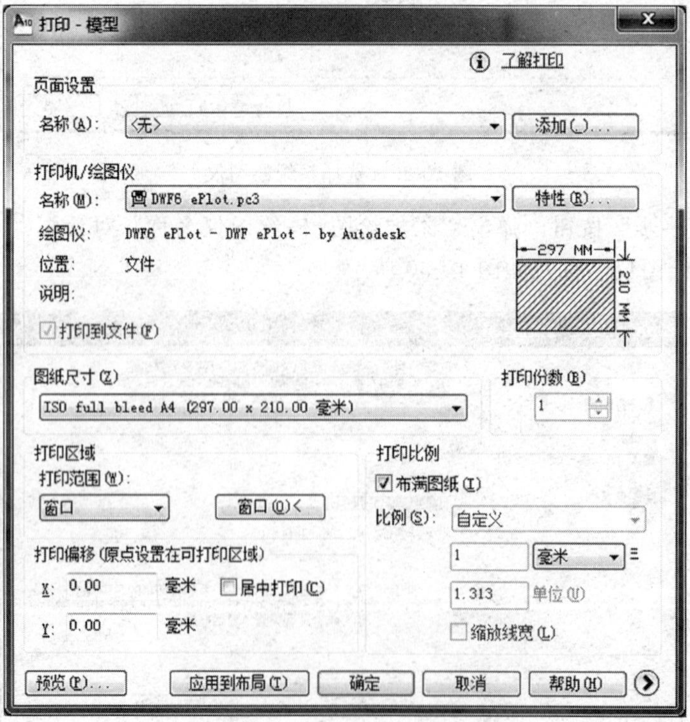

图 10-32　“打印”对话框

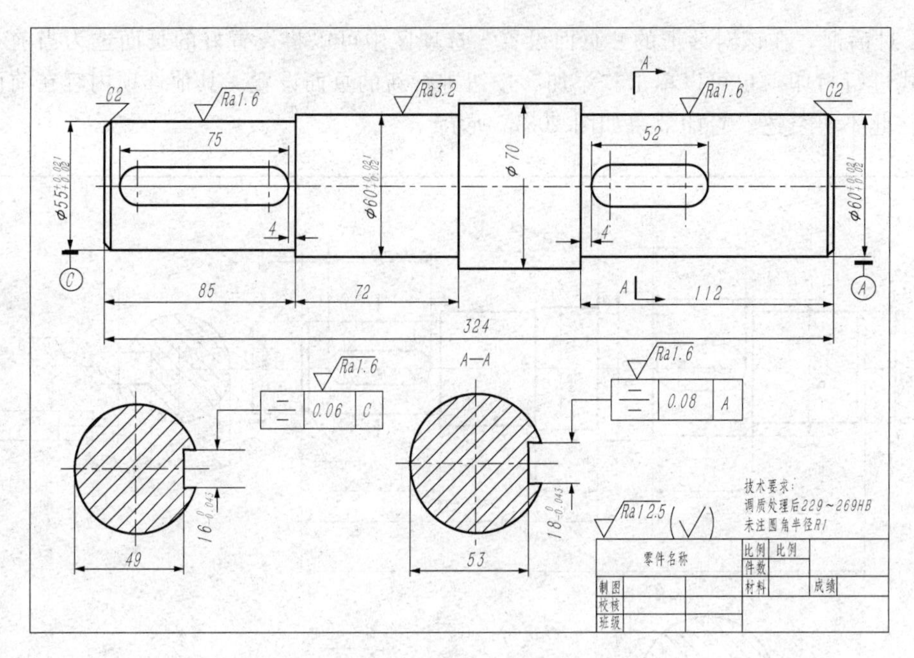

图 10-33　打印效果图（1）

10.6　从图纸空间输入图形

在图纸空间下选择“文件”|“打印”命令，AutoCAD 将弹出如图 10-34 所示的“打印-

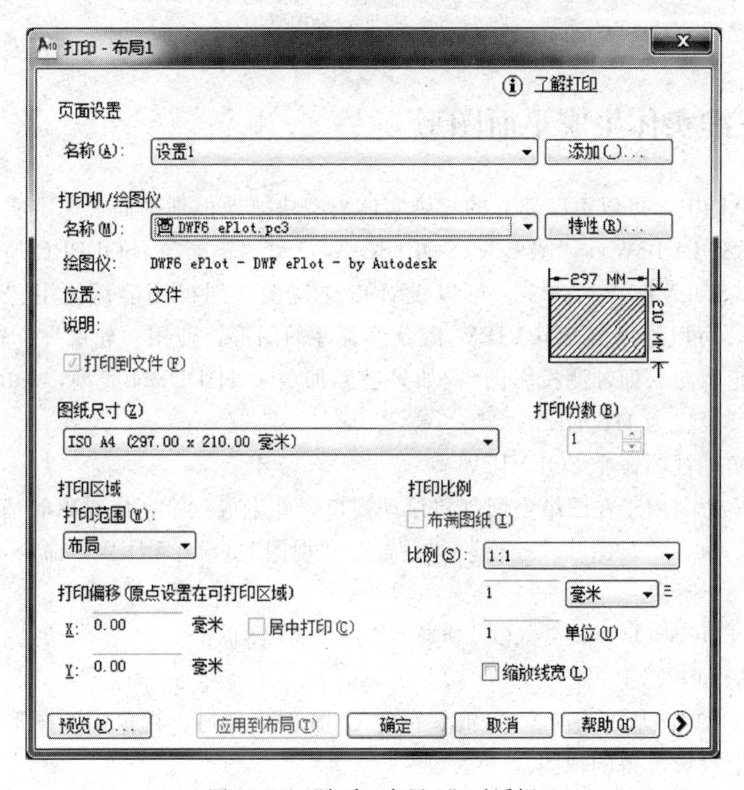

图 10-34　“打印-布局 1”对话框

布局 1”对话框，在该对话框的“页面设置”选项区中可以将设置好的页面选为当前布局的设置样式进行打印，也可以单击“添加”按钮进行新的页面设置。其他选项内容在前面已介绍过，在此不再赘述。打印效果如图 10-35 所示。

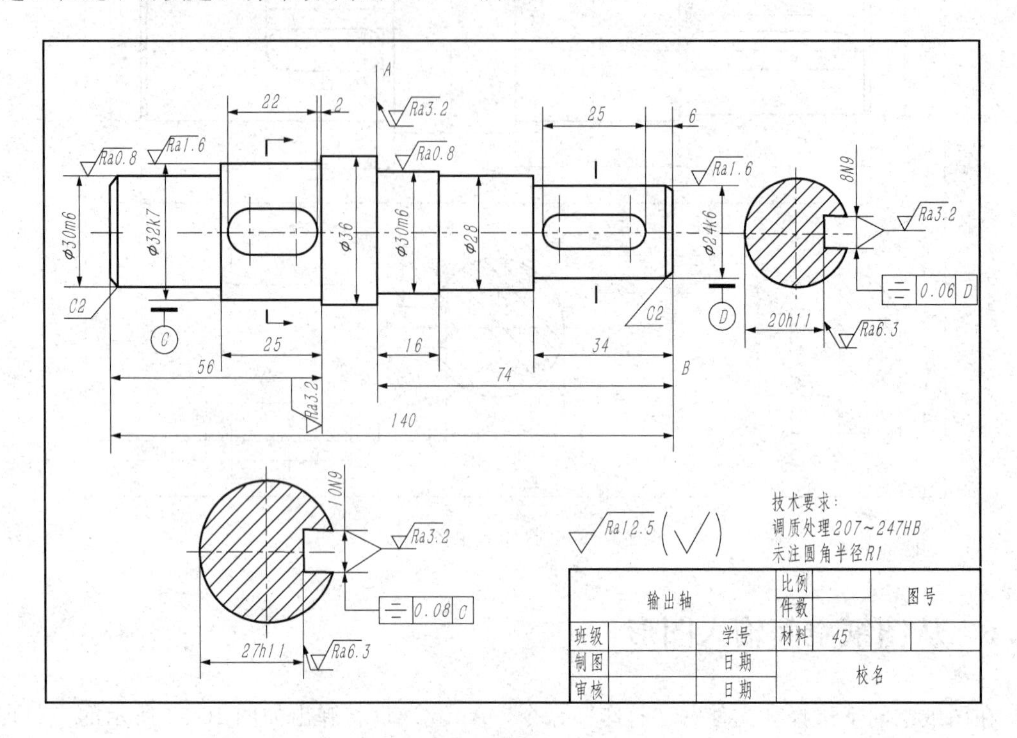

图 10-35　打印效果图（2）

10.7　由三维实体生成平面图形

在 AutoCAD 中，可以由已建立的三维实体模型快捷地得到平面视图，实现这种转换需使用“视图”（SOLVIEW）、“图形”（SOLDRAW）和“轮廓”（SOLPROF）命令来完成。使用“视图”（SOLVIEW）命令，可以设置正交视图、剖视图等；使用“图形”（SOLDRAW）命令，可以绘出由 SOLVIEW 命令设置好的图形；使用“轮廓”（SOLPROF）命令，可以设置轮廓图（即轴测投影图），如果已经加载了 HIDDEN 线型，AutoCAD 会将不可见图线的线型设置为 HIDDEN。

（1）创建实体视图命令 SOLVIEW

SOLVIEW 命令用于在图纸空间创建浮动视口，并生成三维实体对象的基本视图、剖视图和辅助视图。执行“绘图”|“建模”|“设置”|“视图”（SOLVIEW）命令，AutoCAD 提示如下。

输入选项 [UCS（U）/正交（O）/辅助（A）/截面（S）]：

各选项功能如下。

①“UCS（U）”：基于当前 UCS 或保存的 UCS 创建视口。视口中的图形是三维实体模型向 XY 平面上投影所得的视图。

②“正交（O）”：根据已生成的视图，创建正交视图。

③“辅助（A)”：在已生成的视图中，指定两点，定义一个倾斜平面，从而生成斜视图。

④“截面（S)”：在已生成的视图中，指定两点，定义一个剖切面，从而生成剖视图。

使用“视图”（SOLVIEW）命令创建视口后，AutoCAD 将自动创建用于放置各个视图的可见线和隐藏线的图层，包括“视图名称- VIS”（可见轮廓线）图层、“视图名称- HID”（不可见轮廓线）图层、“视图名称- HAT”（截面图案）图层、“视图名称- DIM”（尺寸标注）图层以及用于放置视口边框的图层“VPORTS”。其中，“视图名称”是用户创建视图时赋予它的名称。

（2）创建实体图形命令 SOLDRAW

SOLDRAW 命令用于在由 SOLVIEW 命令创建的视口中生成三维实体的轮廓线和剖视图。它只能在用 SOLVIEW 命令创建的视口中使用。

执行 SOLDRAW 命令后，在系统提示下，选择浮动视口，那么在所选视口中，将自动生成表示实体轮廓和边的可见线和隐藏线。如果所选视口创建的是截面视图，则 AutoCAD 将自动生成剖视图并填充图案，剖面的填充图案、比例和角度等属性分别由系统变量 HPNAME、HPSCALE 和 HPANG 控制。

（3）创建实体轮廓线命令 SOLPROF

SOLPROF 命令用于在图纸空间创建三维实体模型的 2D 或 3D 轮廓线。执行 SOLPROF 命令后，必须从图纸空间切换进入模型空间，在 AutoCAD 提示下，选择对象，系统进一步提示如下。

是否在单独的图层中显示隐藏的轮廓线？[是（Y)/否（N)]〈是〉：

选择 Y，AutoCAD 将创建两个新图层：以 PH 开头的图层和以 PV 开头的图层，分别用于放置不可见轮廓线和可见轮廓线。选择 N，AutoCAD 则把所有轮廓线都当作可见，放置在一个图层上。

是否将轮廓线投影到平面？[是（Y)/否（N)]〈是〉：

选择 Y，AutoCAD 将把轮廓线投影到一个与视图方向垂直并通过用户坐标系原点的平面上，从而生成 2D 轮廓线。否则，将生成三维实体模型的 3D 轮廓线，也就是三维实体线框模型。

是否删除相切的边？[是（Y)/否（N)]〈是〉：

选择 Y，AutoCAD 将不显示相切的边。否则，AutoCAD 将显示相切的边。

10.8　实训实例：由三维实体生成支座的三视图、剖视图

（1）实训任务

将如图 10-36 所示的支座三维实体模型转换成二维视图，并且布局打印输出图形。

（2）实训目的

掌握在模型空间创建三维实体模型的方法；掌握在图纸空间创建布局视图的方法；掌握使用 SOLVIEW 和 SOLDRAW 命令将三维实体模型转换成二维视图的方法；掌握打印设置方法，打印输出图形。

（3）绘图思路

① 在模型空间创建三维实体模型。

② 创建布局设置。

③ 将三维实体模型转换成二维图形。

④ 标注文字和尺寸。

⑤ 打印设置，输出图形。

（4）操作步骤

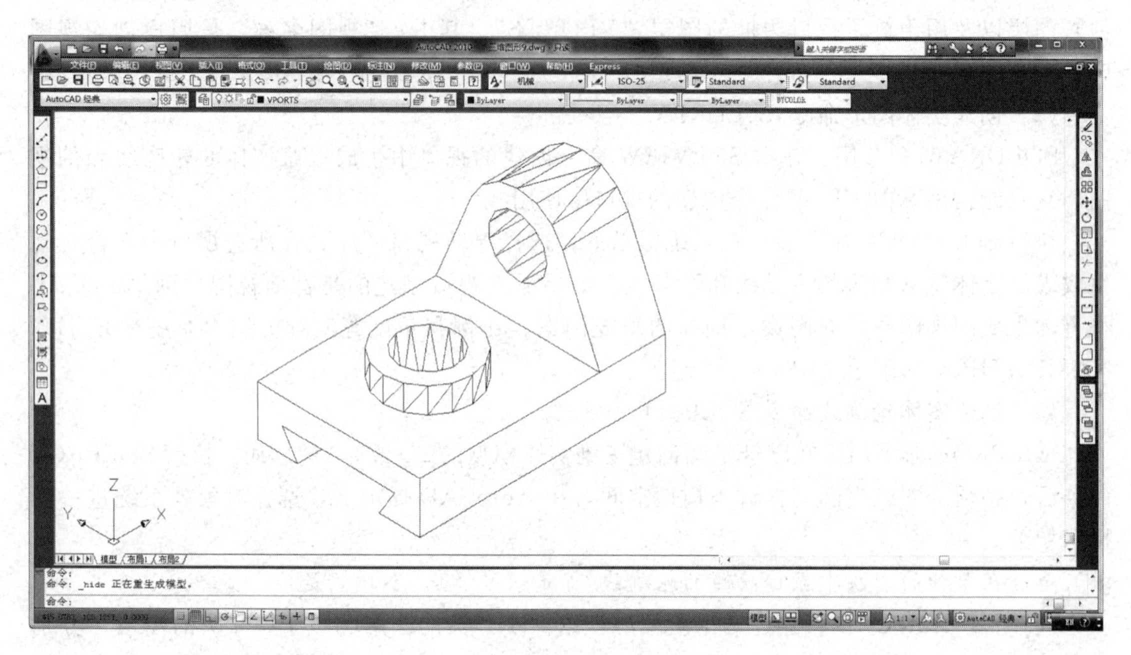

图 10-36 三维实体

① 启动 AutoCAD 2010，新建图形文件，在模型空间建立模型，如图 10-36 所示。

② 创建布局设置。

a. 选择菜单“格式”|“线型”命令，加载 HIDDEN 线型。

在命令提示行中，输入剖面线系统变量名 HPNAME，修改剖面线样式，提示如下。

输入 HPNAME 的新值<ANGLE>：ANSI31↙（输入机械制图金属剖面样式）

b. 切换到布局 1，删除整个视口。用粗实线图层绘制 A3 图框，将图层切换到 0 层，插入标题栏。如图 10-37 所示。

③ 将三维实体模型转换成二维图形。

a. 执行 SOLVIEW 命令，创建视口，提示信息如下。

输入选项［UCS（U）/正交（O）/辅助（A）/截面（S）］：U↙

输入选项［命名（N）/世界（W）/?/当前（C）］〈当前〉：↙（使用当前坐标系）

输入视图比例〈1〉：↙（默认比例为 1）

指定视图中心：（用光标在图框左下角适当位置指定视图中心）

指定视图中心〈指定视口〉：↙

指定视口的第一个角点：指定视口的对角点：（用光标选定两点为视口的对角顶点）

输入视图名：（俯视图）

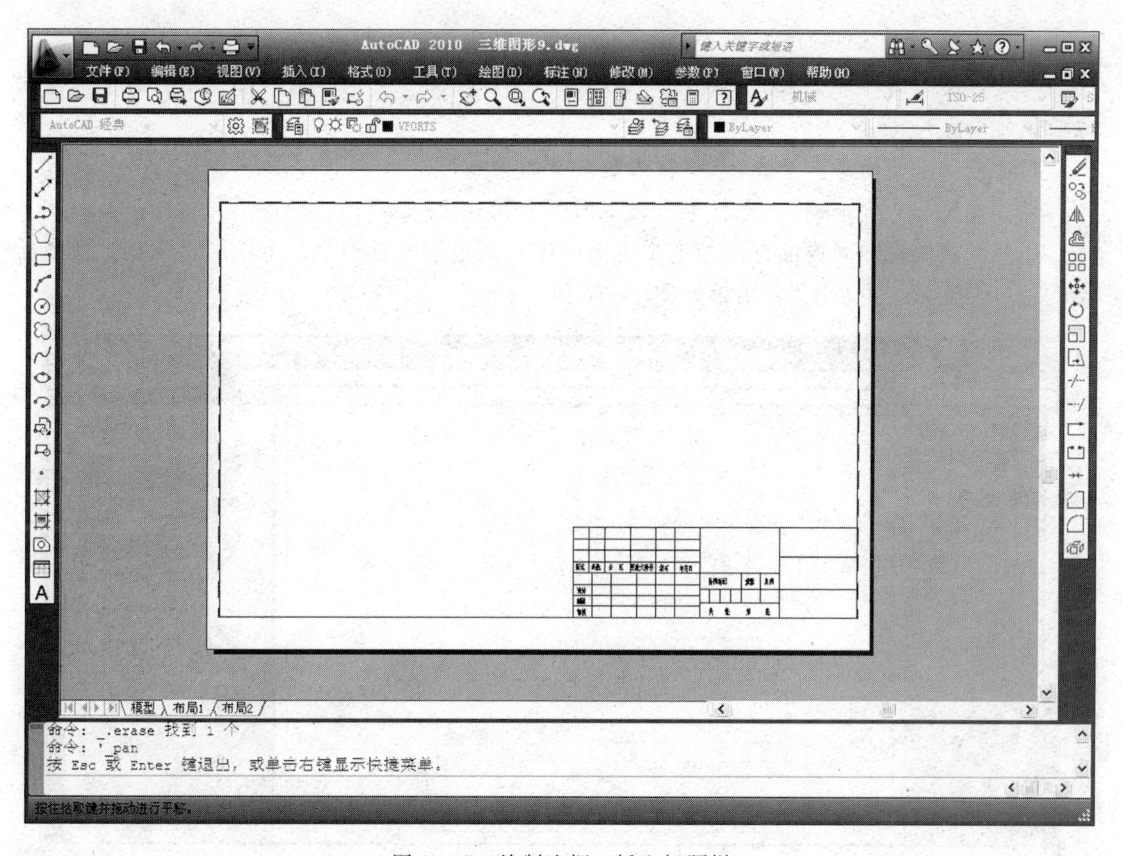

图 10-37　绘制边框、插入标题栏

结果如图 10-38 所示。

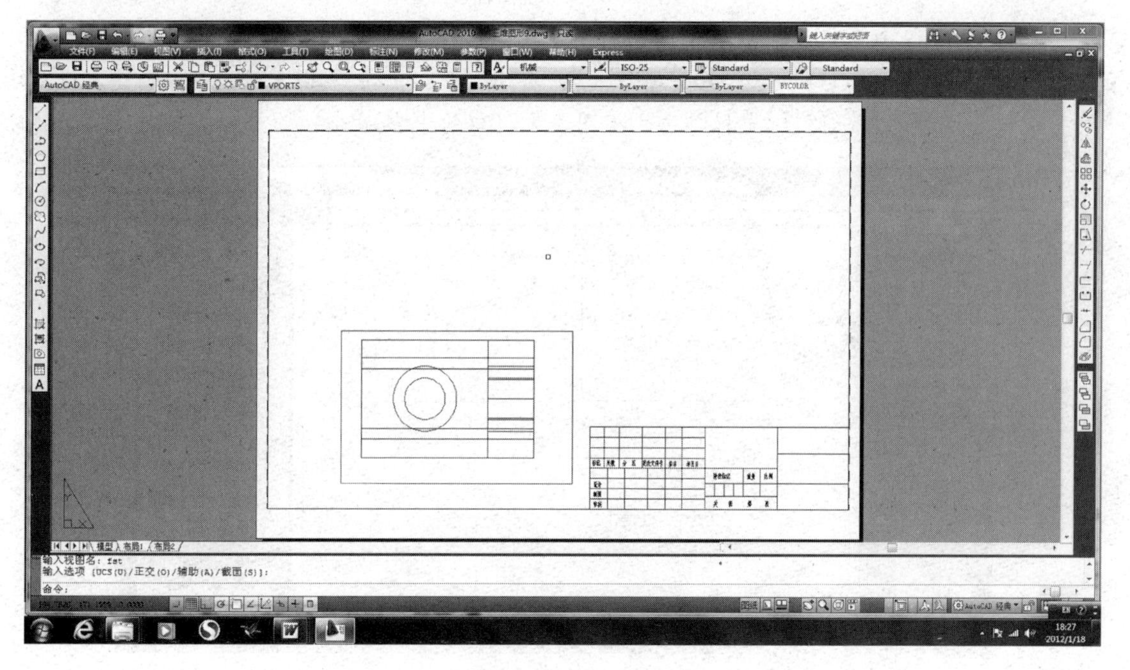

图 10-38　俯视图视口

b. 继续执行 SOLVIEW 命令，选择 S 选项，建立剖视图。

输入选项［UCS（U）/正交（O）/辅助（A）/截面（S）］：S↙

指定剪切平面的第一个点：（打开“对象捕捉”，设置“中点”捕捉，在俯视图中捕捉左边竖线的中点）

指定剪切平面的第二个点：（捕捉右边竖线的中点）

视口要投影的那一侧：（光标单击俯视图下方视口的一点）

用与创建俯视图同样的方法指定主视图的中心，指定两点确定一个矩形，建立主视图的浮动视口，输入“主视图”。结果如图 10-39 所示。

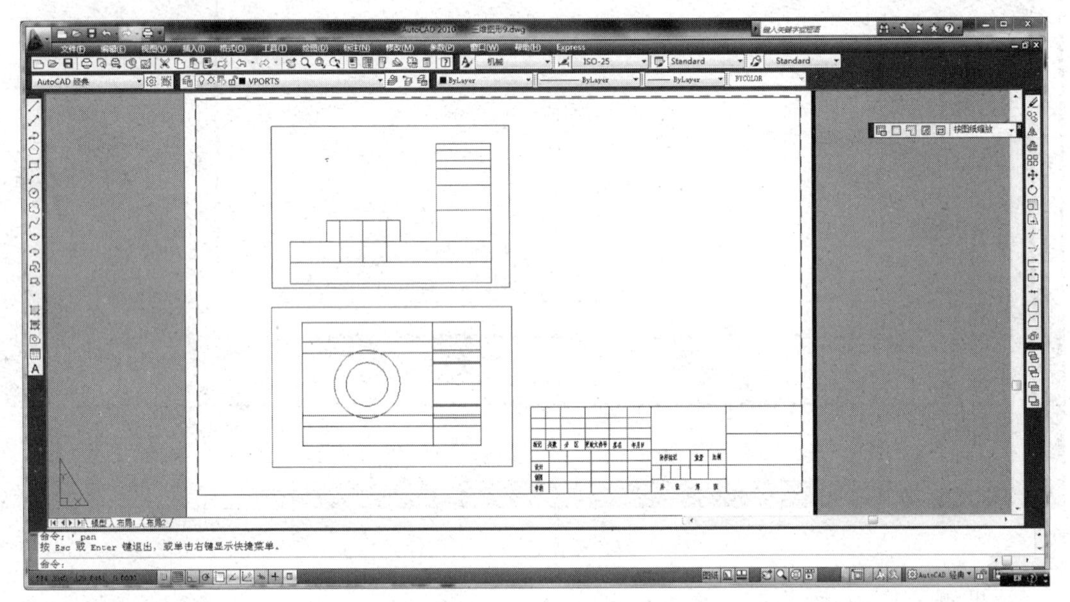

图 10-39　主视图视口

c. 继续执行 SOLVIEW 命令，启动“正交”模式。

输入选项［UCS（U）/正交（O）/辅助（A）/截面（S）］：O↙（由主视图视口创建左视图）

视口要投影的那一侧：（光标单击主视图左方视口的中点）

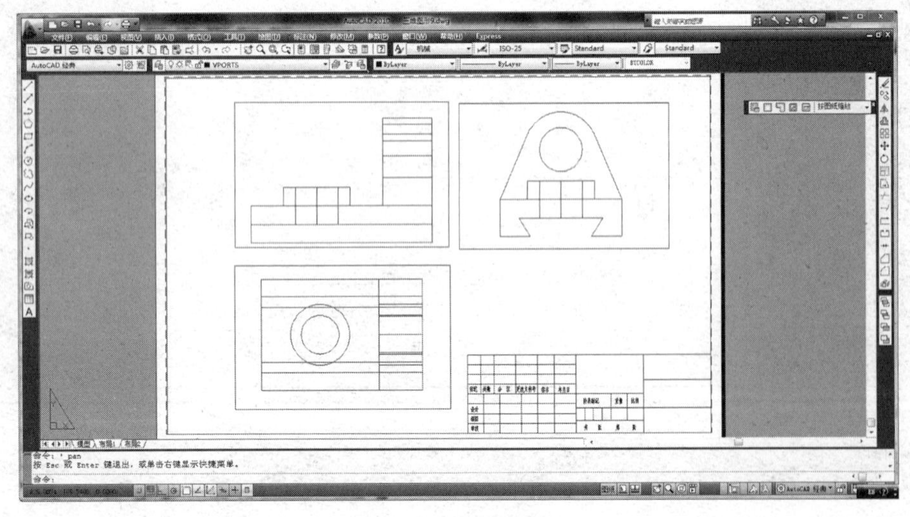

图 10-40　左视图视口

用与创建主视图同样方法指定左视图的中心。指定两点确定一个矩形，建立左视图浮动视口，输入视图名“左视图”。结果如图 10-40 所示。

d. 执行 SOLDRAW 命令，生成实体轮廓线及剖视图的剖面线，执行命令后，系统提示“选择对象”，可用光标选择图 10-40 所示的 3 个视口，确认后，AutoCAD 画出这 3 个视图的图形，如图 10-41 所示。

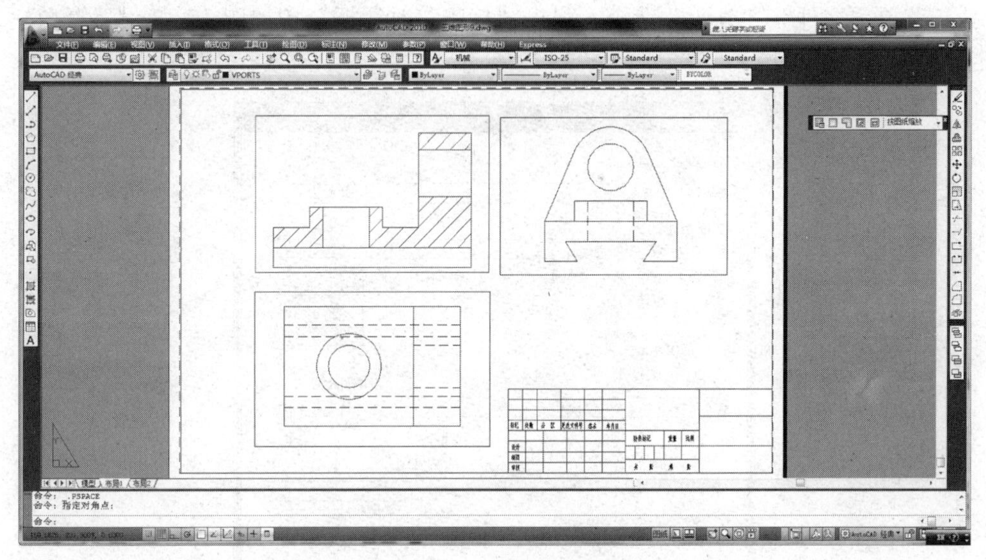

图 10-41　生成支座三视图

e. 打开“图层特性管理器”对话框，设置所有 VIS 图层的线宽为 0.5mm，其余的 HID、HAT 和 DIM 图层的线宽为“默认”。关闭 VPORTS 图层，新建“中心线”图层和“标注尺寸”图层。

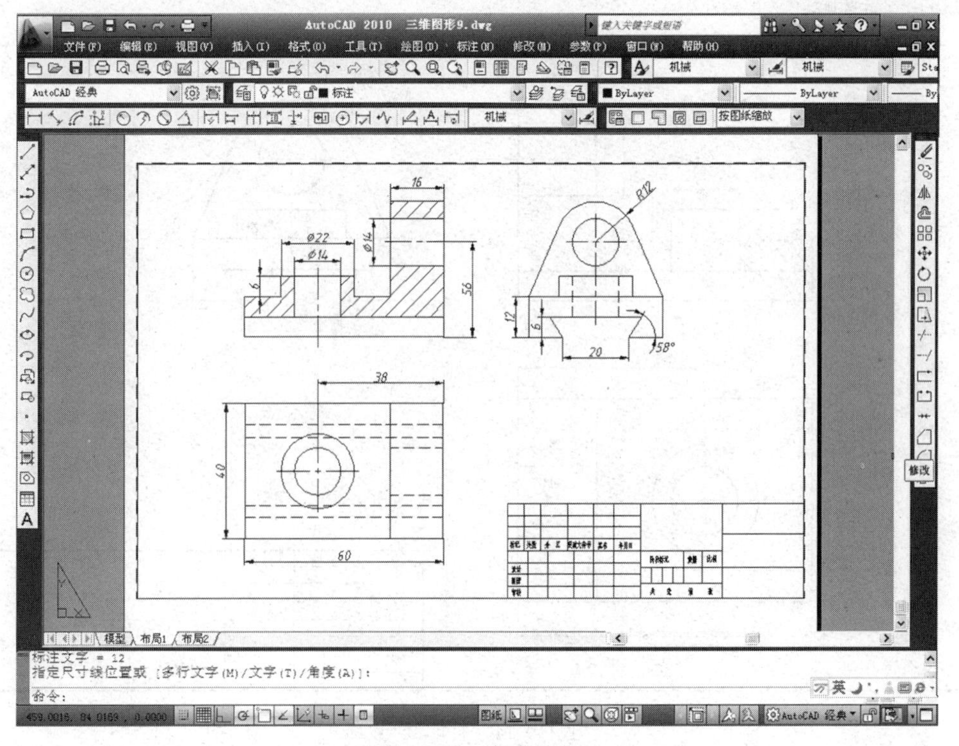

图 10-42　完成标注

④ 标注文字和尺寸。

在命令提示行输入系统变量名 LTSCALE，设置适当的线型比例。设置文字样式、尺寸标注样式，在“标注尺寸”图层完成尺寸标注，如图 10-42 所示。

⑤ 打印设置，输出图形。

执行菜单“文件”|“打印”命令，弹出“打印”对话框，按如图 10-43 设置参数，单击“确定”按钮可完成打印。

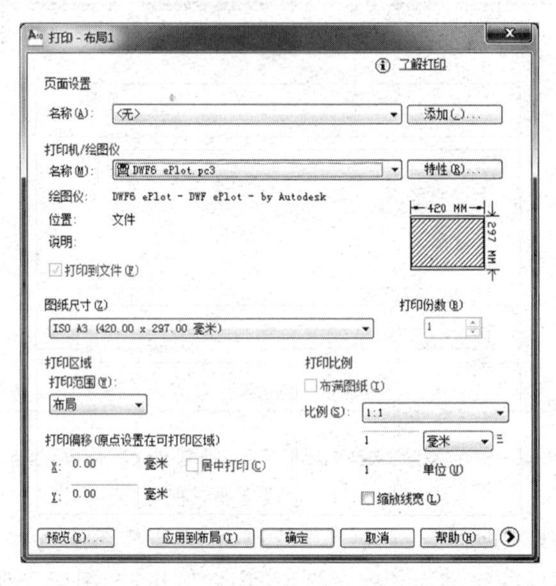

图 10-43 “打印”对话框参数设置

打印结果如图 10-44 所示。

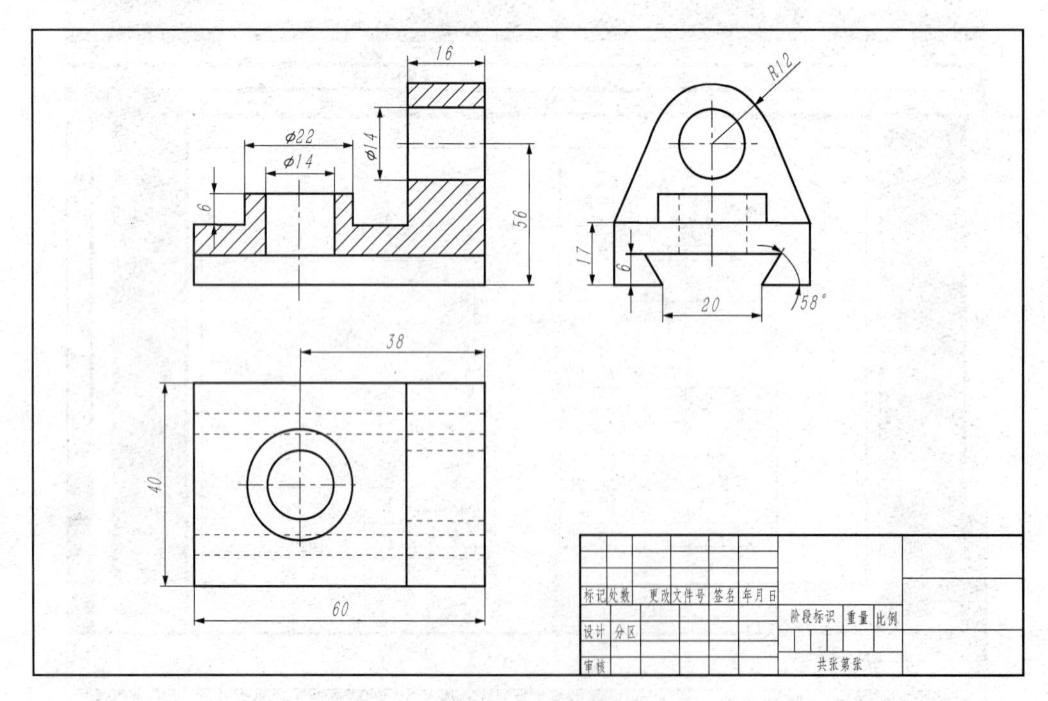

图 10-44 打印结果

思考与练习

1. 模型空间和图纸空间有何区别？
2. 浮动视口和平铺视口有什么区别？
3. 一个图形文件中可以有几个模型空间和图纸空间？
4. 如何创建布局？
5. 绘制如图 10-45 所示的图形，并将其转换为三视图和轴测图。

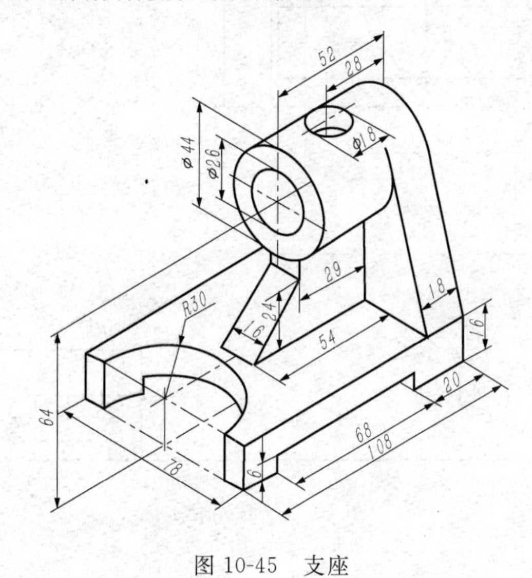

图 10-45　支座

6. 根据图 10-46，在模型空间创建轴承座三维模型，并切换到布局中，用 SOLVIEW 和 SOLDRAW 命令生成组合体的三视图，用“视口”和 SOLPROF 命令生成实体的正等测图。

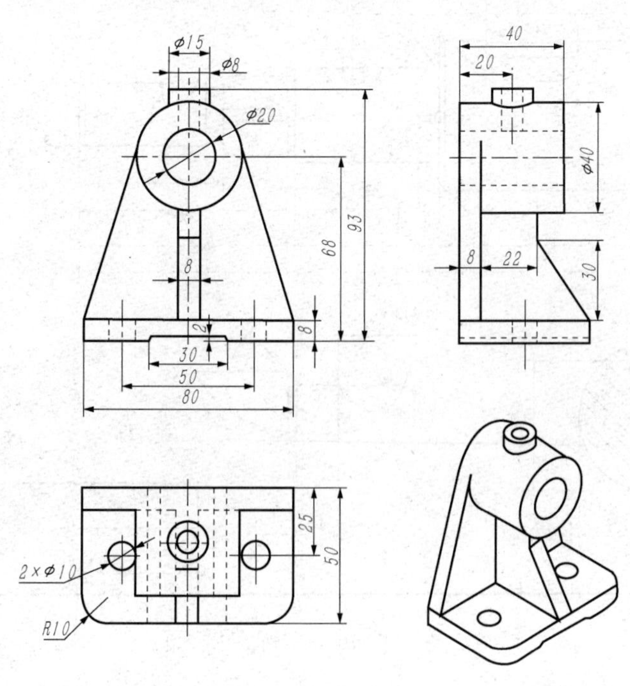

图 10-46　轴承座

7．绘制如图 10-47、图 10-48、图 10-49 所示的零件图，并在 A3 图纸上打印输出。

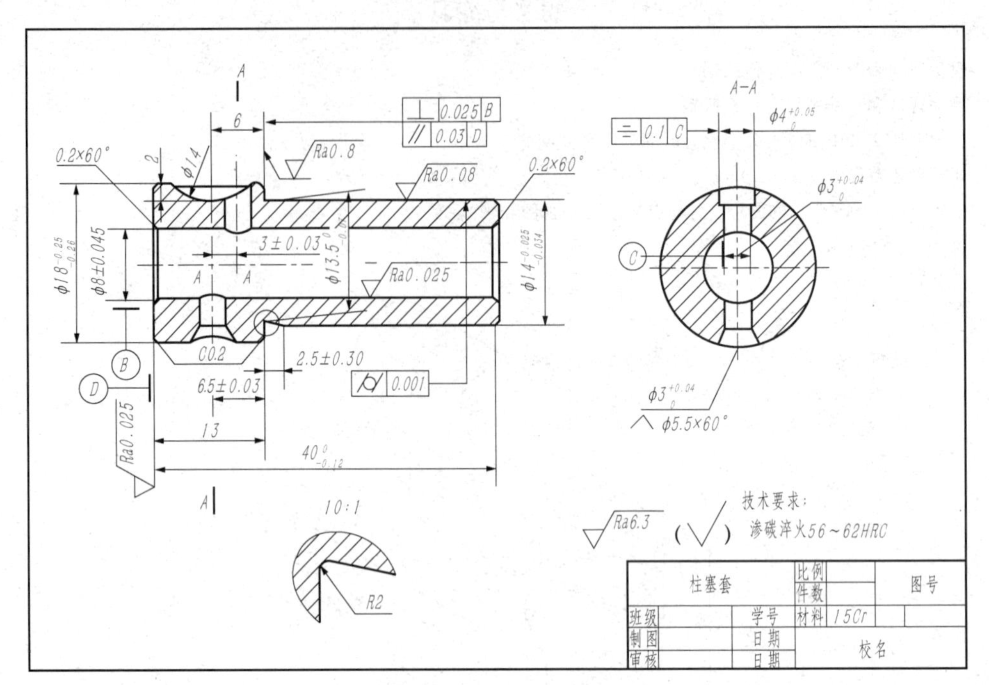

图 10-47　柱塞套

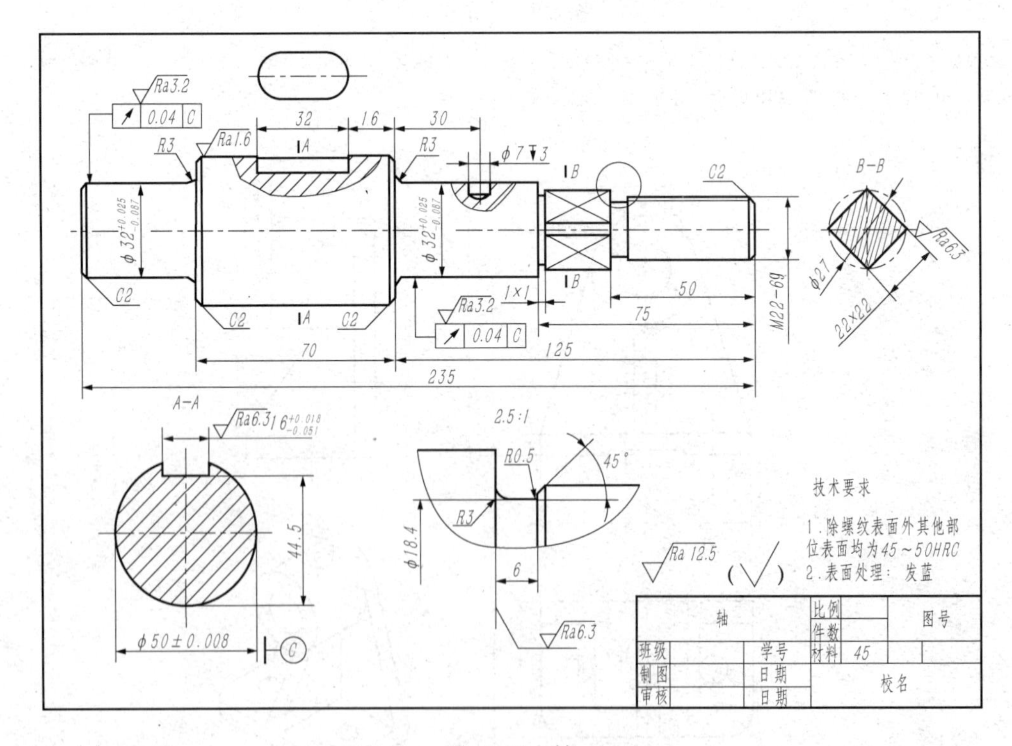

图 10-48　轴

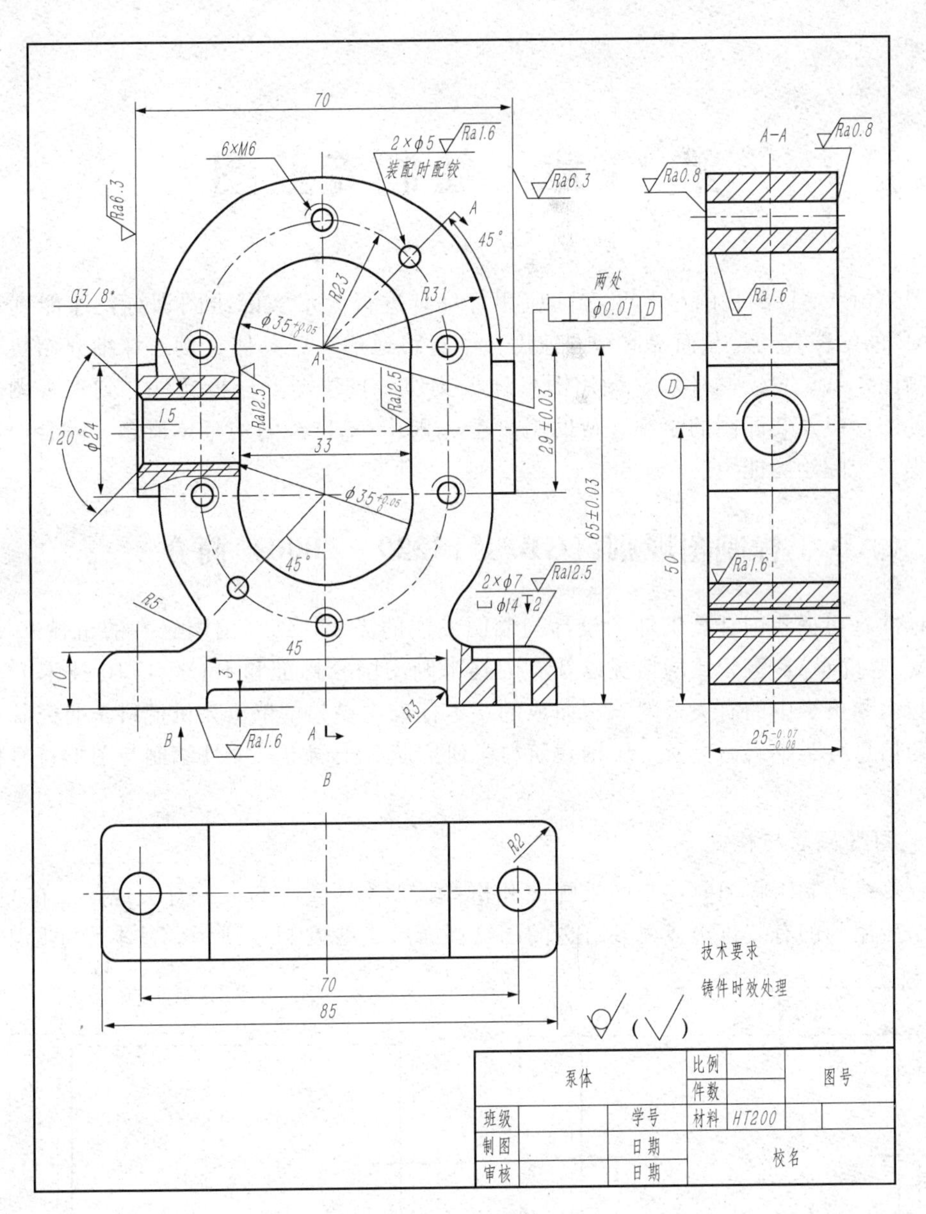

70
6×M6
2×φ5
Ra1.6
装配时配铰
Ra6.3
A
45°
R23
R31
两处
φ0.01
D
G3/8"
φ35
A
Ra12.5
15
120°
φ24
33
29±0.03
65±0.03
45°
2×φ7
Ra12.5
φ14
2
R5
45
10
3
R3
B
Ra1.6
A
B
R2
70
85
A-A
Ra0.8
Ra0.8
Ra1.6
D
50
Ra1.6
25
技术要求
铸件时效处理
泵体
比例
件数
图号
班级
学号
材料
HT200
制图
日期
审核
日期
校名

图 10-49　泵体

第 11 章　绘制专业图

学习 AutoCAD 的目的是为了实际应用，只有进行大量实际绘图训练，才能真正掌握 AutoCAD 的绘图技巧，从而提高绘图速度。本章将通过一些具体实例，详细介绍机械图样的作图顺序，从设置绘图环境、调用图形样板文件和自建图形样板文件，到三视图、轴测图、零件图，以及装配图的绘制，帮助用户建立 AutoCAD 绘图的整体概念，综合应用所学知识，提高实际绘图能力。

11.1　CAD 工程制图规则（GB/T 18229—2000）简介

本标准是根据我国计算机辅助设计与制图发展的需要，结合国内已有的机械 CAD、电气 CAD、建筑 CAD 等领域的情况以及有关技术制图国家标准和 ISO/TC 10 技术产品文件标准化技术委员会中的有关资料编写而成的。本标准主要起草单位为机械科学研究院、中国标准化与信息分类编码研究所、中国建筑科学研究院、全国电气文件编制与图形符号标准化技术委员会。

11.1.1　图纸幅面与格式

用计算机绘制工程图时，其图纸幅面和格式按照 GB/T 14689 的有关规定。在 CAD 工程制图中所用到的有装订边或无装订边的图纸幅面形式见图 11-1 所示。基本尺寸见表 11-1。

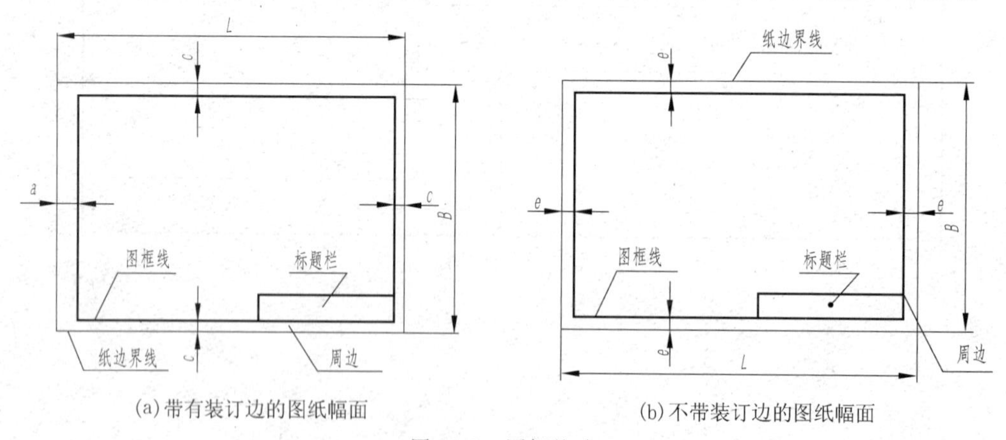

(a) 带有装订边的图纸幅面　　(b) 不带装订边的图纸幅面

图 11-1　图框格式

表 11-1　图纸幅面尺寸

幅面代号	A0	A1	A2	A3	A4
$B \times L$	841×1189	594×841	420×594	297×420	210×297
e	20		10		
c	10			5	
a	25				

注：在 CAD 绘图中对图纸有加长加宽的要求时，应按基本幅面的短边（B）成整数倍增加。

11.1.2 比例

用计算机绘制工程图样时的比例大小应按照 GB/T 14690 中规定。在 CAD 工程图中需要按比例绘制图形时，按表 11-2 中规定的系列选用适当的比例。

表 11-2 绘制图样的比例

种类	比例		
原值比例	1∶1		
放大比例	5∶1 5×10^n∶1	2∶1 2×10^n∶1	 1×10^n∶1
缩小比例	1∶2 1∶2×10^n	1∶5 1∶5×10^n	1∶10 1∶10×10^n

注：1. n 为正整数。

2. 尽可能采用 1∶1 比例绘图。

11.1.3 字体

工程图中所用的字体应按 GB/T 13362.4～13362.5—92 和 GB/T 14691—93 要求，并应做到字体端正、笔画清楚、排列整齐、间隔均匀。

CAD 工程图的字体与图纸幅面之间的大小关系参见表 11-3。

表 11-3 字体大小与图纸幅面的关系

图幅 字体	A0	A1	A2	A3	A4
字母数字	3.5				
汉字	5				

11.1.4 图线

CAD 工程图中所用的图线，应遵照 GB/T 17450—1998 中的有关规定。

（1）CAD 工程图中的基本线型（见表 11-4）

表 11-4 CAD 工程图的基本线型

代码	基本线型	名称
01	————————————————	实线
02	— — — — — — — — — — —	虚线
03	—　—　—　—　—　—　—	间隔画线
04	—— · —— · —— · —— · —— · —— ·	单点长画线
05	—— ·· —— ·· —— ·· —— ·· ——	双点长画线
06	··· —— ··· —— ··· —— ··· —— ···	三点长画线
07	··	点线
08	—— — —— — —— — —— —	长画短画线
09	—— — — —— — — —— — —	长画双点画线
10	—— · —— · —— · —— · —— · ——	点画线
11	—— —— · —— —— · —— —— · —— ——	单点双画线
12	—— ·· —— ·· —— ·· —— ·· ——	双点画线

续表

代码	基本线型	名称
13	·· —— ——·· —— ——·· —— ——··	双点双画线
14	—— ··· —— ··· —— ··· —— ··· —— ···	三点画线
15	··· —— —— ··· —— —— ··· —— ——	三点双画线

（2）基本图线的颜色

屏幕上的图线一般应按表 11-5 中提供的颜色显示，相同类型的图线应采用同样的颜色。

表 11-5　线型与颜色

图线类型		屏幕上的颜色
粗实线	————	白色
细实线	————	绿色
波浪线	∼∼∼	
双折线	—\/—\/—	
虚线	— — — — — — — —	黄色
细点画线	——— — ———	红色
粗点画线	——— — ———	棕色
双点画线	——— - - ———	粉红色

11.1.5　标题栏

CAD 工程图中的标题栏，应遵守 GB/T 10609.1—2008 中的有关规定。

每张 CAD 工程图均应配置标题栏，并应配置在图框的右下角。CAD 工程图中标题栏的格式见图 11-2 所示。

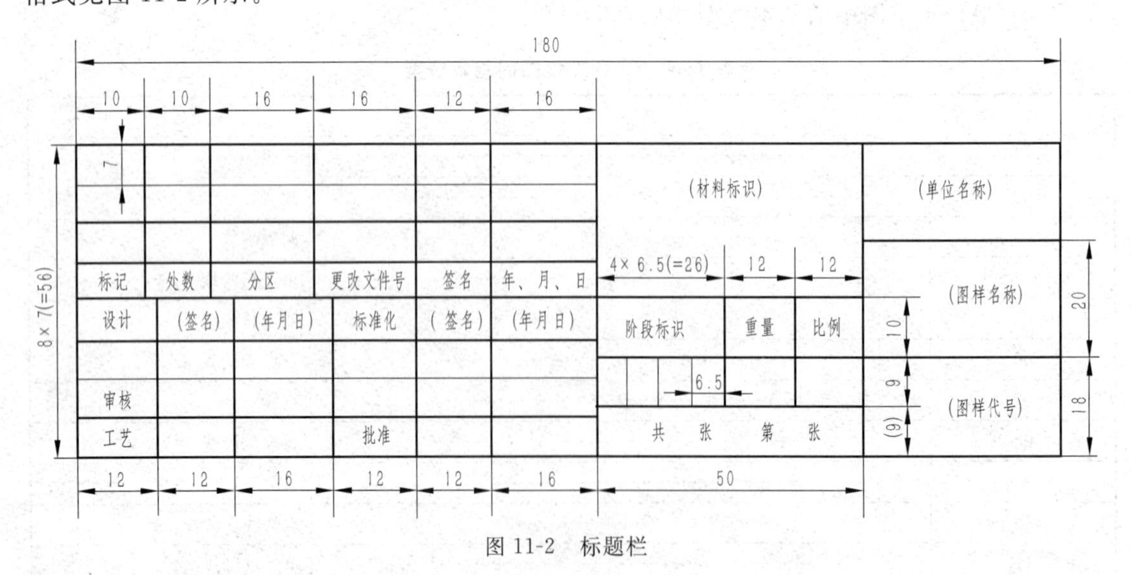

图 11-2　标题栏

11.1.6　明细栏

CAD 工程图中的明细栏应遵守 GB/T 10609.2—2008 中的有关规定，CAD 工程图中的装配图上一般配置明细栏。

明细栏一般配置在装配图中标题栏的上方，按由下而上的顺序填写，见图 11-3 所示。装配图中不能在标题栏的上方配置明细栏时，可作为装配图的续页按 A4 幅面单独绘出，其顺序应是由上而下延伸。

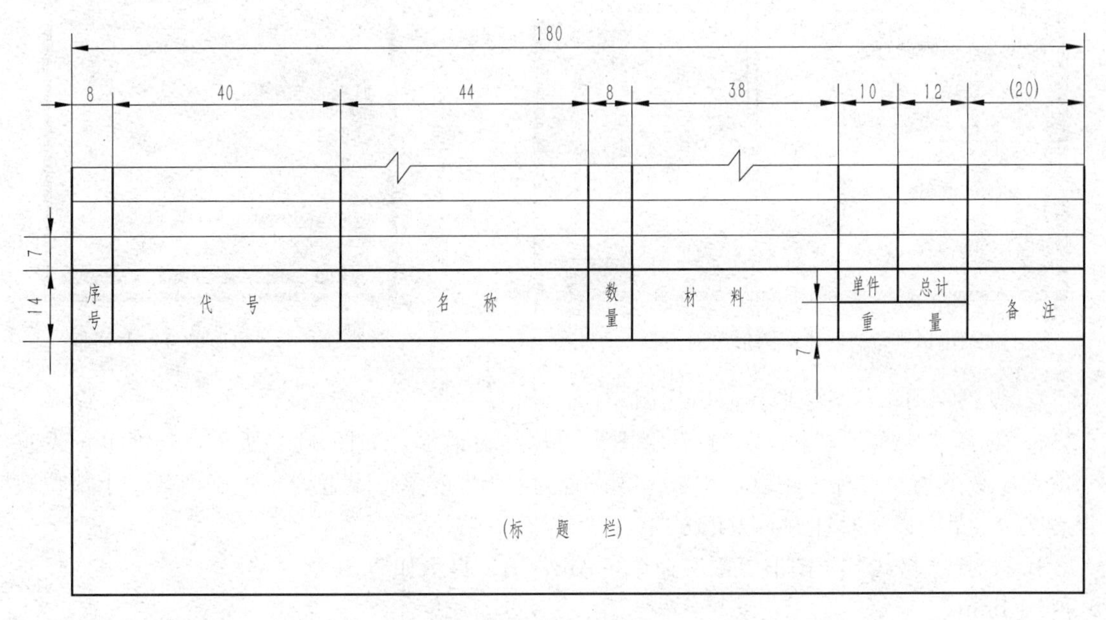

图 11-3　明细栏

CAD 工程制图规则（GB/T 18229—2000）其他规定与国家标准技术制图基本相同。

11.2　创建图形样板文件

11.2.1　创建图形样板文件的内容

创建图形样板文件应根据需要而定，其基本内容包括以下几个方面。

① 绘图环境 8 项初步设置。

用“选项”对话框修改系统配置。

用“图形单位”对话框确定绘图单位。

用图形界限（LIMITS）命令选择图幅。

用缩放（ZOOM）命令使整张图全屏显示。

用“草图设置”对话框设置辅助绘图工具模式。

用“线型管理器”对话框设置全局线型比例。

用“图层”对话框创建图层，设置线型、颜色和线宽。

用“文字样式”对话框设置所需的文字样式。

② 设置所需的尺寸标注样式。

③ 创建所需的图块。如标题栏、明细栏、表面粗糙度符号、基准符号等。

④ 创建所需的“工具选项板”。

11.2.2　创建图形样板文件的具体步骤

① 输入“新建”命令，弹出“创建新图形”对话框，选择“默认设置”项，单击“确

定”按钮，如图 11-4，进入绘图状态。

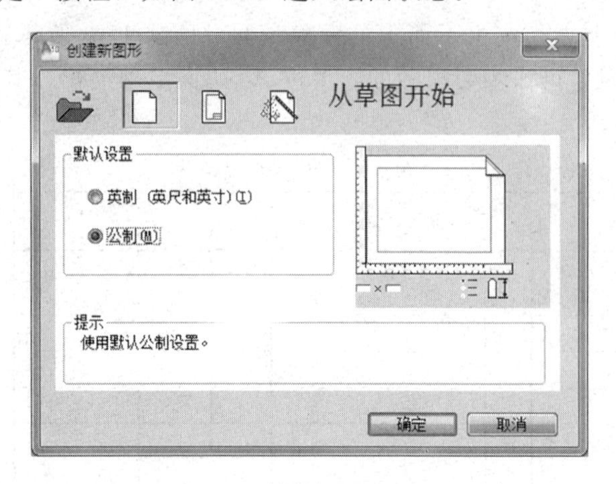

图 11-4 “创建新图形”对话框

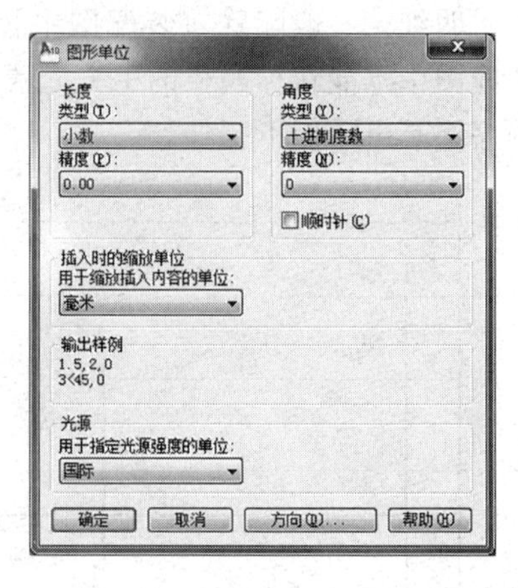

图 11-5 “图形单位”对话框

② 设置绘图单位、绘图界限、比例。

a. 选择“格式”|“单位”，打开“图形单位”对话框，如图 11-5 所示，长度单位设置为毫米，数据类型设置为小数，小数位数设置为 2。角度单位设置为十进制度数，小数位数设置为 0，角度以逆时针方向为正方向。

b. 选择“格式”|“图形界限”命令，AutoCAD 提示如下。

’_ limits

重新设置模型空间界限：

指定左下角点或［开（ON）/关（OFF）］〈0.00，0.00〉：↙（接受默认值）

指定右上角点〈420.00，297.00〉：420，297（选用 A3 图纸）

c. 在 AutoCAD 中，尽量采用 1∶1 绘图。

③ 开启栅格。按下状态栏中的“栅格显示”按钮，或按快捷键〈F7〉开启栅格。选择菜单栏中的“视图”|“缩放”|“全部”命令，使 A3 图纸充满整个绘图区。

④ 创建新图层。选择菜单栏中的“格式”|“图层”命令，打开“图层特性管理器”对话框，新建并设置每一个图层，如图 11-6 所示。

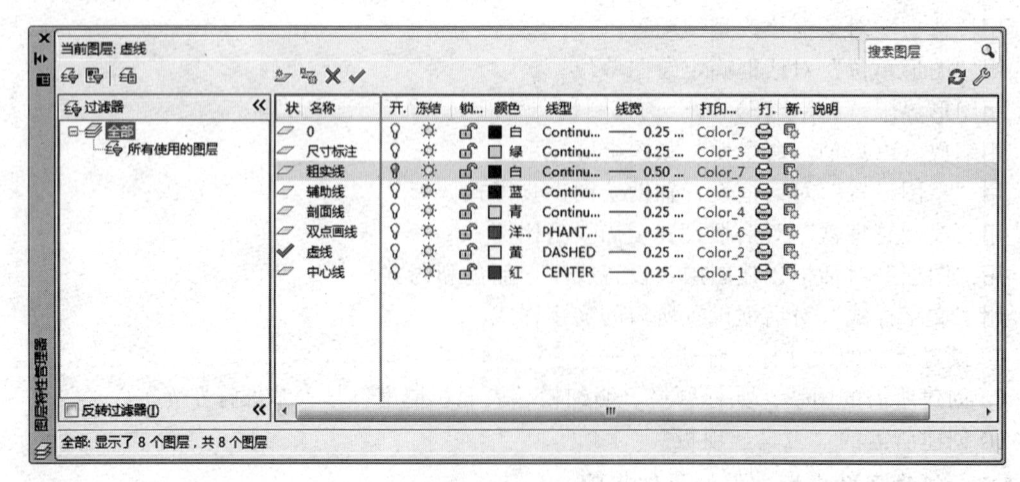

图 11-6 设置图层

⑤ 设置文字和尺寸标注样式。

a. 设置文字样式。选择菜单栏中的“格式”|“文字样式”命令，打开“文字样式”对话框。创建“技术要求”文字样式，在“字体”选项组中选择“使用大字体”，在字体下拉列表框中选择“gbenor. shx”，在“大字体”选项组中选择“gbcbig. shx”。如图 11-7 所示。创建“尺寸标注”文字样式，在“字体”选项组中选择“使用大字体”，在字体下拉列表框中选择“gbetic. shx”，在“大字体”选项组中选择“gbcbig. shx”。如图 11-8 所示。

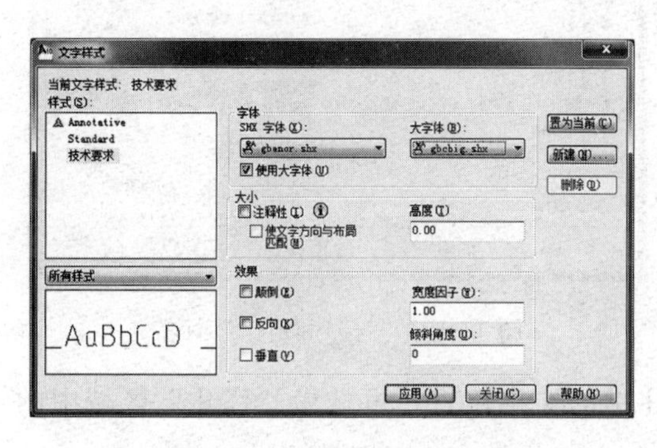

图 11-7　创建“技术要求”文字样式

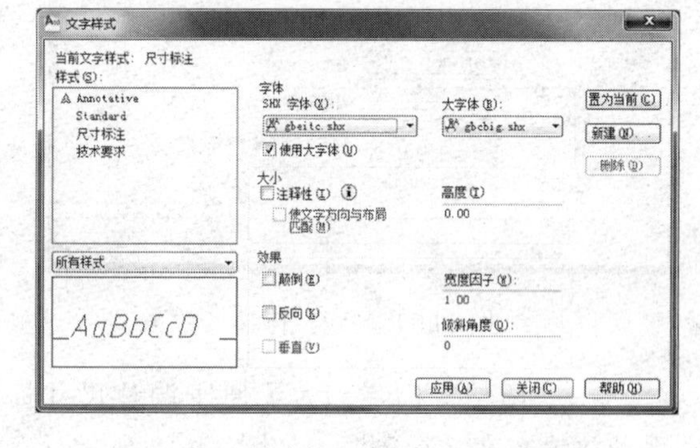

图 11-8　创建“尺寸标注”文字样式

b. 创建标注样式。创建符合国家标准机械制图的标注样式。

ⅰ. 选择菜单栏中的“标注”|“标注样式”命令，打开“标注样式管理器”对话框，创建“机械制图标注”样式，如图 11-9 所示。

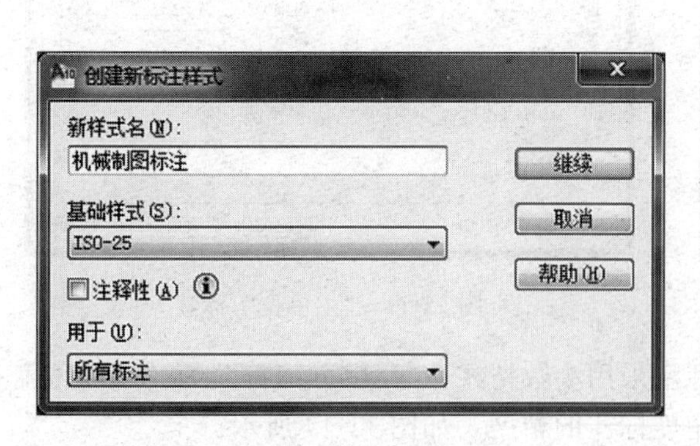

图 11-9　创建“机械制图标注”样式

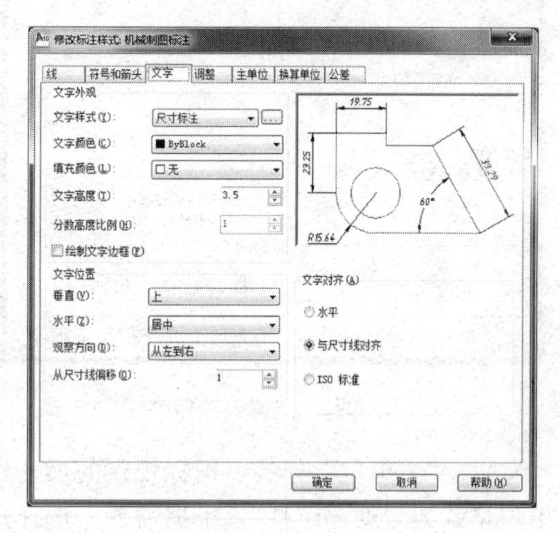

图 11-10　“文字”标签

ⅱ. “文字”标签。在“文字样式”下拉列表框中，选择前面创建的文字样式“尺寸标注”，设置文字高度为 3.5mm，文字从尺寸线的偏移距离为 1，如图 11-10 所示。

ⅲ. “线”标签。对应于字高 3.5mm，基线间距修改为 7mm，尺寸界线超出尺寸线的距离设置为 2，如图 11-11 所示。

ⅳ. “符号和箭头”标签。在国标机械制图中，箭头的大小≥6b，b 为粗实线的宽度，一般为 0.5mm，所以设置箭头大小为 3mm，国标中，不使用圆心标记，可选中“无”单选按钮。如图 11-12 所示。

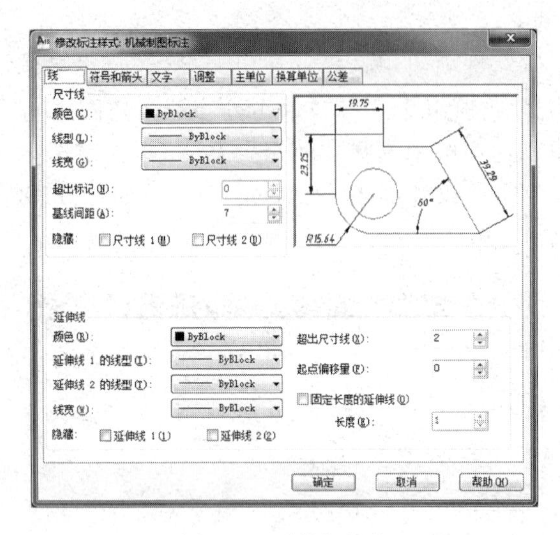

图 11-11 “线”标签

图 11-12 “符号和箭头”标签

ⅴ. “调整”标签。为了便于调整尺寸标注中的文字位置，可选中“优化”区域中的“手动放置文字”复选框，如图 11-13 所示。

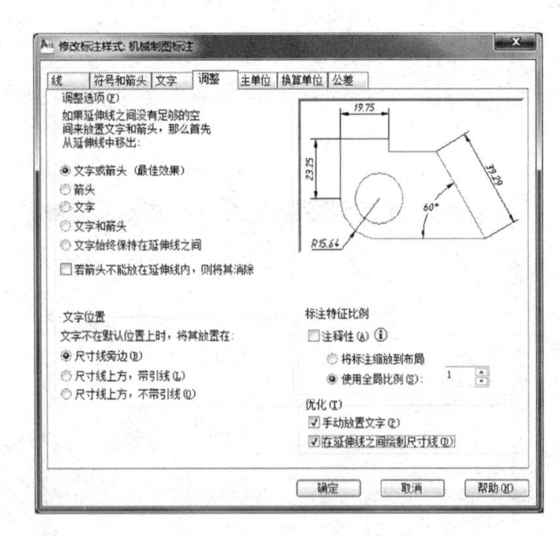

图 11-13 “调整”标签

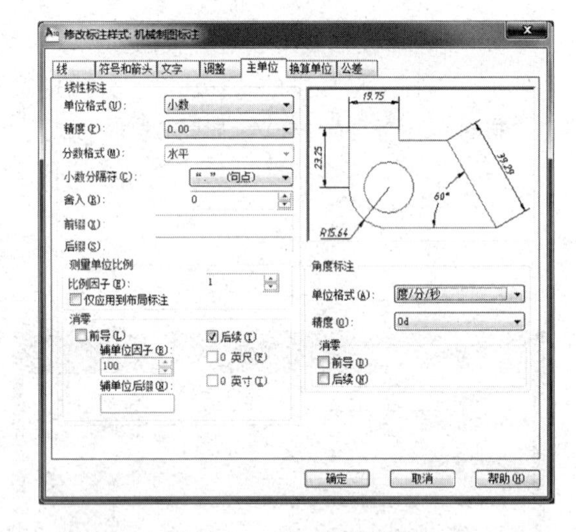

图 11-14 “主单位”标签

ⅵ. “主单位”标签。国标规定的尺寸标注采用小数格式，“小数分隔符”为“.”，角度单位格式为“度/分/秒”，根据需要，选择角度标注的精度，如图 11-14 所示。

⑥ 创建机械制图所需的图块。如标题栏、明细栏、表面粗糙度符号、基准符号等，保存图块。

⑦ 保存图形样板文件。

a. 选择“文件”|“另存为”命令，打开“图形另存为”对话框，在“文件名”编辑框中输入样图名称“A3 样板”，在“文件类型”下拉列表框中选择“AutoCAD 图形样板(＊.dwt)”项。如图 11-15 所示。

图 11-15　“图形另存为”对话框

b. 单击“保存”按钮，弹出“样板选项”对话框，在“样板选项”对话框的“说明”编辑框中输入一些说明性的文字，如图 11-16 所示。单击“确定”按钮，AutoCAD 即将当前图形存储为 AutoCAD 中的样板文件。关闭该图形，完成样板文件的创建。

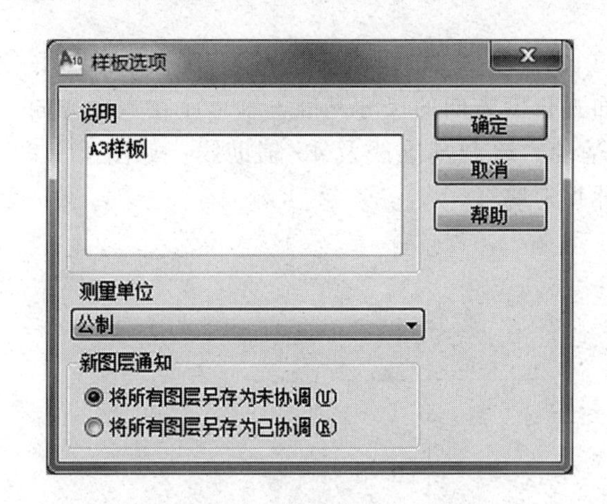

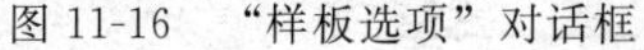

图 11-16　“样板选项”对话框　　　　图 11-17　“使用样板”对话框

创建了图形样板文件之后，再新建一张图时，就可从弹出的“启动”对话框中选择“使用样板”项，此时在对话框中间的列表框中将显示所创建的样板图的名称，如图 11-17 所示。单击该列表框中的“A3 样板”项，即可新建一张包括所设绘图环境的图。

11.3　绘制三视图和轴测图

11.3.1　绘制三视图

根据图 11-18 所示尺寸绘制轴承座三视图。

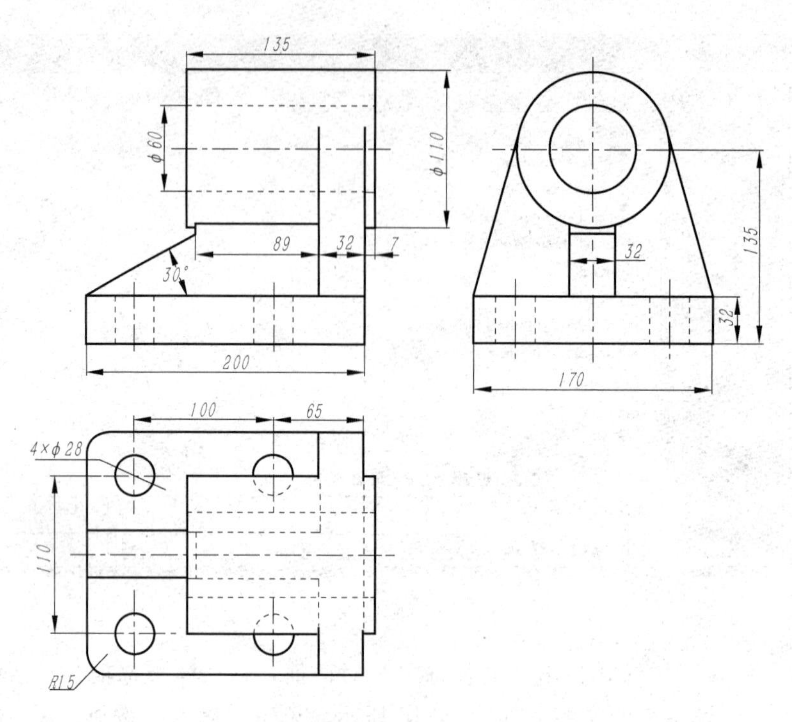

图 11-18　轴承座三视图

绘图步骤如下。

① 使用图形样板文件“A3 样板 . dwt”建立图形文件“轴承座三视图”，选择轴承座底板的底面为高度方向的尺寸基准，底板的右侧面为长度方向的尺寸基准，轴承座在宽度方向对称，选择其对称中心线作为宽度方向的尺寸基准。绘制基准线及 45°辅助线，如图 11-19 所示。打开“对象捕捉”、“极轴追踪”、“对象捕捉追踪”。

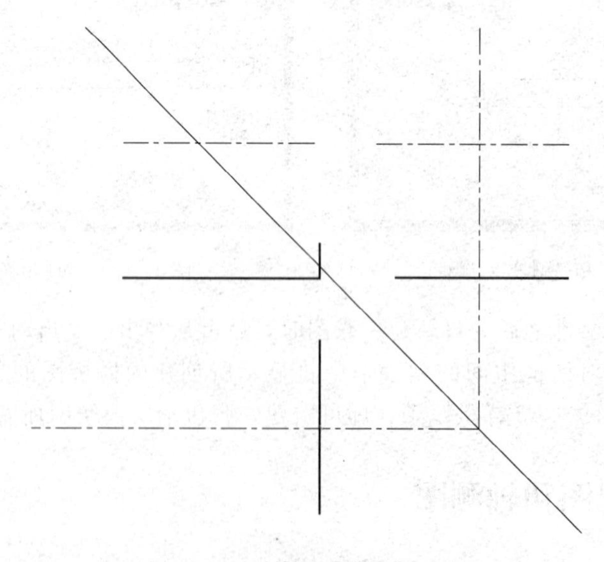

图 11-19　绘制基准线及辅助线

② 绘制底板的三视图。因俯视图反映底板的形状特征，因此先从俯视图绘起，三个视图结合起来画。利用“圆角”、“偏移”、“镜像”命令，绘制结果如图 11-20 所示。

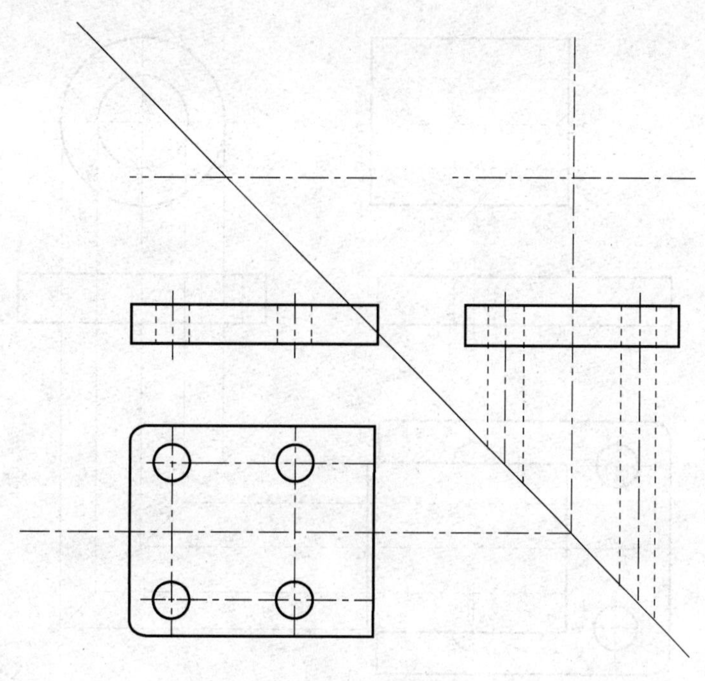

图 11-20　绘制底板

③ 利用“拉长”、“打断”、“修剪”等命令，删除多余的线条，结果如图 11-21 所示。

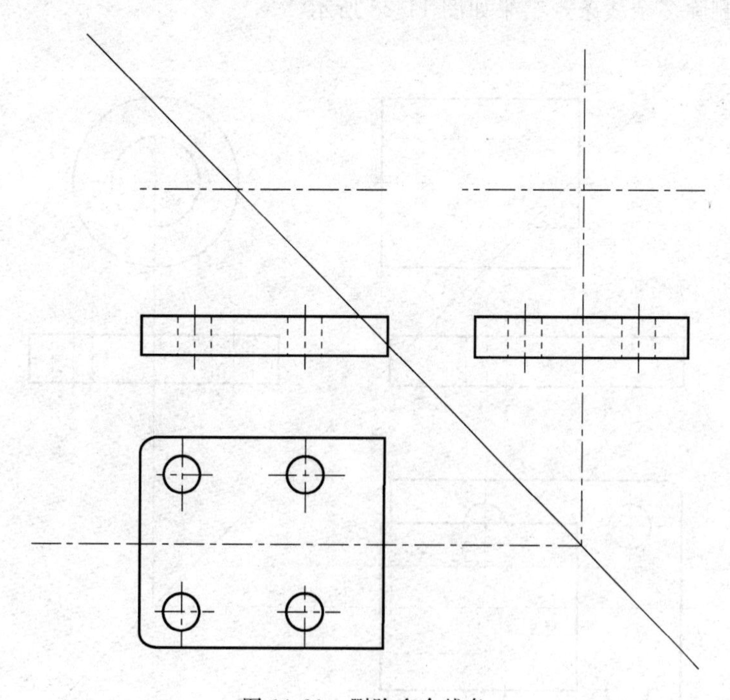

图 11-21　删除多余线条

④ 绘制圆筒，因左视图反映圆筒的形状特征，绘制时先从左视图绘制，注意圆筒在长度方向的定位尺寸为 7。绘制结果如图 11-22 所示。

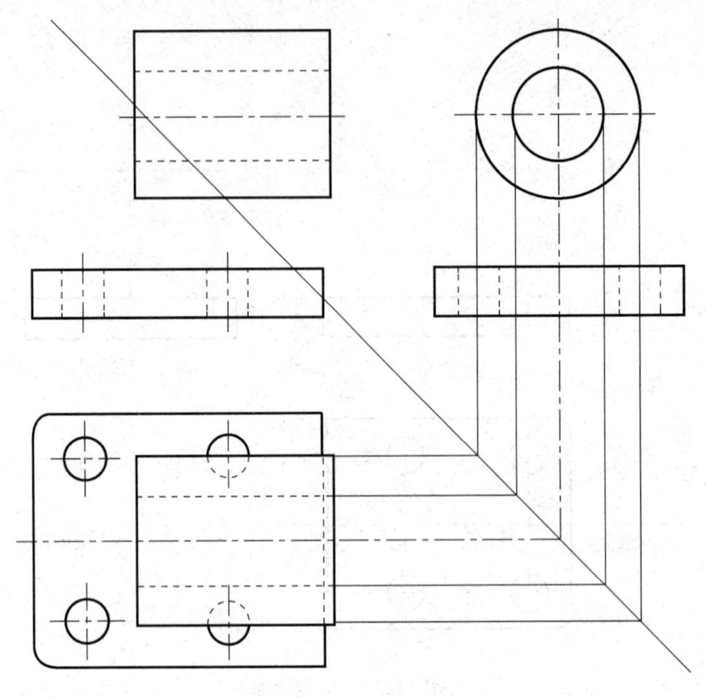

图 11-22　绘制圆筒

⑤ 修剪、删除多余线条，结果如图 11-23 所示。

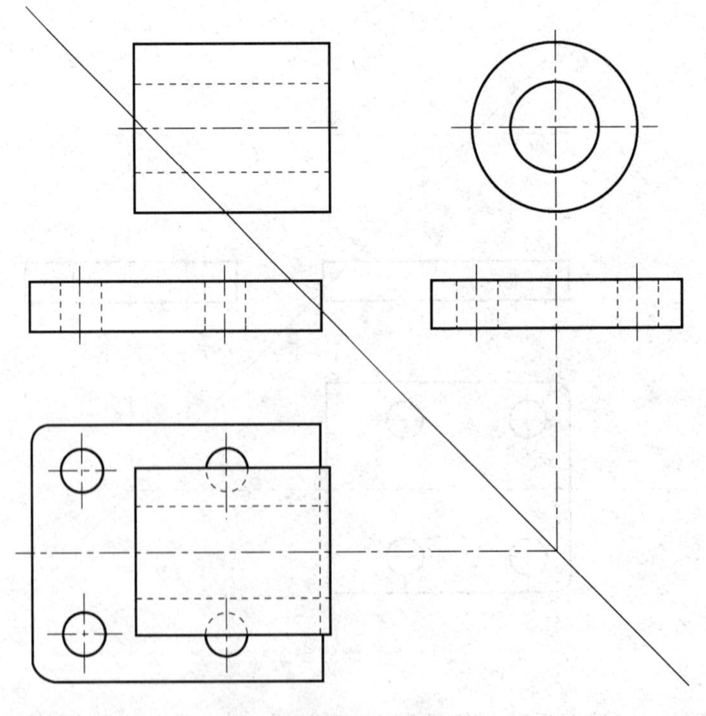

图 11-23　删除多余线条

⑥ 绘制轴承座的支撑板，支撑板的左视图反映其形状特征，绘画时先从左视图绘起，

利用辅助线保证宽相等，结果如图 11-24 所示。

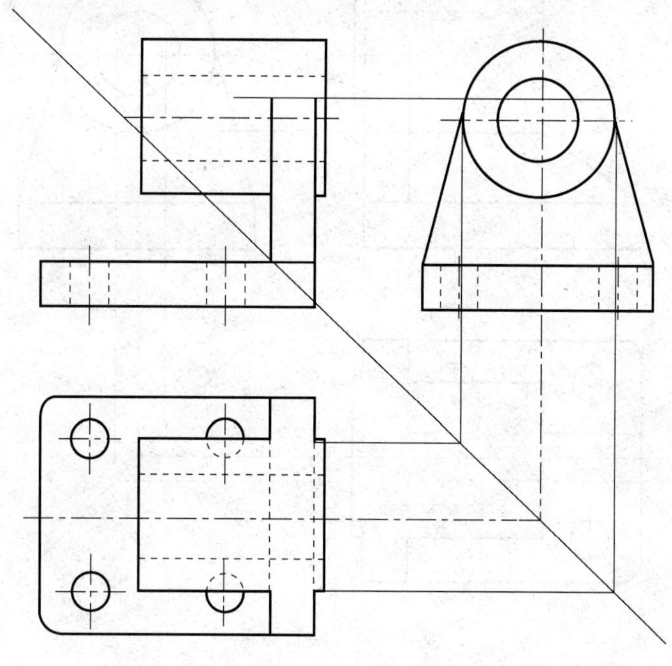

图 11-24　绘制支撑板

⑦ 删除辅助线，结果如图 11-25 所示。

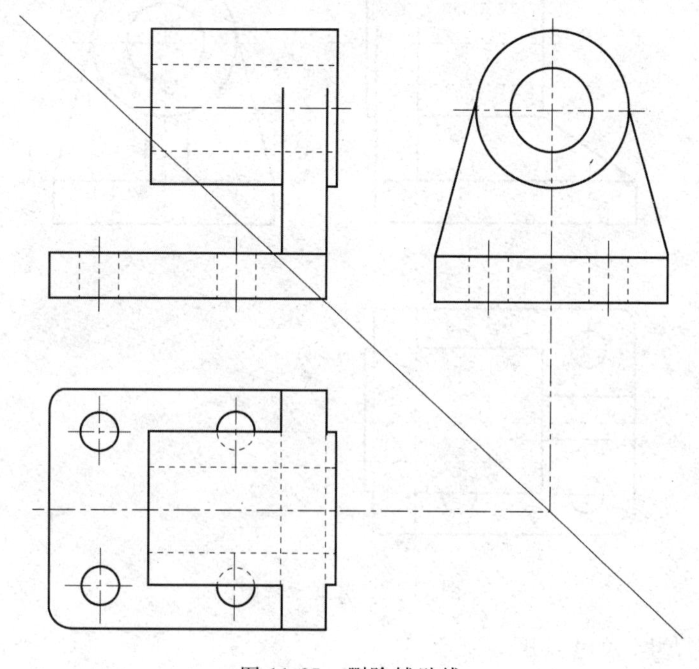

图 11-25　删除辅助线

⑧ 绘制肋板，在左视图先确定肋板的高度，然后在主视图绘制出肋板的形状特征。结果如图 11-26 所示。

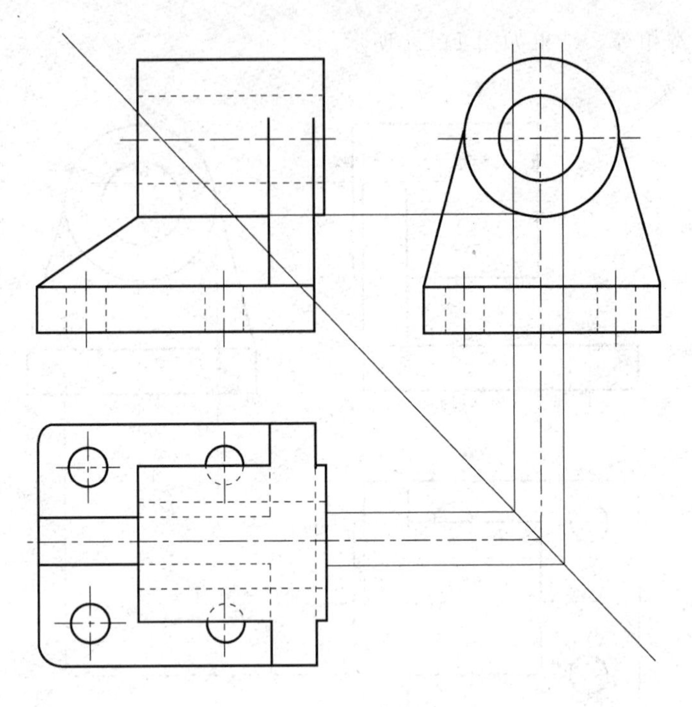

图 11-26 绘制肋板

⑨ 修改对象特性、删除多余线段，结果如图 11-27 所示。

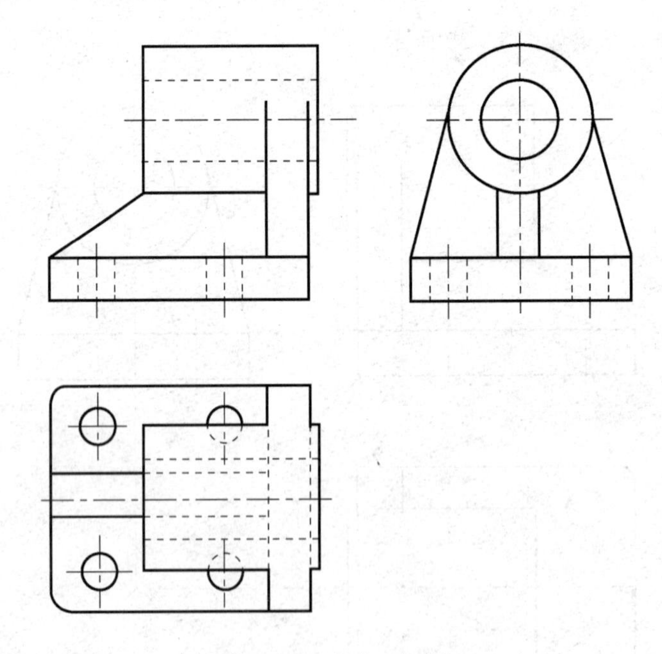

图 11-27 完成三视图

⑩ 最后标注尺寸，如图 11-18 所示。

11.3.2 绘制轴承座轴测图的方法

轴测图是一种二维绘图技术，在工程上常用来表示三维对象。但它不是三维模型，所以无法用旋转模型的方法来获得其他三维视图。我们可以利用基本二维绘图命令来绘制直线、椭圆等图形对象，还可以对轴测图进行尺寸标注和添加文本等。要绘制轴测图，需要先在“草图设置”对话框的“捕捉和栅格”选项卡上选中“等轴测捕捉”单选按钮，如图 11-28 所示。打开“正交”模式，按 F5 键切换光标的不同方位，如图 11-29 所示，就可以绘制正等轴测图了。

图 11-28　设置等轴测捕捉模式

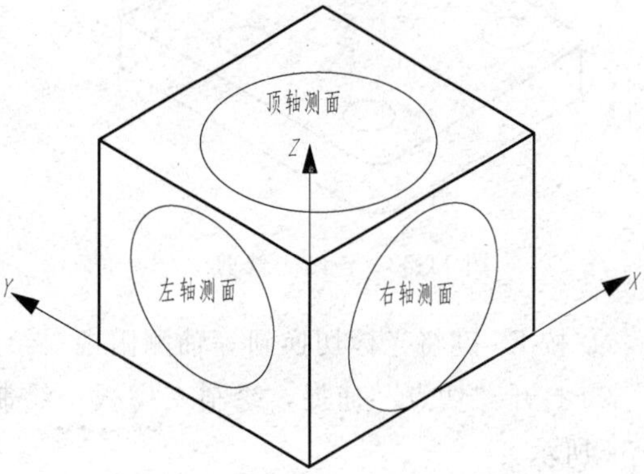

图 11-29　等轴测模式

下面，以图 11-18 所示的三视图为例，说明正等轴测图的绘制方法。

① 用 F5 键先将光标切换到等轴测俯视，使用“正交”模式，绘制如图 11-30 所示的底面四边形 *abcd*（170×200），再将光标切换到等轴测右视，绘制长度为 135 的 *ef* 线，绘制 *fg* 的长度为 7，*fh* 的长度为 128。以 *c* 点为端点绘制长度为 32 的直线，将该直线复制到 *d* 点。然后绘制 R15 圆角及四个 ϕ28 圆孔的定位线。

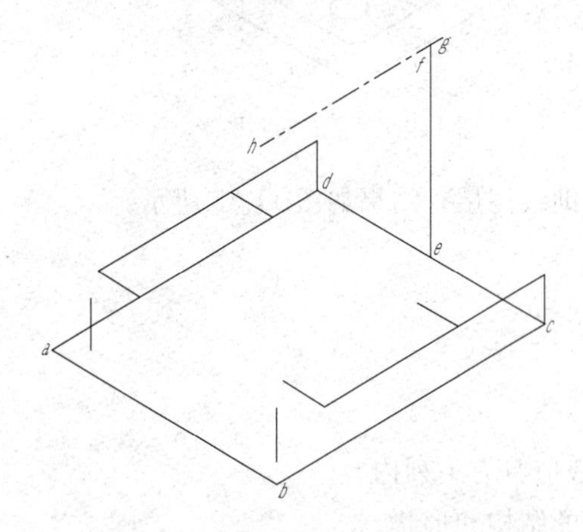

图 11-30　绘制底板和圆筒的定位线

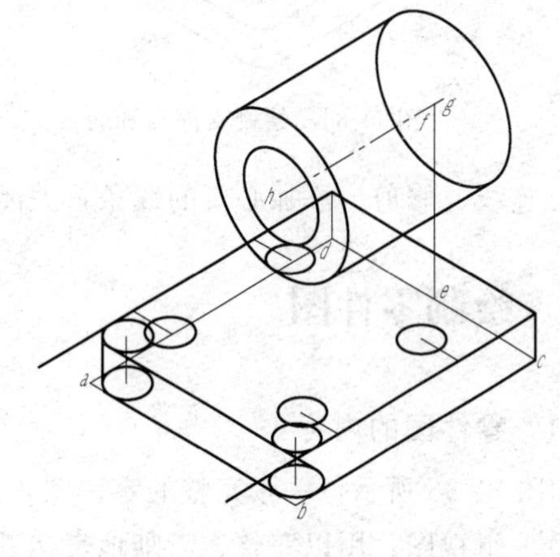

图 11-31　绘制底板和圆筒

② 按 F5 键将光标切换到等轴测俯视，绘制底板，绘制底板上 R15 的圆角及四个直径 ϕ28 的圆孔。再将光标切换到等轴测左视，在“正交”模式下，使用“椭圆”命令绘制直径为 ϕ110、ϕ60 的等轴测圆。结果如图 11-31 所示。

③ 按 F5 键将光标切换到等轴测右视，在“正交”模式下，捕捉象限点，连线，修剪看不见的轮廓线，如图 11-32 所示。

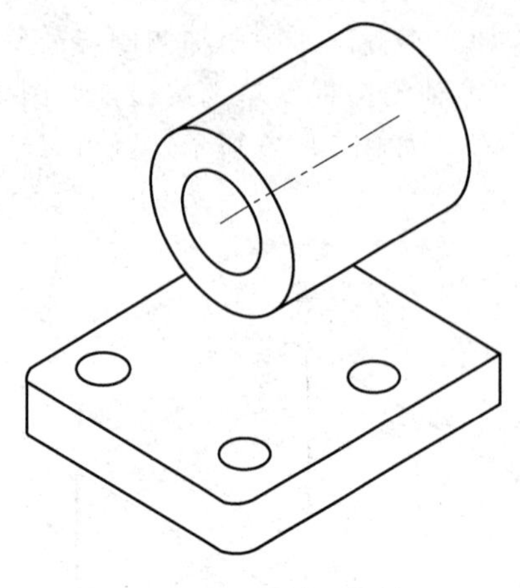

图 11-32　连线、修剪

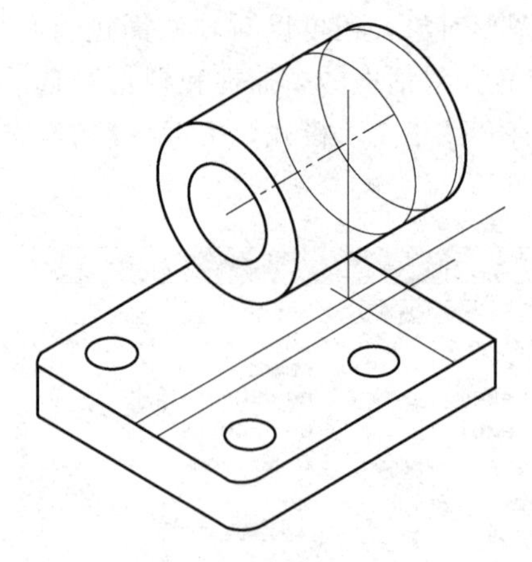

图 11-33　绘制支撑板和肋板的定位线

④ 按 F5 键将光标切换到等轴测俯视，绘制支撑板和肋板的定位线，如图 11-33 所示。

⑤ 打开“切点”捕捉，绘制支撑板。绘制肋板的右端面，再将右端面进行复制。如图 11-34 所示。

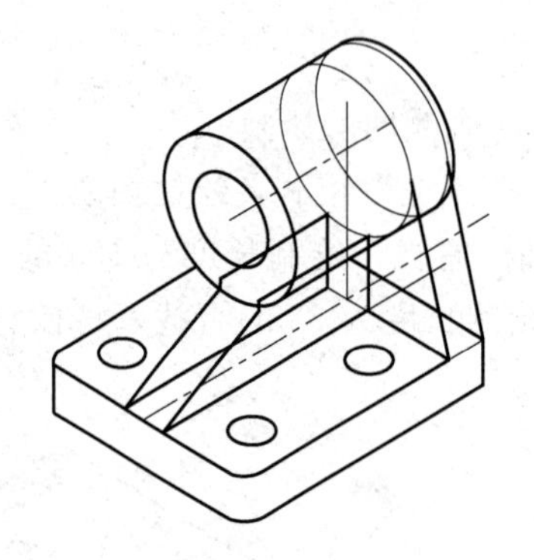

图 11-34　绘制支撑板和肋板

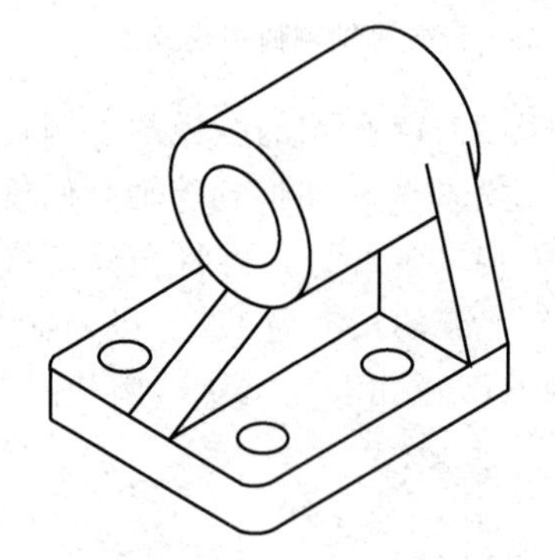

图 11-35　完成轴测图形

⑥ 连线、修剪、添加必要的线条，关闭辅助线图层，结果如图 11-35 所示。

11.4　绘制零件图

11.4.1　零件图的内容

如图 11-36 所示，一张完整的零件图，一般应具有下列内容。

① 一组视图：用以完整、清晰地表达零件的结构和形状。

② 全部尺寸：用以正确、完整、清晰、合理地标注出能满足制造、检验、装配所需的尺寸。

③ 技术要求：用以表示或说明零件在加工、检验过程中所需的要求。如尺寸公差、形状和位置公差、表面粗糙度、热处理、硬度及其他要求。技术要求常用符号或文字来表示。

④ 标题栏：标准的标题栏由更改区、签字区、其他区、名称及代号区组成。一般填写零件的名称、材料标记、阶段标记、重量、比例、图样代号、单位名称以及设计、制图、审核、工艺、标准化、更改、批准等人员的签名和日期等内容，如图 11-2 所示。

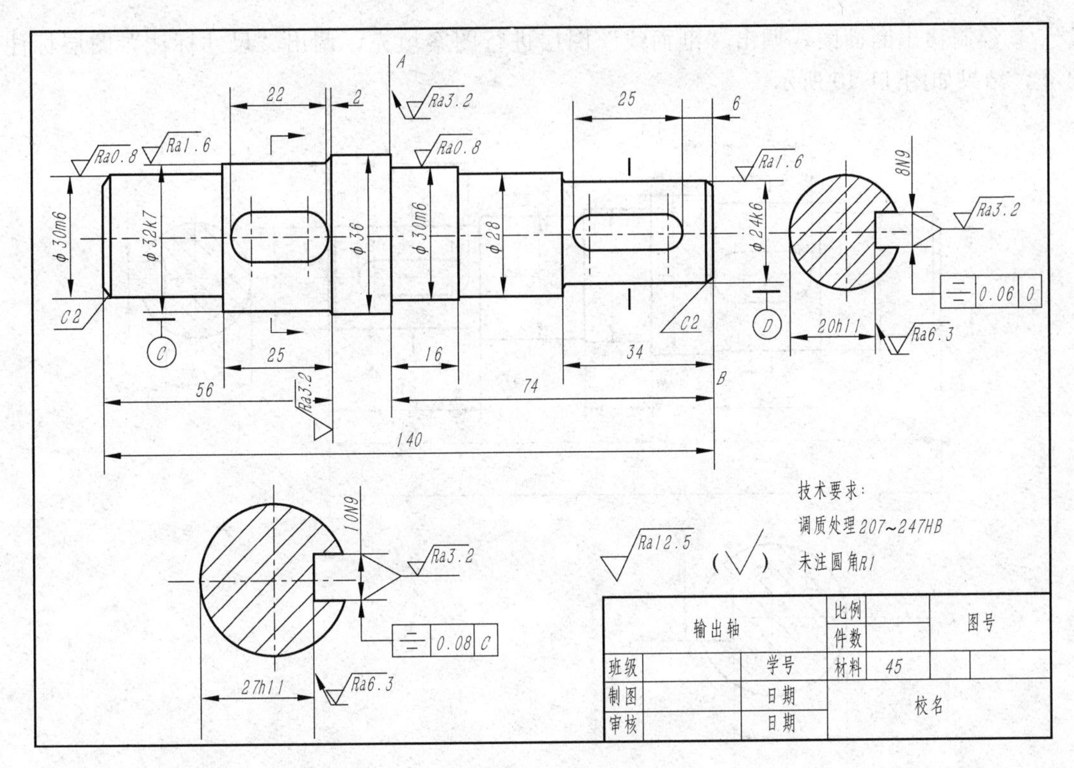

图 11-36　输出轴

11.4.2　绘制零件图的方法

现以如图 11-36 所示的输出轴为例，介绍零件图的绘制方法。

① 使用图形样板文件“A3 样板”新建一幅新的图形，保存文件，名称为“输出轴”。使用“中心线”，绘制输出轴的轴线，调出“粗实线”图层，按照尺寸绘制输出轴上半部分，如图 11-37 所示。

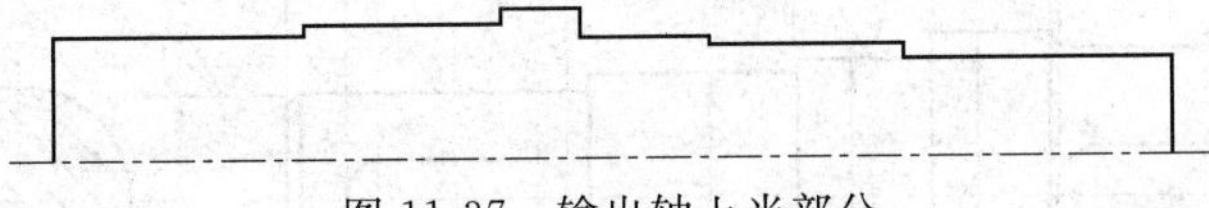

图 11-37　输出轴上半部分

② 对输出轴的上半部分以轴线为镜像线进行镜像，镜像出输出轴的下半部分，连线后结果如图 11-38 所示。

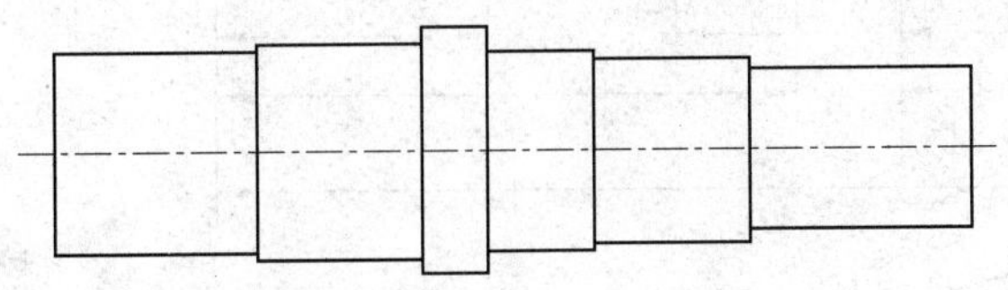

图 11-38　镜像、连线

③ 对轴两端进行倒角，再绘制键槽，如图 11-39 所示。

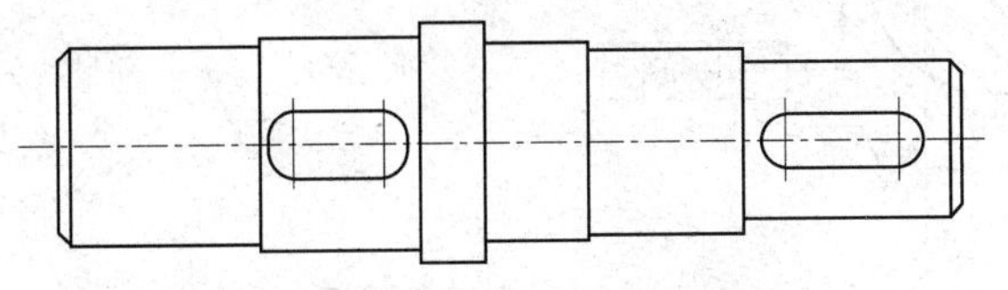

图 11-39　倒角、绘制键槽

④ 绘制移出断面图，调出“剖面线”图层进行图案填充，调出“尺寸标注”图层标注尺寸，结果如图 11-40 所示。

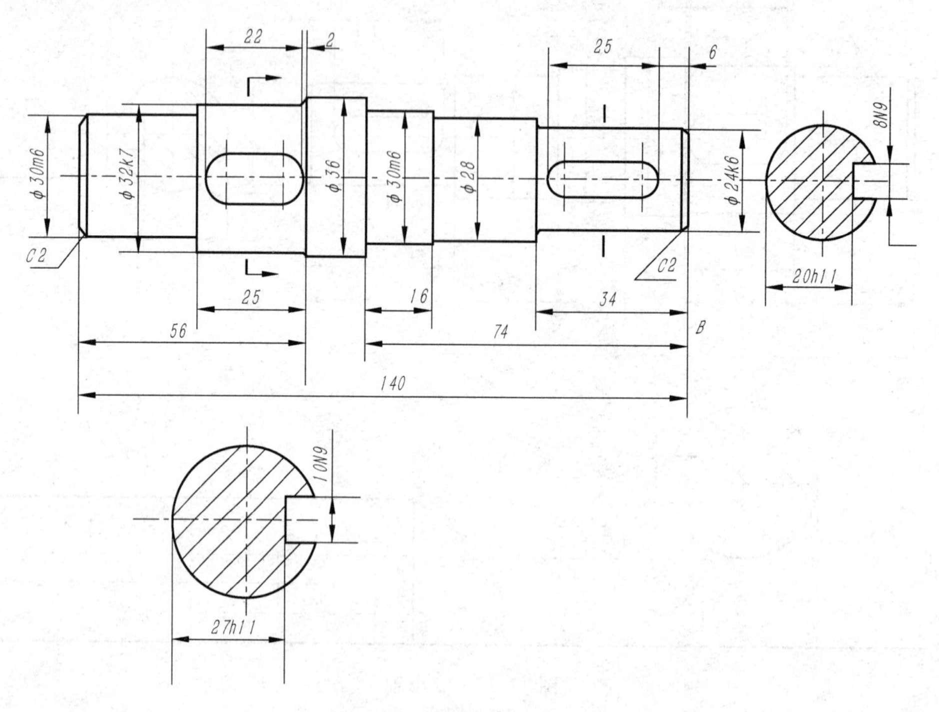

图 11-40　绘制断面图、尺寸标注

⑤ 标注形位公差、技术要求，以块的形式插入表面粗糙度符号和基准符号，插入块时并输入属性值，以提高绘图效率，结果如图 11-41 所示。

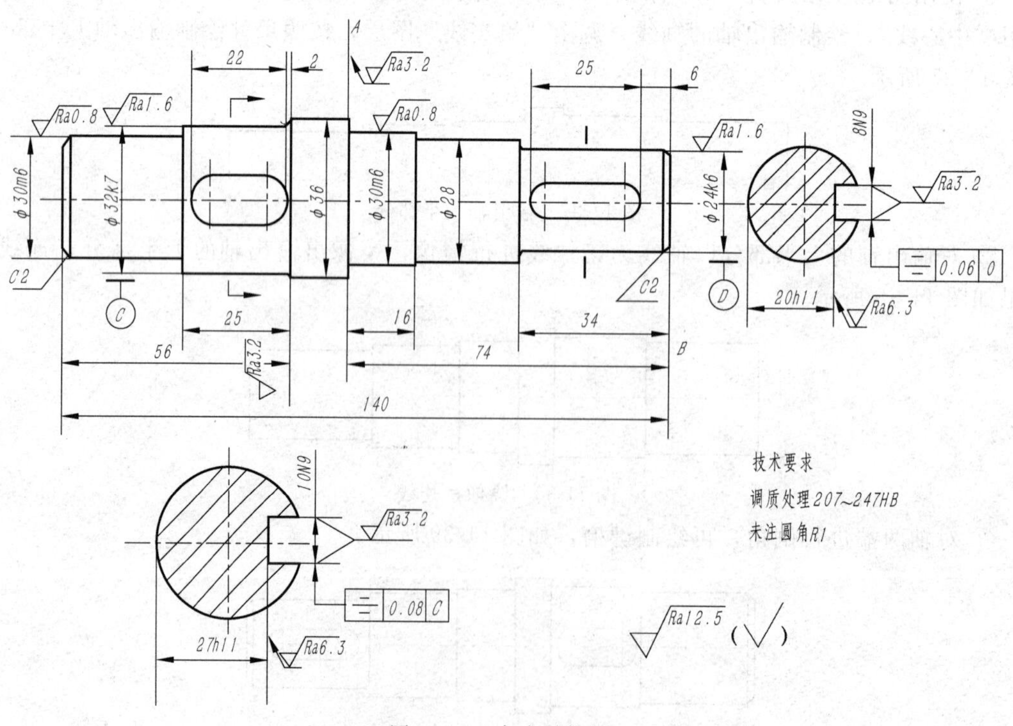

图 11-41　完成零件图

11.5 绘制装配图

装配图是用来表达机器或部件的图样，零件多，图形复杂，绘制过程经常要进行修改，这些问题对于手工制图来讲难度很大。AutoCAD 2010 绘制装配图充分体现了 AutoCAD 2010 辅助设计的优势。可以通过建立不同的层，把零件绘制在不同的图层，并制成块，通过对图层与块的控制，可以方便轻松地绘制装配图。装配图的绘制是 AutoCAD 2010 的一种综合设计应用，因此熟悉装配图的绘制过程，可以提高使用 AutoCAD 2010 进行综合设计的能力。

利用 AutoCAD 绘制装配图，主要有两种方法：一种是直接用 AutoCAD 的命令按装配关系完成装配图的绘制；另一种是首先绘制装配图中的各零件图，并将其生成图块，然后将各零件图组合，并利用“分解”命令将块分解、修改，完成装配图的绘制。

11.5.1 齿轮油泵装配图的绘制

下面以齿轮油泵为例，来学习如何按装配关系完成装配图的绘制。绘制装配图的主要操作步骤如下。

① 使用图形样板文件“A3 样板”新建一幅新的图形，保存文件，名称为“齿轮油泵装配图”。先画出各视图的主要基准线，如图 11-42 所示。再按齿轮油泵的主要装配干线由里往外逐个绘制主要零件的投影，如图 11-43 所示。继续绘制详细的连接、密封等装置的投影，如图 11-44 所示。

图 11-42 绘制各视图的主要基准线

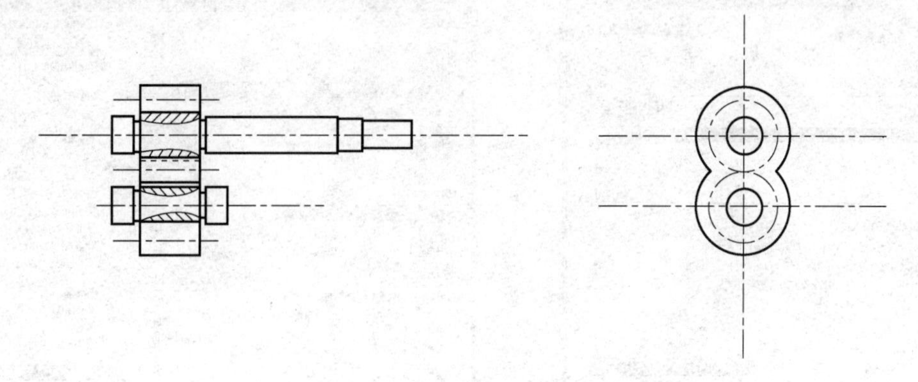

图 11-43 由里往外逐个绘制主要零件的投影

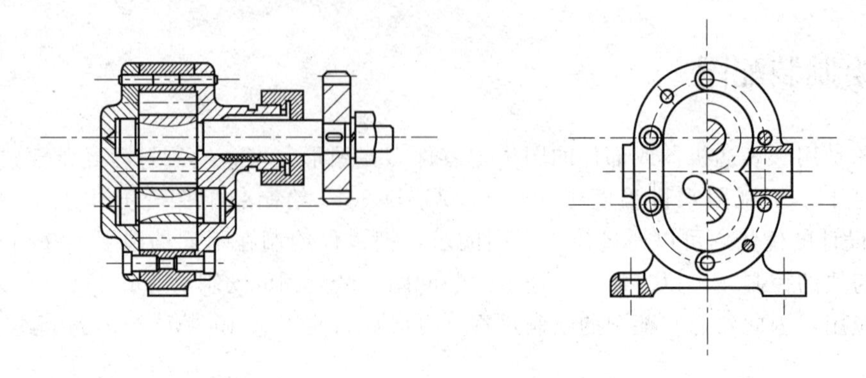

图 11-44　绘制详细的连接、密封等装置

② 建立合适的标注样式，标注装配图所需的全部尺寸。选择“快速引线”按钮，设置引线箭头格式为“小点”，引出装配图中所有零件的序号。如图 11-45 所示。

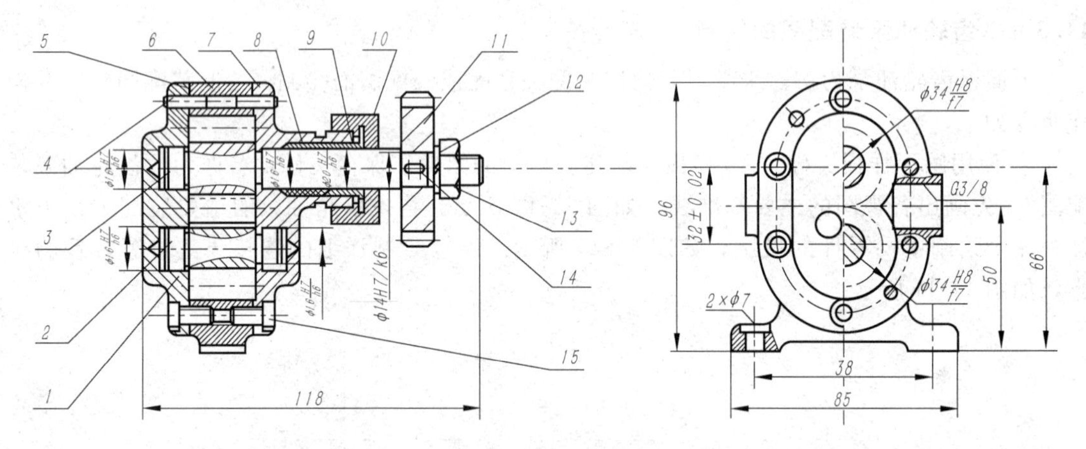

图 11-45　标注装配图的尺寸及零件的序号

③ 用鼠标右键单击“布局 1”标签，在弹出的快捷菜单中选择“新建布局”，创建“布局 3”，选择“布局 3”中的浮动视口，删除浮动视口。右键单击“布局 3”标签，在弹出的快捷菜单中选择“页面设置管理器”，选中“布局 3”，如图 11-46 所示。选择“修改”，打开“页面设置-布局 3”对话框，设置绘图仪和图纸尺寸后，如图 11-47 所示。单击“确定”返回“布局 3”。

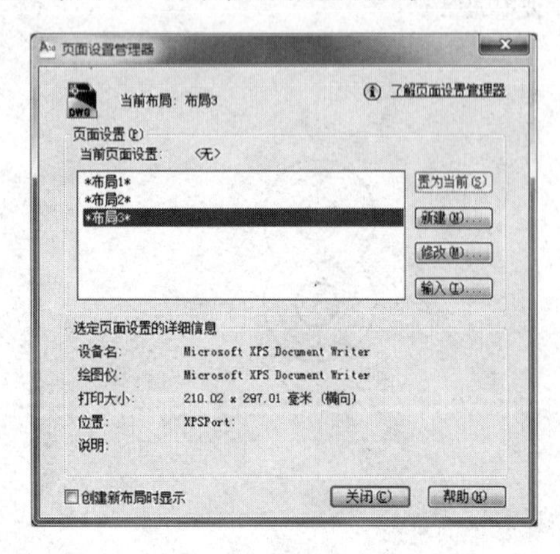

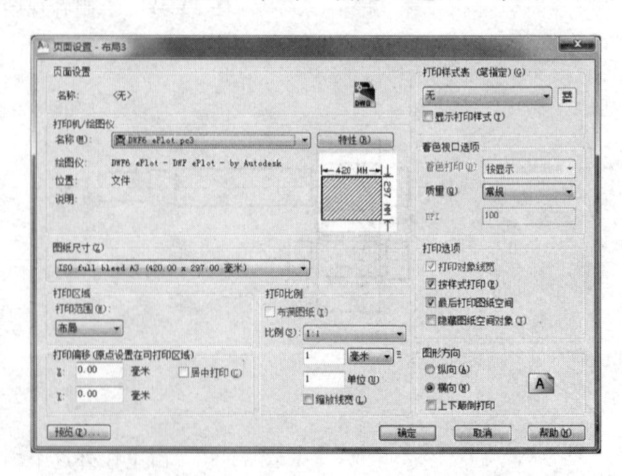

图 11-46　“页面设置管理器”对话框　　　　图 11-47　“页面设计-布局 3”对话框

④ 在“布局 3”页面，将“0”图层置为当前图层，插入块“A3”图框，如图 11-48 所示。

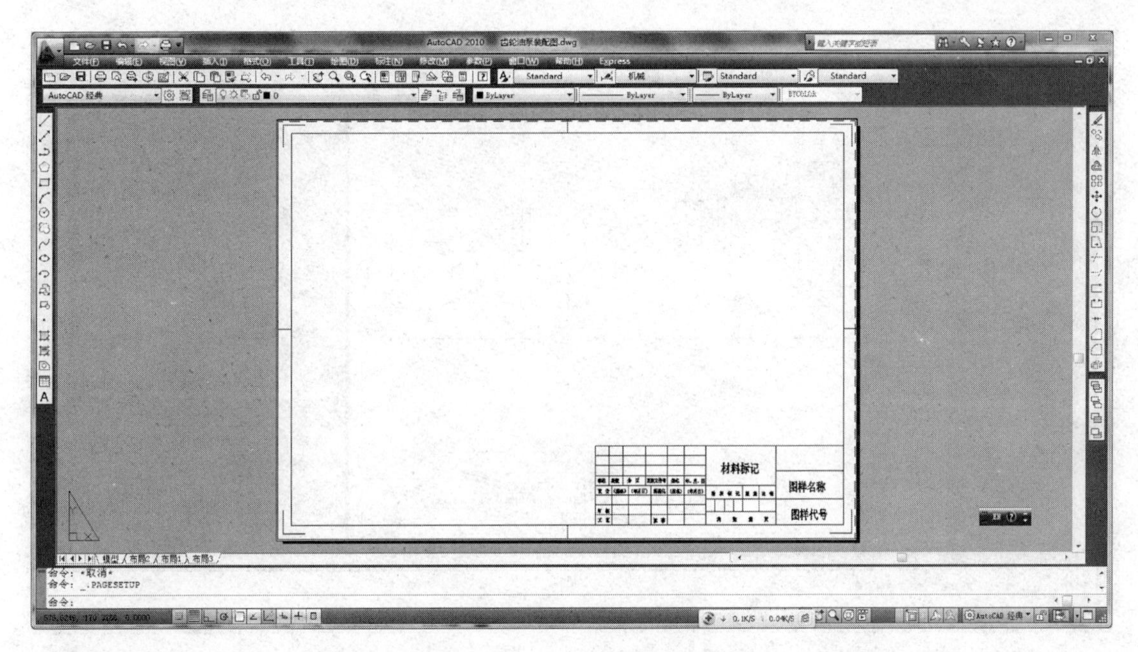

图 11-48　插入“A3”图框

⑤ 新建“视口”图层，并且将“视口”图层置为当前层，调出“视口”工具栏，在“视口”工具栏中单击“多边形视口”，在图 11-48 中捕捉多边形视口的各个端点，建立多边形视口，如图 11-49 所示。

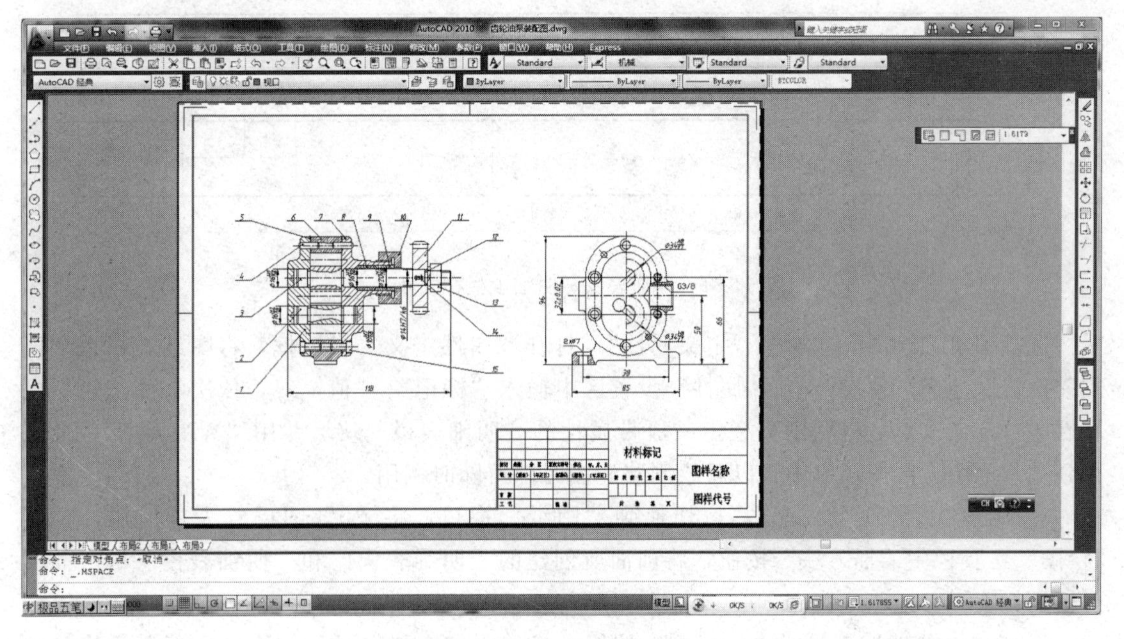

图 11-49　创建多边形视口

⑥ 单击状态栏中的“图纸”按钮，进入浮动模型视口，使用“标准”工具栏中的“实

时平移”和其他的图形缩放工具，调整浮动视口中视图的显示，修改标题栏中的属性，结果如图 11-50 所示。

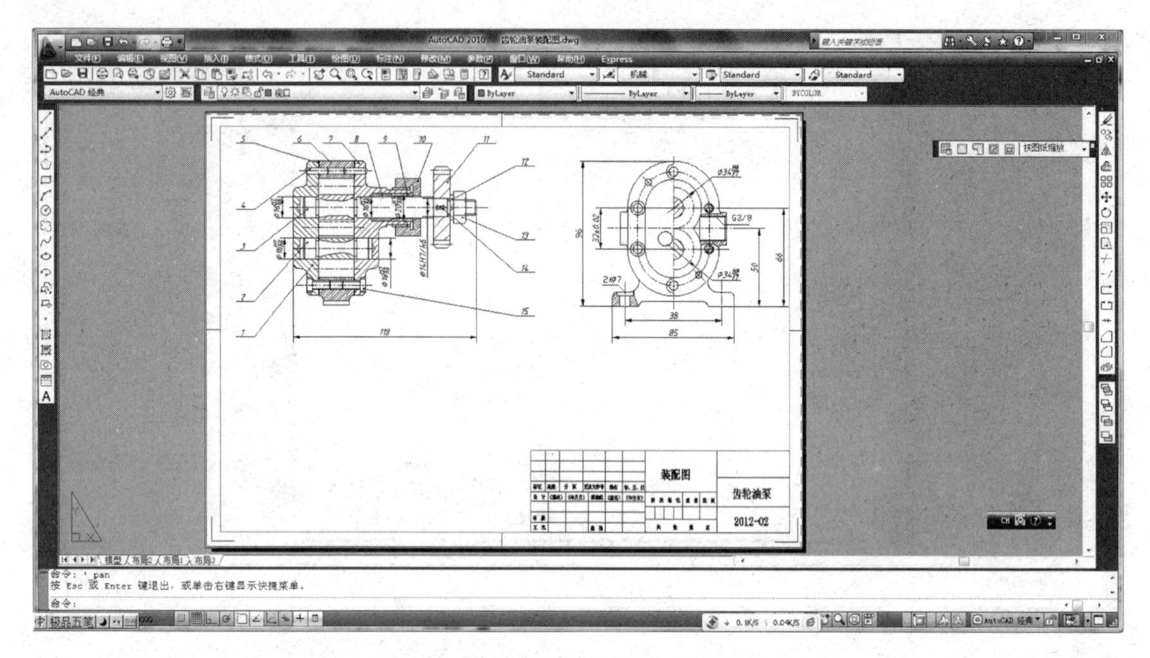

图 11-50　修改标题栏、调整显示

⑦ 单击“模型”按钮切换到模型空间，绘制符合国家标准规定的明细栏的标准格式，如图 11-51 所示的明细表头和明细表栏。并将绘制的明细表头创建为“明细表头”块，用“WBLOCK”命令存到用户的个人图块库中。

序号	代号	名称	数量	材料	单件	总计	备注
8	40	44	8	38	10	12	20

序号	代　号	名　称	数量	材　料	单件	总计	备　注
					重	量	

14　180

图 11-51　明细表头和明细表栏样式及尺寸

选择菜单“绘图”|“块”|“定义属性”，打开“属性定义”对话框，将明细表栏在“模式”设置区选择“预设”，在“属性”设置区中输入“标记”、“值”等，依次将明细表栏中属性一一定义。然后将明细表栏定义成带属性的“明细表栏”块。并用“WBLOCK”命令存到用户的个人的图块库中，以后绘制装配图时即可随时调用。

⑧ 调出“齿轮油泵装配图”，切换到“图纸”视口，将“0”图层置为当前层，单击“绘图”工具栏中“插入块”按钮，将前面所创建的“明细表头”和“明细表栏”依次插入到标题栏上方。

⑨ 单击“修改”工具栏中“复制”按钮，将“明细表栏”进行“多个”复制。将一部分明细表栏复制到标题栏的左侧。

⑩ 选择菜单“修改”|“对象”|“属性”|“单个”，选择“明细表栏”中需要修改的属性

“值”，打开“增强属性编辑器”对话框，依次对“属性”中的“值”进行修改。如图 11-52 所示。

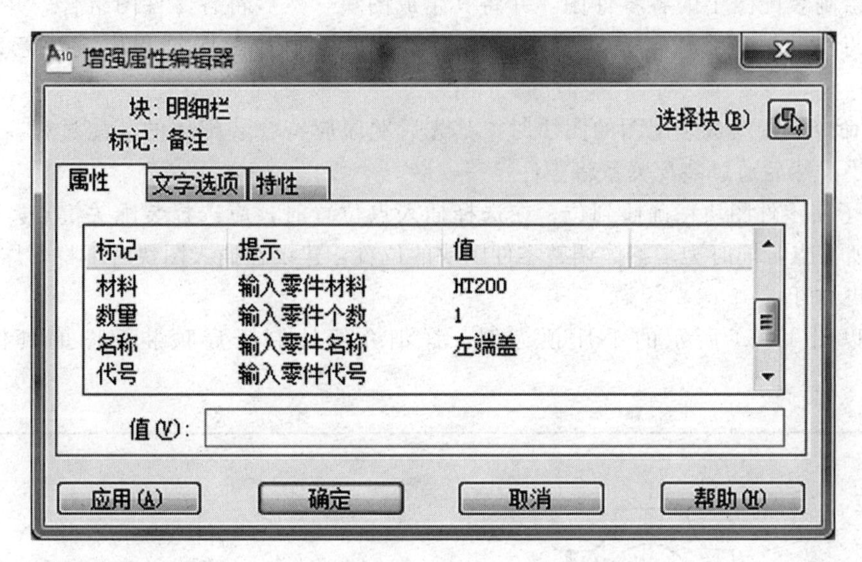

图 11-52　“明细表栏”属性“值”的修改

⑪ 使用“绘图”工具栏中的“多行文字”按钮，在“图纸”视口适当位置输入装配图的技术要求，这样就完成了齿轮油泵装配图的绘制。如图 11-53 所示。

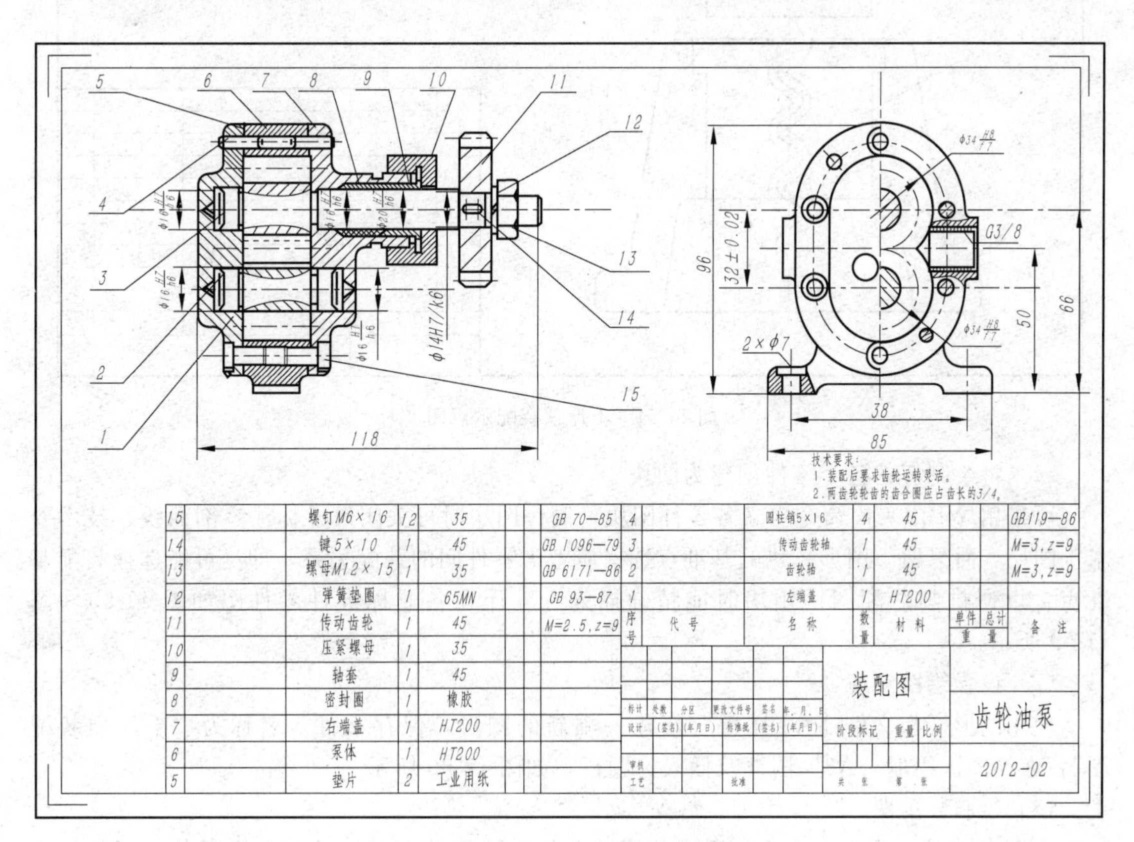

序号	代号	名称	数量	材料	单件重量	总计重量	备注
15		螺钉M6×16	12	35			GB 70—85
14		键5×10	1	45			GB 1096—79
13		螺母M12×15	1	35			GB 6171—86
12		弹簧垫圈	1	65MN			GB 93—87
11		传动齿轮	1	45			M=2.5，z=9
10		压紧螺母	1	35			
9		轴套	1	45			
8		密封圈	1	橡胶			
7		右端盖	1	HT200			
6		泵体	1	HT200			
5		垫片	2	工业用纸			
4		圆柱销5×16	4	45			GB119—86
3		传动齿轮轴	1	45			M=3，z=9
2		齿轮轴	1	45			M=3，z=9
1		左端盖	1	HT200			

图 11-53　齿轮油泵装配图

11.5.2 由零件图拼画装配图

首先绘制装配图中的各零件图，并将其生成图块，然后将各零件图组合，并利用“分解”命令将块分解、修改，完成装配图的绘制。在拼画装配图过程中应注意以下几个问题。

① 用命令调用组成装配图的图块时，其先后顺序应符合装配体的装配过程，即应从主要零件入手，然后通过装配关系将零件一一安装。

② 为了使零件图块精确插到位，在选择插入点位置时，应选择装配关键点，在捕捉状态下捕捉所需点，同时为了整体调整零件图块的位置，建议在插入图块时不将其炸开，待调整到位后再炸开。

下面以图 11-54 所示的千斤顶为例，详细介绍绘制千斤顶装配图的具体方法和步骤。

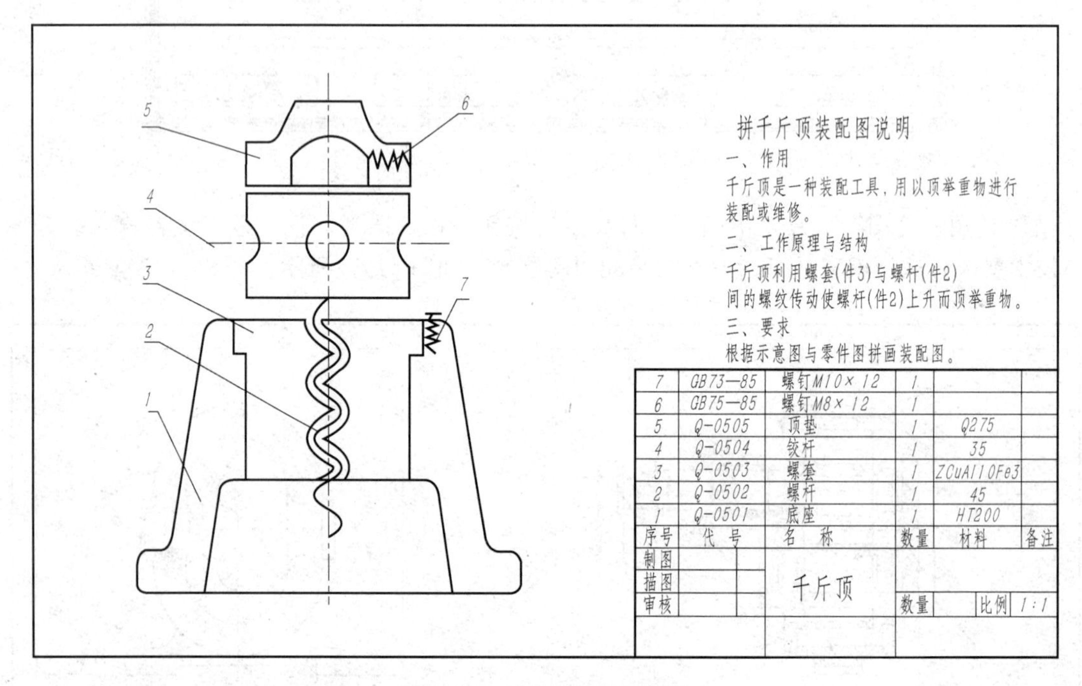

7	GB73—85	螺钉M10×12	1		
6	GB75—85	螺钉M8×12	1		
5	Q-0505	顶垫	1	Q275	
4	Q-0504	铰杆	1	35	
3	Q-0503	螺套	1	ZCuAl10Fe3	
2	Q-0502	螺杆	1	45	
1	Q-0501	底座	1	HT200	
序号	代号	名称	数量	材料	备注
制图		千斤顶			
描图					
审核			数量	比例	1:1

图 11-54 千斤顶装配示意图

（1）将绘制好的各个零件创建为图块

可采用 WBLOCK 命令定义各零件图块，制作图块时可关闭尺寸标注、剖面线、技术要求等图层，而只留下图形。块的基准点选择应考虑零件间的装配关系，即尽可能选择装配基准点，以便拼画装配图调用块时能精确插入。千斤顶各非标准件零件图如图 11-55～图 11-59 所示。

（2）设置绘图环境

使用图形样板文件“A3 样板”新建一幅新的图形，保存文件，名称为“千斤顶装配图”，在绘图区绘制“A3”图框及插入标题栏，如图 11-60 所示。

（3）绘制装配图

① 使用直线命令在图面上的适当位置绘制中心线和装配基准线，为以后装配零件做准备，结果如图 11-61 所示。装配图中零件就是沿着中心线和基准线依次“安装”的。

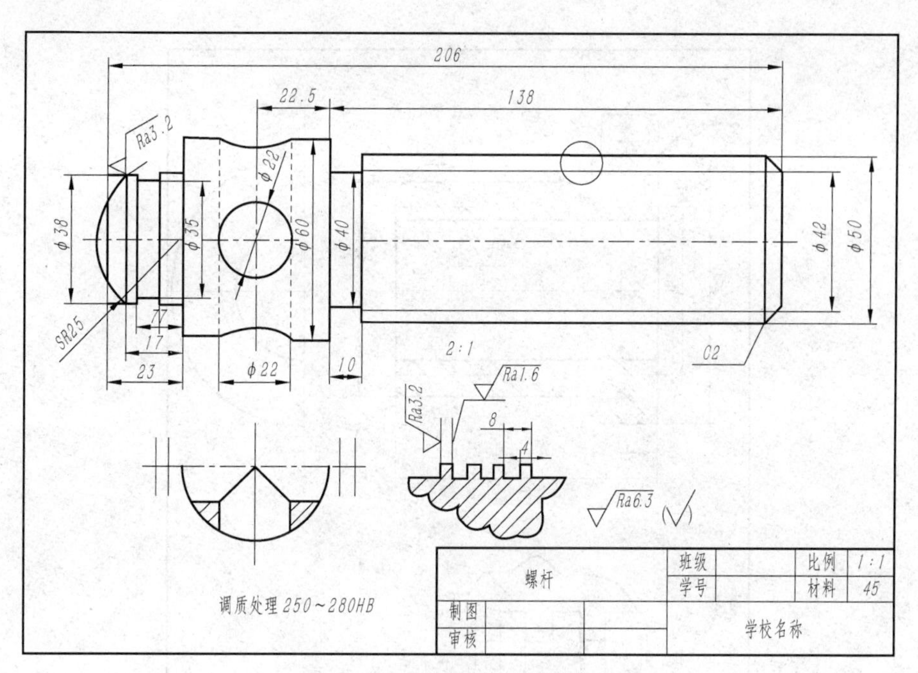

图 11-55　千斤顶的螺杆零件图

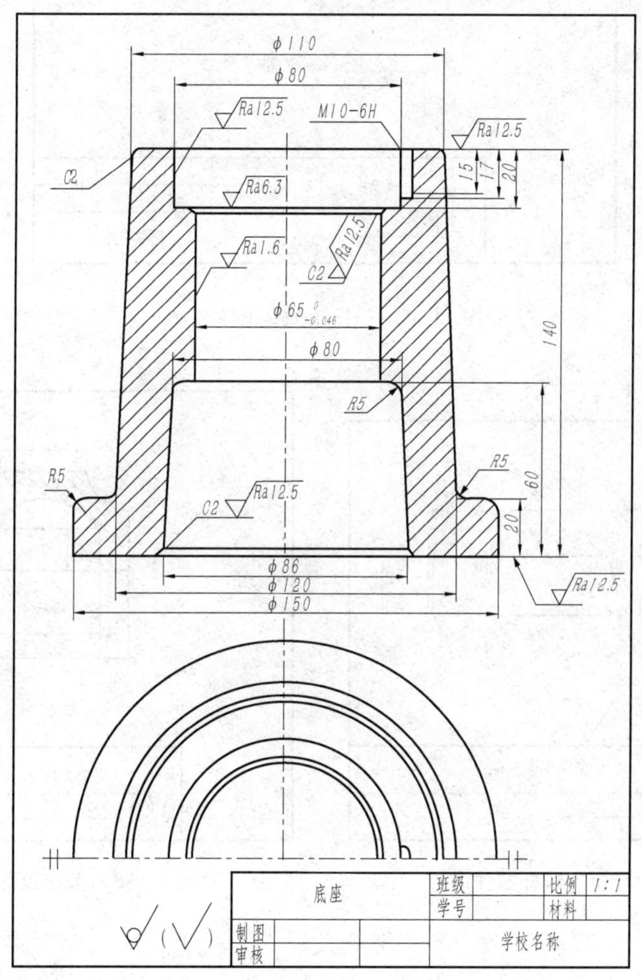

图 11-56　千斤顶的底座零件图

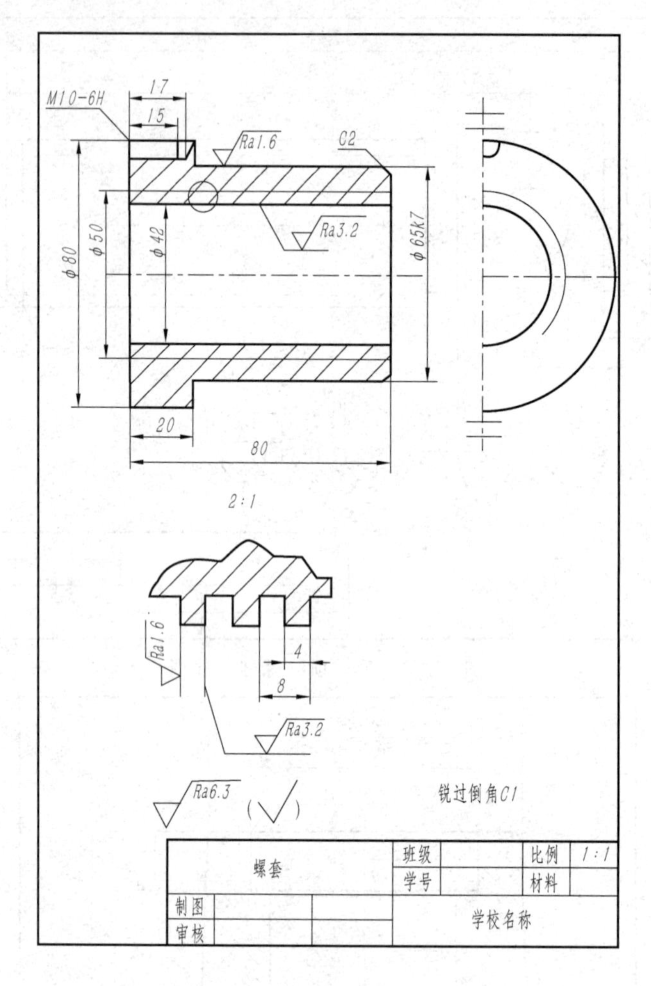

图 11-57　千斤顶的螺套零件图

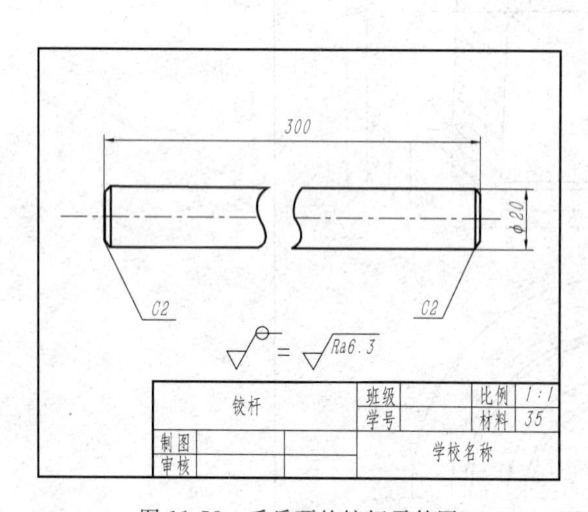

图 11-58　千斤顶的铰杆零件图

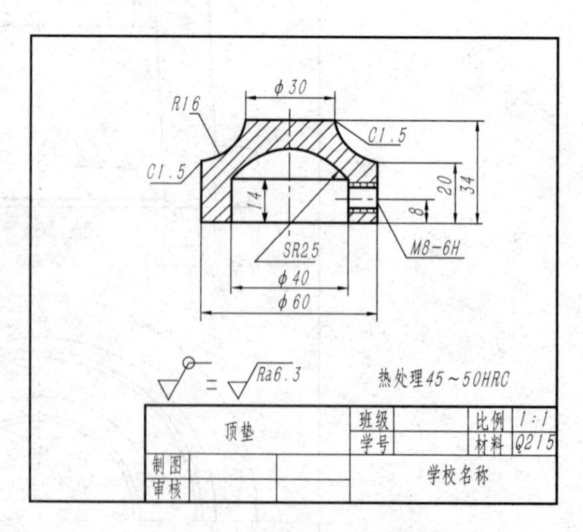

图 11-59　千斤顶的顶垫零件图

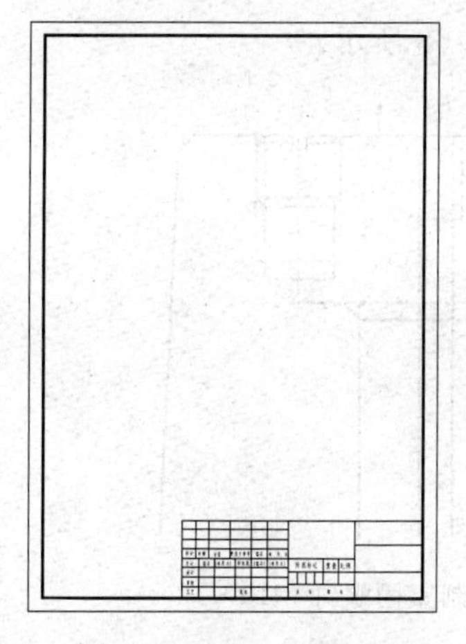

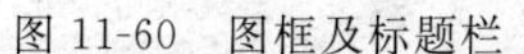

图 11-60　图框及标题栏

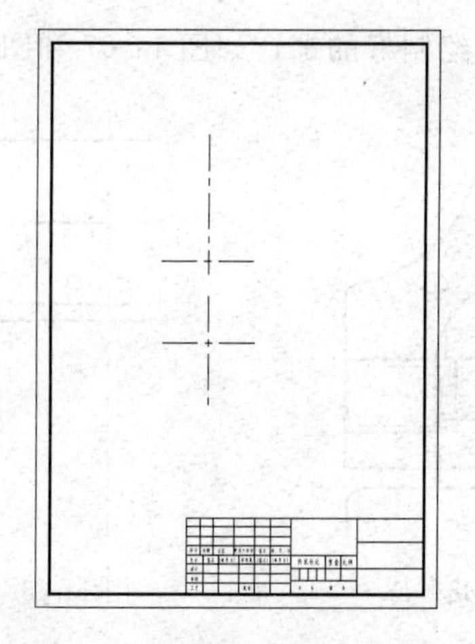

图 11-61　绘制基准线、中心线

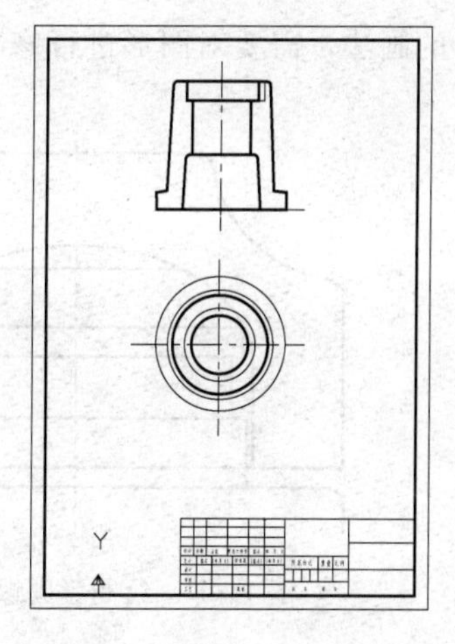

图 11-62　插入底座图块

② 用插入（INSERT）命令调用底座零件的图块，由于俯视图采用对称画法，因此要用镜像命令将其补充完整，如图 11-62 所示。

③ 用插入（INSERT）命令调用螺套图块，插入到主视图中，如图 11-63 所示。由于零件图上螺套的摆放位置与装配图上的位置不同，故插入图块时要将螺套顺时针旋转 90°，俯视图可先不画出。

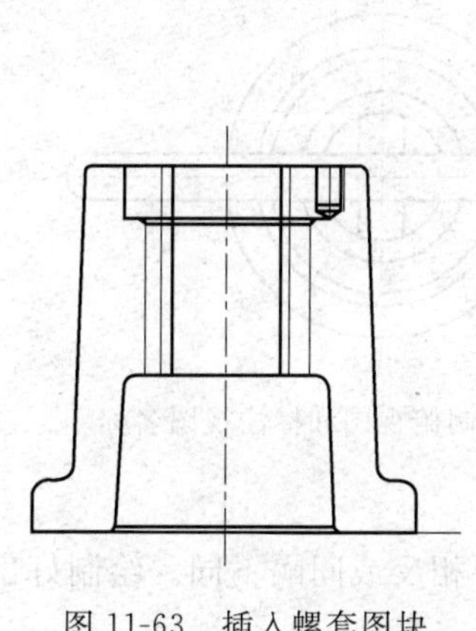

图 11-63　插入螺套图块

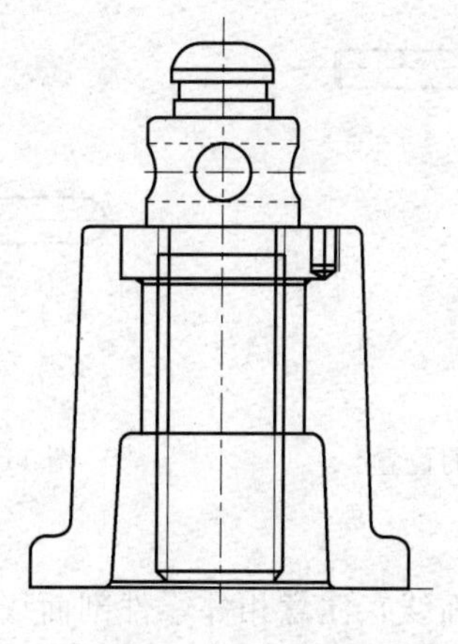

图 11-64　插入螺杆图块

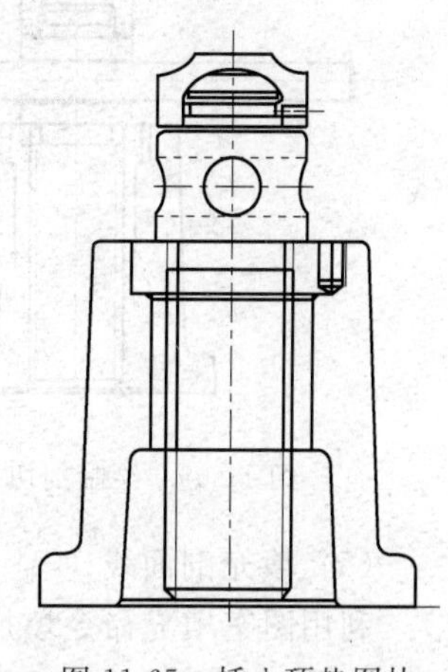

图 11-65　插入顶垫图块

④ 用插入（INSERT）命令调用螺杆图块，同样要将螺杆顺时针旋转 90°插入，俯视图可先不画出，如图 11-64 所示。

⑤ 用插入（INSERT）命令调用顶垫图块，插入到主视图中，如图 11-65 所示。

⑥ 用插入（INSERT）命令调用铰杆图块，插入到主视图和俯视图中，如图 11-66 所示。

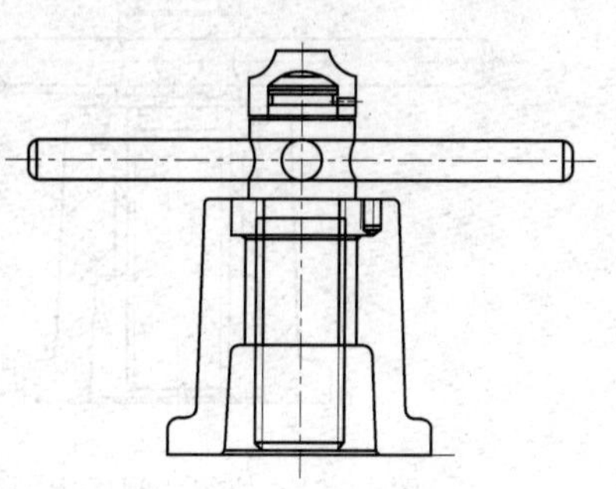

图 11-66　插入铰杆图块

⑦ 绘制装配图中两连接件。其中一个是固定螺套和底座的锥端紧定螺钉 M10×12，另一个是固定顶垫的圆柱端紧定螺钉 M8×12。两个连接件的绘制根据有关标准查出其具体结构尺寸，先在装配图中其他空白处画出图形，然后再整体移动到装配图中的相应位置上，要注意螺纹连接

的画法，需要对图形进行修改。绘制好的螺钉如图 11-67 和图 11-68 所示。

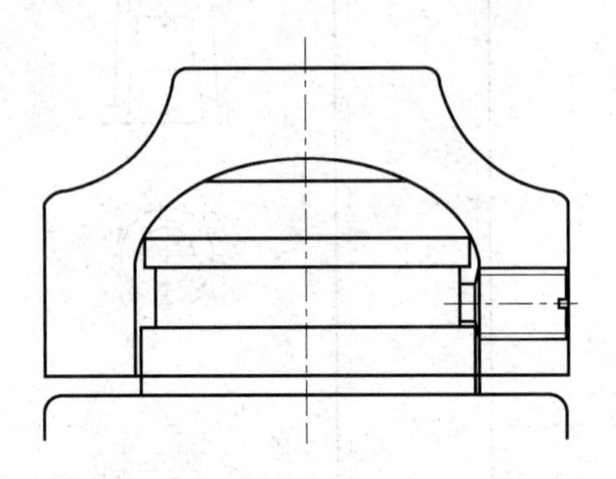

图 11-67　绘制紧固螺钉 M8×12

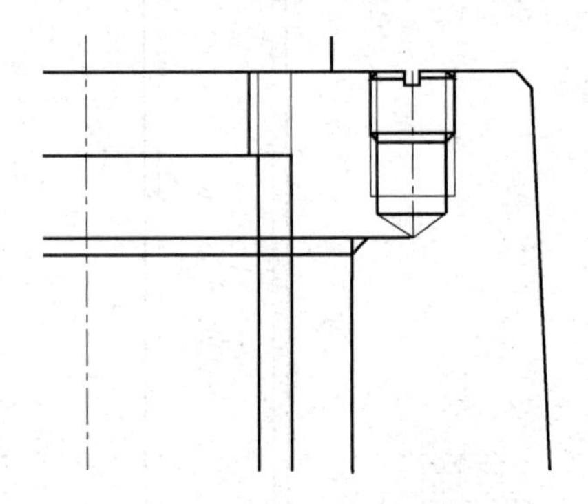

图 11-68　绘制紧固螺钉 M10×12

（4）修改完善

对主视图进行修改，对俯视图进行完善，将被遮挡的部分去掉，将缺少的线条补画上去，此过程将大量使用直线、延长、修剪、删除等命令。在主视图上画出剖切平面的位置，如图 11-69 所示。修改后的俯视图如图 11-70 所示，并在俯视图中标出视图名称“*A*—*A*”。

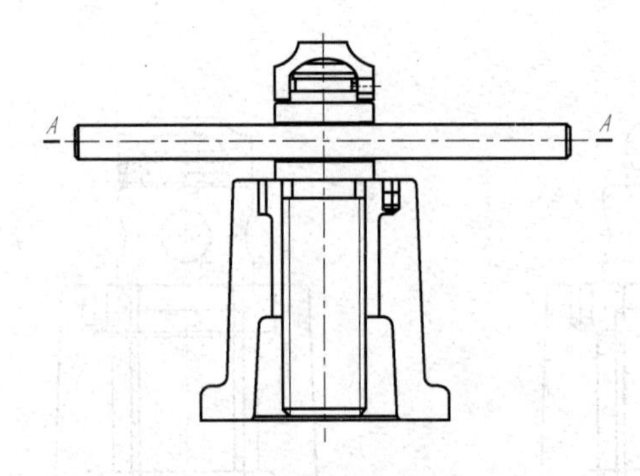

图 11-69　绘制剖切平面的位置

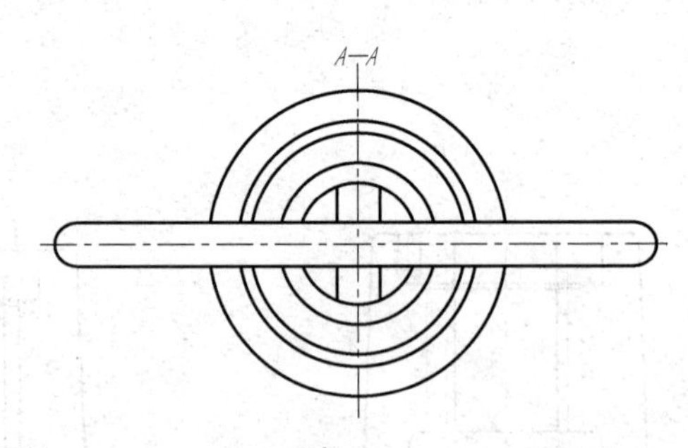

图 11-70　绘制俯视图和标注视图名称

（5）填充剖面线

利用图案填充命令填加剖面线，注意相邻零件剖面线方向要相反或间隔不同。绘制好剖面线的图形如图 11-71 和图 11-72 所示。

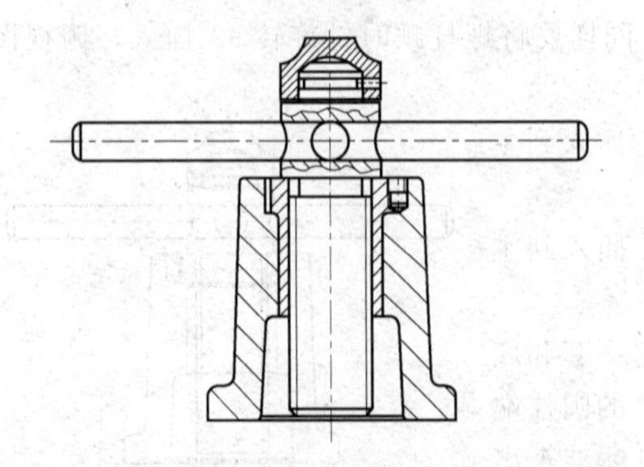

图 11-71　填充主视图中剖面线

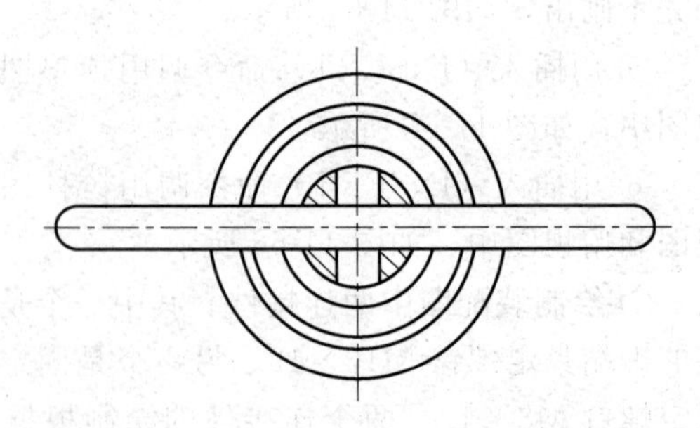

图 11-72　填充俯视图中剖面线

（6）标注装配体尺寸、编写零件序号

标注装配体的装配、检验、调试等有关的尺寸。零件序号按顺时针方向由小到大排列，序号的字高可比尺寸标注的字高大一号，绘制好的零件序号和尺寸标注如图 11-73 所示。

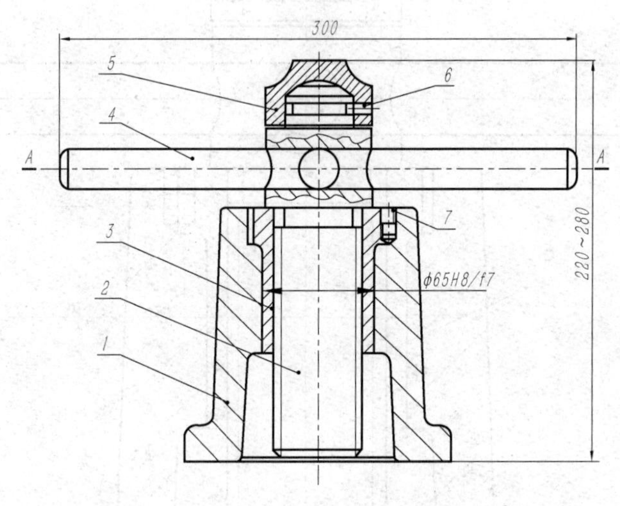

图 11-73　标注尺寸和编写序号

（7）填写标题栏及明细栏

利用图块插入明细表的表头及明细表栏图块，将“0”图层置为当前层，单击“绘图”工具栏中“插入块”按钮，将前面所创建的“明细表头”和“明细表栏”依次插入到标题栏上方。单击“修改”工具栏中“复制”按钮，将“明细表栏”进行“多个”复制。将一部分明细表栏复制到标题栏的左侧。选择菜单“修改”|“对象”|“属性”|“单个”，选择“明细表栏”中需要修改的属性“值”，依次对“属性”中的“值”进行修改。结果如图 11-74 所示。

序号	代号	名称	数量	材料	单件重量	总计重量	备注
1		底座	1	HT200			
7		螺钉M10×12	1	Q235			GB73-85
6		螺钉M8×20	1	Q235			GB75-85
5		顶垫	1	Q275			
4		铰杆	1	35			
3		螺套	1	ZCuAl10Fe3			
2		螺杆	1	45			

标记	处数	分区	更改文件号	签名	年月日	阶段标记	重量	比例	(单位名称)
设计									千斤顶
制图									
审核						共　张　第　张			(图样代号)

图 11-74　填写明细表

（8）输入技术要求

利用多行文本的命令书写技术要求，技术要求放在明细栏的上方。

（9）检查所绘图形

注意图线线型的正确性，擦去多余线条，若无误，绘制装配图的工作完成，绘制好的装配图如图 11-75 所示。

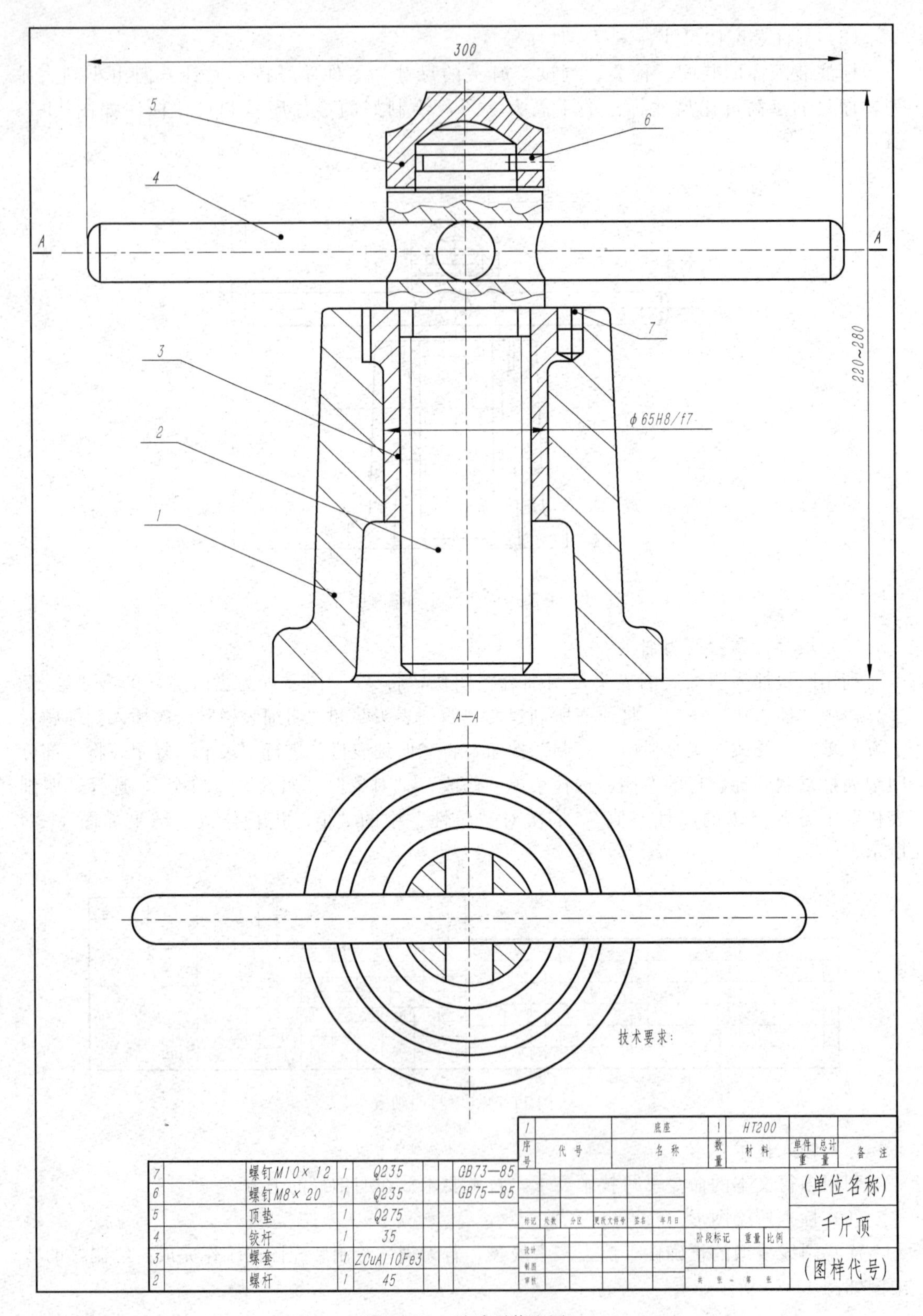

图 11-75　千斤顶装配图

思考与练习

1. 绘制三视图。

绘制如图 11-76、图 11-77 所示的三视图及轴测图。

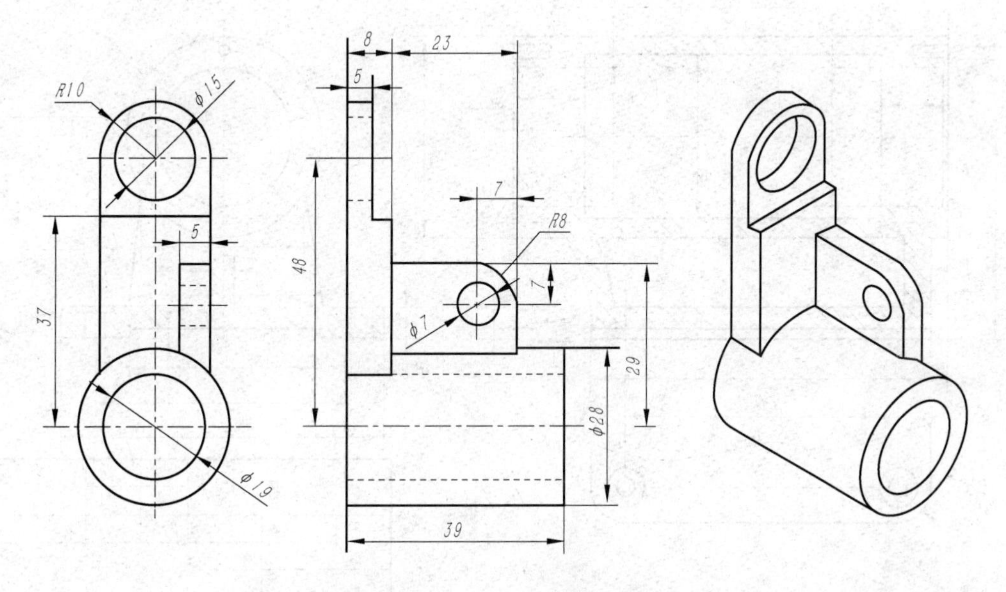

图 11-76　三视图及轴测图练习

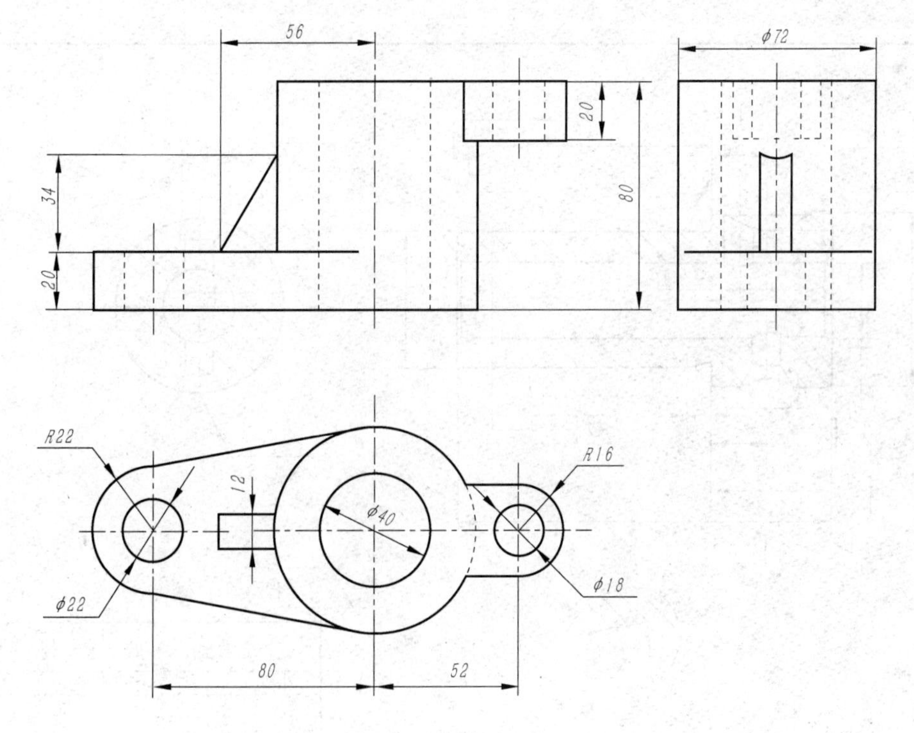

图 11-77　绘制支架的三视图及轴测图

2. 绘制零件图。

绘制图 11-78 铣刀头座体和图 11-79 柱塞套零件。

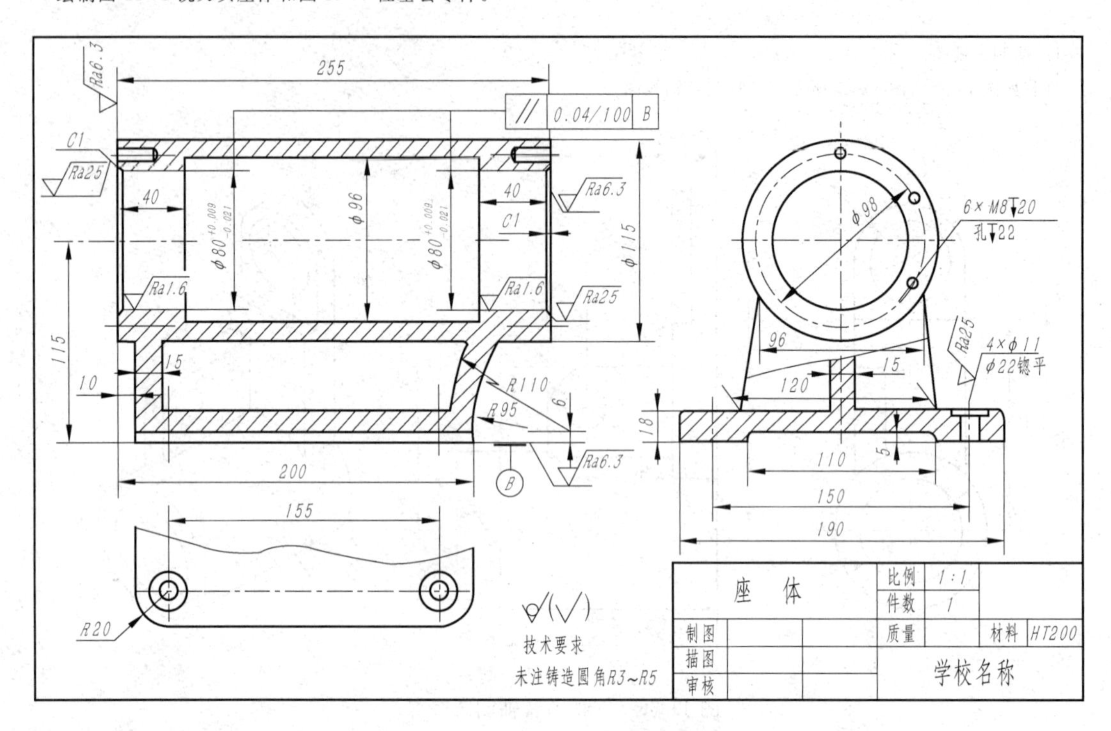

图 11-78　铣刀头座体

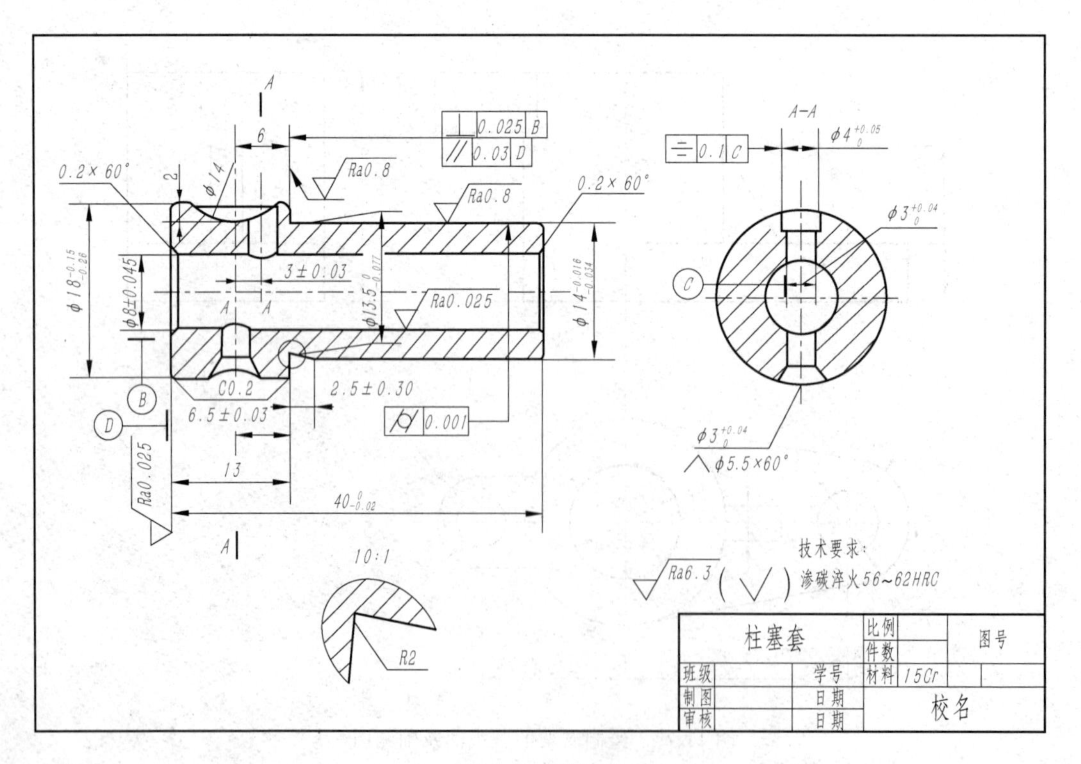

图 11-79　柱塞套

3．绘制装配图。

① 根据球阀的装配示意图和零件图拼画球阀的装配图，如图 11-80～图 11-91 所示。

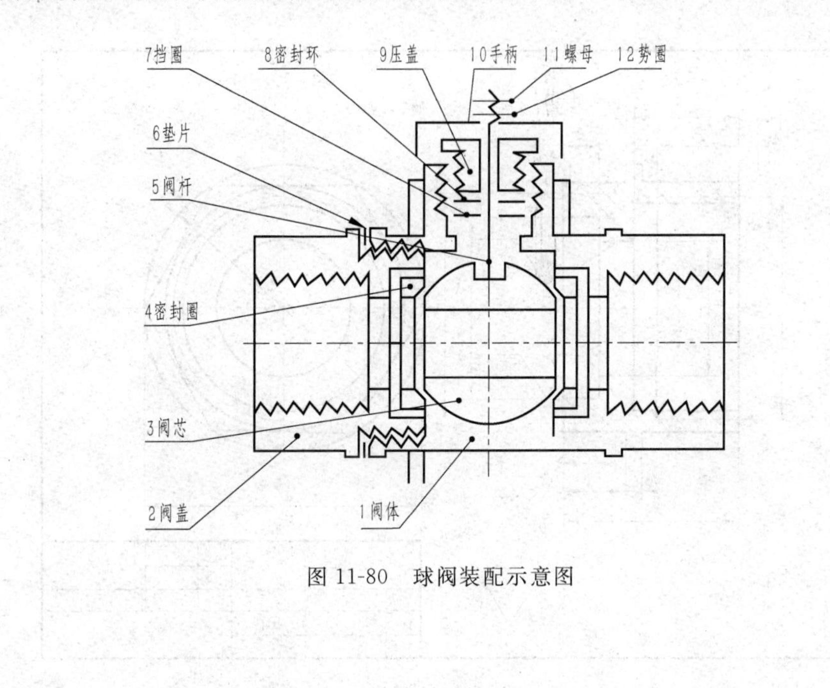

图 11-80　球阀装配示意图

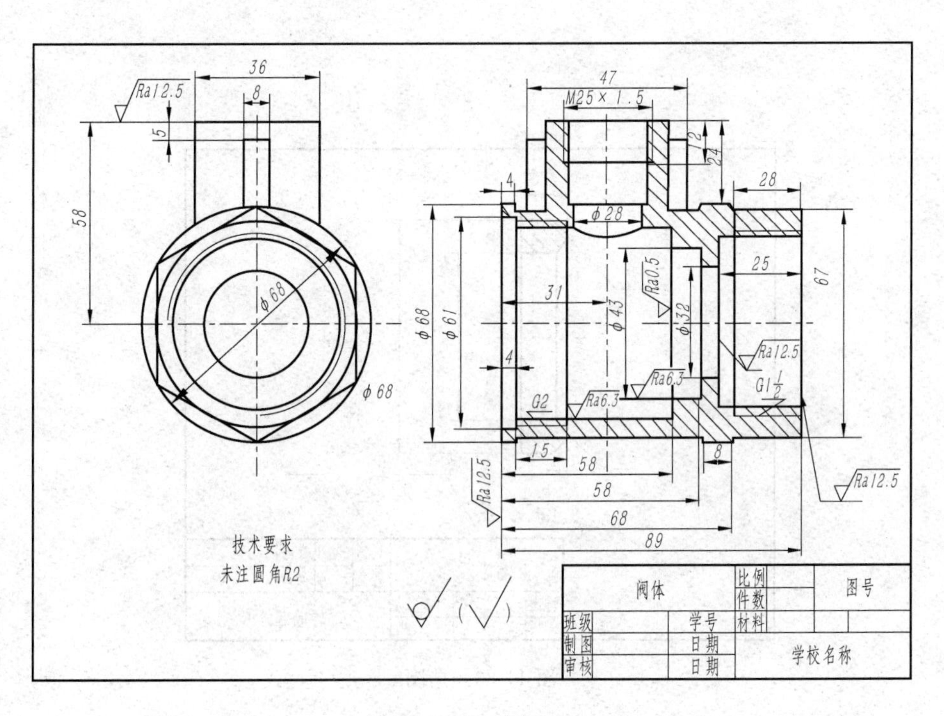

图 11-81　阀体

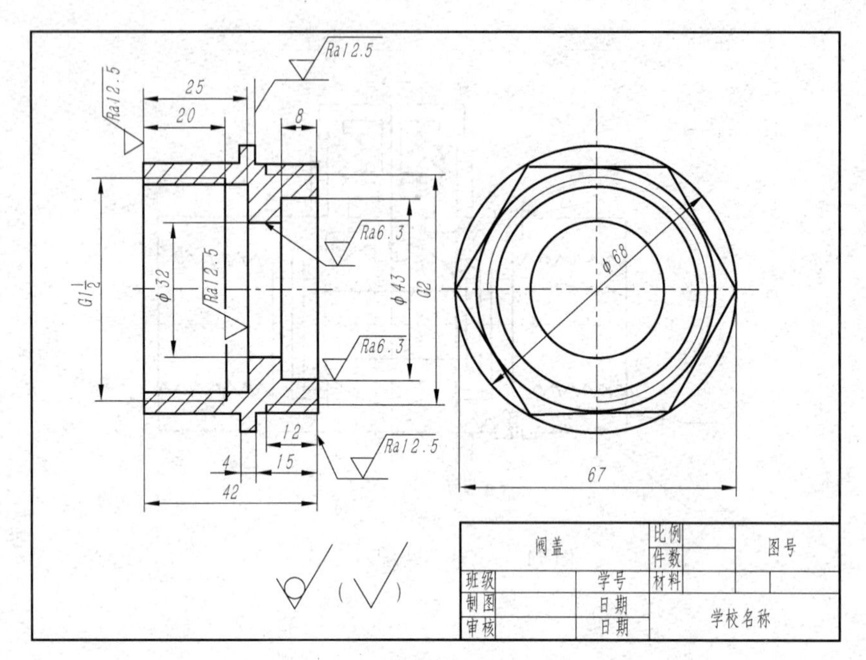

图 11-82　阀盖

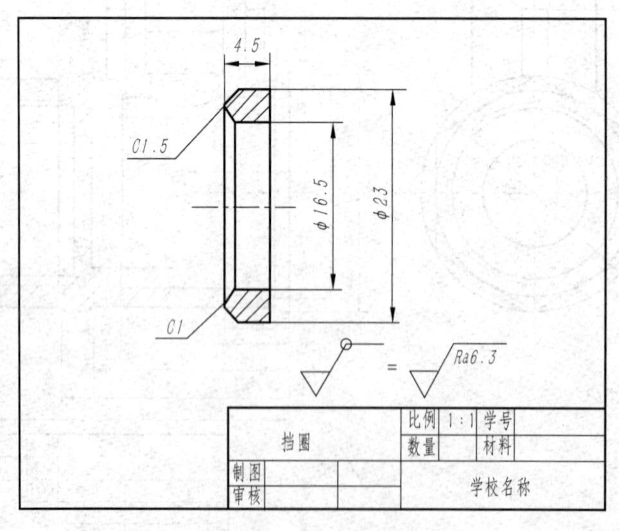

图 11-83　挡圈

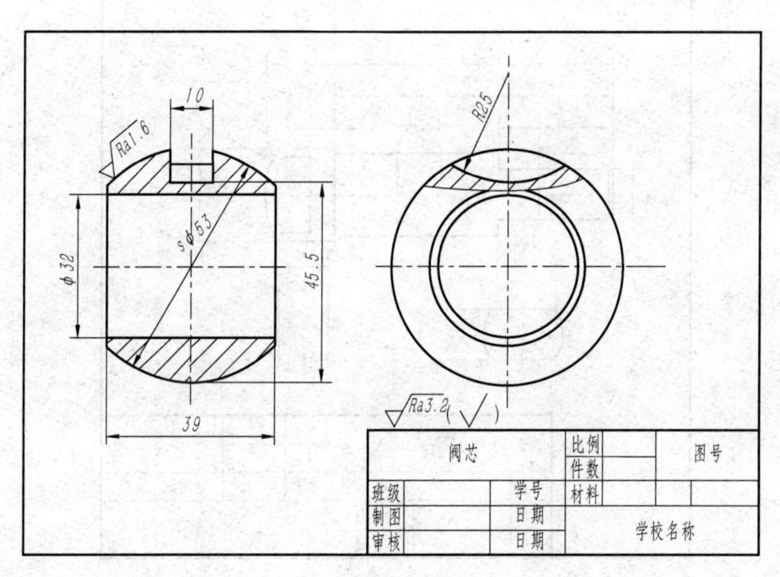

图 11-84　阀芯

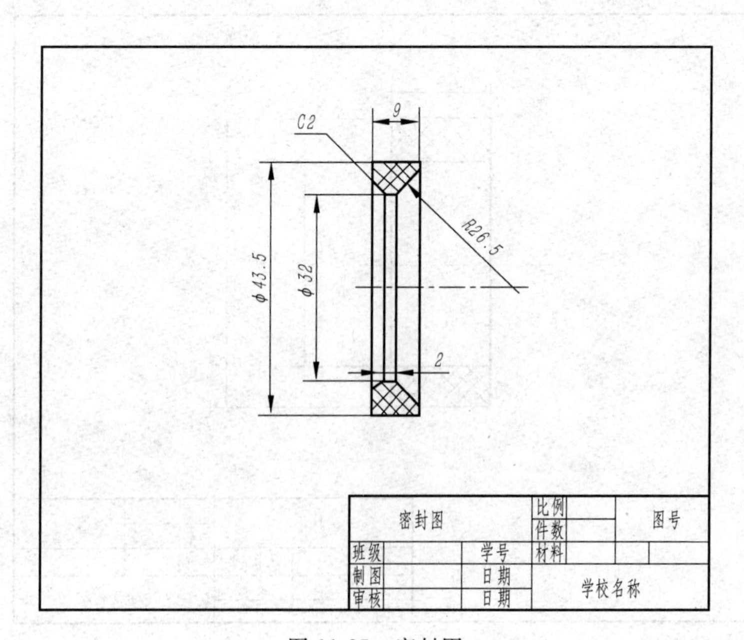

图 11-85　密封圈

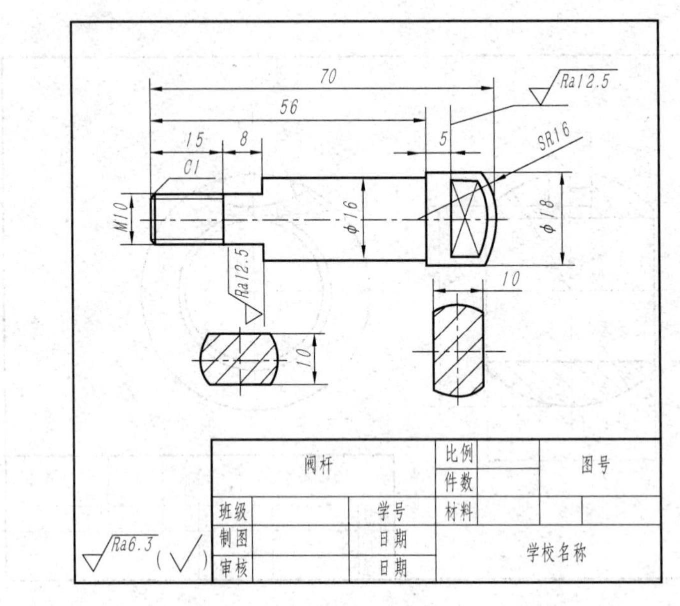

图 11-86 阀杆

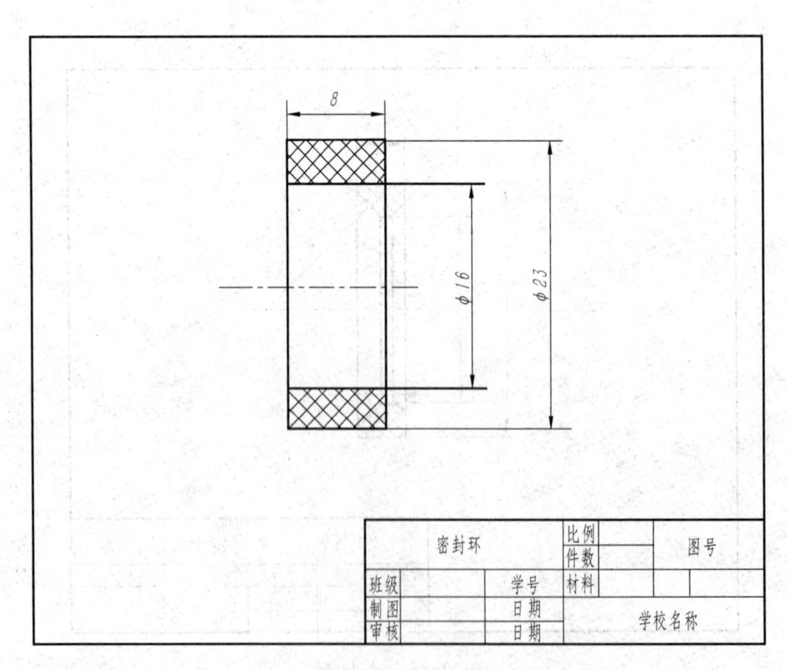

图 11-87 密封环

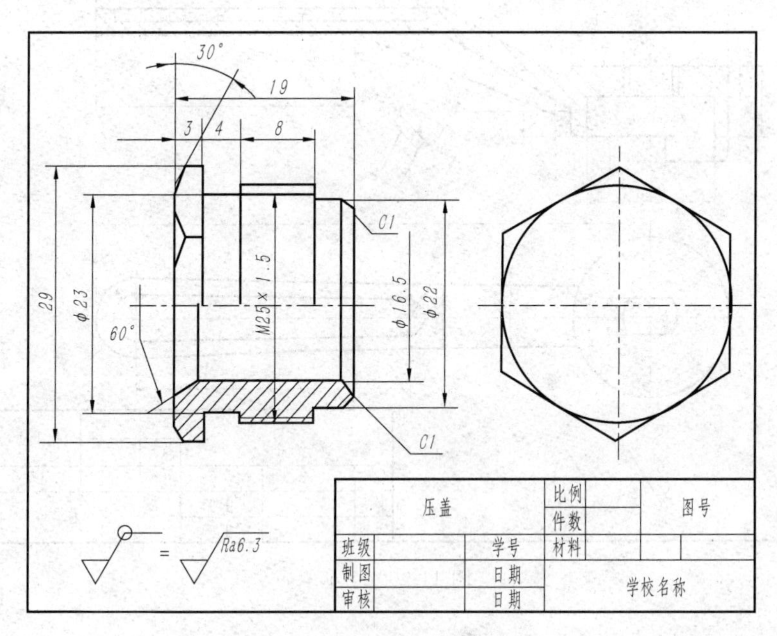

图 11-88　压盖

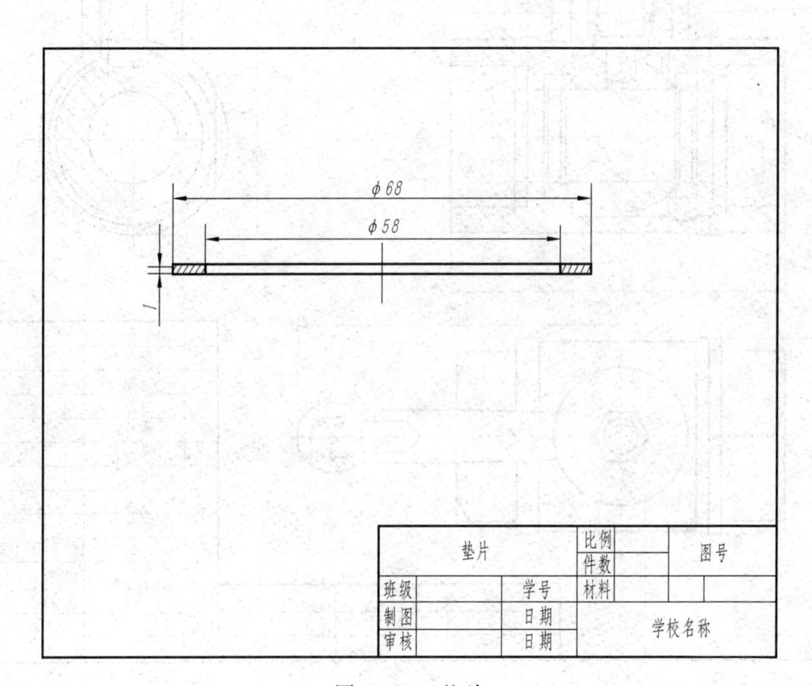

图 11-89　垫片

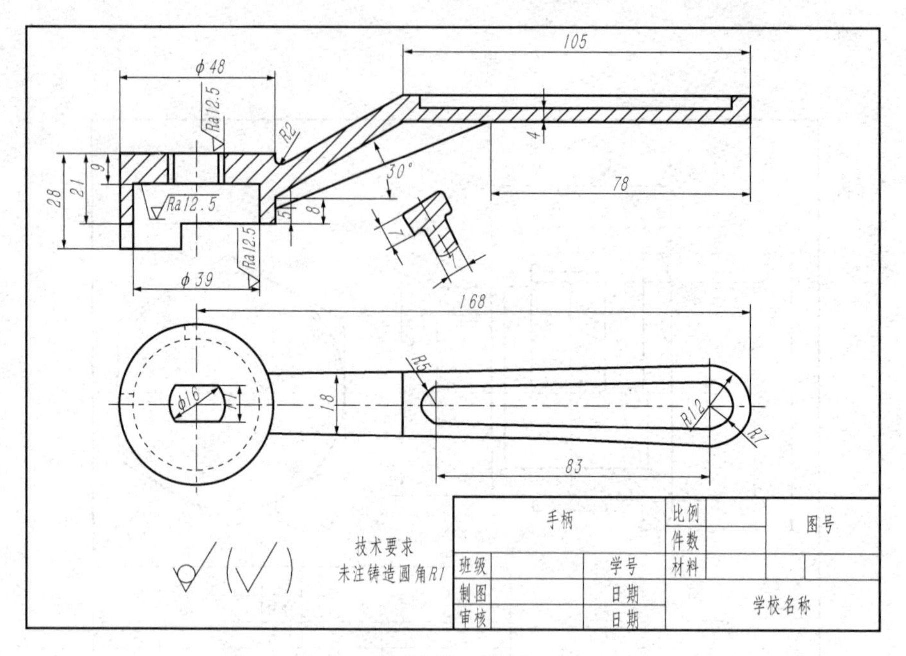

图 11-90 手柄

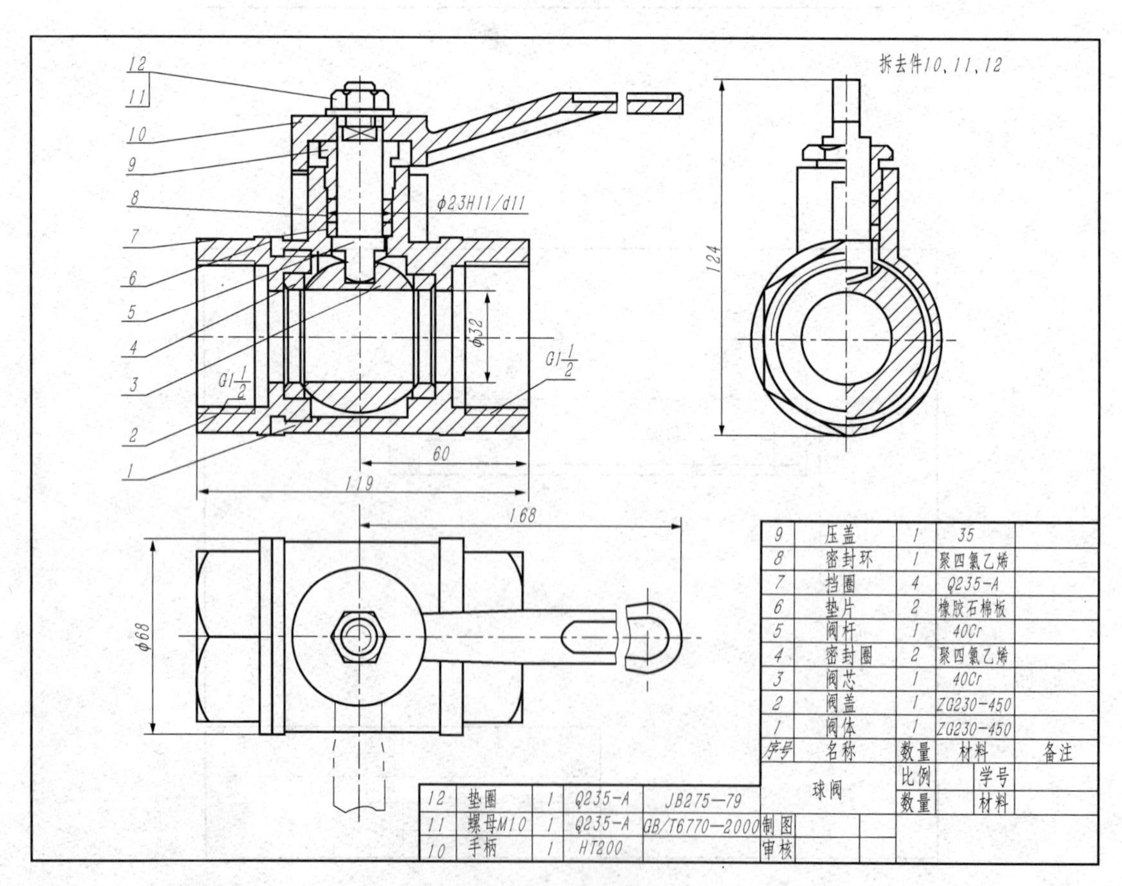

图 11-91 球阀装配图

② 绘制虎钳的零件图和装配图，如图 11-92～图 11-99 所示。

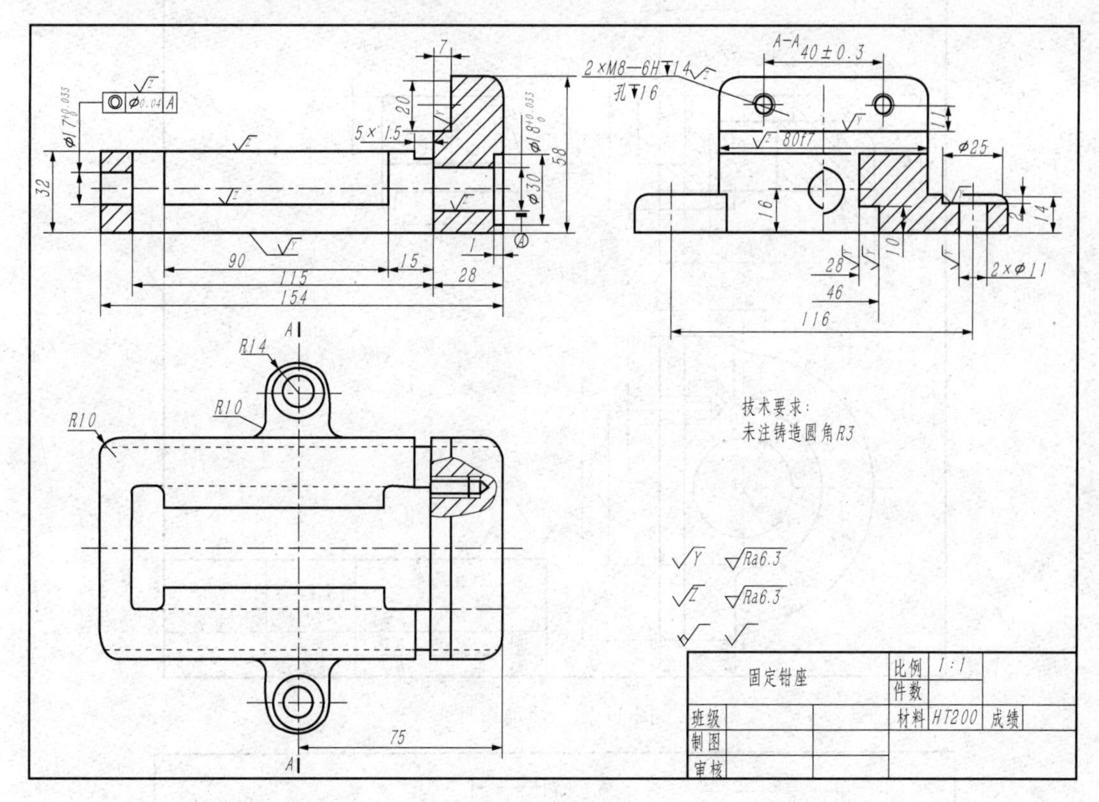

图 11-92　固定钳座

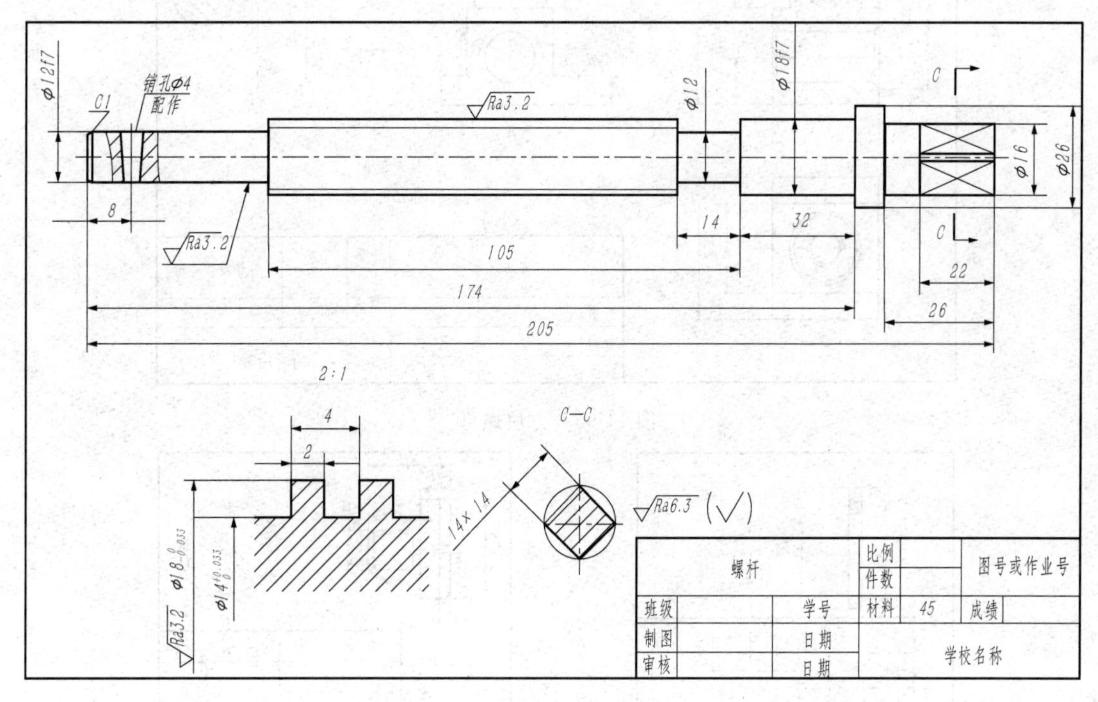

图 11-93　螺杆

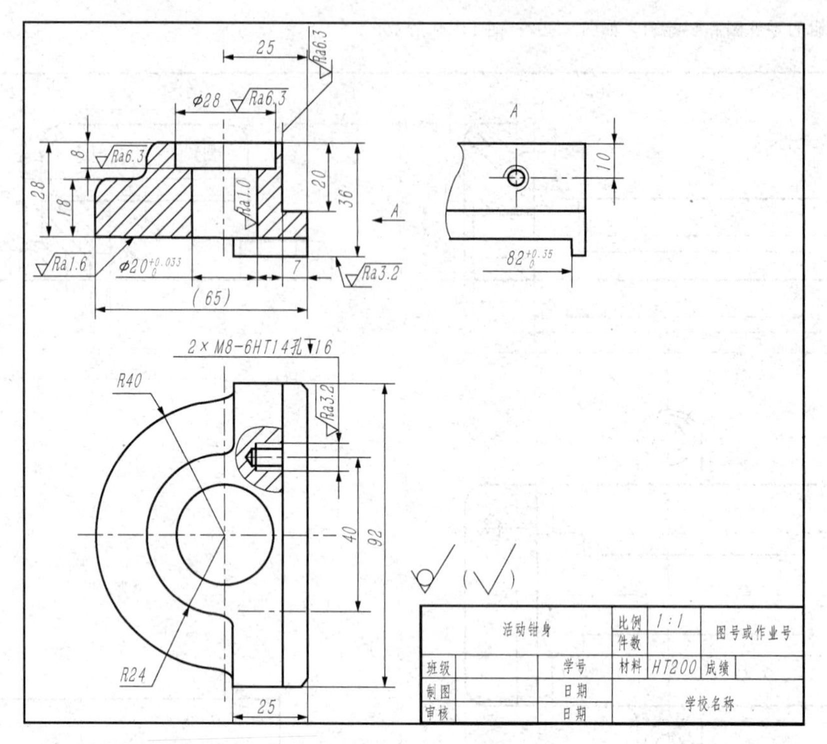

图 11-94　活动钳身

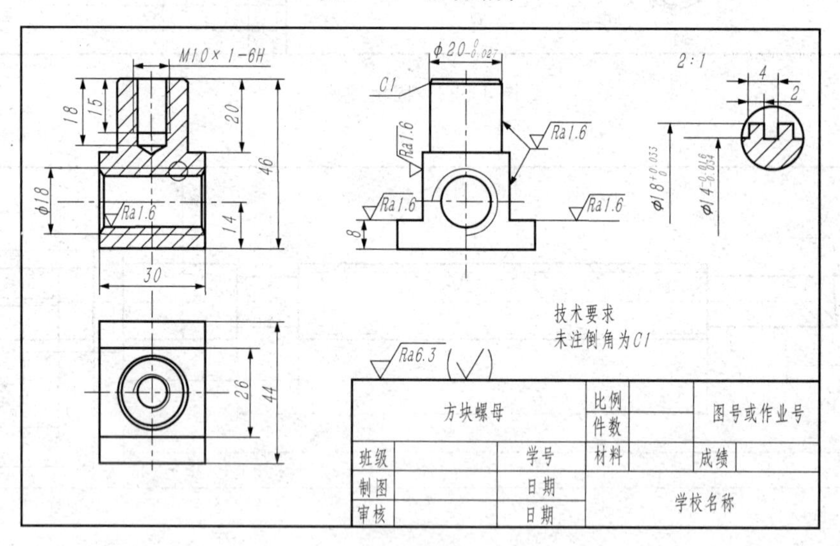

图 11-95　方块螺母

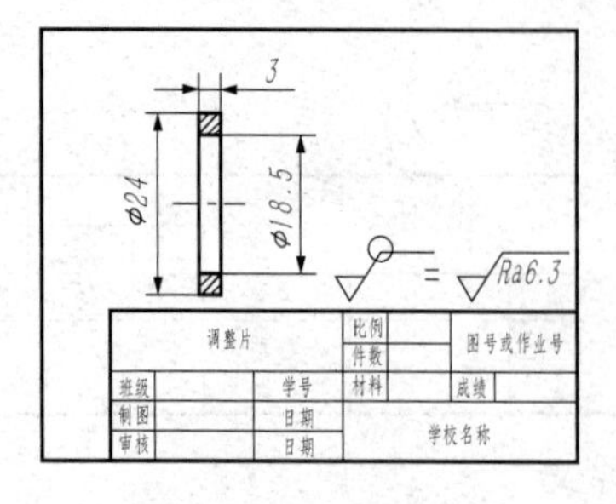

图 11-96　调整片

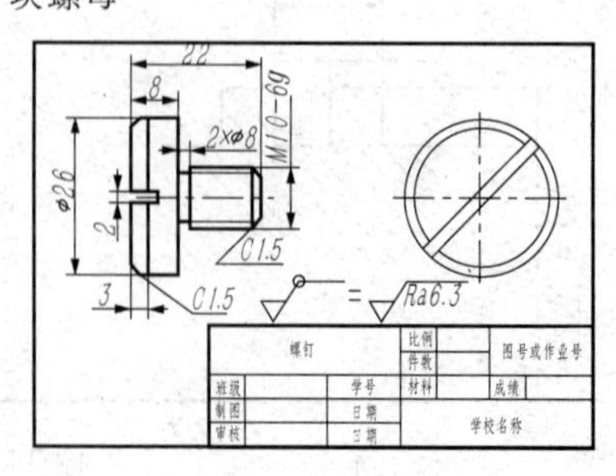

图 11-97　螺钉

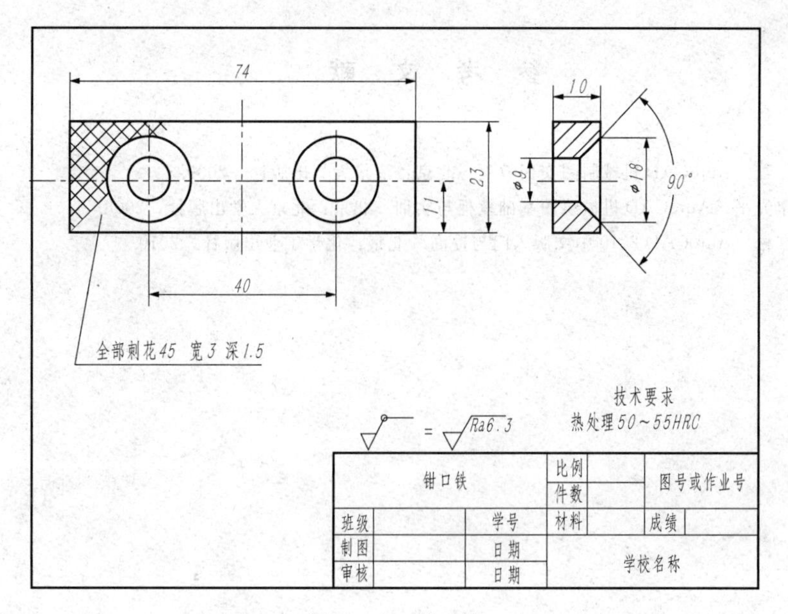

图 11-98 钳口铁

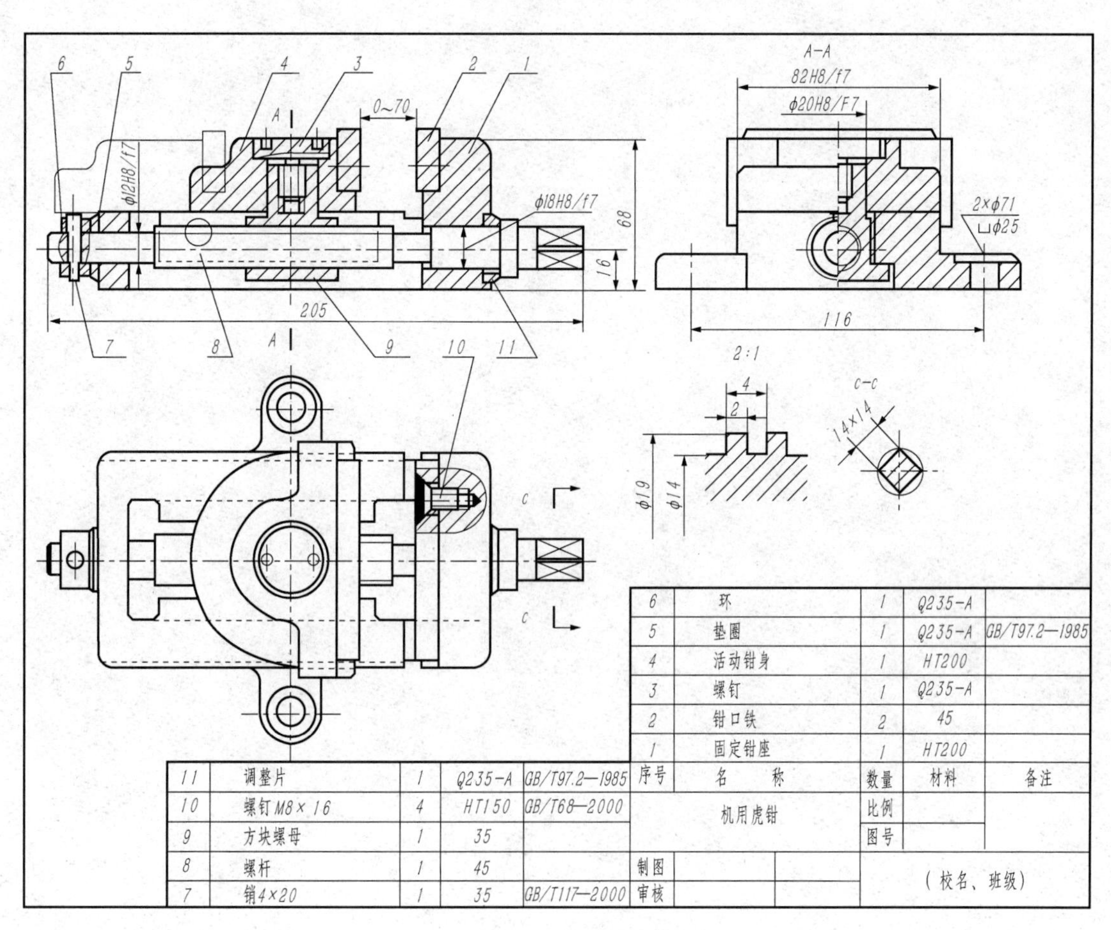

图 11-99 机用虎钳装配图

参 考 文 献

[1] 王静波，贾立红. AutoCAD 机械制图实用教程. 北京：清华大学出版社，2009.
[2] 欧阳全会，李光平. AutoCAD 机械绘图基础教程与实训. 北京：北京大学出版社，2008.
[3] 耿国强，张红松. AutoCAD 2010 中文版入门与提高. 北京：化学工业出版社，2010.